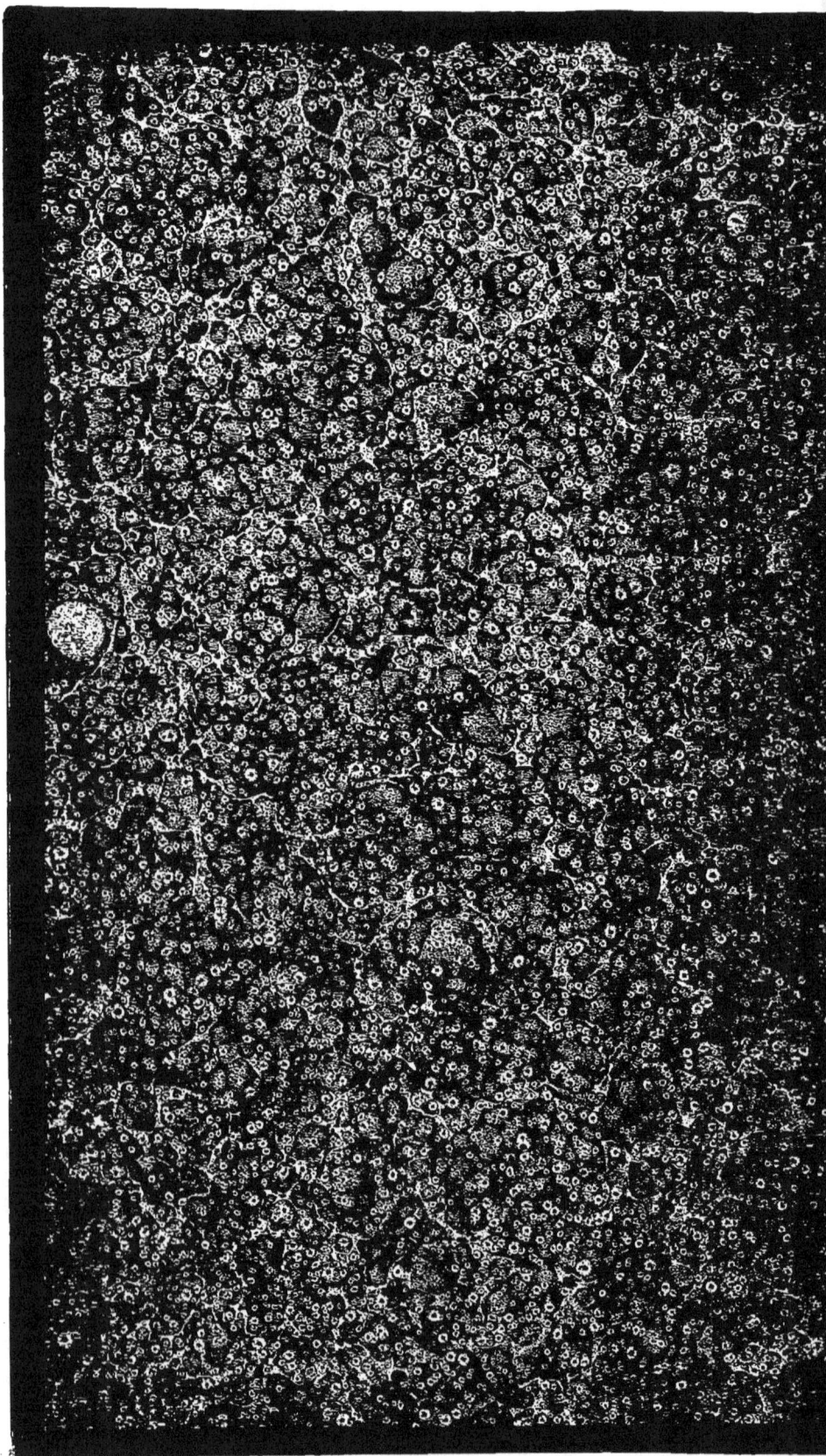

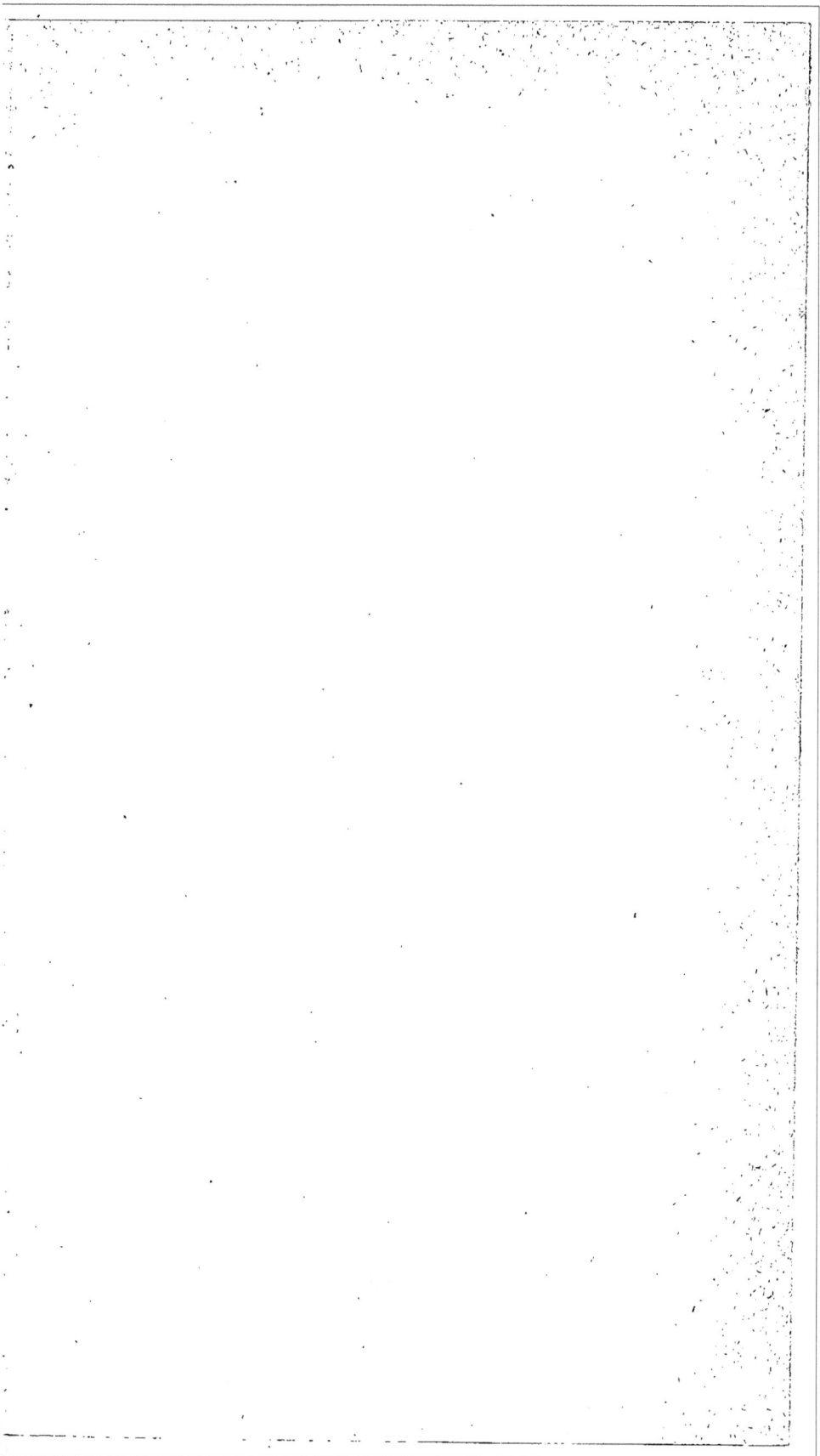

S

27-18

# LA FRANCE

# CHEVALINE.

# LA FRANCE
# CHEVALINE

## 2ᵉ Partie. — Études hippologiques.

### Par Eug. GAYOT,

CHEVALIER DE LA LÉGION D'HONNEUR, MEMBRE DE PLUSIEURS
SOCIÉTÉS SCIENTIFIQUES.

## TOME III.

### PARIS,

IMPRIMERIE ET LIBRAIRIE D'AGRICULTURE, ET D'HORTICULTURE
DE Mᵐᵉ Vᵉ BOUCHARD-HUZARD,

RUE DE L'ÉPERON, 5,

**et au bureau du Journal des haras,**

PLACE DE LA MADELEINE, 8.

—

1852

# TABLE DES MATIÈRES.

## DE LA PRODUCTION DES RACES DE DEMI-SANG.

## DES RACES CHEVALINES DE LA FRANCE ANCIENNE ET NOUVELLE.

# LA FRANCE CHEVALINE.

## Deuxième Partie.

## ÉTUDES HIPPOLOGIQUES.

## REPRODUCTION DE LA RACE PUR SANG ANGLAIS EN FRANCE.

### Sommaire.

## I.

Dans un précédent chapitre (1), nous avons donné le ta-

(1) 2e partie, t. II, p. 314 et 317.

III.

bleau des existences annuelles en étalons et en juments de pur sang qu'a possédés la France de 1801 à 1850 inclusivement. Ce relevé officiel est bien de nature à prouver l'inanité du reproche d'anglomanie systématique adressé aux haras de l'État et à une certaine classe d'amateurs qui s'est adonnée, chez nous, à la propagation de la race anglaise.

Le reproche n'est fondé qu'autant qu'il atteint le consommateur ; il est absurde quand on le fait peser sur la production ou l'élève. Cependant il s'acharne plus particulièrement sur ces dernières, et il avait passé, qu'on nous pardonne le mot, dans le sang de la nation. Naguère encore, dire quelque bien du cheval de pur sang anglais, c'était attirer à soi une impopularité immense, et, quand il était dans toutes les écuries du consommateur aisé, l'hippologue et l'économiste le vouaient à tous les sarcasmes, au mépris et à la haine de tous.

Le moyen d'empêcher que le luxe n'allât toujours se pourvoir de l'autre côté de la Manche était peut-être de nous approprier les éléments de reproduction qui donnent à nos voisins le cheval de nos besoins. L'opinion en a pensé autrement : elle est restée hostile au cheval anglais ; mais son importation n'en a reçu aucune atteinte. Ne trouvant pas, en France, à satisfaire aux exigences du temps, la consommation a continué de s'approvisionner au dehors et à porter ses sollicitations à l'industrie rivale.

Bien qu'elle ait combattu dans un sens contraire, l'administration n'a point encore assez fait ; elle a été arrêtée dans sa marche, affaiblie dans son influence par le préjugé national. Avec plus de liberté et des ressources moins restreintes, elle aurait été plus vite ; les résultats eussent été plus considérables ; nous serions moins loin du but.

Voyons pourtant quelle a été la force d'accroissement de la race de pur sang anglais à partir de 1821, car avant cette époque les chiffres sont si faibles, qu'ils ne méritent aucune attention. Nous rendrons ceux qui suivent plus appréciables en condensant les faits , en exprimant les nombres moyens de cinq en cinq ans seulement.

*Tableau quinquennal des existences en étalons et juments de pur sang anglais, de* **1821** *à* **1850**.

| ANNÉES. | NOMBRE d'étalons. | MOYENNE des cinq ans. | NOMBRE des juments. | MOYENNE des cinq ans. |
|---|---|---|---|---|
| De 1821 à 1825 | 115 | 23 | 104 | 21 |
| De 1826 à 1830 | 192 | 40 | 269 | 54 |
| De 1831 à 1835 | 296 | 59 | 593 | 118 |
| De 1836 à 1840 | 588 | 117 | 1103 | 220 |
| De 1841 à 1845 | 903 | 180 | 1520 | 304 |
| De 1846 à 1850 | 1001 | 200 | 1621 | 324 |

Il y a donc eu augmentation successive. Établissons l'échelle de cette augmentation.

En conservant aux chiffres leur valeur moyenne quinquennale, et considérant le premier nombre comme unité et point de départ, l'accroissement a eu lieu dans les proportions suivantes :

De 1821 à 1825, pour les mâles, 1.00 . pour les femelles, 1.00
De 1826 à 1830 .............. 1.74 ................. 2.57
De 1831 à 1835 ............... 2.57 ................. 5.62
De 1836 à 1840 ............... 5.09 ................. 10.48
De 1841 à 1845 ............... 7.83.. .............. 14.48
De 1846 à 1850 ............... 8.70 ................. 15.43

Tels sont les résultats de trente années d'efforts et de

sacrifices. On voit avec quelle lenteur une race de chevaux peut être acquise ; mille difficultés surgissent qui arrêtent le développement du nombre. Les unes résultent de causes toutes matérielles, d'autres ont leurs racines dans un ordre de faits tout scientifiques.

En Angleterre seulement, nous pouvions aller chercher des éléments de reproduction du pur sang anglais ; mais la race n'y est pas si répandue qu'il soit facile de lui emprunter des colonies considérables par le nombre. Toute l'Europe vient puiser à la même source ; chacun de ceux qui entrent en rivalité fait quelques achats, et la masse épuise annuellement toutes les ressources. Après cela, nous nous montrons peu faciles, en France, sur le choix des individus. Nous les voulons jeunes, corpulents, bâtis en force et répondant, pour la conformation, à un modèle plus idéal que réel. Nous rêvons un cheval à part, qui n'existe que très-exceptionnellement, et nous ne savons pas le payer quand le hasard nous favorise au point de nous le montrer. Nous ignorons que le cheval dont tout le monde parle et que bien peu ont vu doit être créé de toutes pièces et ne peut sortir que d'une œuvre lente et patiente. Or, combien parmi nous sont capables de se mettre en route pour un si lointain résultat ? combien, surtout après avoir envisagé les obstacles, auraient la volonté de commencer ? Il nous faut, à nous, des choses qui se réalisent vite ; nous aimons l'improvisation. Une race de chevaux ne s'improvise pas.

Il a fallu deux cents ans aux Anglais pour modifier la structure malléable et flexible du cheval arabe et pour s'en assurer la précieuse conquête. Il y a trente ans à peine que nous sommes en marche. Tel qu'il est, le cheval de pur sang anglais ne paraît pas remplir toutes nos vues, satisfaire complétement à toutes nos exigences ; ailleurs, pourtant, nous ne trouvons pas meilleur. De tous, c'est encore celui qui se rapproche le plus, et par ses fortes proportions et par ses qualités, du cheval que nous voudrions posséder. Commençons par l'acclimater à notre milieu, à le multiplier assez parmi nous pour trouver ensuite, dans la nouvelle tribu qu'il formera, au sein de notre population chevaline, les éléments sérieux de la transformation que nous voulons faire subir à son enveloppe. Agissons sur sa race comme les Anglais ont agi sur le cheval père; approprions-nous-la d'abord, nous la modifierons après. Avant de tenter mieux, soyons sûrs que nous faisons bien.

Faire bien, c'est importer la race, poursuivre sa reproduction sans perte des qualités qui la recommandent, l'acclimater avec soin, la conserver dans toute sa valeur et toute sa supériorité. Les Anglais n'ont pas suivi d'autre route.

« Dans l'origine, quel était leur but? On introduisait, en Angleterre, des étalons et des juments des plus nobles familles de l'Orient; on voulait y conserver leur race, l'améliorer, si cela était possible; il fallait s'assurer qu'elle ne dégénérait pas. On essaya, sur l'hippodrome, les animaux importés d'Orient, on les fit lutter avec ceux qu'on avait élevés dans le pays, et on continua, suivant l'expression reçue, de mesurer ceux-ci les uns avec les autres.

« Ces épreuves avaient une grande importance, car elles constataient qu'en augmentant la taille, en modifiant les formes de la race primitive, on ne lui avait rien fait perdre de ses principales qualités, la force et l'énergie, dont la vitesse, dans des conditions déterminées, était la mesure.

« Quand nous avons pratiqué les courses à l'imitation des Anglais, que voulions-nous faire? transporter en France la race anglaise, nous assurer que, sous notre climat, et dans les conditions de soins et d'élevage où nous la placions, elle ne dégénérait pas ; nous voulions savoir, en un mot, si nous avions bien le secret des Anglais pour la conservation de leur race. N'était-il pas naturel de soumettre nos produits à des épreuves semblables à celles pratiquées en Angleterre et de comparer les résultats obtenus de part et d'autre?

C'est précisément ce que nous avons fait, et l'on peut s'étonner qu'un chose aussi simple ait donné lieu à d'aussi longs débats.

« . . . . . . . Les résultats obtenus en France depuis une douzaine d'années diffèrent peu de ceux que l'on observe en Angleterre. On peut donc en conclure que nous sommes arrivés à maintenir chez nous, exempte de toute dégénérescence, la descendance des familles de race anglaise que nous avions importées : c'était là le premier but qu'il importait d'atteindre (1). »

Ces quelques mots contiennent toute l'histoire de la reproduction du pur sang anglais en France; ils montrent l'utilité de son importation, la nécessité d'employer à sa conservation les méthodes qui ont fait la race ce qu'elle est, le succès qui a couronné les premiers efforts.

C'est à la suite d'une enquête approfondie que l'auteur a pu s'exprimer ainsi, parler avec l'autorité que donnent des études sérieuses, l'examen des faits soumis à une discussion large et parfaitement dégagée. Son assertion sera-t-elle enfin acceptée, mise à la place de l'erreur qui a trôné jusqu'ici dans la pensée des masses, malgré les informations les plus précises et les progrès les plus appréciables? Nous verrons bien.

Toujours est-il que l'opinion s'était méprise en France.

On y a vivement et passionnément critiqué l'introduction du pur sang anglais, les méthodes raisonnées de production et d'élevage qui lui conservent ses qualités primitives; on a contesté et nié la bonne influence qu'il a exercée sur la population indigène. Un seul point est resté en dehors du débat, la question de savoir si le cheval de pur sang anglais avait perdu dans sa migration, s'il était reproduit chez nous sans défaillance, si ses fils méritaient confiance et pouvaient

(1) Conseil supérieur des haras. *Rapport sur les travaux de la session de* 1850; par M. le général de Lamoricière.

être utilement employés à l'amélioration des races du pays.

Une semblable étude n'est pas facile. Le Stud-Book et le Calendrier des courses en contiennent tous les éléments; mais peu de personnes savent lire dans ces livres de la science et des faits; peu de personnes, surtout, ont la volonté et la patience de chercher dans le passé, de méditer avec fruit sur le présent, de comparer la situation actuelle à celle d'autrefois, de retracer, en un mot, l'histoire physiologique de la race. Après cela, des années sont nécessaires pour obtenir des résultats et asseoir un jugement impartial et quelque peu certain. Il faut à celui qui est appelé à se prononcer sur une pareille matière, avant qu'il ose poser ses conclusions, une longue expérience, des travaux multipliés et une masse de faits considérable. L'investigateur le mieux doué aurait grande peine, aujourd'hui, à édifier d'une manière irrécusable sur ce terrain. Nul ne recommencerait après lui pour le réfuter, mais tout le monde trouverait à sa portée *un* fait, *une* donnée pour jeter le discrédit sur son travail; nul ne l'accepterait d'emblée; les objections de détail le ruineraient; en l'attaquant à la surface on empêcherait de l'adopter au fond.

A d'autres donc le soin et l'honneur de compléter une étude pleine d'intérêt et d'utilité. Nous devons nous borner, quant à nous, à faire ressortir, comme certaines, les observations suivantes, que l'expérience ne démentira pas. Elles sont acquises à la science.

La race anglaise de pur sang, transportée en France, n'a pas dégénéré; elle donne aujourd'hui des produits de beaucoup supérieurs à ceux qui ont été introduits les premiers.

Les premières importations n'avaient pas conduit en France l'élite des animaux qui existaient en Angleterre. Beaucoup d'indignes ont paru; ils ont nui à la race entière.

L'emploi d'étalons médiocres est un grand obstacle à l'adoption générale d'une race nouvelle; mais il n'est pas toujours facile d'enlever, à ceux qui les possèdent, les reproducteurs les plus précieux d'une race en renom. D'ailleurs, le seul fait de la migration porte souvent atteinte, une atteinte profonde, et dont l'effet est plus ou moins prolongé, aux qualités intimes de l'étalon le mieux choisi. Or, tant que dure cette influence, il n'y a rien de complet à attendre du sujet qui la subit.

On peut être moins sévère dans le choix des femelles. L'expérience prouve que d'une poulinière, peu recommandable en apparence, peuvent sortir des produits de très-haute valeur; il suffit, pour cela, de la prendre à son heure, dans certaines circonstances physiologiques, malheureusement fort peu appréciables, et de la livrer à un étalon dont le sang ait pour le sien une affinité presque toujours ignorée. Encore faut-il que cet étalon lui-même se trouve dans des conditions vitales physiologiques excellentes. Il y a dans tout cela quelque chose d'occulte et d'insaisissable pour le maître de haras le plus expérimenté. Nous avons déjà abordé cette thèse dans le premier volume de ces études; le Stud-Book et le Racing-Calendar offrent cent preuves pour une à l'appui de nos remarques.

C'est donc du nombre, et du grand nombre seulement, que peut venir une réelle supériorité, que peuvent sortir ces hautes illustrations qui portent une race à son apogée et l'y maintiennent quand elle y est enfin parvenue. Quoi qu'on fasse, au contraire, on n'obtient guère du petit nombre les grandes célébrités, les noms qui marquent par leur utilité, les reproducteurs qui font époque par les bons résultats qu'on leur doit.

Il n'y a point encore égalité possible entre la reproduction du cheval de pur sang anglais en France et en Angleterre. Les chances de succès et de perfection restent forcément soumises à la puissance du chiffre. Quelque soin que nous mettions à conserver la race pure en France, nous ne pouvons prétendre à produire, en nombre, des animaux d'un mérite égal aux sujets d'élite que donnera la même

race en Arabie. Abstraction faite des circonstances extérieures plus favorables en Orient, la question de quantité
reste entière; elle est et sera nécessairement toujours contre nous. De même, en ce qui regarde le pur sang anglais,
tant que nous serons dans une infériorité numérique aussi
considérable. La race anglaise étant dix fois plus nombreuse
en Angleterre qu'en France, nous devons produire, tout à
la fois, moins et moins bon quant aux athlètes de la race.

La multiplication de celle-ci est donc essentielle ; elle résulte de deux ordres de faits parallèles , — de l'importation
et de la reproduction.

L'importation est nécessairement limitée. Au foyer de la
race, les sujets capables sont rares et chers. Le gouvernement pourvoit à l'introduction des étalons de tête; seul, en
France, il peut supporter les frais d'achat d'animaux qui
atteignent des prix excessifs, en raison de leur rareté et de
la concurrence que se font entre eux les différents États de
l'Europe, dont l'Angleterre est devenue l'heureux fournis-
nisseur. Les particuliers, sollicités, encouragés à le faire,
introduisent plus volontiers des femelles. Toutefois, le mouvement n'est pas assez rapide. Les juments de haute distinction ne sont guère d'une acquisition plus facile que les
étalons. En général, aussi, nous nous montrons trop sévères
pour celles d'un ordre moins élevé. Nous ne savons pas commencer une race; notre impatience est excessive; chacun
voudrait de prime saut arriver à la perfection.

La reproduction donne beaucoup plus maintenant à la
race que l'importation. Cette dernière source même est à
peu près tarie depuis la révolution de 1848. C'est fort regrettable, puisque le chiffre de la population femelle exerce
sur la bonne production une influence si directe qu'elle en
est une condition très-essentielle, une cause prochaine et
très-immédiate.

En compulsant le Stud-Book, nous nous sommes rendu
compte du degré de fécondité de la race; nous savons main-

tenant quelle peut être sa force d'expansion, de multiplication.

En Angleterre, les naissances sont dans le rapport de 73.36 pour 100 ; les non-fécondations, les avortements et les non-saillies entrent dans la proportion pour 26.64.

Ces chiffres ne sont point écrits au hasard ; ils résultent de relevés faits avec soin sur le Stud-Book. En reproduisant les détails pour les années 1846, 1847 et 1848, nous donnerons une idée du travail qui peut être fait à ce sujet.

En 1846, sur 1,323 juments inscrites, on a constaté, savoir,

491 produits mâles, soit. 37.11 p. 100  } 73.47 p. 100
481 — femelles. . 36.36

41 avortements. . . . . 3.10  } 26.53 p. 100
310 juments vides (1). . 23.43

En 1847, sur 1,327 poulinières, on obtient les résultats suivants :

486 produits mâles, ou. 36.62 p. 100  } 73.62 p. 100
491 — femelles. . 37.00

47 avortements. . . . . 3.55  } 26.38 p. 100
303 juments vides. . . . 22.83

En 1848, enfin, 1,337 poulinières donnent

483 poulains, ou.. . . . 36.13 p. 100  } 73.00 p. 100
493 pouliches. . . . . . 36.87

57 avortements. . . . . 4.26  } 27.00 p. 100
304 juments vides. . . . 22.74

Le Stud-Book français présente d'autres résultats. Les voici pour 4 années :

| Naissances. | Juments inscrites. | |
|---|---|---|
| En 1846.. . 206 | pour 330. . . | soit 62.42 p. 100 |
| En 1847.. . 210 | pour 342. . . | soit 61.40 |
| En 1848.. . 203 | pour 362. . . | soit 56.08 |
| En 1849.. . 188 | pour 350. . . | soit 58.40 |

(1) Non fécondées ou non saillies.

La moyenne n'est plus que de 58.40 p. 100. La différence est de 15 p. 100 à l'avantage de l'Angleterre; elle
porte à 41.60 p. 100 l'importance des non-fécondations,
des avortements et des non-saillies.

Des relevés faits par nous avec le plus grand soin, à l'é-
poque où la direction des haras du Pin était en nos mains,
nous ont donné les résultats suivants, lesquels concernent
exclusivement la jumenterie du haras.

De 1819 à 1839 inclus, pendant une période de vingt
et un ans, on compte, sur 652 juments livrées à l'étalon,
savoir,

| | | |
|---|---|---|
| **219** produits mâles, ou.. 33.58 p. 100 | } | 68.27 |
| **226** produits femelles, ou. 34.69 | | |
| **33** avortements, ou. . . 5.06 | } | 31.73 |
| **174** non-fécondations, ou 26.67 | | |

Un relevé pareil, fait au haras de Pompadour, mais seulement pour les années 1842, 1843 et 1844, nous a donné
les chiffres que voici :

Sur 88 juments saillies, nous avons compté

| | | |
|---|---|---|
| **40** mâles, soit.. . . . . . 45.46 p. 100 | } | 79.55 |
| **30** femelles, soit. . . . 34.09 | | |
| **2** avortements, ou. . . 2.27 | } | 20.45 |
| **16** non-fécondations, ou 18.18 | | |

En réunissant pour chaque sexe les naissances constatées
en Angleterre pendant les années **1846, 1847** et **1848,**
nous trouvons pour totaux

1,460 mâles et 1,465 femelles.

Entre ces deux chiffres, la différence est insignifiante.

Pour une période de vingt et un ans, nous venons de
relever, au haras du Pin, un résultat à peu près analogue,
c'est-à-dire une quasi-égalité entre les naissances mâles et
femelles. En confondant les chiffres obtenus à Pompadour
et au Pin, nous arrivons aux totaux suivants :

Mâles, 259; femelles, 256.

Voici des données plus spéciales : elles concernent deux

groupes de 5 juments dont la descendance a été relevée avec une scrupuleuse exactitude. Cette variété de calculs est très-propre à éclairer la question de savoir si, dans l'espèce du cheval, il naît plus de mâles que de femelles, ou réciproquement. Laissons parler les faits.

Ces 10 poulinières et leurs filles, petites-filles, arrière-petites-filles, qui ont été livrées à l'étalon, ont donné, de 1818 à 1850 inclusivement,

265 mâles, 285 femelles.

Entre les deux nombres, la différence est de 3.62 p. 100 en faveur des femelles.

Les mêmes recherches, étendues à toutes les inscriptions faites au Stud-Book français pour les années 1846, 1847, 1848 et 1849, donnent les résultats ci-après :

Produits mâles, 384 ; produits femelles, 423.

Différence en faveur des derniers, 4.84 p. 100.

Réunissant en un seul chiffre les nombres qui précèdent, nous aurons

Naissances, 5,312 :

Mâles. . . . 2,627, ou 49.45 p. 100 ;

Femelles.. . 2,685, ou 50.54 p. 100.

L'avantage reste aux femelles pour une différence insignifiante de 1.09 pour 100.

Enfin un relevé général fait sur le Stud-Book français, de 1808 à 1850 inclusivement, donne les résultats suivants :

Mâles. . . . . . 1,783 ;

Femelles. . . . 1,865, ou 1/17 en sus.

Tous ces faits infirment les chiffres posés par M. le duc de Guiche dans un travail publié en 1829 sous ce titre, *De la production des chevaux en France.*

Le noble Sportsman, tablant sur des données toutes spéculatives, établissait ce fait :

Dans des haras composés de 2 étalons et de 50 poulinières, les naissances s'élèveront constamment de 68 p. 100 environ du nombre des juments saillies, et la proportion entre les mâles et les femelles sera toujours la suivante :

Mâles. . . . . 32.36 p. 100 ;
Femelles.. . . 67.64 p. 100.

Différence en faveur des dernières, 35.28 p. 100.

Cette exagération est grosse comme une maison ; elle vicie tous les calculs d'accroissement établis par M. le duc de Guiche.

Nous avons eu la pensée de comparer ces faits avec ceux qui ont été recueillis pour la race de Durham pure, à la suite de son importation et de sa reproduction en France dans les vacheries expérimentales entretenues par l'État.

Voici les faits :

Sur 263 naissances obtenues à la vacherie du Pin, on compte :

Mâles, 131 ; femelles, 132.

Sur 502 femelles qui ont produit aux établissements du Pin, de Saint-Lô et de Poussery, on constate :

319 produits, ou. . . . . . . . . . . . 63.55 p. 100
62 avortements, ou. . . . 12.35 $\left.\right\}$
121 non-fécondations, ou. . 24.10 $\left.\right\}$ soit 36.45 p. 100

Ces résultats, moins favorables que les précédents, témoignent assurément à l'avantage de la fécondité de la race de pur sang anglais.

Bien peu de personnes auraient, *à priori*, supposé qu'il en fut ainsi, l'étude et l'observation conduisent à la vérité ; la bonne pratique naît seulement des enseignements qu'elles donnent, des lumières qui éclatent à leur contact.

Il en est, au surplus, des femelles récemment importées, comme des mâles, dans quelque race que ce soit. L'influence occulte de l'acclimatation nuit à l'entier accomplissement, à la complète activité de toutes les fonctions de la vie. La femelle est fécondée avec moins de certitude, elle retient plus malaisément quand elle a conçu ; elle est plus sujette aux parturitions prématurées, elle donne des produits moins viables et d'un plus difficile élevage. Ces conditions défavorables pèsent toutes sur le fait de la multiplication ; elles enrayent momentanément la fécondité de la race. Une autre cause met encore obstacle à son développement, et celle-ci n'est pas la moins active. Chaque année, pour soutenir la marche ascendante, pour provoquer de nouveaux progrès, on introduit quelques nouveaux étalons, et on les choisit parmi les animaux les mieux racés et les plus capables. Leur réputation les fait rechercher avec beaucoup d'empressement. Travaillés par l'acclimatement, malgré toutes les apparences extérieures de la santé, ils trompent beaucoup des femelles qu'on leur livre, et la multiplication s'en trouve ralentie. Une dernière cause, enfin, nuit à celle-ci ; moins soigneux que les Anglais, nos éleveurs n'entourent pas la poulinière de toutes les précautions qu'elle exige. Ce manque de soins grossit le chiffre des non - fécondations, il provoque des avortements plus nombreux , il conduit souvent à l'abandon, à la non-saillie.

Telles sont les sources, on peut le croire, de la différence de 15 pour 100 que nos recherches ont signalée dans les degrés divers de fécondité de la race en Angleterre et en France. Hâtons-nous de le dire , le mérite de la race n'en est point atteint ; ce n'est qu'un fait accidentel. D'ailleurs , les animaux nés en France recouvrent bientôt l'intégrité de leurs fonctions, la plénitude de la vie dont jouissaient leurs auteurs avant leur extraction de la mère patrie.

Pendant la période d'acclimatation, les facultés génératives ne sont pas seules en souffrance chez l'individu. Ses qualités descendent, s'il est permis de s'exprimer ainsi ; mais l'affaiblissement que ces dernières éprouvent n'est pas sans retour, il n'est que momentané. Il cesse, il disparaît complétement dans les générations suivantes. C'est une sorte de suspension, et non point une perte ; c'est une mauvaise disposition et non point une dégénération. Les éleveurs les plus instruits, ceux qui observent avec soin et étudient avec fruit savent bien aujourd'hui que les produits d'une poulinière de pur sang née en France promettent et tiennent plus que ceux de la jument récemment importée, pleine ou vide. Le Stud-Book et le Calendrier des courses à la main, on se convaincra aisément du bien fondé de cette assertion, maintenant hors de conteste.

Il ne faudrait donc pas juger avec trop de précipitation les animaux qui n'ont point encore assez vécu aux lieux où on les a introduits. Il en est qui ne recouvrent toutes leurs facultés, toute leur puissance héréditaire qu'après plusieurs années de séjour et de soins incessants. Un découragement trop prompt ferait infailliblement réformer, avant le temps, des reproducteurs précieux, des sujets dont on peut obtenir les meilleurs fruits. L'histoire de la reproduction du pur sang anglais, hors d'Angleterre, est remplie de faits qui déposent en faveur de cette remarque toute pratique.

Grognier recommandait qu'avant de les mettre en service on laissât aux animaux nouvellement importés le temps de se soustraire au malaise intérieur que détermine toujours un brusque changement dans les habitudes de la vie ; il voulait *une acclimatation préalable.* « On ne sait pas assez, dit-il, jusqu'à « quel point l'état dans lequel se trouvent les reproducteurs, « au moment d'accomplir la copulation, influe sur le mé- « rite des produits, quelles que soient, d'ailleurs, les qua- « lités physiques et morales qui les distinguent. Or, un ani- « mal transplanté sera dans une situation pénible jusqu'à ce « qu'il soit habitué aux circonstances nouvelles qui lui sont « imposées, et ce n'est que par degrés qu'il y parvien- « dra (1). » Cette vérité n'est point assez comprise, assez sentie en France ; on condamne et l'on abandonne trop vite des animaux qui, par leurs premiers résultats, ne répondent pas à toutes nos espérances, plus que cela, à toutes

(1) *Précis d'un cours de multiplication et de perfectionnement des animaux domestiques.*

nos exigences. C'est toujours le même trait de caractère national. Nous ne savons pas attendre, et nous n'avons guère plus de raison que de patience.

Par ailleurs, encore, nous montrons une sévérité excessive. Pourtant l'expérience apprend qu'il faut savoir, lorsqu'il s'agit de multiplier une race dont on ne peut importer un très-grand nombre de sujets, utiliser toutes les existences au profit de la reproduction, et ne refuser le concours d'aucune individualité passable ou même médiocre. Cette observation s'attache très-spécialement à l'emploi des femelles. Beaucoup de poulinières sans nom, sans antécédents, ont donné, une fois dans leur vie, un produit qui a mis en relief la famille qui est devenue l'une des illustrations de la race. Par contre, des juments, parmi les mieux nées et les plus heureusement douées, ont vécu sans rien laisser de bien recommandable. La nature, dans les races supérieures, ne concentre et n'épuise ni ses forces ni ses dons dans une seule famille; elle en conserve le germe dans toutes les existences pour le développer capricieusement tantôt sur une tige et tantôt sur une autre. Il n'en faut négliger aucune, avons-nous déjà dit, et les preuves abondent, il ne s'agit que de consulter les faits et d'interroger l'histoire même de la race. C'est, du reste, l'histoire de toutes les races qui ont un passé et des archives.

Bien que nous ayons reproduit, en France, le cheval de pur sang anglais dans les mêmes formes et avec les mêmes aptitudes, ce n'est pas à dire qu'il n'ait éprouvé quelques modifications légères, ni surtout qu'il ne soit désirable de lui en faire subir de plus profondes. Là est le point en litige entre les partisans et les détracteurs du cheval anglais.

Les premiers s'estiment heureux et croient avoir atteint le but quand ils sont parvenus à reproduire le modèle le plus exact, la copie la plus fidèle du cheval de pur sang, né et élevé en Angleterre. Les autres, qui nient l'utilité pratique de ce cheval, le repoussent avec d'autant plus de force, au contraire, qu'il est répété avec une plus scrupuleuse exactitude, qu'il ressemble davantage à lui même (1).

A l'époque où nous sommes, on ne peut plus se le dissimuler, le cheval de pur sang anglais est très-particulièrement élevé en Angleterre, en vue de l'hippodrome. Or la plus grande vitesse est la première qualité qu'on lui demande en fait, et qu'on poursuive héréditairement. Poussée jusqu'à l'exagération, la vitesse détermine des conditions de structure qui déplacent jusqu'à un certain point, chez le plus grand nombre, la pondération des qualités, pour en répartir différemment la somme et changer l'équilibre entre les diverses facultés départies à la race. Les supériorités font exception. Celles-ci conservent l'harmonie des formes et des mérites, elles rappellent et propagent toutes les qualités précédemment acquises; elles offrent toujours le meilleur agencement de tous les organes, la régularité la plus grande dans les formes et les rapports les mieux ménagés entre toutes les parties; mais les supériorités sont rares et les besoins sont nombreux. La masse des produits nous apparaît donc avec la conformation la plus favorable au développement de la vitesse, moins la perfection qui est et sera toujours désirable. C'est donc un modèle un peu forcé, un peu exagéré qui nuit à la race et lui enlève quelque chose de son utilité immédiate. Il en résulte que la plupart des animaux de pur sang anglais se montrent un peu enlevés et minces, et qu'il faudrait, tout en les reproduisant dans leur état de pureté, chercher à les grossir, à les ramener à des proportions moins hautes et plus corpulentes; il faudrait, pour condenser notre pensée, rapprocher le grand nombre de l'exception. En France, on voudrait l'impossible. Sans courir après l'ombre, on pourrait mieux néanmoins; on pourrait modifier le cheval actuel de manière à réaliser des produits plus amples que fashionables, plus énergiques

(1) 2ᵉ partie, t. 1, p. 247 et suivantes.

III.                                                              2

qu'impressionnables, vites et résistants tout à la fois, mais plus résistants que vites. Cette modification obtenue, la race anglaise de pur sang remplirait plus complétement les exigences du moment, nul ne songerait plus sans doute à la repousser.

C'est, toutéfois, une grande œuvre, une mission longue et difficile. Elle veut un but bien défini, une volonté bien arrêtée; elle demande du temps, du savoir et de l'argent. L'administration des haras s'était mise en marche; elle était parvenue à réunir sur un seul point, au haras du Pin, une précieuse collection de poulinières de race pure. Les unes venaient directement d'Angleterre, les autres étaient nées dans les boxes mêmes du haras. Une épuration constante en perfectionnait incessamment le type, et la reproduction en était poursuivie dans le sens des idées et des besoins les plus pressés du pays. Les débuts de la race ainsi modifiée furent brillants. L'administration obtint d'éclatants succès et sur l'hippodrome, et dans la situation plus modeste que le service de la monte faisait à ses produits. La question était résolue. Il était hors de doute que le cheval de pur sang avait gagné au Pin, gagné dans la forme, sans avoir rien perdu au fond; les preuves étaient matérielles, irrécusables par conséquent. On en fit alors une question d'un autre ordre, et on éleva le fait de l'entretien, au compte de l'État, d'une jumenterie composée de 65 mères, à la hauteur d'une question d'économie publique. Un vote sorti d'une discussion budgétaire supprima le haras. Il fallut remettre à l'industrie privée les richesses péniblement amassées, et voir passer en toutes mains, au caprice de la criée, des juments dont le mérite était surtout rehaussé par la réunion en famille et l'homogénéité, par les espérances les mieux fondées d'une acclimatation acquise, et par le bénéfice de l'expérience des agents à qui l'avenir de la race avait été confié.

On avait pu croire à la sollicitude, aux efforts des particuliers. Quelques années ont suffi pour éclairer ce point.

L'insuffisance de l'industrie privée est parfaitement démontrée aujourd'hui. L'industrie privée n'a pas rempli le vide,
la place reste inoccupée, et la remonte des haras éprouve de
telles difficultés à se compléter, en sujets même médiocres,
que des réclamations surgissent de toutes parts en faveur du
rétablissement des jumenteries de l'Etat.

C'est au mode d'élevage des poulains de pur sang par
l'industrie privée, ou plutôt par quelques amateurs qui se
groupent pour en usurper le nom sans en représenter aucunement la force, que le public, c'est-à-dire les éleveurs sérieux, adressent des reproches assez mérités au fond. On le
trouve trop exclusif et poussant trop directement à l'exagération des formes les plus favorables à l'extrême vitesse.

Une pareille accusation s'explique aisément, car elle
prend sa source dans ce fait que les particuliers s'occupent
de courses et non point d'améliorations. L'Etat, qui inter-
vient, dirige dans la mesure du possible les efforts privés;
il profite des bons résultats qui se produisent, regrette de les
voir si peu nombreux, et laisse à l'écart tout ce qui ne présente pas une utilité réelle; mais il ne commande ni au
goût ni aux intérêts de l'amateur. Les sacrifices que s'impose
ce dernier n'appartiennent pas à l'Etat, mais à lui-même;
l'amateur reste donc libre d'en faire tel usage qui lui convient.

Cette situation oblige. Elle met en relief, d'une part, la
double insuffisance des particuliers dont le nombre est si li-
mité, dont les efforts ne répondent qu'à un intérêt prochain,
isolé, peu soucieux de l'amélioration de la race, et, d'autre
part, la nécessité de suppléer à cette insuffisance même. En
France, le gouvernement seul est apte à poursuivre, par
une reproduction judicieuse et bien entendue, qui ne s'arrête jamais, les modifications de structure qui rendront le
cheval de pur sang anglais plus immédiatement utile au
croisement avec nos races locales; il est seul apte à entretenir des haras-souches, à former des pépinières où l'on re-

trouve tout à la fois, dans leur expression la plus élevée, et les plus solides qualités du sang, et la conformation la plus forte et la plus régulière. Ces avantages ne s'acquièrent qu'aux dépens du nombre; ils résultent d'éliminations successives, d'une épuration constante, systématique, toujours scrupuleuse, et d'acquisitions qui réunissent aux anciennes familles les sujets d'élite, les produits hors ligne, ceux qui sortent de la foule et se montrent dignes de devenir têtes de race, de devenir des ancêtres.

Jusqu'ici, aucun particulier n'a pris ce rôle à tâche. Ce fait se produira bien moins encore dans l'avenir. « Le niveau « social tend à passer sur toutes les fortunes, l'aristocratie « disparaît, la propriété se divise ; il faut remplacer les for-« ces qui s'éteignent par une force nouvelle.

« L'Etat, qui représente la grande communauté, doit se « substituer à l'aristocratie et à la grande propriété.

« A lui le rôle de protecteur, à lui l'initiative de l'exem-« ple, à lui aussi les dépenses que nos fortunes amoindries « ne peuvent plus supporter.

« Les fréquentes mutations dans les entreprises particu-« lières, les crises qui les accompagnent signalent assez les « difficultés de ce genre d'industrie; il est urgent que l'Etat « intervienne (1)..... »

Ne demandons à l'industrie privée que ce qu'elle peut raisonnablement donner. Elle n'élèvera jamais, ni par système ni par calcul, le cheval pur sang que tout le monde réclame en France ; elle n'y trouverait ni plaisir ni profit. D'ailleurs, elle n'en aurait pas le temps, car plusieurs générations deviennent nécessaires à l'accomplissement de l'œuvre ; c'est une affaire de longue haleine. Nous venons de le dire, les particuliers ne sauraient l'entreprendre; ils ne vieillissent point assez dans la carrière d'éleveurs pour prétendre au rôle de réformateurs ou de créateurs de races. On

(1) Aux pays et aux chambres, le comice hippique.

ne modifie une race qu'avec un système bien arrêté, les connaissances indispensables à sa bonne et persévérante application, un grand désintéressement, des sacrifices très-considérables. Où trouvons-nous dans notre pays ces qualités et ces avantages réunis ?

L'amateur parisien tient le haut bout dans la reproduction du pur sang ; mais où va-t-il ? qu'en fait-il ? La possession du meilleur cheval de course est son unique but ; il ne voit rien au delà. La destination ultérieure du coursier le préoccupe peu ou point, et n'est qu'objet très-secondaire. L'éleveur de province a rarement les ressources nécessaires pour atteindre le but que se propose son rival. Il voudrait bien faire, tout à la fois, un vaillant cheval de course et un reproducteur de mérite ; mais le problème est d'une solution extrêmement difficile. Il ne reste plus que l'État : sa mission est parfaitement définie.

## II.

Frappé de la lenteur avec laquelle la race anglaise de pur sang s'est multipliée en France, de la rapidité avec laquelle, au contraire, les calculs de la théorie en marquaient l'accroissement, nous avons recherché la vérité vraie dans les faits. La chose était facile en compulsant le Stud-Book et en additionnant les résultats qu'il présente.

Nos recherches ont porté sur la descendance de dix poulinières parmi les plus anciennement importées : le choix que nous en avons fait au hasard est néanmoins justifié par la distinction de l'origine et le mérite de plusieurs produits ; il est justifié encore par les noms des éleveurs auxquels elles ont appartenu.

En voici le tableau :

| NOMS DES JUMENTS. | ANNÉE de la naissance. | ANNÉE de l'importation. | ANNÉE de la mort. | DURÉE des services. |
|---|---|---|---|---|
| Crystal............. | 1814 | 1818 | 1837 | 19 ans. |
| Hirondelle.......... | 1809 | 1818 | 1831 | 13 |
| Léopoldine.......... | 1822 | 1825 | 1850 | 25 |
| Priestess........... | 1822 | 1826 | 1840 | 14 |
| Ada................ | 1824 | 1829 | 1844 | 15 |
| Deer.. ........... | 1817 | 1820 | 1837 | 17 |
| Selim -Mar ........ | 1810 | 1820 | 1830 | 10 |
| Comus-Mare........ | 1816 | 1821 | 1844 | 23 |
| Poozy............. | 1819 | 1827 | 1843 | 16 |
| Emelina........... | 1829 | 1829 | 1850 | 21 |

*Crystal* a vécu à Meudon, dans le haras créé par S. A. R. le duc d'Angoulême ;

*Hirondelle* a été importée par M. le duc des Cars, qui avait son établissement à Sourches, dans la Sarthe ;

*Léopoldine* n'a jamais quitté le haras de Viroflay ;

*Priestess* faisait partie d'une importation due à M. le baron de la Bastide, dont le beau haras a existé sur la terre de ce nom ;

*Ada*, enfin, était la propriété de lord Seymour.

Les cinq autres juments, introduites en France par les soins de l'administration des haras, ont passé presque toute leur vie au haras du Pin, en Normandie.

Etablissons l'état de chacune de ces poulinières, en le

chargeant de toutes les existences qui procèdent d'elles-mêmes.

Disons, toutefois, que chacun des produits mâles ne compte que pour son individualité ; les femelles reviennent par les produits que donnent leurs filles.

Le tableau suivant offre donc le relevé exact de toutes les descendances par la ligne maternelle.

Les dix mères, qu'il faut considérer comme chefs de famille, présentent, par l'addition de la durée de leurs services, 173 années d'existence, soit 17-30 en moyenne, à un an près, en faveur des poulinières de l'État ; la durée a été la même pour les deux catégories de juments, 86 et 87 ans.

*État numérique de la descendance en ligne maternelle de dix poulinières de pur sang anglais.*

| NOMS DES FEMELLES. | 1re GÉNÉRATION. Mâles. | Femelles. | 2e GÉNÉRATION. Mâles. | Femelles. | 3e GÉNÉRATION. Mâles. | Femelles. | 4e GÉNÉRATION. Mâles. | Femelles. | 5e GÉNÉRATION. Mâles. | Femelles. | NOMBRE DE Mâles. | Femelles. | TOTAL GÉNÉRAL. |
|---|---|---|---|---|---|---|---|---|---|---|---|---|---|
| Crystal......... | 6 | 8 | 18 | 19 | 5 | 6 | » | » | » | » | 29 | 33 | 62 |
| Hirondelle...... | 2 | 6 | 16 | 14 | 16 | 19 | 2 | 2 | » | » | 36 | 41 | 77 |
| Léopoldine...... | 6 | 9 | 13 | 23 | 1 | 6 | » | » | » | » | 20 | 38 | 58 |
| Priestess....... | 5 | 6 | 9 | 9 | 1 | 2 | » | » | » | » | 15 | 17 | 32 |
| Ada............ | 5 | 6 | 6 | 4 | 1 | 3 | » | » | » | » | 12 | 13 | 25 |
| Deer........... | 1 | 7 | 35 | 39 | 58 | 67 | 18 | 13 | » | » | 112 | 126 | 238 |
| Selim-Mare..... | 2 | 5 | 26 | 23 | 31 | 26 | 5 | 6 | 1 | » | 65 | 60 | 125 |
| Comus-Mare..... | 5 | 9 | 13 | 16 | 15 | 20 | 15 | 18 | 3 | 3 | 51 | 66 | 117 |
| Poozy.......... | 4 | 4 | 13 | 14 | 5 | 4 | 2 | » | » | » | 24 | 22 | 46 |
| Emelina........ | 5 | 3 | 7 | 7 | 1 | 1 | » | » | » | » | 13 | 11 | 24 |
| TOTAUX........ | 41 | 63 | 156 | 168 | 134 | 154 | 42 | 39 | 4 | 3 | 377 | 427 | 804 |
| TOTAUX PAR GÉNÉRATION.... | 104 | | 324 | | 288 | | 81 | | 7 | | | | |

L'examen de ces tableaux suggère quelques réflexions pratiques, nous nous arrêterons aux suivantes :

Il ne serait pas déraisonnable de supposer que le même propriétaire aurait pu importer les dix poulinières dont il s'agit pour en former un haras d'élite, un riche foyer de reproduction de la race anglaise de pur sang. En s'en tenant aux faits accomplis, on voit qu'il aurait mis onze ans à se procurer les 10 têtes de choix dont se serait composé son établissement.

En 1850, il serait en marche depuis trente-deux ans.

Il aurait fait naître 804 têtes : 377 mâles et 427 femelles. Entre les deux nombres, il y a le rapport de 46-89 à 53-11.

Laissant de côté les mâles, pour ne nous occuper que des femelles, nos recherches établissent que

53 sont mortes avant l'âge de 4 ans;

211 n'ont jamais été données à l'étalon ;

150 ont été livrées à la reproduction ;

66 ne sont point encore arrivées à l'âge de la saillie ;

Et que, tout compté, il en existe encore 241.

Maintenant, si nous séparons les chiffres du tableau qui précède, pour établir l'état distinct de chacune des deux catégories de juments qui le forment, celles de l'industrie privée et celles qui ont appartenu aux haras, nous trouvons les données suivantes :

| INDICATION de la catégorie. | 1re GÉNÉRATION. Mâles. | 1re GÉNÉRATION. Femelles. | 2e GÉNÉRATION. Mâles. | 2e GÉNÉRATION. Femelles. | 3e GÉNÉRATION. Mâles. | 3e GÉNÉRATION. Femelles. | 4e GÉNÉRATION. Mâles. | 4e GÉNÉRATION. Femelles. | 5e GÉNÉRATION. Mâles. | 5e GÉNÉRATION. Femelles. | TOTAUX. Mâles. | TOTAUX. Femelles. |
|---|---|---|---|---|---|---|---|---|---|---|---|---|
| Juments de l'industrie privée. | 24 | 35 | 62 | 69 | 24 | 36 | 2 | 2 | » | » | 112 | 142 |
| TOTAUX... | 59 | | 131 | | 60 | | 4 | | » | | 254 | |
| Juments des haras nationaux. | 17 | 28 | 94 | 99 | 110 | 118 | 40 | 37 | 4 | 3 | 265 | 285 |
| TOTAUX... | 45 | | 193 | | 228 | | 77 | | 7 | | 550 | |

Ces chiffres sont très-curieux à étudier ; ils portent la lumière sur un point essentiel. On a souvent dit que l'État faisait moins bien que les particuliers. Les chiffres répondent ; qu'on pèse les résultats. Il est temps de mettre les faits à la place des opinions préconçues, de substituer à l'erreur la vérité matérielle, irrécusable.

Voilà 5 juments qu'on peut mettre au nombre des meilleures et parmi celles dont la situation a été le plus favorable à leur destination, qui ne peuvent arriver jusqu'à la cinquième génération et qui ne sont plus représentées que par 2 têtes à la quatrième. Dans un espace de trente-deux années, elles ne donnent, elles et leurs filles, que 142 produits femelles, soit en moyenne 4.43 têtes par an.

Les cinq poulinières entretenues dans l'un des haras nationaux se rencontrent à la cinquième génération et forment état de 285 femelles, soit en moyenne 8.90 têtes par an.

Toutefois ces chiffres n'expriment pas les faits dans toute leur exactitude. On se rappelle qu'un ordre de suppression a forcé l'administration des haras à vendre la belle collection de poulinières qu'elle entretenait en Normandie. Une fois aux mains des particuliers, ces poulinières sont plus ou moins détournées de leur véritable destination et ne fournissent plus autant à la multiplication de la race. C'est le cas de toutes celles qui ont quitté le haras du Pin et qui, nées des cinq dont nous avons relevé les produits, n'ont plus donné en nombre et en qualité que proportionnellement à ce que donnent les juments entretenues chez les particuliers. Il y a donc eu défaveur pour les juments de l'État. Le chiffre de leurs produits est certainement moins élevé qu'il ne l'eût été si les poulinières vendues et disséminées au hasard d'une vente publique avaient pu être conservées au haras du Pin.

En présence de ces faits, il serait difficile de croire à un brillant avenir de la race de pur sang anglais en France. Pendant bien longtemps encore nous serons tributaires de nos voisins pour l'entretenir et la conserver, si nous ne poussons pas davantage au nombre. Les jumenteries de l'État auraient pressé le résultat ; sans leur fructueux concours nous demeurerons stationnaires, si pourtant nous ne rétrogradons pas. Nous aurions voulu qu'un autre le dît. On eût accordé peùt-être une plus grande autorité à sa parole ; on pourra nous répéter et appuyer une argumentation serrée sur les faits que nous avons mis au jour. On pourra peser notamment sur cette considération qui ne manque pas de force, à savoir ,

1° Qu'entre la première et la seconde génération l'augmentation proportionnelle est de 211.54 pour 100 ;

Qu'entre la seconde génération et la troisième, au lieu d'une augmentation du nombre, on constate déjà une décroissance de 11.15 pour 100 ;

Qu'entre la troisième et la quatrième génération la diminution est telle, qu'elle se mesure par le chiffre énorme de 71.87 pour 100 et que la famille compte déjà 20 têtes, soit 20 pour 100 de moins qu'à la première génération.

2° Qu'en établissant les mêmes calculs pour chacune des deux catégories de juments on trouve les différences très-marquées que voici :

Entre la première et la seconde génération, augmentation proportionnelle 122.04 pour 100 pour les juments de l'industrie privée et 328.89 pour 100 pour les poulinières des haras ;

Entre la seconde génération et la troisième, la diminution est de 54.20 pour 100 pour les juments de la première catégorie, et l'augmentation de 18.13 pour 100 pour celle de la seconde ;

Enfin, entre la troisième et la quatrième génération, la diminution est de 93.34 pour 100 pour les juments de l'industrie privée ; elle n'est que de 66.23 pour 100 pour celles de l'administration des haras.

La statistique peut éclairer beaucoup de questions scientifiques, toujours obscures, au contraire, lorsqu'on néglige de la consulter. Il est beau de savoir, par exemple, quelle part l'élevage de la race de pur sang anglais doit faire à la mortalité à partir de la naissance jusqu'à l'âge de quatre ans révolus, époque à laquelle le croît commence à compter et entre en rapport.

Nous avons vu précédemment, en ce qui concerne les poulinières dont nous avons spécialement établi l'existence, que, sur les 427 produits femelles obtenus, 53 ou 12.41 pour 100 avaient disparu avant leur quatrième année. C'est peut-être une proportion un peu forte; elle est, néanmoins, dépassée par les chiffres que fournit le Stud-Book français, de 1808 à 1850 inclusivement, pour la race entière, mâles et femelles réunis :

Nombre des naissances................... 3,648.
Morts en naissant...... 69, ou 1.89 p. 100,
— pendant l'allaitement. 210, ou 5.76 p. 100,
— avant l'âge de 4 ans.. 256, ou 7.02 p. 100,

TOTAL.. 535, ou 14.67 p. 100, soit 1/7e des naiss.

Cette mortalité est trop considérable pour la troisième période, distinguée à dessein. Un éleveur soigneux peut diminuer d'une manière notable les chances de pertes.

## III.

Nous avons dit, au tome II, page 175 de ces études, comment la race de pur sang anglais se reproduit en Angleterre. Sa conservation y est l'objet d'une science profonde qui s'appuie sur l'observation attentive et réfléchie de faits nombreux et compliqués.

Le but de cette reproduction, c'est la nécessité d'améliorer les races usuelles, de combattre incessamment, par des croisements rationnels ou plutôt par des métissages intelligemment arrêtés, les tendances à la détérioration des qualités intimes du cheval. Sous le climat de la Grande-Bretagne, l'espèce s'avilirait promptement, si le pur sang n'était introduit à doses ménagées, mais suffisantes, dans les veines des races indigènes. Il en est de même sur le continent, où les variétés de l'espèce s'abâtardissent en un petit nombre de générations, lorsque le sang ne relève pas, ne réchauffe pas la vie dans les races qui ont besoin, pour servir utilement, d'une certaine énergie, d'une grande activité vitale.

Le cheval de pur sang, comme tous les animaux de race pure, doit donc être cultivé en vue de l'amélioration des races secondaires, des races de travail, car ces dernières empruntent à ce qu'on nomme *sang* les qualités utiles qui les font le plus apprécier dans l'application, dans l'usage. De toutes les idées saines qui doivent présider à la bonne reproduction du cheval, celle-ci est la moins comprise en France, où tous les principes d'amélioration, faussés par l'erreur, abritée sous des noms illustres comme ceux de Buffon et de Bourgelat, sont encore contestés alors qu'ils ne sont vraiment plus contestables. Ce à quoi l'on s'attache le plus parmi nous, c'est à la forme, abstraction faite du fond. Or, le fond, ici, c'est le *sang*; personne n'ignore plus maintenant quelle signification il faut donner à cette expression.

Cependant « ce n'est pas dans une charpente plus ou moins bien organisée, dans un ensemble de formes plus ou moins régulières que nous devons rechercher les qualités qui rendent le cheval de pur sang le plus noble des animaux, qui en font le véhicule le plus puissant, le plus efficace à une amélioration effective et durable.

« C'est dans son âme, dans sa force, dans son intention, dans sa volonté, c'est dans l'assurance et la fierté de son regard, dans la générosité de son caractère, dans le sentiment de sa valeur, dans le point d'honneur qui semble présider à toute son existence, que nous trouverons, à chaque pas, des preuves irrécusables du principe même de sa supériorité.

« Il ne suffit pas du privilége d'être bien constitué ni de celui d'avoir été soumis à un régime alimentaire judicieux, il faut de la force morale et de l'intelligence pour rendre utiles les effets d'une conformation irréprochable. C'est le propre, c'est l'avantage du cheval de pur sang.

« Il y a, sans doute, dans toutes les races, des chevaux dont on admirerait volontiers les formes, et dont le courage ne laisserait rien à désirer; mais dans quelle race trouve-t-on la constance, le courage inébranlable et l'impossibi-lité volontaire d'une défaite?

« Le sang seul donne cette fierté, inspire cet orgueil et cette ambition. C'est lui qui, dans le cheval de chasse en An-gleterre, dans le cheval de guerre en Arabie, entraîne vers les obstacles et le but ce corps dont il est le principe vivi-fiant et la force.

« Sur l'hippodrome, comme dans toutes les occasions de luttes, c'est lui qui excite l'enthousiasme et soutient le jeu ardent, la vive action des muscles, des nerfs, des fonctions circulatoires et respiratoires de tous les organes de la vie ; c'est lui qui rend grand le cheval petit, qui fait la beauté et la distinction, la puissance et la durée, parce que, partout où il se trouve, la vie qu'il donne a toute son amplitude et toute son étendue. La voilà qui se trahit au dehors; elle est dans les yeux, dans les naseaux, dans les oreilles, dans la transparence de l'enveloppe, dans le frémissement énergi-que de toutes les fibres, dans le port de la queue, partout; tout indique, en effet, la prédominance de l'esprit sur la matière (1). »

S'il en est ainsi, on peut bien sacrifier un peu à la forme et accorder plus au fond, au principe même de la vie. C'est à ce résultat qu'on arrive forcément par l'expérience, c'est-à-dire par l'étude et l'observation. Les Arabes et les Anglais en sont là; les peuples du continent sont moins

(1) *Journal des haras*, t. L., année 1860.

avancés ou moins connaisseurs; ils renversent la proposition ; ils accordent une plus grande importance à la forme,
et négligent volontiers le reste. La conformation extérieure
est pour eux le point de départ, la cause des qualités les
plus intimes. Ils attachent à la beauté physique des idées de
supériorité qui n'appartiennent qu'à la perfection morale,
et vont aussi loin dans cet ordre de faits que les partisans
les plus extrêmes du sang dans le sens de l'opinion opposée.

La vérité est que la perfection se trouve dans l'alliance,
dans l'amalgame, allions-nous dire, des deux ordres de qualités. C'est leur réunion qui fait la valeur réelle, qui met
hors ligne les sujets les mieux doués d'une race; mais elle
est rare et tout exceptionnelle, ainsi que nous l'avons déjà
plusieurs fois constaté. Il ne faut donc pas répudier tout ce
qui n'est pas parfait; il faut savoir utiliser, au profit de la
race entière, les animaux qui en offrent les qualités fondamentales essentielles : or celles du sang priment incontestablement les autres.

Déjà M. le duc de Guiche avait traité ce sujet ; il avait
dit :

« Avant que l'expérience eût résolu tous les doutes de la
théorie, on a longtemps agité la question de savoir si dans
l'accouplement il fallait s'attacher au sang plutôt qu'aux
formes extérieures. Parmi les éleveurs, plusieurs pensaient
que l'affinité était le point essentiel, que la taille, la conformation et la mise ensemble des points capitaux étaient
de peu d'importance, et pourvu que l'étalon ou la jument,
ou tous les deux, fussent bien apparentés, ils se croyaient
sûrs d'obtenir un beau produit.

« Les autres, au contraire, soutenaient que le sang et les
qualités qui distinguent telle ou telle famille ne devaient et
ne pouvaient compter pour rien dans le mérite de l'étalon
ou de la jument; ils assuraient que la taille et la conformation garantissent suffisamment les qualités du produit à
venir.

« Ces deux opinions extrêmes et exclusives ont été victorieusement réfutées par les faits que fournissent les Annales
des courses en Angleterre, pour ce qui est relatif à la race
des chevaux de pur sang qui réunit au plus haut degré les
qualités indispensables à l'amélioration des autres races.

« Il est démontré qu'il faut tenir compte et de la pureté
du sang et de la conformation extérieure, aussi bien dans
le père que dans la mère.

« Cependant, si on ne pouvait réunir les formes convenables à la pureté du sang, et que le but soit d'obtenir
un élève qui eût force, fonds et légèreté, l'expérience a
prouvé qu'en passant par-dessus quelques imperfections extérieures, il valait mieux accorder la préférence au sang. »

Il ne faut pas oublier, en effet, qu'il s'agit précisément
ici de la conservation même du pur sang, de la réunion de
toutes les qualités morales, qu'on est convenu de désigner
par cette expression. Il n'en est plus tout à fait de même
quand on applique le pur sang à l'amélioration ou à la
création d'autres races; la forme prend alors une autre importance; mais, dans ce cas, encore faut-il conserver aux
qualités intimes la suprématie, car d'elles dépendent particulièrement l'utilité et le succès de l'emploi du pur sang.

Les effets de l'hérédité sont loin d'être les mêmes dans
toutes les circonstances : et, par exemple, dans le cas de la
reproduction d'une race dans toute sa pureté, ou seulement
dans le cas de la transmission d'une partie des mérites de
celle-ci, modifiés par le mélange de son principe, la pureté
du sang, avec le sang d'une race mêlée. Cette distinction n'a
pas encore été faite; pour être bien comprise, elle a besoin
d'être bien sentie. Essayons d'une comparaison triviale; par
ce côté, notre pensée entrera mieux, peut-être, dans l'esprit du lecteur.

N'est-il pas vrai que le temps apporte toujours quelque
affaiblissement avec soi, qu'il altère, s'il ne les détruit pas,
certaines qualités indéniables; que, pour les conserver, il

III.                                                          3

faut les fortifier à nouveau, ajouter aux anciennes, prévenir toute atteinte? Ainsi, les meilleures eaux-de vie, les vins les plus recherchés n'ont-ils pas dû être traités de la sorte pour arriver avec l'âge au degré de perfection que les bons soins déterminent, que le temps seul ne saurait donner? Les vinaigres les plus forts conserveraient-ils leur degré de concentration si on les abandonnait à eux-mêmes, si on ne prenait toutes précautions pour éviter des pertes? Peut-il en être autrement dans le monde animal?

Évidemment non.

C'est en fortifiant toujours les qualités de la race chez les produits à naître par le choix sévère des ascendants qu'on parvient à répéter chez les fils les hautes facultés qui ont été constatées chez les auteurs. Sans cette attention, les qualités fondamentales de la race seraient promptement altérées : la reproduction successive, au lieu de rappeler les mérites essentiels, répéterait avec plus de certitude les vices et défauts; au lieu de se perpétuer pure et puissante, par sa pureté même, la race tomberait de perte en perte jusqu'à la dégradation. Voilà ce qu'enseignent l'observation et l'expérience. La race andalouse et la race ducale deux-pontoise, d'origine pure l'une et l'autre, sont tombées toutes deux sous une influence de cet ordre; les races arabe et anglaise de pur sang se conservent, au contraire, grâce à la pratique rigoureusement suivie d'une sélection toujours attentive et rigide.

Voilà des principes et des faits inattaquables.

Donc, autre chose est de conserver entières les qualités, toutes les qualités du cheval de pur sang, autre chose est d'en faire passer une partie seulement chez ses produits.

Dans le premier cas, on ne peut que sacrifier au fond, à la question du sang, et c'est alors qu'on dit avec raison : le sang est tout, car dans la reproduction de la race il sauve la forme, en répétant à intervalles plus ou moins éloignés, ou plus ou moins rapprochés, au gré de la nature, toute la perfection dont elle est capable. Dans le second cas, au contraire, la forme emporte nécessairement le fonds, car le sang, selon que la dose en est judicieuse, trop affaiblie ou trop forte, donne, compromet, ou altère le résultat cherché.

L'expression de ces idées ou de ces faits est un peu aride ; il est des choses qu'on sent mieux qu'on ne les peut dire. Nous croyons, toutefois, avoir exposé celles-ci avec assez de clarté pour qu'elles puissent être comprises et acceptées.

La conservation du cheval de pur sang a particulièrement sa raison d'être dans les améliorations qui découlent de son emploi à la reproduction des races usuelles ; c'est errer que de chercher ailleurs, dans un autre ordre d'idées, les avantages de l'entretien de sa race, le fait même de son utilité pratique.

Il en est ainsi des autres espèces. L'âne-étalon, qui produit le mulet, et dont toute l'existence n'a pas d'autre objet, est une cause de richesses bien constatée. Par lui-même, il ne rend aucun autre service et n'est d'aucune autre utilité. Cependant, personne n'a encore songé à nier la nécessité de son entretien, si onéreux et si difficile qu'il soit.

« La race de Durham améliorée, dit M. Sainte-Marie, est bien plutôt employée, entretenue, appréciée, comme une race de pur sang, destinée à améliorer les autres races, que comme une race de spéculation ordinaire, habituelle, comme une race de pays.

« . . . . . Son appréciation est celle d'une race exceptionnelle, possédant des qualités, dont la réunion ne se rencontre chez aucune autre race dans une proportion aussi avantageuse.

« Son emploi consiste dans le perfectionnement des races dépourvues de ces qualités, sans altérer notablement les qualités qui leur sont propres (1). »

(1) *De la race bovine courte-corne améliorée*, etc.; par Lefebvre Sainte-Marie.

Le but de la reproduction du cheval de pur sang anglais se trouve ainsi parfaitement défini. Il était bon qu'on dît, une fois pour toutes, le motif sérieux qui commande de s'occuper avec la plus scrupuleuse attention de l'acclimatation et de la multiplication des races pures. Celles du cheval sont longues, difficiles et très-coûteuses à obtenir, mais leur utilité ressort d'un fait qui domine la question, si élevée qu'elle soit d'ailleurs, la nécessité de fabriquer chez soi un instrument qui ajoute beaucoup à la richesse publique et d'assurer, dans certaines éventualités, l'indépendance même du pays.

## IV.

Il y a, dans le sujet que nous traitons, une telle connexité entre la science proprement dite, et les données d'économie générale qui s'y rattachent, qu'il est à peu près impossible de séparer celles-ci de celle-là dans un examen un peu large de la question; nous sommes donc amené à déterminer ici les rôles de l'Etat et de l'industrie privée, dans la part que l'un et l'autre ont prise et conservent dans cette œuvre d'acquisition, de conservation et de multiplication du cheval de pur sang anglais en France.

Bien que les haras de l'Etat aient toujours possédé des animaux de pur sang, on ne saurait dire qu'ils aient toujours eu en vue d'en acquérir systématiquement les races par l'acclimatation et un mode de reproduction exact. Il y a moins de trente ans que la nécessité de cette conquête, bien démontrée, l'a fait entreprendre suivant des idées nettement définies. Jusque-là, on se bornait à mêler, à confusionner, à croiser entre elles comme on disait, toutes les races connues, celles du pays et celles du dehors, conformément aux règles d'une science bâtarde qui a produit un mal incalculable en France et sur tout le continent.

Les choses en étaient là quand, revenant à peu près aux

principes établis par Préseau de Dompierre, M. le duc de Guiche demanda, comme celui-ci l'avait fait en 1788, qu'on créât « des *haras de pépinière* destinés à produire les germes « précieux qui devaient, en quelque sorte, régénérer l'es- « pèce dans toute la France. »

M. le duc de Guiche portait le nombre de ces établissements à 12 parmi lesquels 8 eussent été exclusivement consacrés à la reproduction de la race anglaise de pur sang; chacun d'eux, pour commencer, devant être composé de 50 poulinières, c'était une population agglomérée de 400 têtes. En vingt-cinq années, on arrivait à un très-gros chiffre, et l'on produisait, chemin faisant, des résultats sérieux et facilement appréciables.

Les idées émises par M. le duc de Guiche, sur la nécessité d'employer le cheval de pur sang à l'amélioration des races de selle et d'attelage, ont été adoptées par les bons esprits, mais il n'a été donné aucune suite au projet de création des haras de pépinières. Les importations de juments de pur sang ont été lentes à ce point, qu'après vingt-cinq ans d'efforts nous n'avons pas encore atteint le chiffre posé pour le point de départ. En 1850, la France ne possède pas, éparses et systématiquement livrées à la bonne reproduction de la race, 350 poulinières de pur sang anglais.

L'administration des haras, nous l'avons déjà constaté plus haut, s'était mise en marche pour fournir son contingent d'efforts et de résultats à l'œuvre commune, c'est-à-dire à l'acclimatation et à la multiplication du pur sang anglais. Des juments de bonne souche et d'une conformation régulière, ample et forte avaient été réunies, et étaient entretenues avec sollicitude dans les haras du Pin, de Pompadour et de Rosières. L'industrie particulière en prit ombrage sous prétexte de concurrence inutile, nuisible, décourageante pour ses efforts, sous prétexte aussi d'opération ruineuse pour l'État, elle demanda la suppression de l'élevage dans les établissements de l'administration. Les chambres entendirent la cause, elles prononcèrent dans le sens des réclamations portées à leur barre ; mais bientôt les faits appelèrent de cette décision, fort mal accueillie tout d'abord par le public compétent, par les éleveurs sérieux, par tous ceux qui jugent de près et au fond.

Nous ne saurions oublier que la question scientifique est la première, sinon la seule en cause dans cette partie de notre ouvrage; dès lors nous y revenons, autant, du moins, que la spécialité de ce paragraphe le permet.

Le Stud Book français (1) contient tous les éléments du procès. Les pièces à conviction sont là, faciles à consulter par ceux qui veulent réellement s'éclaircir. Qui donc, de l'administration des haras ou de l'industrie privée, a tiré le parti le plus profitable au pays et à l'avenir de ses races chevalines, des juments de pur sang anglais importées d'Angleterre ou nées en France?

Les chiffres répondent avec quelque brutalité, mais d'une manière décisive.

L'administration des haras a importé 48 poulinières de pur sang anglais ; l'industrie particulière en a introduit 273.

Ce dernier nombre contient presque six fois le premier.

Les 48 juments entretenues par les haras ont donné à la reproduction de la race pure :

Étalons.. . . . . 160  
Poulinières. . . . 230  } ci. . 390 ;

c'est plus de 8 produits par tête.

Pour les 273 juments introduites et entretenues par les particuliers, voici les chiffres correspondants :

Étalons.. . . . . 209  
Poulinières. . . . 571  } ci. . 780 ,

ou moins de 3 produits par tête.

(1) *Stud-Book français*, 2e édition, t. Ier.

Si cette dernière catégorie avait été, autant que la première, utilement employée ou féconde, elle aurait produit,
savoir :

Étalons.. . . . 910 ou 335.41 p. 100,
Poulinières. . . 1308 ou 129.07 p. 100.

Ces chiffres mettent en relief la part respective des services rendus à l'acquisition de la race anglaise par l'administration des haras et par les particuliers. On peut maintenant mesurer par la pensée l'étendue du tort causé au
perfectionnement de nos populations chevalines tout entières,
par la suppression, dans les jumenteries de l'Etat, de la
production et de l'élève du cheval de pur sang anglais.

C'est au haras du Pin que l'administration avait formé la
plus riche collection de poulinières anglaises qui ait peut-
être jamais existé sur un seul et même point, aux mains d'un
même éleveur agissant dans un but parfaitement arrêté,
sans arrière-pensée de spéculation, et sans autre intérêt que
celui d'une reproduction toujours épurée. Pompadour et
Rosières avaient l'un et l'autre une spécialité différente et
ne possédaient des juments anglaises qu'à titre d'expérimentation en quelque sorte. C'est donc au Pin que doit se
concentrer l'étude des travaux de l'administration relativement au sujet qui nous occupe.

Dix années de recherches et de reproduction attentive
avaient suffi pour réunir sur la terre du haras du Pin 65 poulinières d'élite. Si à cet effectif on ajoute ceux de Pompadour et de Rosières, on arrive à un chiffre qui s'élève au
quart à peu près du nombre des juments de pur sang inscrites alors au Stud-Book français ; en 1850, l'administration
ne possède que le 1/21 des existences.

Voici les chiffres :

1840, aux haras, 74 têtes; aux particuliers, 219; en tout 239.
1850, aux haras, 17 têtes; aux particuliers, 403; en tout 420.

Entre ces totaux, la différence est de 127 au profit de

l'époque la plus rapprochée. L'accroissement n'a pas été de 12 têtes par an. C'est peu, ce n'est point assez. Le nombre des juments remises par l'Etat aux particuliers est de 57 ; il a moins donné à la race chez ces derniers, qu'il ne l'eût fait en restant aux mains de l'administration des haras.

A tous les points de vue, la question présente les mêmes faits et les mêmes résultats ; c'est toujours la même insuffisance au fond. En France, il ne faut pas compter sur l'industrie privée pour des entreprises qui, loin d'offrir des chances de bénéfice assuré, aboutissent avec certitude, au contraire, à des pertes incessantes. C'est le cas de la reproduction du cheval de pur sang anglais ; c'est le cas de la reproduction de toutes les races perfectionnées, entretenues comme types nécessaires à l'amélioration des races secondaires.

A peine formée, la jumenterie du Pin était déjà une riche pépinière pour la reproduction du pur sang anglais ; elle serait devenue la source vive et pure de la race entière sur le continent. Sa naturalisation y était l'objet de soins profitables, et les produits naissaient dans des conditions favorables au perfectionnement de la population indigène. Les réformes annuelles épuraient sans cesse les choix antérieurs; les sujets débiles ou mal venants ne pouvaient déshonorer longtemps le troupeau ; les types supérieurs étaient un point de comparaison qui ne souffrait pas la médiocrité. Chez les particuliers, les choses ne se passent pas ainsi ; les réformes y sont lentes, pénibles; on s'y risque difficilement à vendre à bas prix des produits qu'un intérêt de spéculation protége toujours contre l'avenir même de la race. Ici les poulains valétudinaires, les animaux atteints par la dégénération demeurent et nuisent aux autres; ils font nombre, ils encombrent, ils consomment et dépensent; ils désaffectionnent l'éleveur, dont l'enthousiasme ou la passion passent vite, et le haras se traîne de chute en chute et de perte en perte jusqu'à sa complète disparition. Ces insuccès partiels for-

ment ensemble, faisceau, et servent très-mal les intérêts de
la bonne reproduction de la race. Que si, au contraire, l'é-
leveur trouvait des facilités pour remonter sa jumenterie au
premier symptôme de défaillance, il ne laisserait pas vieillir
sans profit des animaux qui pourraient entrer dans la consommation générale, après remplacement au foyer d'une
épuration constante. Tel devrait être le rôle d'un grand haras d'Etat. Loin de faire concurrence aux particuliers,
comme on l'a dit, il serait leur sauvegarde, le moyen le plus
utile à la réussite de leurs établissements trop peu considérables pour se suffire, se renouveler et se régénérer, alors
même qu'ils seraient tenus et dirigés dans le sens du perfectionnement continu de la race, ou tout au moins de la
conservation, sans déchéance de toutes les qualités acquises.

L'intérêt privé s'est trop vite alarmé dans cette question;
il a fait fausse route, il s'est nui à lui-même et s'est préparé
de grands mécomptes. En ses mains seules, la race perd et
déchoit; avec le concours de l'Etat, elle croissait et multi-
pliait sans dégénération. Cette vérité, déjà palpable, ressortira bientôt évidente pour tous.

La mission des haras, brusquement interrompue, n'a été,
ne pouvait être reprise par personne. Acclimater une race
de chevaux à un nouveau milieu, pour se l'approprier, la
reproduire sans déchéance et chercher néanmoins à la modifier, quant aux formes, pour la mettre plus complétement
en rapport avec les idées et les besoins du pays, ceci n'était
point une tâche aisée, mais un labeur difficile, une œuvre
lente, patiente, onéreuse, exigeant des ressources qui ne se
trouvent ni dans la mobilité de notre esprit, ni dans la mo-
dicité de nos fortunes.

L'étalon de pur sang anglais, tel qu'il nous venait de
l'Angleterre, a subi, chez nous, pays de grosses races, des
critiques parfois trop sévères, mais parfois aussi quelque
peu fondées. Il a paru, il paraît encore enlevé et mince. Ce

défaut ou cet inconvénient se répète dans ses fils, soit qu'on le reproduise dans son état de pureté, soit qu'on le marie aux juments indigènes de nos diverses provinces à chevaux. Sur tous les points à la fois, on lui reproche d'affiner trop l'espèce, de donner des sujets plus distingués que forts, plus impressionnables qu'énergiques, plus prompts que résistants. Il fallait combattre cette influence. Le seul moyen qui se présentât, n'était-ce pas, tout en naturalisant et acclimatant la nouvelle race par une reproduction judicieuse, de la modifier quant aux formes, ainsi que nous venons de l'écrire, dans le sens des idées et des besoins de la France?

Tel était le but à atteindre.

Les faits disent qu'il avait été bien compris, et que la solution du problème avait été rapide. En effet, le succès a été complet. Le cheval de pur sang anglais, élevé au Pin, prenait de l'étoffe et de l'ampleur, il devenait corpulent, il conservait toute la distinction et toutes les qualités morales qui en font un type de reproduction, un régénérateur dans la véritable acception du mot. De brillants débuts sur l'hippodrome avaient prouvé, contrairement à l'opinion reçue, que la vitesse et le fonds ne sont pas des mérites incompatibles avec le développement physique et la régularité des formes.

L'alliance, ou plutôt la réunion de ces qualités dans une même individualité, est sans doute plus difficile à obtenir que l'une d'entre elles exclusivement; mais elle constitue le point le plus voisin de la perfection, et la perfection devait être ici le point de mire, l'objet d'efforts soutenus et de travaux raisonnés. C'est là précisément ce qui différencie une œuvre d'administration ou de longue haleine, d'une entreprise particulière, qui n'est jamais sûre de son lendemain. Celle-ci vise moins haut; son affaire est toujours celle du moment. Elle s'attache à un résultat prochain et poursuit systématiquement, chez ses produits, le développement plus hâtif d'une seule faculté, dussent ces produits en être alté-

rés et profondément atteints. De là les reproches adressés
au mode d'élevage du cheval anglais de pur sang chez les
particuliers. On trouve, répétons-le encore, qu'il est trop
exclusif et pousse trop directement à l'exagération des formes les plus favorables à une extrême vitesse. En peut-il être
autrement? L'industrie privée, sachons-le bien, s'occupe de
courses et non point d'améliorations; son unique but, c'est
la possession du cheval le plus vite. La destination ultérieure du coursier la préoccupe moins, si elle la préoccupe jamais. Eh bien ! l'étalon de mérite, le cheval de croisement,
le reproducteur vraiment utile à l'amélioration du cheval
usuel ne sont pas d'un système d'éducation aussi absolue.
En effet, le gros, une grande puissance musculaire, des formes plus ramassées que sveltes, l'ampleur des membres, la
largeur et la netteté des articulations sont des qualités bien
rares chez le cheval exclusivement élevé en vue de l'hippodrome. C'étaient les caractères qu'une sélection rigoureuse
et de judicieux accouplements s'efforçaient de développer et
de fixer dans le cheval pur sang reproduit au haras du Pin.
De beaux spécimens, déjà vieux malheureusement, témoignent en faveur des résultats obtenus; il faudrait aujour-
d'hui les remplacer, mais où prendre leurs successeurs?

Ne demandez à l'industrie privée que ce qu'elle peut raisonnablement donner. Elle n'élèvera jamais ni par système
ni par calcul le cheval de pur sang que nous venons de décrire. Elle n'y trouverait ni plaisir ni profit. D'ailleurs, elle
n'en aurait pas le temps, car plusieurs générations sont
maintenant nécessaires pour accomplir la tâche. Celle-ci est
ardue et ne convient point à la spéculation. Les particuliers
ne sauraient l'entreprendre, ils ne vieillissent pas assez dans
la carrière d'éleveur pour prétendre au rôle de réformateur
ou de créateur de races. On ne modifie une race qu'avec du
temps, — beaucoup de temps, — un système bien arrêté,
les connaissances nécessaires à sa bonne application et des
sacrifices qui ont leurs sources dans un grand désintéresse-

ment et une fortune considérable. Combien, en France, réunissent ces conditions indispensables à la réussite ? L'exemple de l'administration pourrait seul tenter le dévouement de quelques-uns ; l'initiative ne viendra pas des particuliers. Le passé ne justifie que trop cette assertion.

Mais entrons plus avant dans les faits et voyons ce qui est advenu des travaux commencés.

## V.

Meudon. Une pensée nationale a présidé à la formation du haras de Meudon. « Pénétrée de la nécessité de donner à l'étude et à l'éducation du cheval en France une impulsion qui les sortît de l'état d'abandon où les avaient fait tomber nos discordes et nos longues guerres, S. A. R. le Dauphin chargea M. le duc de Guiche de fonder un établissement de production et d'élève qui pût servir de modèle à nos grands propriétaires et encourager des essais ultérieurs (1). »

Tout était à faire ; mais — sol, constructions, aménagements, recherche des animaux, tout fut fait par enchantement avec entente, goût et méthode. L'économie la mieux entendue fut mise à l'ordre du jour et créa un genre d'enseignement qui avait manqué jusqu'alors à nos fondateurs d'établissements hippiques. On abandonna le système français pour adopter les idées anglaises ; on trouva partout le confort nécessaire ; — le luxe inutile, nulle part.

Le terrain, aride et longtemps abandonné, fut approprié, convenablement nivelé et amendé, labouré, fumé, ensemencé, et facilement converti en pâturages suffisamment riches et substantiels. Les écuries s'élevèrent spacieuses et distinctes pour le logement des mères et des poulains, mais agrestes et pourtant bien ordonnées. Les prairies offrirent les divisions et compartiments que réclament la tenue des

(1) *Journal des haras*, t. Ier.

poulinières de race pure et l'élevage spécial de leurs produits. Enfin, des animaux de choix, — mâles et femelles, — furent achetés avec beaucoup de soin en Angleterre, et vinrent peupler le nouvel établissement.

Quand les choses sont faites avec attention et un véritable savoir, quand on est bien fixé sur ce que l'on veut et ce que l'on peut, quand surtout on n'a voulu que ce qui est rationnel, il est rare, bien rare de ne réussir pas.

Ce qui s'est pratiqué à Meudon n'était nouveau que pour la France. Le fondateur introduisait avec la race pure les méthodes qui l'avaient créée et la rendaient prospère au siége même de la fondation. Il n'avait point en vue de faire mieux ; profitant de l'expérience des Anglais, il voulait simplement faire aussi bien, acclimater à un autre milieu, pour le conserver et le propager, un type précieux à tous égards et qui manquait au pays.

Cela se passait en 1818.

Les commencements de cette organisation furent couronnés de succès. Les juments importées réussirent ; leurs produits se développèrent parallèlement aux espérances qu'ils avaient données en naissant, et aux soins dont ils étaient entourés. Aucun signe de dégénération n'apparut ; loin de là, on se flatta qu'il y avait amélioration, c'est-à-dire plus de force dans les membres et plus de régularité dans les aplombs. C'était le bénéfice d'une éducation plus rationnelle que pressée. En effet, la discipline sévère de l'entraînement se faisait sentir moins tôt qu'en Angleterre, et le travail était donné avec plus de mesure qu'aujourd'hui, même en France.

Nous regrettons de ne pouvoir établir la liste des premières juments qui furent établies à Meudon et qui ont, à vrai dire, jeté les premiers fondements de la reproduction du pur sang anglais en France. Les renseignements nous manquent, et les recherches nous prendraient trop de de temps. Toutefois elles étaient bien choisies et bien apparentées ; plusieurs ont laissé de bons souvenirs dans la mémoire des hommes spéciaux.

Nous pouvons citer :

*Crystal*, — *Sorcerer-Mare*, — *Helen*, — *Hébé*.

En compulsant le Stud-Book français, on en trouvera d'autres, et l'on se fera une juste idée des services qu'elles ont rendus.

Mais comme, à l'époque, l'administration des haras n'avait dans le voisinage de Meudon aucun étalon marquant, auquel pussent être livrées les poulinières d'élite, le haras se compléta par l'introduction de reproductions déjà célèbres en Angleterre. Ainsi, TRUFFLE, qui repassa la Manche en 1829, TANCRED et ROWLSTON, qui furent achetés plus tard par l'Etat et placés dans les dépôts de l'administration.

Parmi les produits obtenus à Meudon, plusieurs se détachent et deviennent des ancêtres. SYLVIO, fils d'*Hébé*, s'est fait un nom ; nous le retrouverons dans la suite de ces études. *Sorcerer-Mare* a donné naissance à Geane, dont la plupart des produits se sont bien montrés, non-seulement à la première, mais encore à la seconde génération.

Les faits, en un mot, sont là pour déposer en faveur de Meudon. Mais, à peine en marche, ce haras a éprouvé de fâcheux revers. La révolution de juillet a brusquement interrompu les premiers résultats ; une menace de destruction a pesé sur l'établissement, sauvé de la ruine pourtant et remis à flots après une regrettable lacune. Il renfermait une quarantaine de têtes d'animaux de pur sang lorsqu'il passa dans les mains du roi Louis-Philippe quelques mois après les événements politiques de 1830.

Durant les trois années qui suivent, le haras de Meudon et la succursale de Saint-Cloud, qui avait pris un certain développement, sortirent de la route tracée par le fondateur. On y fit des chevaux de toutes sortes, suivant les idées de l'ancien temps ; on sembla renier les principes précédemment admis et si bien posés, dans un rapport adressé, au commencement de 1829, à S. A. R. le Dauphin : — imiter l'exemple de l'Angleterre, profiter de ses travaux, rectifier même les erreurs, si l'on en reconnaît, mais rompre avec les vieux préjugés, abandonner les vieilles théories qui ont tant nui à la bonne reproduction de nos races, chercher la vérité dans ses sources les plus pures, l'observation et les sciences pratiques, répudier les mauvais livres et la fausse science pour ne consulter que les faits et l'expérience.

Il y eut donc de nombreuses réformes à faire pour écarter tous les indignes, lorsqu'à la fin de 1833 le roi céda le haras de Meudon au prince royal. Plusieurs ventes eurent lieu aux enchères publiques. Les prix obtenus furent peu élevés et déposèrent contre les méthodes de la dernière direction ; mais la décision avec laquelle furent prononcées et consommées les réformes témoignèrent d'un retour bien arrêté aux idées qui avaient présidé à la création du haras. On remplit les vides par de nouvelles importations, et l'on rendit l'établissement à sa première destination, la conservation du cheval de pur sang anglais dans toute sa pureté, et la bonne reproduction de sa race dans la plénitude des qualités acquises.

Les idées qui prévalurent alors, dans la pensée du prince, étaient toutes favorables à la propagation du pur sang anglais. De la race arabe il ne fut pas question. Sur l'autre reposaient « toutes les espérances de succès pour relever l'espèce des chevaux français dans le moins de temps possible et avec le moins de frais. En effet, le cheval anglais de pur sang présente, dans son perfectionnement, un fait accompli ; car il réunit, à toutes les qualités du sang, la force et la taille qui conviennent à nos besoins. Le cheval arabe, au contraire, manquant d'élévation, ne peut répondre aussi bien au but que nous nous proposons d'obtenir. Le cheval anglais est bien plus propre à relever la taille des races du midi employées dans la cavalerie légère, et à redonner une nouvelle énergie à celles du nord, qui ne fournissent, en général, que des chevaux mous, indociles par faiblesse, sujets à de fréquentes maladies, sans nerf, et ne possédant d'autre activité que celle qui leur est communiquée par le cavalier (1). »

Cette fois encore, le but était bien défini ; en se mettant à l'œuvre, on savait parfaitement où l'on voulait arriver. Nous insistons sur ce point parce qu'il est capital, et que très-peu d'éleveurs déterminent à l'avance l'objet qu'ils se proposent. Ici le point cherché, c'était la reproduction du cheval de pur sang anglais comme principe de régénération de nos races carrossières et de selle.

Il fallut quelques années au haras de Meudon pour reconquérir la place qu'il avait précédemment occupée, malgré la judicieuse entente avec laquelle toutes choses étaient conduites, et l'on eut, une fois de plus, la preuve des difficultés de toutes sortes qui entourent la réédification d'une œuvre arrêtée, ou simplement suspendue dans son développement progressif.

Toutefois Meudon se réhabilita complétement aux yeux de simples amateurs, et, ce qui était préférable assurément, dans la pensée des hommes sérieux, qui attachaient à l'existence du haras des idées d'un ordre plus élevé, un intérêt autre que celui du sport.

Des produits d'un mérite réel sont sortis de Meudon qui possédait d'incontestables richesses, en 1842, lorsque mourut si fatalement S. A. R. monseigneur le duc d'Orléans.

On put craindre alors, pour la seconde fois en moins de douze ans, que l'établissement disparût. Il n'en fut rien cependant. Le roi chargea monseigneur le duc de Nemours de continuer l'œuvre commencée. Mais il y eut, dans ce

---

(1) *Mémoire sur les chevaux qui méritent exclusivement le titre de pur sang anglais;* par M. le duc de Guiche.

changement de gestion, quelques nouvelles incertitudes, des tâtonnements inséparables des circonstances, et il en résulta une seconde lacune. Meudon perdit un peu de l'éclat qu'il avait su prendre dans les derniers temps; mais un demi-succès ne pouvait que provoquer à de plus grands efforts, et sa réputation lui était revenue, à juste titre, lorsque la révolution de février éclata. Celle-ci a définitivement emporté le haras. Tout a été vendu, dispersé au hasard de la criée. L'histoire de la race anglaise fera plus tard ressortir le dommage qu'en aura éprouvé le fait de sa multiplication en France.

Pendant une existence de moins de trente ans, Meudon a éprouvé bien des revers; aujourd'hui ce n'est plus qu'un souvenir; aucun établissement ne l'a remplacé. On regrettera plus tard qu'il ait cessé d'être, comme on regrette en Angleterre que l'ancien haras du Roi, Hamptoncourt, n'existe plus.

Les successeurs seront plus justes que ne l'ont été les contemporains. Ceux-ci ont des passions et des intérêts que le temps emporte; avec des sentiments de cette nature, on ne juge pas sainement. On a jalousé le haras de Meudon comme on avait jalousé les jumenteries de l'Etat. La défaite était une source intarissable de critiques et de quolibets; le succès provoquait des élans de mauvaise humeur qui éclatait à tout propos et sans propos. Un vote de finance avait débarrassé de ce qu'on appelait la concurrence de l'Etat; plusieurs révolutions ont été nécessaires pour abattre Meudon.

Sourches. — Le haras de Sourches (département de la Sarthe) s'éleva après l'établissement de Meudon; sa fondation remonte à 1819.

De longs voyages, et surtout un séjour prolongé en Angleterre, apprirent à M. le duc des Cars à connaître et à apprécier les qualités supérieures des chevaux anglais. Admirateur éclairé des belles races chevalines de ce royaume, il

III.                                                                        4

résolut de les importer dans sa patrie, non pas en simple amateur, qui borne à des jouissances personnelles son goût pour les chevaux, mais en propriétaire instruit qui veut enrichir son pays de races estimées.

« La reproduction, en France, des chevaux anglais de pur sang et de demi-sang fut donc la pensée qui inspira M. des Cars, et devint le but de ses travaux (1). »

Ainsi qu'on l'avait fait à Meudon, M. le duc des Cars importa des poulinières et des étalons. Le système était complet ; il réunissait à la fois les deux éléments de génération, il faisait naître et élevait les produits jusqu'à l'âge de la mise en service. Les vues du fondateur ne s'arrêtaient pas à la reproduction du pur sang anglais, elles s'étendaient à l'expérimentation des croisements de cette race par l'étalon arabe, ou de la jument arabe par l'étalon anglais, et à l'élevage de chevaux de demi-sang issus de l'une et l'autre souche. Il y aurait ici des sujets d'étude fort utiles à l'avenir des races indigènes. Il ne faut pas que le résultat en soit perdu pour les hippologues. Bien donc que nous ne dussions nous occuper, dans ce chapitre, que de ce qui regarde le cheval de pur sang anglais, nous ouvrirons une parenthèse pour rapporter les observations faites par M. le duc des Cars.

« Parmi les poulinières du haras, plusieurs sont nées à Sourches. Loin d'avoir dégénéré, l'on remarque, au contraire, que leurs productions ont plus de taille et de membre que les juments importées. »

Cette remarque avait été faite aussi à Meudon.

« Quant aux produits obtenus par l'accouplement d'étalons et de juments de pure race, ils offrent autant de qualités que leurs auteurs. Aussi M. le duc des Cars espère-t-il être bientôt affranchi de toute espèce de tribut envers les étrangers, et puiser dans son haras même les producteurs dont il aura besoin.

(1) *Journal des haras*, t. Ier.

« Le croisement des juments de chasse ou de demi-sang avec des étalons de pur sang a donné des chevaux de selle solides et bien membrés, doués de formes distinguées et ne le cédant en rien aux chevaux de chasse que nos marchands amènent d'Angleterre. Ces croisements sont, en grande partie, l'objet des travaux du fondateur du haras.

« Pour les juments arabes, leur croisement, soit avec des chevaux anglais de pur sang, soit avec le cheval arabe ou barbe, donne des produits qui ont beaucoup de fonds et de moyens ; leurs formes sont agréables, mais leur taille reste petite. »

À Meudon encore et à Gueures, dont nous avons parlé dans le volume précédent, la même observation a été recueillie ; c'est donc un fait constant que celui-là. En voici un autre qui a été de même partout constaté dans les commencements de la reproduction de la race de pur sang anglais en France, et qui, depuis lors, a été confirmé de manière à ne laisser aucun doute.

« Transportée dans nos climats et reproduite avec soin, la race anglaise n'y dégénère en rien ; ses formes et sa taille s'y conservent aussi belles et aussi élevées sans rien perdre du feu, de la vigueur et de toutes les autres qualités qui la distinguent.

« Signalons ce résultat, car les conséquences peuvent être immenses pour l'amélioration de nos races (1). »

Il est très digne de remarque que partout où le cheval de pur sang anglais n'a pas été reproduit en vue des courses exclusivement, une amélioration réelle s'est immédiatement déclarée dans sa conformation. Cette dernière, qu'on nous passe le mot, se reposait et se refaisait sans que les qualités intimes, les facultés innées s'altérassent en quoi que ce fût. Cette assertion ne peut être repoussée, puisqu'elle a sa

_____

(1) *Journal des haras*, t. 1er.

source et son fondement dans des preuves matérielles irrécusables.

Mais puisque les rudes travaux qui l'éprouvent trop fortement, lorsqu'ils ne sont pas interrompus, sont, par ailleurs, une nécessité, la condition *sine qua non* de la conservation de tous ses mérites, n'est-il pas indispensable d'entretenir, à côté des familles que l'on soumet à ces épreuves
excessives, une autre famille au moins dont les femelles, plus
ménagées, puissent servir à retremper les forces, à refaire
les formes des autres? Les choses se passent ainsi en Angleterre, où quantité de juments ne sont point livrées aux
courses et produisent, — bien accouplées et judicieusement
alliées à des étalons de choix et de valeur bien éprouvée, —
des sujets qui répètent les brillantes qualités et les hautes aptitudes de la race.

En France, l'administration des haras pouvait remplir cet
office; on ne l'a pas voulu. Il y a encore, et il y aura toujours ici, selon toute apparence du moins, vacance d'emploi.
Un élément de succès manque donc, et c'est chose fort regrettable qui nous empêchera de réaliser les espérances conçues d'abord : — puiser un jour dans nos propres ressources
les reproducteurs nécessaires, et s'affranchir à peu près de la
nécessité de recourir aussi souvent à l'étranger.

Quoi qu'il en soit, les commencements du haras de Sourches ont été fort brillants. Ils ont offert tout à la fois la quantité et la qualité. La petite statistique suivante accuse la marche des choses et dit l'importance que M. le duc des Cars
avait donnée à cet établissement.

*Tableau des produits obtenus à Sourches de 1819 à 1827 inclusivement.*

| ANNÉES. | PRODUITS de pur sang. | PRODUITS de demi-sang. | TOTAL. |
|---|---|---|---|
| 1819............ | 1 | 4 | 5 |
| 1820.. ......... | 5 | 11 | 16 |
| 1821............ | 4 | 10 | 14 |
| 1822............ | 3 | 10 | 13 |
| 1823........... | 3 | 11 | 14 |
| 1824........... | 6 | 12 | 18 |
| 1825.. ......... | 3 | 9 | 12 |
| 1826........... | 8 | 10 | 18 |
| 1827........... | 10 | 7 | 17 |
| TOTAUX....... | 43 | 84 | 127 |

En février 1828, le nombre des juments pleines était de
21 : parmi celles-ci 10 étaient de race pure; à cette même
époque, quarante produits environ avaient déjà été livrés au
commerce, au prix de 2,000 francs par tête.

Mais, dès 1827, des circonstances particulières firent
transférer le haras de Sourches au château de la Roche de
Bran, près Poitiers (Vienne). Cette translation, faite avec
tous les ménagements qu'elle comportait, n'aurait sûrement eu aucun effet regrettable sur l'avenir du haras si, à
peu d'intervalle, les graves événements de 1830 n'étaient
venus jeter la perturbation dans les idées et les travaux de

M. le duc des Cars. A partir de cette époque, les résultas furent et moins nombreux et moins profitables. Peut-être n'y eut-il plus le même désir de réussir, le même zèle, ni le même intérêt à atteindre le but, toujours est-il que l'attention du propriétaire fut détournée, que l'établissement reçut des soins moins complets, que des ventes successives en réduisirent l'importance, et que le régisseur de la terre de la Roche accorda une préférence très-prononcée à l'espèce bovine. Dès lors, la production du cheval déclina à la Roche, qui cessa d'être un haras dans la bonne et véritable acception du mot, et ne fut plus qu'un petit établissement de production et d'élevage fort ordinaire. Aucune illustration n'est sortie de la Roche ; on y a fait de bons chevaux de service qui ont pleinement satisfait aux exigences de nombreux chasseurs du Poitou et leur ont appris à connaître le cheval de sang, mais on n'y a point élevé de ces reproducteurs qui marquent et font progresser là race à laquelle ils appartiennent. Le haras de la Roche n'a donc rendu que de faibles services à la propagation améliorée du cheval de pur sang anglais en France. Dix ans après son installation en Poitou, l'établissement comptait encore huit poulinières tracées : — *Malvina*, — *Julia*, — *Gertrude*, — *Fenella*, — *Fauvette*, — *Kilis*, — *Junon* — et *Doris*.

TOOLEY,—TRANCE,—CORBON— et DEUCALION ont appartenu à M. le duc des Cars, de qui l'administration des haras avait acheté TRANCE après 1830. Ce cheval a profondément tracé son sillon en Anjou, où il a fort bien produit et commencé de mettre en honneur les étalons de pur sang.

Mais en 1840 le haras de Sourches était en pleine décadence, si l'on en croit la note suivante imprimée page 440 du deuxième volume des institutions hippiques du comte de Montendre :

« L'établissement de M. le duc des Cars est assez bien située pour l'élève des chevaux. Il est fâcheux que plusieurs de ses poulinières soient tarées ou de mauvaise origine. Il faudrait les réformer et les remplacer par des juments dans le genre de *Malvina*, qui est bonne et d'un bon sang : les poulains sont tarés pour la plupart comme leurs mères. »

Ce n'était donc plus un haras de pépinière que celui-ci, quelques années d'indifférence ou d'abandon lui avaient fait perdre son rang et son importance.

En 1848, et par suite de circonstances de familles trop rapprochées en France, le haras de M. le duc des Cars fut de de nouveau transféré au château de Sourches, son siége primitif. Il possédait alors un étalon importé d'Angleterre l'année précédente. GLORY fait la monte à Sourches, et forme, avec CATARACT, prêté à l'administration des haras par l'institut agronomique de Versailles, et un étalon anglo-normand, une station choisie qui répand l'amélioration dans le pays.

A la fin de 1850, le livre de l'écurie, le Stud-Book particulier au haras de Sourches, comprenait les noms de 5 poulinières, 6 poulains et pouliches.

M. le duc des Cars n'entraîne pas ses produits : ceux-ci ne hantent pas l'hippodrome ; on ne connaît donc pas le mérite des animaux qui sortent de ses écuries. Il semble que le but poursuivi en ce moment soit surtout la production de chevaux de service issus de grosses juments et de l'étalon de pur sang propre à ce métissage; à côté de cette spéculation qui a un côté utile incontestable et qui est d'un intérêt de circonstance très-réel pour le cultivateur des environs du haras, il est sans doute regrettable de ne pas voir reproduire ici le cheval de pur sang avec toute l'attention qu'il comporte. Une vente annuelle pourrait faire passer aux mains des amateurs de courses des produits qui viendraient se mesurer avec l'élite de la race et mettraient l'établissement en réputation. Le producteur de pur sang a un beau rôle à jouer en France. Il est plus rare que l'amateur de courses, que le second éleveur, dont l'industrie consiste à faire entraîner de jeunes chevaux et à leur ouvrir la carrière dans laquelle, s'ils ont de la valeur, ils gagneront un nom. C'est alors qu'ils pourront être repris avec avantage et livrés à la reproduction de la race pure ou consacrés à des métissages intelligents d'où proviendra l'utile transformation d'une grande partie de notre population chevaline indigène.

VIROFLAY. La création d'un haras sur la terre de Viroflay remonte à une époque fort reculée. Une situation favorable entre Paris et Versailles, l'étendue et l'excellence des pâturages, les moyens et le mérite des chevaux nés et élevés sur cette propriété, l'ont, dans tous les temps, recommandée pour une production choisie. Avant 1789, les écuries du Roi en tiraient des chevaux à grandes qualités; les noms de plusieurs vivent encore, par tradition, dans la mémoire des vieux amateurs. Le haras avait une certaine importance et paraît avoir existé dans les meilleures conditions d'aménagement intérieur. 1790 a détruit cette prospérité. En 1805, lorsqu'on s'est occupé de l'organisation d'une administration nouvelle, toutes les dispositions intérieures avaient disparu. Le dernier acquéreur de la propriété, M. Rieussec, voulut, à cette époque, la rendre à son ancienne destination. Les prédécesseurs semblaient avoir pris à tâche la ruine la plus absolue de tous les travaux d'amélioration qui avaient fait de Viroflay un établissement modèle. Il n'avait pas fallu quinze ans d'incurie pour transformer cette sorte d'oasis en une terre de désolation; tout était à refaire comme en un pays sauvage. M. Rieussec se mit à l'œuvre : on recherma les eaux, on rétablit les conduits souterrains qui les amenaient autrefois sur la propriété ; on refit les abreuvoirs dont il ne restait pas trace ; on améliora les herbages dont la qualité s'était altérée par défaut de soins et d'attente, on en distribua la surface en compartiments séparés par des plantations d'arbres et de haies définitives ; on releva les murs de clôture ; on réédifia des écuries, des abris, des bâtiments d'habitation ; on créa tout à nouveau comme si rien n'avait précédemment existé, et le haras de Viroflay, que nous avons tous connu, sortit des ruines dans lesquelles l'avaient plongé les malheurs du temps.

Quand les choses en furent là, le gouvernement proposa à M. Rieussec de placer sur sa terre, au compte de l'État, le matériel d'un haras d'élite. Celui-ci fut composé suivant les idées du moment : on y réunit des poulinières de races orientales et les meilleures juments qu'on pût se procurer soit en Limousin, soit dans le Merlerault ; on les maria à des étalons arabes, turcs et persans, ramenés d'Egypte, et l'on se livra à des accouplements dont les résultats satisfirent à l'époque, puisque les écuries de l'Empereur renfermaient, en 1815, nombre de chevaux nés et élevés à Viroflay.

L'établissement ne survécut pas aux événements de cette année. La révolution avait détruit le haras du Roi; la restauration supprima le haras de l'Empereur.

M. Rieussec hérita du passé. Le vandalisme n'était plus de saison. Aucune des améliorations réalisées à Viroflay ne fut perdue, cette fois, pour l'œuvre de régénération dont on sentait le pressant besoin, après l'immense consommation qui avait si fort appauvri la population chevaline de la France ; le propriétaire de Viroflay prit donc la suite du haras impérial.

Mais l'époque n'était déjà plus la même ; les chevaux qui sortaient de Viroflay n'étaient plus dans le goût ou dans les besoins du jour. L'expérience démontra bientôt à M. Rieussec qu'il y avait nécessité, qu'il y aurait avantage à renoncer aux erreurs du passé pour entrer à pleines voiles dans les idées plus justes et plus avancées de l'Angleterre hippique. Il reconnut comme un fait pratique constant « que les productions résultant du croisement des poulinières d'Europe avec le cheval arabe ont toujours moins de taille et de membre que les mères ; il renonça, dès lors, aux étalons arabes et livra ses poulinières aux étalons anglais.

« Les résultats qu'il obtint de ses croisements justifièrent ses premières observations et répondirent à ses espérances. Il ne douta plus alors que l'amélioration de nos races ne fût réalisée d'autant plus promptement qu'on se rapprocherait davantage du croisement par le cheval de pur sang anglais (1). »

M. Rieussec, on le voit, appartenait à la même école que M. le duc de Guiche. Une observation attentive et soutenue les avait conduits l'un et l'autre au même point. Où sont les essais, les faits pratiques de ceux qui se sont élevés théoriquement et de la profondeur de leur encrier contre les connaissances acquises par la bonne et vraie expérience, celle qui résulte de la prise à partie de toutes les difficultés de la pratique ?

Quoi qu'il en soit, M. Rieussec partit alors pour l'Angleterre et visita, en homme qui cherche la science aux meilleures sources, grand nombre des établissements hippiques qu'y entretenait une aristocratie intelligente et puissante, alors comme aujourd'hui, et peut-être plus qu'aujourd'hui. Il se renseigna avec soin de manière à tout savoir, à ne garder aucun doute; puis il revint, avec sa provision d'idées et d'exemples, mûrir ses vues et leur préparer une réussite entière. Il retourna alors en Angleterre, et ramena en France une petite colonie de reproducteurs précieux, déjà connus pour la plupart. Cette importation, composée d'abord d'un étalon, — BEN NEVIS, — de cinq poulinières de pur sang et de cinq juments de demi-sang, remplaça le fond de l'ancien haras, mis à la porte comme une vieillerie. Les anciennes races n'étaient plus à la hauteur des circonstances; Viroflay allait travailler dans le sens des nouvelles exigences, et offrir un utile exemple à ceux qui voudraient entrer dans la carrière.

Dès l'année suivante, c'est-à-dire en 1823, BEN NEVIS disparut par accident. M. Rieussec ne s'était pas mis en route avec la pensée qu'il n'éprouverait pas de revers. Cette

(1) *Journal des haras*, t. Ier.

perte ne le découragea pas; il passa une troisième fois la Manche, fit acquisition de CLAUDE et de RAINBOW. Ce dernier, chose rare, conserva en France la réputation que lui avaient faite en Angleterre ses belles performances, sa bonne conformation et les qualités de ses produits. Quelques juments accompagnèrent ces deux reproducteurs et accrurent l'importance de l'établissement. Celui-ci, bien servi, d'ailleurs, par les journaux de l'époque, obtint une certaine vogue, et l'on venait, volontiers, visiter les différentes parties de la France. On n'y trouvait que de bons modèles, et le propriétaire, grâce à la confiance qu'il avait su inspirer, cherchait à faire des partisans aux méthodes de production et d'élève importées à la suite des animaux de pur sang.

En 1854, M. Rieussec ajouta, aux juments de pur sang qu'il possédait déjà, deux poulinières d'élite achetées au duc d'York, et un étalon dont il faisait grand cas, — OSIRIS.

A cinq ans de là, le journal du haras appréciait de la manière suivante les résultats de tous ces efforts :

« La réunion de ces éléments eût obtenu en Angleterre un succès assuré, devait-il en être de même en France?

« Telle était la question importante qui restait à décider : elle est maintenant résolue, et les connaisseurs les plus difficiles en acquerront la conviction la plus intime en allant étudier les faits au haras de Viroflay, où l'œil le plus exercé ne trouvera pas le plus léger indice de dégénérescence...

« En visitant le haras, on admire et l'on applaudit au succès... » Mais M. Rieussec ne produisait pas des chevaux pour une admiration stérile. Toute production veut et cherche un débouché. On venait à Viroflay; on confirmait par des éloges sincères la renommée qu'on lui avait faite, mais les produits du haras y restaient : les visiteurs se contentaient de regarder; ils n'achetaient pas.

Il fallut bien aviser. M. Rieussec prit la résolution d'essayer d'un système de vente usité en Angleterre et parfois aussi pratiqué dans quelques parties de l'Allemagne. Cette innovation avait son danger en France, où l'annonce de ventes pareilles avait toujours été la préface d'une suppression ou le prodrome d'une ruine à peu près consommée. Cette fois, néanmoins, on comprit qu'il ne s'agissait pas d'une liquidation, et la vente annoncée ne porta aucune atteinte au haras.

La totalité des animaux qui le composaient, moins les étalons, fut donc livrée aux enchères publiques sous la réserve que le propriétaire aurait toujours le droit de couvrir l'offre d'un étranger.

L'affiche portait — 20 noms de poulinières et de produits de pur sang de différents âges, — 2 noms pour lesquels il n'y avait pas certitude d'inscription au Stud-Book, — et 9 de juments, poulains et pouliches de demi-sang, — en tout 31. La vente eut lieu le 24 septembre 1828, en présence d'un immense concours de curieux et d'amateurs.

En reproduisant la liste des animaux de pur sang, nous ferons connaître la composition du haras de Viroflay en 1848, et nous rendrons plus faciles les recherches à ceux qui voudraient compléter l'étude en interrogeant les faits consignés au Stud-Book, — ces grandes archives des races pures.

1º AIMABLE, sœur d'*Amabel*, poulinière, retirée sur une
offre de 4,850 fr.

| | | | |
|---|---|---|---|
| 2º WIZARDESS, | *id.*, | vendue..... | 1,200 |
| 3º YOUNG URGANDA, | *id.*, | retirée...... | 4,950 |
| 4º SÉLIMA, | *id.*, | retirée...... | 800 |
| 5º YOUNG FOLLY, | *id.*, | vendue..... | 2,200 |
| 6º LÉOPOLDINE, | *id.*, | retirée...... | 3,500 |
| 7º ACTÉON-POPE, poulain, 5 ans, | | retiré...... | 500 |
| 8º CLIO, pouliche, 3 ans, | | vendue..... | 4,000 |
| 9º CALISTO, *id.*, | | retirée...... | 2,950 |
| 10º DÉMÉTRIUS, poulain, 2 ans, | | retiré...... | 1,300 |
| 11º DIOMÈDE, *id.*, | | vendu...... | 3,550 |
| 12º DIDON, pouliche, 2 ans, | | retirée...... | 1,350 |
| 13º DIONE, *id.*, | | vendue..... | 2,000 |
| 14º DUBICA, *id.*, | | vendue..... | 2,500 |
| 15º EMILIUS, poulain, 1 an, | | vendu...... | 1,900 |
| 16º ÉGLÉ, pouliche, 1 an, | | vendue..... | 2,000 |
| 17º FÉLIX, poulain de l'année, | | retiré...... | 1,500 |
| 18º FORTUNÉ, *id.*, | | retiré...... | 3,000 |
| 19º FOVIUS, *id.*, | | retiré...... | 1,500 |
| 20º FELICIA, pouliche de l'année, | | vendue..... | 1,000 |

TOTAL...................... 46,550

10 têtes d'animaux non tracés ou qualifiés de demi-sang.... 9,225

TOTAL GÉNÉRAL................ 55,775

C'est une moyenne de 1,798 fr. à très-peu près.

La somme entière se répartit comme ci-après, entre les différentes catégories établies par la vente :

1° Animaux retirés sur offres non acceptées.

| | | | |
|---|---|---|---|
| 4 juments de pur sang | 14,100 fr. ; | moyenne 3,400 fr. |
| 7 poulains et pouliches | 12,100 » | — 1,728 » |
| 5 animaux non tracés | 3,775 » | — 775 » |

2° Animaux vendus.

| | | | |
|---|---|---|---|
| 2 poulinières de pur sang | 3,400 fr. ; | moyenne 1,700 fr. |
| 7 poulains et pouliches | 16,750 » | — 2,421 » |
| 6 animaux non tracés | 5,450 » | — 908 » |

3° Récapitulation pour les animaux de pur sang.

11 retirés.. . . . . . . . .26,200 fr. ; moyenne 2,582 fr.
9 vendus. ·. . . . . . . .20,350 »    —    2,261 »

Le résultat de cette première vente a dû paraître encourageant ; on pouvait supposer qu'elle serait renouvelée. Il n'en a rien été cependant, et c'est chose assurément fort regrettable.

Pour ceux qui savent l'interpréter, rien n'est plus instructif qu'un chiffre. Si elles s'étaient multipliées, de pareilles ventes auraient fait passer dans le domaine de la pratique bien des données encore ignorées aujourd'hui, et tomber des préjugés qui nuiront pendant longtemps encore à la multiplication du pur sang en France. La lumière eût été portée, vive et certaine, sur un point de la plus haute importance, la question de savoir s'il n'y a pas intérêt manifeste à ne se charger que de l'une des diverses branches dont se compose cette chose complexe, — la possession de juments de pur sang, la reproduction et le premier élevage du poulain ; — le second élevage ou l'entraînement des produits dont l'hippodrome seul peut révéler le mérite comme reproducteurs, et la vente, le placement de ceux-ci afin de ne pas encombrer ses écuries et avoir la liberté que réclament la spéculation des courses, la fréquentation large et utile de l'hippodrome.

A un autre point de vue, la mise en vente périodique de tous les animaux d'un haras offre de très-réels avantages ; elle oblige à étudier avec un soin tout particulier la question des accouplements, à ne marier l'un à l'autre que des sujets se convenant bien, à sauvegarder ainsi l'intérêt d'alliances toujours raisonnées et judicieuses ; elle force à tenir constamment les mères dans une situation favorable au complet développement du germe pendant toute la durée de la gestation ; elle ne permet aucun oubli dans l'application des règles d'hygiène qui créent de bonne heure, chez les produits, la valeur intrinsèque qui fait le cheval de mérite et l'athlète de la race; enfin elle met en relief les animaux retirés de la vente, quand sur eux se sont portées avec vivacité les enchères des connaisseurs. Les prix offerts et refusés donnent ainsi une réputation fondée aux produits à naître des poulinières et des pouliches retirées de la vente; ils deviennent une garantie pour les acheteurs futurs en même temps qu'ils assurent le succès de la spéculation dont le haras est l'objet. La publicité est alors chose de première nécessité; des annonces bien faites sont d'un utile secours, mais un compte rendu, simple et net dans la forme, doit initier le public intéressé à tous les résultats obtenus.

C'était donc une excellente innovation à importer chez nous que ce mode de ventes périodiques, et nous étions fondé tout à l'heure à exprimer le regret que l'initiative prise par M. Rieussec n'ait eu systématiquement d'autres suites.

A partir de 1829, Viroflay a donc réuni toutes les divisions de l'industrie chevaline. Il a fait naître avec ses étalons et ses poulinières, il a élevé, entraîné et fait courir ses produits. A cette époque, nos courses étaient dans l'enfance et mal dotées; elles avaient surtout peu d'éclat en province. C'est à Paris, Versailles et Chantilly que l'institution offrait le plus de ressources, là seulement que la lutte avait quelque difficulté et formait épreuve pour les animaux engagés. Plusieurs des produits achetés à M. Rieussec lors de la vente dont nous venons de parler ont figuré avec honneur et avantage aux courses de l'arrondissement de Paris. *Clio, Eglé, Dubica, Fovius, Clérino, Jean-Bart*, entre les mains de lord Seymour, ont cueilli de nombreuses palmes qui ont pu tenter le propriétaire de Viroflay et le déterminer à essayer lui-même de l'hippodrome; mais sa carrière n'y a pas été de longue durée: ouverte en 1832, elle se fermait en 1835 devant une affreuse catastrophe, dans laquelle il périt, avec tant d'autres, victime des haines politiques qui ont poursuivi, sans jamais pouvoir l'atteindre, la Royauté de 1850.

Pendant ces quatre années, six produits de Viroflay ont couru sur les hippodromes de Paris, Versailles et Chantilly : c'étaient — *Félix, Hercule, Géorgina, Ibis, Héléna* et *Jason*, tous nés de RAINBOW. Ils ont gagné dix - huit prix d'une valeur de 65,000 francs sur une somme totale de 535,000 francs ; c'est presque le 1/5 des encouragements offerts.

Nul ne peut dire ce que serait devenu le haras de Viroflay, si son intelligent propriétaire ne lui avait pas été brusquement enlevé. Ses débuts ont été brillants ; nous voulons croire que toutes leurs promesses eussent été tenues, et que M. Rieussec, homme de savoir et de pratique, eût rendu les services les plus complets à l'utile propagation du pur sang anglais en France ; mais la fatalité a prématurément arrêté l'œuvre qui s'accomplissait.

« Maintenant, disait le *Journal des haras* (tome 15), en racontant la vie hippique de M. de Rieussec, maintenant on se demande ce que deviendra le haras de Viroflay, on s'inquiète sur le sort de ce bel établissement, on parle de plusieurs plans formés pour sa conservation. Un honorable député, dont la voix ne s'élève qu'en faveur des projets utiles, doit proposer l'acquisition de Viroflay et de tout ce qu'il renferme, au nom de l'État ; d'un autre côté, on parle de la formation d'une ou même de plusieurs sociétés, pour continuer sur une plus grande échelle ce que M. Rieussec avait si bien commencé. Quel que soit le résultat de ces projets, on peut concevoir l'espérance de ne point voir fermer le haras de Viroflay, fruit des travaux de l'homme dont on déplore sincèrement la perte. »

Ces espérances ne se sont pas réalisées. L'État n'a pas acheté le haras de M. Rieussec ; aucune association privée ne s'est formée pour en prolonger l'existence ; aucun particulier n'a pris la suite des œuvres du fondateur. Le haras est resté aux mains d'une femme, assurément fort embarrassée de le diriger. Il n'avait plus d'avenir, il n'a plus jeté aucun éclat. — Étalons et juments ont vécu très-confortablement, mais il n'y avait plus de science : — l'âme s'était retirée de ce corps dont la vie, au jour le jour, a cessé d'être utile et profitable.

Sous la main d'un maître de haras habile et expérimenté, Viroflay, bornant la spéculation à l'entretien de poulinières d'élite toujours bien appareillées, et à l'élevage des poulains jusqu'à l'âge de la mise en traîne, eût encore rendu les meilleurs services à la multiplication bien entendue du cheval de pur sang anglais. Il aurait offert un bon exemple à imiter et donné la preuve peut-être que, ainsi limitée et bien faite, l'opération présente plus d'avantages que lorsqu'elle embrasse toutes les divisions de l'industrie chevaline. Mais la production et la vente de poulains d'espérance nécessitent des connaissances étendues, et comportent des soins et des sacrifices qui ne sont pas à la portée de tout le monde. Il faut savoir réformer à temps les mères dont les produits ne réussissent pas, et remplacer les poulinières usées ou simplement vieillies par des juments bien nées, bien conformées et avantageusement connues, soit par les performances des ancêtres, soit par leurs propres victoires; il faut toute une science réfléchie et judicieusement appliquée qui ne court pas encore les rues à l'heure où nous sommes, et qui était bien moins répandue encore il y a quinze ans et plus.

Quoi qu'il en soit, c'est à ce dernier genre de spéculation que fut consacré le haras de Viroflay sous la nouvelle direction; mais RAINBOW était mort, et l'on n'introduisit aucun nouveau pensionnaire dans l'établissement.

En 1840, ce dernier était composé ainsi qu'il suit :

*Félix* et *Hercule*, fils de RAINBOW, élève de Viroflay ;

*Aimable*, *Léopoldine* et *Marie Grey*, nées en Angleterre;

*Géorgina*, fille de RAINBOW, élève de M. Rieussec.

Peu de temps après cette époque, Viroflay passa dans les mains d'un nouveau propriétaire. Il s'affaiblit encore, et si bien, qu'il y eut peu à faire, en 1848, pour achever la destruction bien et dûment consommée quelques jours après la révolution de février. Rien ne peut faire supposer que Viroflay renaisse jamais de ses cendres; que de regrets son souvenir ne fait-il pas naître?

En compulsant le Stud-Book français, chacun peut faire l'histoire des juments qui ont appartenu à Viroflay et des produits qui en sont sortis. Il n'en est plus de même en ce qui regarde RAINBOW qu'il est important de faire connaître et apprécier à sa valeur. Nous copierons textuellement la notice suivante, communiquée au *Journal des haras*, en 1854, après la mort de ce cheval célèbre.

RAINBOW, *étalon du haras de Viroflay, mort le 9 février 1834.*

« *Rainbow*, né en 1808, de *Walton* et d'*Iris*, sa mère, issue de *Golfinder* par *Compton Barb*, *Regulus*, *Fox*, etc.; son père *Walton*, issu de *sir Peter Teazle*, par *Highflyer* et *Dungannon*, un des premiers fils d'*Eclipse*, *Snap*, *Crap*, *Bay-Botton*, *Childers*, etc., etc., révélait déjà, par une conformation aussi forte que régulière et belle, les souches dont il sortait.

« En 1811 et 1812, à Newmarket, il gagna des engagements considérables, battant les chevaux les plus réputés de ce temps : *Phantom*, *Sorcery*, *Soothsayer*, *Trufle*, *Hit-Ormiss*, *Wellington*, *Bet'h-m-Gabort*, *Trophonius* et *Oporto*.

« Conduit en Irlande en 1813, il y battit *Vaxy-Pope* et *Shutle-Pope*, encore célèbres en Angleterre, puis, en 1814 et en 1815, *Daly*, *Pygmalion*, *Escape*, *Quemburg*, *Oiseau*, auquel il avait rendu 14 livres ; *Oliver*, qui en avait reçu 17; et *Quensbury*, contre lequel lord Rossmoor, propriétaire de Rainbow, avait parié deux mille guinées contre mille.

« Entre autres productions remarquables de *Rainbow* en Irlande, le *Racing-Calendar* cite particulièrement *Meteore*, *Giles*, *Prides* et *Jeannette* ; cette dernière seule a gagné en dix engagements 5,425 guinées.

« Ramené en Angleterre, Rainbow a été le principal étalon du roi à Hampton-Court. Au nombre des productions distinguées qu'il a laissées, et qui n'ont couru qu'aux lieux les plus réputés, Newmarket, Ascot et Brighton, le calendrier mentionne notamment *Biondetta*, *Sérénade*, *Toso* et *Elisabeth*, qui est une des poulinières du haras du Roi.

« Favorisé par d'heureuses circonstances, M. Rieussec fit à Newmarket l'acquisition de *Rainbow* en 1825, et l'amena, ainsi que *Claude*, et plusieurs juments de pur sang remarquables sous les rapports de force, de qualité et de généalogie, au haras de Viroflay, qui possédait déjà une souche de pur sang.

« Les examens de *Rainbow* ont constamment confirmé la réputation qui lui était acquise en Angleterre de réunir à une puissance musculaire extraordinaire la symétrie et une distinction telles, qu'il était véritablement le plus beau de sa race.

« *Rainbow* transmettait ses formes et ses qualités à ce point, qu'il n'est peut-être pas une seule de ses nombreuses productions, même avec les juments les moins dignes d'une semblable alliance, dans laquelle on ne reconnaisse facilement le type régénérateur du père, principalement dans la conformation de la tête.

« Parmi le petit nombre des juments de pur sang que *Rainbow* a été à même de féconder depuis son importation en France, sont sortis les produits suivants : *Eglé*, qui a gagné tous les prix qu'elle a courus et pouvait courir, y compris le grand prix ; *Fovius*, gagnant d'un prix et de plusieurs engagements ; *Mouna*, de nombreux prix en Normandie et à Paris ; *Clerino*, gagnant de prix en 1852 et d'un grand prix en 1853 ; *Jean-Bart*, gagnant de prix en

1833; *Georgina*, de 3 prix, dont celui du Roi; *Hercule*, gagnant d'un seul prix qu'il pouvait courir à 3 ans; et *Félix*,
qui en 1832 et 1833 a gagné tous les engagements et les
prix qu'il a courus, y compris trois tours du champ de Mars
en une seule épreuve, et le prix royal, toujours avec une facilité qui l'a dispensé de déployer toute sa vitesse et son fonds
encore inconnus, se montrant également aussi frais et dis-
pos après ses courses qu'auparavant.

« La force, la beauté et le bon caractère des productions
de *Rainbow*, dont ils portent tous le cachet, ont été non-
seulement remarqués sur les terrains de course, mais il en
est qui viennent après, notamment *Ibis*, qui ne redoutent la
comparaison avec aucun des plus remarquables que possède
l'Angleterre.

« Quoique approchant de sa vingt-sixième année, *Rainbow* avait encore les aplombs, la vigueur, la vivacité et les
habitudes d'un jeune cheval. Jamais il n'avait été malade,
et il n'a rien moins fallu qu'un *calcul* obstruant un passage
sécrétoire pour affecter une si forte constitution, et lui oc-
casionner des douleurs d'autant plus cruelles que, malgré
20 litres de sang tirés, toute la médication que son état
réclamait, et un séjour de huit heures dans la vapeur, il n'a
cessé d'aggraver ses souffrances par des efforts inouïs qu'a-
près avoir épuisé ainsi et jusqu'au dernier souffle les restes
d'une vie qui aurait été encore longue, si on la mesure par
les trente heures de combats qu'il a livrés à la cause de son
mal.

« L'ouverture du corps, en mettant au jour le *calcul*,
cause de la mort, a montré aussi le cœur et les poumons
d'un volume si extraordinaire, que le cœur, ayant été pesé,
s'est trouvé du poids de 12 livres 3/4.

« Telle a été la fin d'un étalon qui, sous les rapports de
généalogie, de fonds, de vitesse, de force et de beauté qu'il
transmettait à ses productions, était un de ces rares types
destinés à la régénération de leur espèce ; aussi la perte

serait-elle irréprochable, s'il n'avait laissé des fils qui, indépendamment de leur ressemblance avec leur auteur, ont
prouvé, par d'éclatants succès aux courses, que le noble
sang qui leur a été transmis par *Rainbow* n'est en rien al-
téré ; que, comme lui et leurs célèbres aïeux, ils ne peuvent manquer de le transmettre dans toute sa pureté, et de
perpétuer ainsi la souche si heureusement créée par *Rainbow*. »

GLATIGNY. Nous mettons le pied sur un terrain nouveau.
Viroflay, Sourches, Meudon, les jumenteries de l'État avaient
été créés en vue d'acquérir et d'acclimater le pur sang anglais en France. Le haras de Glatigny n'a existé que dans
un intérêt de plaisir et de jeu, c'est une affaire d'amour-
propre.

Un riche étranger, lord Henri Seymour, passionné comme
tout bon Anglais pour le cheval de race, les courses et le
sport en général, prenant un jour en pitié nos institutions
hippiques naissantes, résolut de s'emparer du sceptre de
l'hippodrome et de nous montrer à tous que nous n'étions
que des enfants. Il importa chez nous, sans tâtonnement et
d'un seul coup, toutes les habitudes, tous les usages de l'Angleterre. Hommes, chevaux, langage, désignation des prix,
paris, manière de courir, tout devint anglais; on abusa un
peu de nous, mais nous nous laissâmes aisément aller au
rapide courant de la mode et aux exigences du bon ton. A partir de ce moment, l'institution des courses prit une prompte
extension à Paris; l'hippodrome du champ de Mars fut insuffisant, on établit ceux de Chantilly et de Satory ; puis ce ne
fut point encore assez, et l'on appliqua aux courses le système du libre échange. Il fallut permettre aux éleveurs de
Paris d'aller sur tous les points de la province enlever la
part d'encouragement réservée jusque-là aux localités. Ce
fut un violent coup de fouet; plusieurs en reçurent les étri-
vières et se tinrent pour battus. Il en résulta que les éleveurs
de la province, abandonnant la partie, laissèrent le champ

libre aux amateurs parisiens. Mais parmi ces derniers beaucoup furent bientôt au petit souffle et lachèrent prise, si bien que, pour faire revivre l'institution dans les départements (car elle n'avait rien perdu de son utilité pour avoir été malencontreusement appliquée), il y eut nécessité de revenir sur ses pas et de relever des barrières qu'on avait fait prématurément abattre.

Tel est le sort des améliorations subites; c'est l'histoire du monde entier.

Mais revenons au haras de Glatigny.

C'est vers 1827 que lord Seymour se lança dans l'arène; en 1843, il n'était plus question de lui. Il avait renoncé à l'hippodrome, à ses pompes et à ses œuvres. Comme sportsman émérite, il a vécu une quinzaine d'années; mais sa vie a été brillante. Il faut être juste et ajouter qu'elle n'a pas été sans utilité. Il a appris ou plutôt il a forcé d'apprendre beaucoup de choses encore ignorées en France. Si des erreurs sont venues à la suite, il ne faut pas oublier que les bonnes méthodes et les saines pratiques n'ont pas été négligées.

Les services rendus à la multiplication du cheval de pur sang anglais, en France, par lord Seymour sont incontestables. En important des animaux de choix de haute valeur il a contribué à accroître nos richesses. Son but était le succès le plus complet, le plus absolu sur l'hippodrome, il n'en avait pas d'autre; mais, comme il ne pouvait l'atteindre qu'en reproduisant les meilleures familles suivant les pratiques les mieux éprouvées, il faisait tout autant de bien en définitive que s'il se fût proposé un résultat d'un ordre plus élevé.

Il est fort regrettable, toutefois, que lord Seymour n'ait pas travaillé sur un autre plan. La juste influence que ses connaissances, son savoir, ses succès lui donnaient sur l'esprit public lui aurait permis de tenter avec succès une bonne organisation hippique, qu'on nous passe le mot. Si lord Seymour, par exemple, au lieu d'avoir tout à la fois, au haras à Glatigny, un établissement de production et des écuries

d'entraînement à Chantilly, se fût borné à n'avoir que ces
dernières et les eût peuplées des produits dont il aurait en
quelque sorte dirigé la naissance et le premier élevage chez
d'autres, il aurait accompli une œuvre éminemment utile et
laissé un nom impérissable parmi nous. Le prix élevé des
poulains achetés par lui et leur réussite sur l'hippodrome
eussent mis en honneur le système de la division du travail
appliqué à la reproduction du cheval de pur sang ; dès lors,
le plus réel moyen de succès eût été constitué. Les amateurs
de courses et les producteurs de poulains se fussent aidés,
mutuellement soutenus ; accomplissant chacun leur tâche
dans cette facile distribution des rôles, ils y auraient persisté
parce qu'ils y auraient trouvé avantage et profit.

Mais les choses n'ont pas été arrangées ainsi. Lord Seymour n'était pas obligé d'avoir du patriotisme pour nous. Il
a travaillé pour lui et rien que pour lui, tout à fait l'écart
jusqu'au jour de la lutte. Les cachotteries dans lesquelles on
enveloppait toutes choses autour de lui avaient fait passer
dans l'opinion cette croyance qu'il y avait beaucoup de mys-
tère dans les procédés d'entraînement employés pour la préparation aux courses. Le temps a fait justice de cette absurdité ; personne n'ignore plus aujourd'hui que l'art de l'entraînement puise toutes ses ressources dans les règles d'hygiène les plus simples et les mieux observées. Tout gît dans
la manière de s'en servir ; mais il n'y a là rien de mystérieux
ni d'extraordinaire, — seulement, nous le répétons, il faut
apprendre et savoir.

Les succès renouvelés de lord Seymour ont souvent produit le découragement parmi ses compétiteurs. Sur l'hippodrome, on ne supporte guère plus patiemment qu'ailleurs
une supériorité bien constatée. L'histoire d'Aristide est encore celle de nos jours ; le surnom de *Juste* n'est pas mieux
accueilli en ce temps-ci qu'il ne l'était alors.

Écoutons les plaintes et les doléances que faisaient pousser en 1838 les victoires répétées des produits du haras de

Glatigny; nous les extrayons d'un article du journal des haras, qui a précédé le compte rendu des courses du printemps à Paris.

« .......Les programmes de chaque jour contenaient un assez grand nombre de noms, soit de confrères connus, soit de jeunes débutants dans la carrière, dont l'origine autant que les qualités pouvaient faire espérer des luttes brillantes. Vain espoir ! la plupart de ces noms figuraient sur le papier, il est vrai, mais bien peu se sont trouvés à l'appel, et les promenades d'un seul cheval ont été trop souvent répétées, pour que les courses aient présenté un grand intérêt non-seulement pour le public, mais aussi pour les véritables amateurs.

« On n'a pas manqué de raisons pour justifier le retrait de la plupart des coursiers qui abandonnaient la victoire sans combat; mais les meilleures raisons du monde sont peu écoutées par les gens qui s'ennuient et qui gobent la poussière pendant des heures d'attente, pour voir ensuite *Frank* ou *Lydia*, *Royal*, *Georges* ou *Miss Annette* faire la promenade d'usage. Le public ne comprendra jamais de semblables courses, et tous nos raisonnements ne l'empêcheront pas de se plaindre à haute voix du monopole exercé par lord Seymour, dont les coursiers nombreux, vigoureux et légers — semblent se disputer à qui battra ou fera reculer le plus de concurrents.

« Aux noms déjà illustrés de *Miss Annette*, de *Frank*, de *Lydia* il faut joindre ceux de *Royal-Georges*, de *Julietta*, d'*Aladin*, et, si l'occasion s'en était présentée, nous ne doutons pas que *Vendredi* et *Lestocq* n'eussent été leurs dignes émules. Il est fâcheux, sans doute, que les palmes de la victoire se placent toujours sur la même tête; mais il y aurait plus que de l'injustice à ne pas reconnaître que les succès des coursiers sortis du haras et des écuries de lord Seymour sont acquis au prix des soins les plus soutenus et les plus éclairés; que rien ne coûte au passionné Sportsman pour obtenir les meilleurs produits ; qu'enfin une surveillance de tous les jours est exercée par lui-même sur son haras et ses écuries d'entraînement. Comment ne pas réussir en employant de semblables moyens ?

« Le plus grand obstacle qui s'oppose au succès des haras qui pourraient lutter contre celui de Glatigny, c'est le manque d'unité dans les systèmes, dans la volonté, dans l'exécution, non pas tant dans le choix des poulinières et des étalons, ou dans les soins à donner aux jeunes élèves, qu'en ce qui peut avoir rapport à l'entraînement. C'est là que se trouvent les difficultés les plus grandes. C'est dans cette partie de l'éducation du cheval de course qu'il se présente des obstacles que la plupart des éleveurs ne peuvent surmonter complétement, et qui sont la cause de leur infériorité sur l'hippodrome. M. Apperley est peu partisan de l'entraînement donné chez soi, je crois qu'il a raison ; et, malgré les inconvénients qui peuvent résulter du placement des jeunes chevaux dans un établissement industriel, ils doivent être beaucoup moins grands que ceux qui proviennent de l'obligation dans laquelle se trouvent la plupart des propriétaires de haras de s'en rapporter entièrement à leur entraîneur du soin d'amener leurs jeunes chevaux au poteau, soit que les connaissances leur manquent pour diriger cette préparation qui doit dater, pour ainsi dire, de la première année de la naissance du poulain, ou tout au moins pour surveiller et contrôler les méthodes employées, soit que leur position et leurs occupations les empêchent d'exercer ce contrôle indispensable de l'œil du maître à tout instant et à toute heure.

« Mais elles ne leur manqueraient pas ces connaissances, plus que le goût et le loisir. Comment oser dire à un entraîneur anglais, fût-il le plus ignare des trois royaumes : Vos chevaux sont en mauvaise condition ; vous les purgez trop ; vous leur donnez des soins trop fréquents ou trop rares ; vos galops sont trop rapides ou trop lents, et mille autres choses semblables ? Vous aviserez-vous de rire des puérilités, des pratiques minutieuses auxquelles certains entraîneurs attachent une si grande importance, pendant qu'ils négligent ou ignorent les méthodes rationnelles dont l'utilité est reconnue, et pourrez-vous obtenir qu'il préfère les unes aux autres? Non, vous serez dans l'obligation la plus absolue de vous en rapporter à votre entraîneur; heureux s'il s'entend au métier qu'il fait, et s'il joint à des connaissances théoriques et pratiques une bonne conduite et de la probité.

« Nous sommes loin de vouloir faire ici la moindre application; nous parlons, en général, de la position des propriétaires de haras, qui, n'étant pas dans les mêmes conditions que lord Seymour, préfèrent l'entraînement fait chez eux à celui fait en commun dans un établissement dirigé par un homme habile et probe. Nous essayons d'expliquer la supériorité des chevaux entraînés sous les yeux du maître, d'après ses prescriptions, ses idées, ses inspirations, sur ceux qui ne peuvent être l'objet d'une surveillance aussi active et aussi éclairée.

« Toutefois, malgré le désavantage qu'ont eu dans le passé, qu'ont dans le présent et peuvent avoir longtemps encore dans l'avenir les éleveurs qui viendront se mesurer sur l'hippodrome contre l'habile amateur dont les chevaux sont en possession de gagner la plupart des courses où ils figurent, nous pensons que, d'un moment à l'autre, il doit surgir une supériorité qui viendra s'emparer, à son tour, du sceptre des courses. Que les nouveaux venus dans la lice ne se découragent pas, leurs efforts auront un jour leur récompense, et nous verrons les fils des étalons de choix et des belles juments récemment importés d'Angleterre soutenir la réputation de leurs ancêtres, en luttant contre les produits des *Royal-Oak* et *Ibrahim*, ou d'autres étalons non moins célèbres.

« Pourquoi donc ne pas faire honneur aux engagements de l'hippodrome? pourquoi s'avouer vaincu quand on peut encore lutter ? N'est-ce pas, d'ailleurs, en se faisant battre qu'on peut surtout apprendre à vaincre ? »

On nous pardonnera cette longue citation ; elle était nécessaire pour faire bien comprendre la position dans laquelle des succès soutenus , persévérants avaient placé lord Seymour vis-à-vis de ses rivaux. Mais les destins sont changeants. La supériorité qu'on avait dit pouvoir surgir a, tout à coup, surgi en effet. L'administration des haras, fatiguée de la malveillance qui enveloppait ses travaux et ses résultats, obtint à la fin qu'on lui permît de se mesurer avec les plus habiles ou les plus heureux. La permission lui porta malheur, mais elle détrôna le roi du turf. Ce furent de bien autres clameurs alors ; il y eut nécessité d'interdire à ses produits l'entrée de l'hippodrome, et, pour lui ôter toute envie de recommencer, on lui défendit de produire et d'élever ; on détruisit les jumenteries. Cependant lord Seymour était atteint ; il ne s'est pas relevé de cet échec : Meudon prit le dessus, et nous avons déjà dit avec quelle impatience et quelle envie on voyait ses succès. Après Meudon vinrent d'autres compétiteurs qu'on jalousa , dès qu'ils furent heureux ; toujours le même sentiment a percé. Nulle part , croyons-nous, on n'est et l'on ne se montre aussi personnel que sur l'hippodrome.

En 1859, le haras de Glatigny possédait 15 poulinières : l'une d'elles,—*Miss Annette*, était née chez M. Crémieux; deux autres,—*Eglé* et *Lydia*, étaient sorties de Viroflay. Les huit dernières avaient été achetées en Angleterre ; c'étaient — *Ada, Kermesse, Mantua, Maria, Naïad, lady Bird, la Méprisée* et *Sarah.*

*Royal-Oak* et *Ibrahim* étaient les sultans de ce petit harem.

*Miss Annette* et *Lydia* ont été des célébrités et ont fait les beaux jours de l'époque, mais beaucoup d'autres noms sont restés attachés au souvenir de lord Seymour; ainsi — *Oak-Stick, Fortunatus, Vendredi, Lantara, The Chip of the old*

*Block, Britannia, Frank,* etc. Ces animaux appartenaient encore à lord Seymour en 1839, et avaient pour compagnons de travaux et de gloire — *Royal-George, Aladin, Mulatto, Doctor Stello, Romeo, Voltaire, Gericault, Carlo Dolce, Quiproquo ; — la Fiancée, lady Emely, la Grippe, Jenny, lady Fly, Turquoise, Poetess, Florence, Gavotte, Galopade, Victoria, Parachute, la Créole.* Cela fait un effectif de 42 têtes.

*Royal-Oak* mérite une mention toute spéciale. C'est l'un des meilleurs étalons de pur sang anglais qu'ait possédés la France. A la vente des écuries de lord Seymour, ce précieux reproducteur et *Ibrahim* sont devenus la propriété de l'administration des haras.

Le relevé suivant des prix gagnés par lord Seymour sur les hippodromes de Paris, Versailles et Chantilly permettra d'apprécier l'importance des résultats obtenus par le noble Sportsman et fera regretter qu'il ait sitôt renoncé à concourir avec les amateurs parisiens au but même de l'institution des courses.

*Tableau des prix gagnés par les produits du haras de Glatigny, de 1827 à 1842 inclusivement, sur les trois hippodromes de Paris, Versailles et Chantilly.*

| ANNÉES. | NOMBRE de prix gagnés. | MONTANT des sommes gagnées. | TOTAL des sommes offertes sur les trois hippodromes. |
|---|---|---|---|
| 1827 | 4 | 5,400 fr. | 39,800 fr. |
| 1828 | 19 | 66,000 | 185,700 |
| 1829 | 7 | 41,550 | 95,150 |
| 1830 | 8 | 17,900 | 68,500 |
| 1831 | 6 | 16,200 | 41,700 |
| 1832 | 10 | 26,100 | 62,700 |
| 1833 | 8 | 21,650 | 55,025 |
| 1834 | 7 | 28,950 | 113,800 |
| 1835 | 9 | 45,900 | 103,375 |
| 1836 | 12 | 54,800 | 201,180 |
| 1837 | 20 | 77,520 | 164,100 |
| 1838 | 19 | 54,400 | 123,240 |
| 1839 | 9 | 23,150 | 143,420 |
| 1840 | 12 | 32,240 | 194,240 |
| 1841 | 8 | 50,060 | 224,500 |
| 1842 | 3 | 19,500 (1) | 269,320 |
| TOTAUX. | 161 | 581,320 | 2,085,750 |

(1) Ces chiffres sont loin de ceux que la curiosité additionne parfois à côté de certains noms en Angleterre. Un seul exemple permettra d'établir un point de comparaison.

Lord Exeter, en 1829, a gagné trente prix s'élevant ensemble à la somme de 310,625 fr., et l'on supposait que cette somme, assez ronde pourtant, se trouvait doublée par les paris, car lord Exeter avait gagné en tout 625,000 fr., argent de France.

Certes, la part de lord Seymour ressemble fort à la part du lion, mais tout n'est pas profit sur l'hippodrome, et nous nous hâtons d'ajouter que les deux tiers de la somme totale provenaient d'enjeux, de paris et d'entrées dont les fonds sortaient bel et bien de la bourse même des joueurs. Tenant compte de ce fait, on voit à quelle proportion les bénéfices se trouvaient ramenés. Par ailleurs, les sommes officiellement connues sont loin d'indiquer la situation pécuniaire faite à l'éleveur. Il y a de nombreux paris en dehors des prix désignés aux programmes, les seuls dont on puisse et doive faire état; il y a aussi les courses gagnées en province, qui ne pouvaient figurer dans le tableau précédent; or, sur ce terrain, le haras de Glatigny n'était pas moins heureux qu'à Paris.

Mais, il faut le dire, la question d'argent n'était pas le mobile chez lord Seymour; c'était une affaire d'amour-propre satisfait. Quand cette compensation échappa au nobleman, tout fut fini; il plia bagage dès qu'il se vit au second rang; il voulait régner sans partage; il vendit toutes ses écuries en juillet 1842.

Les encouragements de l'administration n'ont pas manqué au haras de Glatigny. Les étalons achetés à lord Seymour lui ont toujours été payés avec libéralité. C'était justice. Il fallait reconnaître d'une façon ou d'une autre la part de sacrifices que s'imposait l'amateur étranger. En effet, quel que fût au fond son but, les résultats profitaient au pays.

Aucun établissement n'a remplacé le haras de Glatigny. On avait pu croire à une plus longue durée.

LANGESSE. Un compatriote de lord Seymour, M. Trewhitt, avait formé, à la fin de 1857, un établissement de production et d'élève à Langesse (Loiret). Il y avait tout d'abord de quoi loger 50 poulinières et une écurie spéciale pour les jeunes chevaux en traîne. L'aménagement se complétait par l'existencé de paddocks clos par des haies défensives et un hippodrome gazonné de 2,000 mètres de parcours.

Cet établissement a fait peu de fruit et donné peu de résultats.

En 1843, il renfermait 16 têtes, savoir :

1 étalon, *Ibis* ;

9 poulains ou pouliches ;

6 poulinières.

Et tout cela fut mis en vente alors sans trouver acquéreur. M. Trewhitt garda forcément quelques années encore, vendant par-ci par-là, comme il pouvait, selon l'occurrence, et jusques à extinction. 1848 a consommé la ruine de ce haras, que nul n'a voulu continuer, que nul, assurément, ne songe à relever.

L'histoire de Langesse est celle de beaucoup de petits établissements français dont nous ne parlerons pas; mais quiconque voudra s'édifier sur ce fait pourrait ouvrir le Racing-Calendar à intervalles de dix en dix ans. L'absence des noms qu'on ne retrouvera pas sur la liste des propriétaires de chevaux engagés en dira plus que nous ne pourrions et voudrions dire nous-même. On apprendra ainsi quel cas il faut faire des efforts de l'industrie privée dans une question pareille. La première et indispensable condition de succès, c'est la durée et la fixité; la cause de non-réussite la plus active, peut-être, gît surtout dans la mobilité et l'instabilité, qui ne laissent rien s'établir, rien se fonder, ni choix judicieux des animaux, ni savoir, ni expérience, ni résultats quelconques, hormis les grosses dépenses et le dégoût.

ÉCURIES D'ENTRAÎNEMENT ET HARAS DE M. PALMER. On a plusieurs fois tenté, en France, d'importer une institution anglaise qui n'a pu encore s'implanter parmi nous; il s'agit de l'entraînement des produits chez un entraîneur public. Un établissement de cette nature est, à vrai dire, la succursale obligée des petits haras, des jumenteries peu nombreuses et dont les produits ne naissent pas en vue seulement de la vente à ceux qui s'occupent exclusivement de courses.

Il y a trois genres de spéculation possible, en effet, pour un pays comme l'Angleterre, où la masse totalisée des prix offerts sur l'hippodrome atteint le chiffre de six à sept millions : Ou bien on se borne à la possession d'un certain nombre de poulinières dont on vend les poulains indistinctement de 6 à 18 mois;

Ou bien on fait naître et l'on court toutes les chances du turf soit en ayant une écurie d'entraînement, soit en plaçant ses produits chez un entraîneur public ;

Ou bien on recherche les produits à vendre pour les entraîner ou les faire entraîner, et pour suivre dans tout son développement la carrière périlleuse, mais émouvante des courses.

L'entraînement public rend d'incontestables services en Angleterre. En France, disons-nous, il n'a pas encore trouvé de base et d'appui suffisants pour s'établir d'une manière utile et profitable. Ceux qui en ont essayé y ont toujours renoncé : — exploitants ou exploités, tout le monde en a été mécontent. Cela s'explique à merveille. Cependant la première tentative avait tout d'abord semblé promettre de meilleurs résultats ; celle-là seulement nous occupera ici.

C'est à la porte Maillot que M. Palmer, entraîneur anglais connu, avait ouvert ses écuries d'entraînement. L'établissement était vaste, puisqu'il logeait confortablement trente-trois chevaux en boxes et comportait tout le matériel nécessaire. Les princes d'Orléans, la Société d'encouragement, de riches amateurs patronèrent l'institution, qui obtint un succès passager, mais qui ne présenta pas assez de profit pour s'asseoir d'une manière durable. Son existence ne fut pas longue en effet.

En 1856, M. Palmer faisait état de 11 chevaux entraînés par lui et chez lui, et qui avaient gagné 24 prix s'élevant ensemble à 50,500 fr.

En vue, sans doute, d'accroître la clientèle, M. Palmer créa un autre établissement destiné à alimenter celui-ci par ses produits. Il réunit à Madrid, bois de Boulogne, quelques poulinières bien choisies avec la pensée de les allier aux meilleurs étalons et de tenir tout , — mères et produits , — à la disposition des acheteurs. C'était une boutique ouverte à toute heure et à la convenance des chalands. Il était facile d'entrer, de faire ses choix et d'emmener ou de laisser à sa guise. Dans le dernier cas , les produits passaient tout naturellement du haras de Madrid aux écuries de la porte Maillot.

A la fin de 1838, quinze mois environ après sa formation, le petit haras de Madrid renfermait — 9 poulinières, — 1 pouliche d'un an — et 4 produits de l'année.

C'étaient *Camlet*, *Caïn Mare*, *Burgundy-Mare* , *Eglé* , *Dudu* , *Cantaloupe* , *Heiress* , nées en Angleterre ; puis *la Perle*, *Miss Tandem*, *Chamberlin*, *Piccolina*, *Pazza*, *Bêtise*, et une pouliche sans nom par *Royal-Oak* et *Miss Tandem*, nés en France.

Le second établissement n'eut pas un succès plus durable que le premier. La spéculation ne fut pas lucrative ; M. Palmer l'abandonna.

Nous n'avons que des regrets à exprimer sur cette non-réussite. Les efforts de M. Palmer méritaient une plus digne et plus profitable issue; ils montrent tout au moins que la possession de chevaux de courses n'entraînera jamais qu'un nombre d'amateurs très-limité dans le rayon de Paris.

HARAS DE BRUNOY. Avant de se fixer à Madrid, qui avait été précédemment occupé par M. Crémieux aîné, M. Palmer avait formé, de société avec M. Léon Bénard, un petit haras à Brunoy. Cet établissement est ensuite resté à M. Bénard seul : on en trouvait la situation charmante et réunissant toutes les conditions favorables pour l'élève du cheval. M. Bénard voulait borner la spéculation à la production seulement ; ses produits eussent toujours été à vendre ; les ama-

III.                                                                    6

teurs de courses y auraient pu choisir parmi eux et faire entraîner soit dans un établissement public, soit sous leur
propre direction. Le débouché a manqué. M. Bénard a renoncé à son haras, dont l'effectif a été vendu en 1837,
si nous ne nous trompons pas : il se composait alors de
11 têtes, 6 poulinières et 5 produits.

En voici les noms : *Clatter, Anna, Wawerley-Mare, Dubica, Pollio-Mare, Reine d'Yvetot; — Lestocq, Mergy, Be-
lina, Aspasie* et *Actéon.*

Haras de M. Crémieux aîné. Nous ne sommes pas ren-
seigné de manière à parler longuement du haras que M. Crémieux aîné avait formé à grands frais, paraît-il, dans le département de l'Allier. L'époque de cette création nous est
inconnue; mais nous voyons qu'elle a cessé d'exister à la
mort du fondateur, en 1831. On essaya alors de faire acheter
le haras tout entier par l'État; celui-ci ne s'y prêta guère,
on en vint à une vente publique qui se fit à Paris. L'effectif
comptait alors 17 têtes de pur sang anglais : — l'étalon,
Tandem; 3 poulinières, *Ada, Comus-Mare* et *Scud-Mare*;
9 pouliches et 4 poulains de différents âges.

L'administration des haras est devenue propriétaire de
plusieurs de ces animaux.

Haras de Saint-Maur. En 1837, M. Santerre formait un
haras sur une propriété située dans la commune de Saint-
Maur, près Paris; il plaçait à la tête de l'établissement un
homme qui avait fait ses preuves à Viroflay, comme chef des
écuries, Olivier Chuteau. Deux autres personnes sont venues
à la suite et se sont associées à ses efforts, MM. Jules Rivière
et Legigan.

En 1840, M. Santerre possédait 6 poulinières de pur sang;
MM. Rivière et Legigan en avaient aussi plusieurs, entre
autres *Effie-Deans* et *Fair-Helen.*

En 1843, le haras de Saint-Maur a cessé d'exister.

Nous ne voulons pas pousser plus loin cette recherche

dans le voisinage de Paris, qui a vu bien d'autres existences tout aussi éphémères. Tout cela, d'ailleurs, est de l'histoire contemporaine; chacun la fait et de reste. Les annales des courses conservent les noms de ceux qui sont entrés et sortis. C'est une navette d'un nouveau genre à course rapide, mais peu durable.

Passons à d'autres.

HARAS DE LA BASTIDE. Le haras de la Bastide est fort ancien; on y trouvait des produits remarquables de cette race limousine dont on a tant parlé jusque dans les derniers temps sans la bien connaître. Toutefois, le cheval limousin commençait à perdre dans l'opinion des hommes les plus compétents, et l'on sentait déjà qu'il était devenu nécessaire de le modifier quant à ses formes et de lui donner, à l'aide du croisement, le gros et la structure développée qu'il n'avait pas, que les ressources seules de l'alimentation seraient insuffisantes à lui faire acquérir, si le germe d'aptitudes nouvelles ne lui était transmis sous l'influence de l'hérédité.

M. le baron de la Bastide, amateur et connaisseur tout à la fois, homme de dévouement à qui les sacrifices ne coûtaient pas s'ils devaient être utiles et profitables au pays, résolut de faire en Limousin ce que monseigneur le Dauphin avait fait à Paris, ce que M. le duc des Cars essayait également sur un autre point de la France. Il importa des poulinières anglaises de pur sang et quelques bonnes juments non tracées. La corpulence s'alliait ici à l'énergie vitale et à la puissance musculaire, le modèle ne le cédait pas au mérite de l'origine; il y avait entre la conformation et cet ensemble de qualités qu'on exprime par un seul mot, — le sang, — cet heureux accord qui fait la supériorité désirable chez tous les reproducteurs destinés à la conservation d'une race pure.

C'est en 1826, à la suite d'un voyage en Angleterre, que M. le baron de la Bastide fit venir les trois juments de pur sang anglais qui ont jeté les fondements de la nouvelle souche à établir à la Bastide. C'étaient *Rubena*, *Nanny-Schanks* et *Priestess*. Le Stud-Book donne leur pedigrée et fait état des résultats qu'elles ont laissés.

L'importation du cheval de pur sang anglais en Limousin soulevait des questions de science auxquelles nul ne songea alors, mais que l'on a depuis agitées avec beaucoup de vivacité et d'amertume. On a blâmé cette pratique à rebours des règles admises par les plus savants naturalistes et qui consistait à chercher l'amélioration du cheval du Midi par celui du Nord. La prétention ou le projet de M. de la Bastide allait au delà. Il s'agissait, avant tout, de prouver que la race de pur sang anglais se reproduirait en Limousin sans dégénération aucune, qu'elle y réaliserait une part d'utilité plus grande que la race limousine, enfin que son mélange avec cette dernière serait, plus que le croisement avec l'étalon arabe, profitable aux intérêts de l'éleveur se mettant en voie de satisfaire aux exigences plus pressées de la consommation.

Le problème à résoudre embrassait par ses termes la question chevaline tout entière. La solution est complète aujourd'hui. M. le baron de la Bastide a eu des imitateurs à qui il a servi d'exemple et de conseil; il a fortement contribué à éclairer les points les plus contestés, et, s'il a disparu de l'arène, c'est après avoir dignement rempli la tâche qu'il s'était imposée. Il est sorti victorieux de la lutte; ce qu'il avait voulu prouver, il l'a prouvé. Le temps et les sacrifices n'y ont pas manqué. Si tous ceux qui pouvaient tenter l'expérience avaient fait proportionnellement autant que le sportsman limousin, les choses seraient très-avancées aujourd'hui en France. Ce qui met le plus en relief la disparition rapide des haras particuliers, c'est leur petit nombre. Il en résulte que les travaux commencés ne sont continués par personne et que la lacune en est plus regrettable. Si, au contraire, chacun apportait quelques pierres à l'édifice à construire par tous, loin de ne présenter à tout moment que ruines nouvelles et inpuissance, on verrait marcher l'œuvre insensiblement vers le point cherché, vers l'achèvement.

Le haras de la Bastide a cessé d'exister ou à peu près ; il a utilement fonctionné pendant vingt-deux ans. Peu d'établissements en France présentent une aussi longue durée.

D'autres ont existé ou existent encore en Limousin dans lesquels la reproduction de la race anglaise de pur sang a été poursuivie ou est encore l'objet de quelque attention. Mais là l'horizon est borné : on spécule sur les sommes offertes en prix de courses ; c'et le point de mire, cela seul occupe. On s'impose peu de sacrifices, et l'on compte sur quelques victoires faciles, grâce aux règlements protecteurs; mais nul ne prend la question de haut et ne la traite en vue des améliorations à obtenir. Le perfectionnement de la race pure n'entre pour rien absolument dans ces efforts isolés qui aboutissent tous à l'hippodrome, cause unique et raison dernière du but qu'on se propose. Le turf en petit, le turf dégénéré, c'est-à-dire l'institution des courses sans les grosses dépenses qu'elle comporte, voilà le commencement et la fin des travaux de nos petits amateurs. Dès lors, les juments de tête, la recherche des poulains les mieux nés, la libéralité dans les avances faites pour l'entraînement, tout cela est ignoré dans la pratique qui s'exerce au jour le jour sur les produits tels que les peut donner un système complétement opposé, celui qui compte sou à sou et ne prête à la spéculation qu'en raison même de ce qu'elle promet de rendre. Elle est donc abandonnée dès qu'on n'y trouve plus son compte ; quand les choses se passent ainsi, il ne faut rien en attendre de sérieusement utile. Cette production à la suite n'a aucune importance ; elle porte sur des médiocrités, la pire de toutes les choses, quand il s'agirait, au contraire, de n'opérer qu'en vue d'une supériorité toujours marquée.

Et voilà ce qu'on appelle l'industrie privée. — Mais cherchons ailleurs, sur d'autres points de la France, et voyons si les particuliers y ont à la fois plus de suffisance et plus de puissance.

Vers Bordeaux un certain nombre d'amateurs a surgi. On y avait plus de prétentions qu'ailleurs. Plusieurs départs successifs ont brillamment marqué; — mais cette pointe de vitesse n'a pas eu de durée, presque tous se sont dérobés.

Dans les Pyrénées, de bonnes poulinières ont été importées et placées chez des particuliers. L'essai n'a pas été heureux. Les cultivateurs tiennent à merveille les juments de leur race bigourdane améliorée, les messieurs qui ont consenti à tenir les poulinières de pur sang les ont mises à la portion congrue et les font si mal vivre elles et leurs poulains qu'on est honteux de constater un pareil fait. La perfection ne saurait sortir d'une situation semblable.

L'Auvergne, appuyée sur le passé et vivant de souvenirs, a usé les restes d'une vieille race qui n'appartient plus, par les aptitudes, à l'époque actuelle; elle n'a fait aucun sacrifice en faveur de la reproduction du pur sang anglais.

L'Anjou est tardivement entré dans le cercle, les premiers pas datent de 1837, mais il faut citer avec éloge l'exemple donné par quelques grands propriétaires. Le temps et une bonne direction peuvent déterminer ici des résultats appréciables.

En Bretagne, plusieurs tentatives ont avorté; la reproduction du cheval de pur sang anglais y est complétement abandonnée.

C'est depuis peu qu'un amateur plein de zèle, enthousiaste et dévoué, a créé dans le Bourbonnais, sur une certaine échelle, un haras de production et d'élève. Les choses ont été menées fort vite. C'est un coin de l'Angleterre qu'on a importé dans cette ancienne province du continent. Il faut espérer le succès, mais l'attendre.

Passons maintenant en Normandie, cette terre de promission, où l'industrie privée obtiendrait les meilleurs résultats et sans efforts pour ainsi parler, si elle croyait pouvoir ou si elle voulait se livrer à la reproduction du cheval de pur sang anglais, qui ferait tout à la fois sa richesse et la prospérité hippique de la France.

En 1837, un amateur ardent et passionné, M. Eug. Aumont, frappé des avantages que la France devait retirer de la multiplication du cheval de pur sang, persuadé que, nulle part autant qu'en Normandie, cette race par excellence ne réussirait aussi complétement, établit dans la plaine de Caen, au beau milieu de la contrée la plus antipathique jusque-là au cheval pur, un haras de production, des écuries d'entraînement et un hippodrome. La tentative était un peu bien hardie. S'il avait fait voter sur lui, M. Eug. Aumont eût été envoyé tout droit à Charenton. Chacun se mêla de ses affaires, celui-ci au point de vue des dépenses excessives que son patriotisme et son goût pour le cheval lui imposaient, celui-là au point de vue de ses idées relativement aux questions de race, de reproduction raisonnée et d'élève judicieuse du cheval. Que l'on débitât alors tous les propos charitables à l'usage de ceux que l'on voit mener trop grand train et courir par une voie très-rapide à la ruine, on l'eût compris ; c'était un moyen comme un autre d'entraver la marche d'une idée saine et de nuire au succès de son application ; mais que l'on se soit acharné à décrier l'œuvre sous prétexte qu'elle était une absurdité, une chose sans nom, un mal pour l'industrie chevaline du pays, voilà qui est inexplicable et qui met à côté de la malveillance une dose beaucoup plus forte encore d'ignorance.

Certes, M. Eugène Aumont rendait un immense service à la Normandie lorsqu'il expérimentait à ses risques et périls avec la race anglaise de pur sang. Si l'on pouvait blâmer qu'il fît trop à la fois, qu'il engageât trop complétement sa fortune dans la question, qu'il n'administrât pas avec la mesure et la prudence nécessaires à toutes les parties du vaste établissement qu'il avait créé, on n'aurait dû trouver que des éloges pour le dévouement et le désintéressement de l'homme ; la bienveillance et la gratitude auraient dû s'attacher à sa personne. Tel n'a pas été la récompense de ses efforts et de ses sacrifices. L'amateur a disparu sans autre consolation que celle d'avoir tenté le bien. Il a néanmoins rendu quelques services, et le pays a bénéficié de ses propres fautes. Les animaux de choix qu'il avait importés et réunis soit à Blainville, soit à Cormeilles, soit à Chantilly sont restés et ont utilement produit. Plusieurs ont profité des pertes d'un seul ; l'œuvre poursuivie n'a eu à souffrir que de l'absence d'un amateur puissant par sa fortune, et emporté par trop d'ardeur au delà du but, faute d'avoir su ménager ses forces.

Mais donnons la parole à M. Eugène Aumont, et laissons-le s'expliquer lui-même sur les vues qu'il s'était proposées.

« J'ai pris toutes mes dispositions pour former un petit haras, écrivait-il, en novembre 1837, au rédacteur du *Journal des haras*, mais un haras de chevaux de pur sang seulement. J'ai acheté, en Angleterre, en France même, des juments qui joignent à la réputation conquise sur l'hippodrome, une origine pure et recommandable. Issues de chevaux célèbres, tels que RAINBOW, CADLAND, FIGARO, SHAKSPEARE, CAMEL, ZINGANÉE, EMILIUS, etc., elles ne réclament qu'un bon étalon pour produire. J'ai pensé que c'était courir de trop grands risques que d'envoyer une jument loin de soi, à quinze, vingt, trente lieues, plus ou moins, à l'époque de la monte, près du cheval que l'on préfère. Privé de soins et de bonne nourriture, germes du développement qui doit suivre sa naissance, le poulain ne doit que souffrir d'un pareil dérangement.

« Pour éviter cet inconvénient, j'ai fait le sacrifice d'acheter un étalon qui saillira mes juments chez moi. Ce cheval, que je ne crois pas sans quelque mérite, c'est ROYAL-GEORGE, par *Royal-Oak* et *Destiny*, plusieurs fois vainqueur en 1836.

« Voici la généalogie des animaux dont je viens de faire l'acquisition :

AURRICANE, poulain bai, par *Caïn* et *Gaiety*, par *Frolic*;

ROYAL-GEORGE, cheval bai-brun, par *Royal-Oak* et *Destiny*;

MISS SOPHIA, jument baie, par *Shakspeare* et *Maud*, par *Morisco*;

MARCELLA, pouliche alezane, par *Zinganée* et *Emma*, & par *Orville*;

BAYADÈRE, pouliche noire, par *Shakspeare* ( *Dam by Waterloo out of Preze*) ;

PRINCESS EDWIS, jument baie, par *Emilius* et *Catherina* ( *Rowton's dam* ), pleine par l'étalon *Taurus*.

« Il me reste en Angleterre deux juments pleines.....

« Décidé à élever mes produits de chaque année, ce n'est que par les courses que j'en trouverai plus tard le débouché ; car comment prouver autrement la supériorité du cheval, fruit des soins qu'on apporte à son éducation? C'est aussi avec l'intention d'exercer de bonne heure mes jeunes chevaux que j'ai fait tracer un hippodrome dans un champ, chez moi et peu éloigné de mes écuries.

« Pendant mon séjour à Newmarket, je me suis appliqué à étudier les principes de nos maîtres pour les mettre à profit autant que possible, m'attachant toujours à l'éducation qui donne le fonds, la vigueur et la force. Ainsi, par exemple, étonné de voir des poulains de pur sang de l'année beaucoup plus forts et beaucoup plus membrés que ceux de demi-sang qui naissent en Normandie, il m'était impossible de ne pas reconnaître la toute-puissance du grain sur ces jeunes animaux, qui n'auraient pas trouvé un brin d'herbe dans leurs paddoks. Aussi, quand je vis l'avoine qu'on leur distribuait, je taxai la Normandie de pauvreté et de stérilité, car celle que nous y récoltons n'est pas, à beaucoup près, aussi saine, aussi fraîche, aussi farineuse. En revanche, je présumai que la nourriture toute rafraîchissante de nos belles et riches prairies, jointe à la même ration de grain, ne pouvait que protéger l'accroissement du cheval, l'ampleur de ses membres et l'entier développement de toutes ses qualités.

« Marchant, dès aujourd'hui, dans l'intime conviction que le pur sang anglais doit être employé à améliorer notre espèce normande, tant pour les besoins de la guerre que pour ceux du luxe ou du commerce, de préférence aux étalons orientaux, quels qu'ils soient, persuadé qu'avec le cheval de pur sang anglais l'éleveur obtiendra des produits dont il trouvera toujours la vente, quand il aura eu soin d'accoupler convenablement, je travaillerai désormais à faire valoir cette doctrine, en donnant moi-même un exemple salutaire et en élevant des chevaux de pur sang dans une contrée où ils ne sont guère estimés aujourd'hui à la vérité, mais où, plus tard, on reconnaîtra leur valeur.

« Ce que je désire avant tout dans l'intérêt du pays, c'est que mes peines et mes soins ne soient pas perdus pour ceux des patriotes éleveurs que leur position locale met à même de parcourir la même carrière et qui peuvent joindre leurs efforts aux miens pour achever de donner au cheval de Normandie la nuance et le caractère qui le feront rechercher de ceux qui l'ont méprisé et dédaigné jusqu'à ce jour.»

M. Eugène Aumont croyait avoir jeté les bases d'une entreprise durable; il s'y était donné tout entier avec ardeur et marchait droit au but, menant de front la production, l'élève et les courses; il a essayé du système de vente annuelle pour éviter l'encombrement; il a possédé des étalons de mérite, il a eu des juments de choix; ses produits n'ont pas laissé que de marquer sur l'hippodrome : en quatre ans, on trouve plus de 130,000 fr. de prix gagnés. Malgré cela,

M. Eugène Aumont n'a pu tenir et mettait en vente, en octobre 1841, son haras et ses écuries d'entraînement.

Quatre juments et vingt-six produits de différents âges ont été adjugés pour moins de 50,000 francs ; en voici la liste. En compulsant le Stud-Book français et le Racing-Calendar, il sera toujours facile de compléter les renseignements qu'on voudrait avoir sur l'origine et les performances de chacun des animaux qui la composent.

### Poulinières.

| | | | |
|---|---|---|---|
| Destiny....... vendue. 3,030 f. | Burden.... vendue. 1,010 f. |
| Mathilda......... id. 1,010 | Camarine..... id. 1,040 |

### Chevaux en entraînement.

| | |
|---|---|
| Déception..... vendue. 5,300 f. | Slane..... vendue. 5,180 f. |
| Olivia........... id. 1,610 | Mistral....... id. 1,800 |
| White-Face....... id. 1,600 | Kleber........ id. 550 |
| The Black Domino. id. 2,850 | Indépendance.. id. 1,300 |
| Bee's Wing....... id. 2,150 | Souvenir...... id. 480 |
| Frélon........... id. 875 | Quirita........ id. 450 |
| Lawton.......... id. 4,000 | Quirina....... id. 470 |
| Plover.......... id. 1,500 | |

### Poulains et pouliches de vingt mois.

| | |
|---|---|
| Prospero....... vendu. 1,020 f. | Norma.... vendue. 1,300 f. |
| Zingaro......... id. 3,300 | Victoria...... id. 360 |
| Don Juan........ id. 1,510 | Nativa....... id. 1,950 |
| Hurdler......... id. 1,300 | Spark........ id. 660 |

### Produits de l'année.

| | |
|---|---|
| Cavatine,..... vendue. 1,000 f. | Beau désir, vendu.. 800 f. |
| Barcarolle....... id. 305 | |

La plupart de ces produits étaient engagés dans les courses à venir. C'était un motif de recherche, un stimulant pour les amateurs ; malgré cela, eu égard surtout aux succès antérieurs, la vente a été lourde et n'a pas donné ce qu'on aurait pu attendre.

Voici les réflexions qu'elle a suggérées au rédacteur du *Journal des haras :*

« La vente du haras de M. Eugène Aumont, après quatre ans d'existence seulement, n'a pas manqué de provoquer une recrudescence de critiques et de plaintes amères contre les courses de chevaux et l'élève du cheval de pur sang ; les détracteurs du système suivi maintenant en France, et sur une grande partie du continent, à l'imitation de l'Angleterre, n'ont pas manqué de s'emparer de ce nouveau fait pour s'en faire une arme contre les doctrines du Jockey-Club, et contre les nôtres, un peu moins absolues en ce qui concerne l'emploi de l'étalon de pur sang, mais tout aussi favorables aux courses. Comme en beaucoup d'autres circonstances plus ou moins semblables, on s'est trompé sur les causes principales de la résolution, prise par M. Eugène Aumont, de vendre ses poulinières et ses chevaux de course. Entré fort jeune et trop ardent peut-être dans la carrière, le zélé sportsman a pu aller un peu vite, et faire des dépenses trop considérables, sans lesquelles il pouvait très-bien obtenir les mêmes succès dont nous nous sommes plu à remplir nos colonnes depuis trois ans. S'apercevant de son erreur, il a pensé qu'il fallait changer de route et s'arrêter ; cette sage résolution est la seule cause de la vente du haras, dont une partie a été achetée par les frères de M. Eugène Aumont, qui, certes, ne se seraient pas lancés sur les traces du plus jeune d'entre eux, s'ils eussent été convaincus qu'elles étaient aussi mauvaises à suivre qu'on s'était plu à le dire.

« Le fait est que si M. Eugène Aumont n'avait pas fait d'aussi grandes dépenses en achat d'étalons qui lui étaient inutiles, et qu'il a revendus à perte, en constructions de bâtiments, en acquisitions de terrains peu productifs, et en transport de chevaux d'un hippodrome à l'autre, et enfin s'il n'avait eu, cette année, un grand nombre de jeunes chevaux malades au moment des courses de printemps et d'automne à Paris, Chantilly et Versailles, les prix gagnés par lui eussent été plus que suffisants pour couvrir les dépenses ordinaires d'un haras et d'une écurie d'entraînement. Ce ne sont donc pas ces dépenses qui ont motivé la retraite du sportsman dont le nom est inscrit à tout jamais sur les Annales du turf français, et retentira encore, nous l'espérons bien, sur nos hippodromes en dépit des médisants et des jaloux, en dépit des détracteurs des courses et des chevaux de pur sang. »

Telles sont les fleurs, les seules, toutefois, qui aient été jetées sur cette existence si courte. Beaucoup de sportsmen ont vécu brillamment, mais aussi peu; et les conditions de ce qu'on appelle si pompeusement à Paris l'INDUSTRIE PRIVÉE sont celles-là : ou bien les amateurs se lancent à bride abattue dans la carrière et tombent essoufflés loin du but, ou bien ils entrent si peu avant dans la question que leur marche boiteuse les retient tout près du point de départ. Singulière industrie vraiment que celle dont le but ne peut jamais être atteint. Les plus ardents culbutent ou sont arrêtés avant la chute par une volonté qui s'impose; les autres ne peuvent ou ne veulent rien au delà d'efforts impuissants et stériles. Combien de jeunes gens se sont dérobés, combien ont été retirés de la lice ! A combien d'autres n'a-t-on pas fait défense de posséder un cheval de course, d'élever un seul cheval de pur sang? En France, le mariage est fatal au développement de l'*industrie privée*. Nos fortunes retiennent forcément cette dernière, sauf quelques exceptions faciles à compter, dans les mains de ceux qui n'ont point encore atteint l'âge de raison. Dans ce fait, y a-t-il de sérieuses garanties pour l'avenir? Qu'on réponde.

Un compatriote de M. Eugène Aumont a tenté de suivre sa voie. M. Lemaître-Duparc, profitant d'occasions diverses, avait acheté quelques poulinières et des poulains de noble origine, formé le dessein d'avoir tout à la fois un haras de production et des écuries d'entraînement. Mais ces animaux d'élite ne purent rester longtemps en ses mains. L'expé-

rience manquait au nouveau sportsman et la fortune trahit
ses forces. Ces quelques lignes sauveront peut-être de l'oubli un essai mort-né, une tentative avortée. Cependant, au
printemps de 1843, M. Lemaître-Duparc mettait en vente,
à la porte Maillot, six produits qui avaient complétement
trompé son attente. Ces noms font supposer d'autres existences ; on les retrouverait au Stud-Book. Les juments ont
disparu comme le reste ; il y a longtemps déjà qu'il n'est
plus question du haras de Fontenay-Bourguebus, et bien
peu l'ont connu, car il n'a eu qu'une durée tout à fait éphémère.

Les chevaux vendus en 1843 étaient — *Prince Paul*, —
*Peter*, — *Patrick*, — *Félix*, — *Mexico* — et *Partisan*.

M. Alexandre Aumont a succédé en quelque sorte à son
jeune frère ; mais il vit encore et promet de vivre longtemps,
ce que nous désirons très-ardemment. Toutefois notre revue s'attache exclusivement à quelques-unes des existences
éteintes. On comprend que nous ne devions pas tirer l'ho-
roscope de ceux qui font effort et luttent courageusement
dans le sens de nos idées et de nos vues. Nous leur souhai-
tons toute sorte de prospérité et voudrions qu'ils pussent
doter le pays, notre belle France, de toutes les richesses qui
lui manquent encore. Espérons ; Dieu est grand, et il nous
aime ; fasse le ciel que l'*industrie privée* grandisse et se
développe en raison même de nos besoins.

Nous ne voulons pas ouvrir l'obituaire des amateurs des
environs de Paris ; les noms y sont pressés, nombreux, si-
gnificatifs. Nous préférons dire que là se groupent les plus
grandes influences, les puissances du sport ; que là se concentre ce qu'on appelle l'*industrie privée*, et qu'il faut
beaucoup attendre des hautes prétentions qu'on a eues de
tous temps et qu'on affiche encore. Une nouvelle période
de dix ans est peut-être encore nécessaire avant de prononcer en dernier ressort sur les résultats définitifs des essais tentés jusqu'à présent. Si, en dépit des encouragements

considérables offerts aux amateurs, la production et l'élève du cheval de pur sang anglais ne progressaient pas d'ici à dix ans dans le rayon des hippodromes de Paris, Versailles et Chantilly, il faudrait bien renoncer à les voir se développer et rendre les services qu'on avait pu s'en promettre. Jusque-là ne négligeons aucun effort, ne refusons aucun sacrifice; il faut que l'expérience soit complète. C'est tout à la fois un besoin et une nécessité.

Nous ne saurions mieux faire, en terminant ce chapitre, que de donner la liste des propriétaires de chevaux de pur sang anglais en France. Cette liste comprend toutes les existences accusées à la date du 1er janvier 1851.

ÉTAT, *par ordre alphabétique, des propriétaires de chevaux de pur sang anglais, au 1ᵉʳ janvier 1851.*

| NOMS DES PROPRIÉTAIRES. | POULINIÈRES. | POULAINS. | POULICHES. | TOTAL. | NOMS DES PROPRIÉTAIRES. | POULINIÈRES. | POULAINS. | POULICHES. | TOTAL. |
|---|---|---|---|---|---|---|---|---|---|
| | | | | | *Report....* | 84 | 60 | 40 | 184 |
| D'Andigné de May-neux............. | 1 | 1 | » | 2 | Chompé............. | 2 | » | » | 2 |
| Armand............. | 1 | » | » | 1 | Clary............. | » | » | 1 | 1 |
| Arnault............. | » | 1 | » | 1 | Clavery............. | 1 | 2 | 1 | 4 |
| Atkinson............. | 1 | » | » | 1 | De Coislin.......... | 1 | » | » | 1 |
| Aumont (Alex.)..... | 7 | 16 | 3 | 26 | Condat............. | 1 | 1 | » | 2 |
| Badie............. | 1 | » | 1 | 2 | De Couguy (Émile).. | 1 | » | » | 1 |
| De Baracé.......... | 3 | 6 | » | 9 | Couperie........... | 2 | » | 1 | 3 |
| Barbara............. | 1 | » | » | 1 | Courtade........... | 2 | » | 1 | 3 |
| Barère............. | » | 1 | » | 1 | Courtois........... | 2 | 1 | 1 | 4 |
| Barrou............. | 1 | » | » | 1 | De Coux........... | 1 | 2 | 1 | 4 |
| Basly............. | 1 | 4 | » | 5 | Cubes............. | » | 1 | » | 1 |
| De Beaumont....... | 3 | » | » | 3 | Curtis............. | » | » | 1 | 1 |
| De Beauveau (Étien.). | 2 | 1 | 1 | 4 | De Curzay.......... | 1 | » | » | 1 |
| De Beauveau (Marc).. | 10 | 8 | 6 | 24 | Cutler (Henri)..... | 4 | 4 | 7 | 15 |
| Berrens............. | 2 | 2 | » | 4 | Cutler (Frank)...... | 1 | 2 | 2 | 5 |
| Besnard............. | 1 | » | » | 1 | Daban............. | 1 | » | » | 1 |
| Blanche............. | 1 | » | 2 | 3 | Daguerre........... | » | » | 1 | 1 |
| Blancq............. | » | » | 1 | 1 | Dailly............. | 2 | » | » | 2 |
| De Blangy.......... | 1 | 1 | 1 | 3 | Daran............. | » | » | 1 | 1 |
| Boudrou............. | 1 | » | 1 | 2 | Darets............. | 1 | » | 1 | 2 |
| Bouffard............. | 1 | » | 1 | 2 | Dartigaux (Adolphe). | » | » | 1 | 1 |
| Bouques............. | 1 | » | 2 | 3 | Dartigaux (Édouard). | 1 | 1 | » | 2 |
| Boutet............. | 1 | » | 1 | 2 | Daru............. | » | 1 | » | 1 |
| Boutton-Lévêque.... | 11 | 2 | 5 | 18 | Dauban............. | » | » | 1 | 1 |
| De Boyat.......... | 1 | 1 | 1 | 3 | Déchamp........... | 3 | 1 | 1 | 5 |
| Bravard-Veyrière.... | 1 | » | » | 1 | Deffis............. | 3 | 2 | 3 | 8 |
| Bruno............. | 1 | 1 | » | 2 | Deguingan.......... | » | 1 | » | 1 |
| Brusseau........... | 1 | » | » | 1 | Delaveau .......... | » | » | 1 | 1 |
| Du Buat........... | 1 | » | » | 1 | Des Cars (Amédée). . | 3 | 3 | 5 | 11 |
| Calenge............. | 1 | » | » | 1 | Desmaisons de Bon-nefond........... | 2 | 4 | » | 6 |
| De Cambourg....... | 1 | 1 | » | 2 | Des Montiers de Mé-rinville........... | 1 | 1 | » | 2 |
| Capdevielle......... | 1 | 2 | » | 3 | | | | | |
| Carié............. | 2 | 2 | 2 | 6 | Desquerre (Eugène).. | » | 2 | » | 2 |
| Carter............. | 15 | 7 | 6 | 28 | Desquerre (Isidore).. | 1 | » | » | 1 |
| Carrère............. | 1 | » | 1 | 2 | Destanne de Bernis.. | 1 | » | 3 | 4 |
| Casenave........... | » | » | 1 | 1 | Doray............. | 1 | » | » | 1 |
| Caussade........... | 2 | » | 2 | 4 | Drake (Stéphen)..... | » | 1 | » | 1 |
| Céuac-Lahons....... | » | » | 1 | 1 | Dubois, à Limoges.. | » | » | 1 | 1 |
| De Chamois........ | 3 | 1 | 1 | 5 | Dubois, à Nantes.... | 1 | » | » | 1 |
| Chergé............. | » | 1 | » | 1 | Ducasse............. | 5 | 3 | » | 8 |
| Chevallier-Perré .... | 1 | 1 | » | 2 | | | | | |
| *A reporter....* | 84 | 60 | 40 | 184 | *A reporter....* | 129 | 93 | 75 | 297 |

| NOMS DES PROPRIÉTAIRES. | POULINIÈRES. | POULAINS. | POULICHES. | TOTAL. | NOMS DES PROPRIÉTAIRES. | POULINIÈRES. | POULAINS. | POULICHES. | TOTAL. |
|---|---|---|---|---|---|---|---|---|---|
| *Report*.... | 129 | 93 | 75 | 297 | *Report*.... | 207 | 135 | 120 | 462 |
| Du Ché............. | 1 | » | » | 1 | Lariau............. | 1 | 2 | 1 | 4 |
| Ducombs........... | 1 | 1 | 1 | 3 | De Laroque Ordan.. | » | 2 | 2 | 4 |
| Du Ponceau........ | 1 | » | » | 1 | De Lasalle......... | 5 | 4 | 4 | 13 |
| Durand (veuve)..... | 6 | 2 | 3 | 11 | Latache de Fay..... | 7 | 6 | 2 | 15 |
| Dutrouih........... | 1 | 1 | » | 2 | Latry............. | 1 | » | » | 1 |
| Duval............. | » | 1 | » | 1 | Laurent fils........ | 1 | » | » | 1 |
| Duval (Édouard).... | 1 | » | 1 | 2 | Lauriol........... | » | 1 | » | 1 |
| Eon............... | 1 | 1 | » | 2 | De la Vallette...... | 2 | » | » | 2 |
| D'Erlon............ | 1 | » | » | 1 | Lavech............ | » | 1 | » | 1 |
| Esmoingt.......... | 1 | » | » | 1 | Lavigne aîné....... | 2 | 1 | 1 | 4 |
| D'Etchaudy........ | 1 | 1 | » | 2 | Lavigne jeune...... | 1 | 4 | » | 5 |
| D'Etchegoyen...... | » | 1 | » | 1 | Lefloch........... | » | 1 | » | 1 |
| De Falendre....... | » | » | 1 | 1 | Léon-Leclerc...... | 4 | 6 | 4 | 14 |
| Fasquel........... | 13 | 15 | 6 | 34 | Leclerc (Michel).... | 2 | » | » | 2 |
| Finot............. | 2 | 1 | » | 3 | Lecointe.......... | 1 | » | » | 1 |
| Forcinal.......... | 1 | » | » | 1 | Legoux-Longpré.... | » | » | 1 | 1 |
| Foucault.......... | 1 | » | » | 1 | Lemichel.......... | » | 1 | » | 1 |
| Fould (Achille)..... | 4 | 1 | 4 | 9 | Leroy (Ernest)..... | 1 | » | » | 1 |
| Fouquier.......... | 1 | » | » | 1 | Lesénécal......... | 1 | 3 | 1 | 5 |
| De Frière (Mlle)..... | 1 | » | » | 1 | Lestapis.......... | 1 | 3 | » | 4 |
| Du Garreau........ | 5 | 1 | 5 | 11 | Liazard........... | 1 | » | » | 2 |
| Garric............ | 1 | 1 | 1 | 3 | De Lignac (Henri)... | 1 | 1 | » | 2 |
| Gentil............ | 1 | 2 | » | 3 | Lindet............ | » | » | 1 | 1 |
| Gey.............. | 2 | 2 | 2 | 6 | Loustau aîné....... | » | » | 1 | 1 |
| Godichon.......... | 1 | » | 1 | 2 | Loustau (Frédéric).. | 1 | » | » | 1 |
| Gourdon.......... | 1 | » | 1 | 2 | Lupin (Auguste).... | 9 | 9 | 7 | 25 |
| Gowlan (William)... | 2 | » | 1 | 3 | Lupin (J. B)........ | 2 | 2 | 2 | 6 |
| Gradouille......... | 1 | » | 1 | 2 | Mabire........... | 2 | 2 | » | 4 |
| De Greffulhe....... | 1 | 1 | 2 | 4 | Marc-Pherson..... | 1 | » | » | 1 |
| Guilhon........... | 1 | » | » | 1 | Mailhard-Lacouture.. | 2 | 1 | 2 | 5 |
| Hardy............ | 1 | » | 1 | 2 | Martin............ | 1 | 1 | 1 | 3 |
| D'Hédouville....... | 3 | 5 | 3 | 11 | Martin............ | 1 | » | » | 1 |
| Higonet (général)... | 1 | » | » | 1 | Malère........... | 1 | 1 | » | 2 |
| Irigoyen........... | 1 | » | » | 1 | De Marignan...... | 3 | » | 2 | 5 |
| De Jallais......... | 1 | » | » | 1 | Marion père....... | 5 | 4 | 3 | 12 |
| Jarrou........... | » | » | 1 | 1 | Marion fils........ | 1 | 1 | » | 2 |
| De Jourdan........ | 1 | » | » | 1 | Mathié........... | 1 | » | 1 | 2 |
| De la Bastide...... | 7 | » | 2 | 9 | Masounabe........ | 1 | » | » | 1 |
| De la Béraudière... | 1 | 1 | 2 | 4 | Max. de Damas..... | 1 | » | » | 1 |
| Lafaille........... | 1 | 1 | 1 | 3 | Michel........... | 1 | » | » | 1 |
| Laffont-Mailles..... | 1 | 1 | » | 2 | De Mieulle........ | 1 | » | 1 | 2 |
| Lalanne-Bruno..... | 1 | 1 | 1 | 3 | De Montbron...... | 1 | » | » | 1 |
| Lamarque......... | 1 | » | » | 1 | De Montécot....... | 1 | » | » | 1 |
| Lambert.......... | 1 | » | » | 1 | Morterol.......... | » | » | 1 | 1 |
| Lang............. | 1 | 1 | 1 | 3 | De Montesquieux.... | 1 | » | 1 | 2 |
| De Langle......... | 2 | » | 3 | 5 | De Montlaur....... | 1 | » | » | 1 |
| *A reporter*. | 207 | 135 | 120 | 462 | *A reporter*.... | 277 | 192 | 160 | 629 |

III.

7

| NOMS DES PROPRIÉTAIRES. | POULINIÈRES. | POULAINS. | POULICHES. | TOTAL. | NOMS DES PROPRIÉTAIRES. | POULINIÈRES. | POULAINS. | POULICHES. | TOTAL. |
|---|---|---|---|---|---|---|---|---|---|
| Report.... | 277 | 192 | 160 | 629 | Report.... | 336 | 225 | 191 | 752 |
| Morin............. | » | 1 | » | 1 | Roland............. | 1 | 1 | » | 2 |
| Mosselman......... | 1 | » | 1 | 2 | Rouzay............. | 1 | 1 | » | 2 |
| Mosselman (Hippol.). | 6 | 2 | 4 | 12 | De Ruble.......... | » | » | 2 | 2 |
| De Moulins de Roche-fort. | 2 | » | 4 | 6 | De Saint-Clou...... | 1 | 1 | 3 | 5 |
| Mounaud-Piot. ..... | 1 | 1 | » | 2 | Saint-Gez.......... | » | 1 | » | 1 |
| Munel............. | 1 | » | » | 1 | Saint-Martin....... | 3 | » | 3 | 6 |
| Naulibos.......... | 1 | » | » | 1 | De Saint-Pardoux.... | 4 | 1 | 1 | 6 |
| Netiveau.......... | 1 | » | » | 1 | Sarget............. | 1 | » | » | 1 |
| De Nexon.......... | 11 | 4 | 4 | 19 | Sazerat............ | 2 | » | 1 | 3 |
| Niard............. | 1 | » | » | 1 | Semmartin......... | 1 | 1 | 1 | 3 |
| De Noailles (Alfred). | 2 | » | » | 2 | Semmartin-Brune.... | 2 | 2 | 2 | 6 |
| Noualhier (Armand). | 1 | » | » | 1 | Semmartin-Lapassade | 1 | 1 | 1 | 3 |
| O'Diette.......... | » | » | 1 | 1 | Sempé............. | 1 | 2 | 2 | 5 |
| Pailhet............ | 1 | 2 | 1 | 4 | Sénac............. | 1 | 1 | » | 2 |
| Pailbex........... | 1 | » | » | 1 | De Solages......... | 1 | » | 1 | 2 |
| Pène.............. | 3 | » | 2 | 5 | Soulignac.......... | 3 | » | » | 3 |
| Péuicaud.......... | 1 | » | » | 1 | Subercasau......... | 2 | 1 | 3 | 6 |
| De Perpigna....... | 1 | » | » | 1 | Supervielle........ | 1 | » | 1 | 2 |
| Perrin............ | 1 | » | » | 1 | Tarisan............ | 1 | 3 | 1 | 5 |
| De Petiville........ | » | 1 | » | 1 | De Terson......... | 2 | » | » | 2 |
| De Pierres........ | 2 | 7 | 3 | 12 | De Terves......... | 1 | » | 2 | 3 |
| Peyraube.......... | 1 | » | 1 | 2 | De Travot......... | 1 | » | » | 1 |
| Picard ........... | 1 | » | » | 1 | Tréprel........... | » | 1 | » | 1 |
| Pillet-Aufrey. ..... | 1 | » | 1 | 2 | Trespœg........... | 1 | » | » | 1 |
| Pommé............. | 1 | » | » | 1 | Trevillot.......... | 1 | » | 1 | 2 |
| Poque............. | 1 | 1 | » | 2 | Trewhitt.......... | 1 | » | 1 | 2 |
| Portalet........... | 1 | » | 1 | 2 | De Valanglart...... | 1 | 1 | 1 | 3 |
| De Prado.......... | 2 | 1 | 1 | 4 | De Vanteaux....... | 6 | 4 | 5 | 15 |
| Quautin........... | » | 1 | » | 1 | De Vatry.......... | 1 | » | » | 1 |
| De Quigny......... | » | » | 1 | 1 | De Veauce. ........ | 4 | 10 | 2 | 16 |
| De Raousset-Boulbon | » | 1 | » | 1 | Vigier.. .......... | 4 | 2 | 1 | 7 |
| Raymou aîné........ | 1 | » | 2 | 3 | Vilon-Marceau..... | 2 | 1 | 1 | 4 |
| Reculès............ | 1 | 2 | » | 3 | Vincent............ | » | » | 1 | 1 |
| Regis............. | 1 | 3 | » | 4 | Viriot............. | 3 | 2 | » | 5 |
| Reiset (Jacques)..... | » | 1 | 1 | 2 | Voisin.. .......... | 1 | » | » | 1 |
| Ridel ............ | 1 | 1 | 1 | 3 | William Bains...... | 2 | 1 | 1 | 4 |
| De la Rochette...... | 2 | » | » | 2 | | 394 | 263 | 229 | 886 |
| Roch-Labaquère..... | 2 | 1 | » | 3 | École de cavalerie à Saumur......... | 5 | 9 | 1 | 15 |
| De Roffignac...... | 3 | 2 | 1 | 6 | Haras nationaux..... | 21 | 14 | 8 | 43 |
| De Rœderer........ | 2 | 1 | 1 | 4 | | | | | |
| A reporter.... | 336 | 225 | 191 | 752 | TOTAUX..... | 420 | 286 | 238 | 944 |

Laissant en dehors l'administration des haras et l'école de cavalerie, cette liste comprend les noms de 248 propriétaires pour un nombre de 886 têtes de tous âges : c'est 3,57 pour chacun.

Les 394 juments sont aux mains de 204 propriétaires : moyenne, moins de 2.

Établissons maintenant la liste par ordre d'importance numérique. Peut-être que, examinés à ce point de vue, les faits paraîtront sous un nouveau jour. Il faut bien qu'on puisse s'édifier complétement sur l'étendue des forces de l'*industrie privée*. S'il n'y allait pas de l'avenir hippique de la France, s'il n'y avait au fond de tout cela une question d'honneur et d'indépendance nationale, on en pourrait faire bon marché, mais devant un intérêt si grave toutes les petites considérations disparaissent. D'ailleurs, mieux sera établi le présent et plus clair on verra dans l'avenir. La comparaison sera plus facile dans dix ans, si l'inventaire actuel est exact. Il y a avantage pour tous à ce que les faits soient parfaitement dégagés de toute obscurité.

Voici cette petite statistique.

En examinant l'état nominatif qui précède, on trouve

1 propriétaire qui possède 34 têtes,
1 — — 28
1 — — 26
1 — — 25
1 — — 24
1 — — 19
1 — — 18
1 — — 16
3 — — 15
1 — — 14
1 — — 13
3 — — 12
4 — — 10
5 — — 9

| 2 | — | — | 8 |
|---|---|---|---|
| 1 | — | — | 7 |
| 8 | — | — | 6 |
| 16 | — | — | 5 |
| 20 | — | — | 4 |
| 27 | — | — | 3 |
| 52 | — | — | 2 |
| 99 | — | — | 1 |

Les chiffres ont parfois une grande éloquence. Qu'on pèse ceux-ci et qu'on dise leur valeur. Y trouvera-t-on de sérieuses garanties pour la reproduction de cette race dont le principe générateur doit s'étendre à l'amélioration d'une population qui se renouvelle par 300,000 naissances annuelles.

Vingt-cinq personnes à peine, soit un dixième parmi celles qui possèdent ce petit nombre d'animaux de pur sang, peuvent exercer quelque influence sur le fait de la reproduction de la race de pur sang anglais; encore faut-il se rappeler que ces personnes sont exclusivement livrées à l'élève du cheval de course, et que l'élevage de l'étalon capable est le moindre de leurs soucis.

Telle est la situation actuelle. L'avenir nous dira si elle était susceptible de développement.

Au 1er janvier 1851, la France ne possédait pas 180 étalons de pur sang anglais. L'Etat en avait 174. La mort et la réforme en ont emporté 28; l'*industrie privée* n'a pu en fournir que 15 à la remonte des établissements. Ce chiffre, rapproché du nombre des existences en juments, établit d'une manière trop évidente l'impuissance et l'insuffisance des particuliers à produire et à élever l'étalon de mérite. On abuse tant et si bien des produits, que le très-petit nombre seulement conserve les formes nettes et régulières indispensables à des reproducteurs de choix.

Nous avons exposé les faits; il n'est pas difficile d'en tirer une conclusion logique. La vérité déplaît fort à l'*indus-*

*trie privée.* A celle-ci nous ne demandons qu'une chose,
c'est d'attendre dix ans encore. Le temps prononcera alors
avec certitude entre ses prétentions et nos craintes. Quant
à présent, nous nous bornons à donner et à prendre acte de
nos assertions. Nous éprouvons plus qu'un autre une véritable peine à constater une si grande faiblesse. En aucun
pays les particuliers n'ont obtenu des encouragements aussi
larges et aussi soutenus qu'en France ; on voit quelle somme
d'efforts ils ont produite. Nous ne faisons pas le procès à l'*industrie privée*, nous établissons seulement sa situation.
Toutefois, quand elle se proclame suffisante et puissante,
nous pouvons bien la mettre en demeure de marcher et
d'administrer ses preuves. Nous ne demandons qu'à faire
chorus avec elle, mais nous ne voulons ni chanter faux ni
entonner des airs de triomphe quand nous n'apercevons
partout qu'inanité, vide, défaite.

Cette situation tient à l'exiguïté des fortunes en France,
à la rapidité avec laquelle elles se transmettent et se divisent, à la lenteur avec laquelle se produit, au contraire, un
bon résultat quand on poursuit une œuvre d'amélioration
ou de conservation de race équestre. L'insuccès n'a pas sa
source dans un défaut de science, il résulte de causes d'un
ordre tout différent et qui fait, dans ce pays-ci, une loi à
l'État d'intervenir.

Le rapport écrit en 1850, au nom du conseil supérieur,
établissait fort bien cette nécessité, et il se bornait à confirmer tout ce qui avait été dit par les commissions antérieures sur le même sujet. Il s'exprimait en ces termes :

« C'est un fait qu'il est aisé de constater que, dans les
pays où les races pures se sont produites et se conservent,
ce n'est point par simple spéculation qu'on se livre à leur
élevage. Ici leur existence est une nécessité sociale, ailleurs
les soins de leur éducation sont une obligation pour la
haute aristocratie et pour les familles princières. Quelquefois ils sont, pour de riches propriétaires, le résultat de la

passion, du goût ou de la mode; mais presque toujours les éleveurs sont obligés de consacrer une partie de leur fortune pour faire face à ces dépenses, qui leur sont, pour ainsi dire, imposées par leur position. Dans l'état de la société, en France, de pareilles exigences n'existent pour personne, et d'ailleurs les grandes fortunes y sont si rares, qu'on ne peut compter sur le goût et la mode pour amener seuls des résultats importants; c'est ce qui, chez nous, rend en cela, comme en tant d'autres choses, l'intervention de l'Etat absolument nécessaire. »

*P. S.* Un décret, en date du 17 juin 1852, a fait du haras du Pin un simple dépôt d'étalons. Le spécimen de production et d'élève, toléré en Normandie depuis 1833, a donc disparu.

La vente s'en est faite le 28 juillet; elle a porté sur treize poulinières et douze produits de pur sang anglais.

Les juments dont l'âge additionné donnait cent soixante années, soit douze ans quatre mois en moyenne, ont été vendues 37,715 fr., ou 2,826 fr. l'une.

Les produits dont l'âge additionné formait un total de neuf années, c'est-à-dire neuf mois en moyenne, ont donné un produit de 25,400 fr., ou 2,117 fr. l'un.

Le haras du Pin, créé sous Louis XIV, avait été détruit en 1790, et restauré par l'empereur Napoléon en 1806.

# CRÉATION D'UNE FAMILLE ANGLO-ARABE
## DE PUR SANG EN FRANCE.

—

### Sommaire.

### I.

« Pour avoir une race pure intermédiaire entre l'arabe et l'anglais, l'administration a pratiqué des alliances entre des animaux de ces deux races, et obtient, par l'accouplement des produits entre eux, des familles qui commencent à former une race dite *anglo-arabe*, dont les formes et les qualités sont satisfaisantes. Cette race prendra d'autant plus vite le degré de permanence nécessaire à une bonne reproduction, que les types dont elle dérive sont moins éloignés l'un de l'autre. »

Ces quelques mots, extraits du travail qui a résumé les discussions du conseil supérieur des haras en 1850, définissent et qualifient la famille anglo-arabe de pur sang formée par les soins de l'administration des haras.

Le compte rendu publié à la fin de 1849 avait déjà indiqué cette création dont les produits figuraient alors au nombre des étalons entretenus par l'Etat pour 5,23 pour 100 de l'effectif général et 19,27 pour 100 des reproducteurs de race pure.

Le document dont nous parlons s'exprimait en ces termes :

« Les étalons de pur sang anglo-arabe, création des haras , sont encore en minorité dans les établissements de l'Etat; mais la faveur qui les entoure attirera sûrement bientôt l'attention du pays. En la situation actuelle de l'industrie chevaline, dans le Midi et les contrées montagneuses du Centre, dans une partie de la Bretagne et en Lorraine, l'étalon de pur sang anglo-arabe rendrait les plus grands services à la production. Ces diverses contrées réclament l'intervention du sang arabe pour relever les espèces locales, mais le principe d'amélioration qu'il porte en lui se trouve sous des formes tellement exiguës, que son application immédiate ne donne guère que des résultats onéreux pour le producteur et pour l'éleveur.

« Le cheval anglo-arabe, au contraire, produit intermédiaire pour le développement et la corpulence entre l'arabe et l'anglais , se présente dans des conditions de formes très-heureuses. Il a les lignes plus longues, la taille plus élevée, le corps plus développé, les membres plus amples que l'arabe ; il est moins plat, moins échappé, moins allongé que l'anglais. Sa nature est moins susceptible ; ses produits , moins irritables, réussissent généralement mieux là où la fécondité du sol n'a pas encore donné une riche substance aux fourrages et aux grains, matières premières de toute bonne production animale.

« Le poulain anglo-arabe, né et élevé au haras de Pompadour, est tout aussi précoce dans sa crue et dans son développement corporel que le cheval de pur sang anglais ; mais il gagne beaucoup encore pendant la cinquième et la sixième année de sa vie. A cet âge, il est dans sa toute-

puissance, et promet de longs et bons services. Les posses-
seurs de juments l'accueillent et le recherchent avec empressement; ses résultats le mettent bientôt en honneur. »

Voilà, bien justifiée, la production de l'étalon anglo-arabe
de pur sang. Son utilité ressort évidente aujourd'hui ; elle
a sa source dans le mérite des poulains obtenus, dans les
qualités transmises, dans l'élevage facile des produits et les
prix satisfaisants que ceux-ci donnent à la vente.

Il y a longtemps qu'en France on marie les deux races
pures arabe et anglaise. Distinction faite entre ces diverses
existences, on trouve de 1801 à 1850 les chiffres que voici :

| Race anglaise.. . . . | { Étalons. . 428<br>{ Juments. 618 | } 1,046 |
|---|---|---|
| Race arabe.. . . . . | { Étalons. . 285<br>{ Juments. 84 | } 369 |
| Famille anglo-arabe.. | { Étalons. . 88<br>{ Juments. 99 | } 187 |

Mais la production de la famille anglo-arabe n'a été érigée
en système que dans ces derniers temps. C'est nous qui, de
parti pris et dans un but très-arrêté, avons jeté les fondements de la nouvelle race. Notre œuvre est sur le chantier
depuis 1843 ; il n'y a pas encore dix ans, et déjà nous pouvons la produire avec honneur.

C'est au haras de Pompadour que nous sommes parvenu
à réunir les éléments tout formés de la nouvelle souche. Au
point de départ, les individus ne sont pas nombreux ; deux
étalons de pur sang oriental et trois poulinières anglo-arabes, voilà toutes les ressources.

C'étaient, il est vrai, des animaux précieux ; à ce point de
vue, nous avons été admirablement servi. Le seul mérite
que nous ayons à revendiquer, c'est d'avoir su les utiliser
au profit de la création projetée.

Il est rare qu'on puisse écrire avec certitude les commencements de l'histoire vraie, authentique d'une race d'ani-

maux. A l'origine, on trouve presque toujours quelque lacune et on laisse nécessairement quelques points dans l'obscurité. La tâche nous sera plus facile en ce qui regarde la production de la famille anglo-arabe française, car tous les documents recueillis par nous sont le résultat de nos observations personnelles et de notre pratique.

Nous les résumerons ici.

Laissant en dehors tout ce qui ne doit être considéré que comme des individualités, nous arrêterons nos remarques au fait principal, à l'œuvre de la fondation de la nouvelle race.

Elle a pour ancêtres deux étalons MASSOUD et ASLAN, le premier arabe, l'autre de race turque, et trois poulinières d'élite, issues de leur alliance avec des juments de pur sang anglais, — DELPHINE, DANAÉ, CLORIS.

Étudions-les séparément, nous verrons après comment les deux branches se sont rattachées au même tronc.

Nous avons fait connaître MASSOUD dans les deux premiers volumes de ces études ; nous n'y reviendrons pas. Le lecteur voudra donc bien se rappeler que nous avons présenté ce reproducteur comme une haute illustration chevaline, comme une de ces individualités à part qui résument en elles la somme des qualités départies à l'espèce. Les preuves viendront bientôt ; elles sont nombreuses et incontestables.

ASLAN, en français *Lion*, est beaucoup moins connu. Arrivé en France à l'âge de 20 ans, en 1820, il n'a pas eu le temps de se faire jour et de fonder sa réputation. Remis à Louis XVIII par M. de Portes, de la part de Kourchid, pacha d'Alep, au retour de l'expédition de Syrie faite à cette époque pour le compte des haras, ASLAN fut ensuite donné à l'administration et envoyé tout d'abord en Normandie, au Pin. Il n'y fut pas mieux apprécié que MASSOUD, qui arrivait en même temps. La mode repoussait alors le cheval d'Orient. L'éleveur redoutait l'étalon de petite taille et recherchait avec soin les hautes statures et les grosses masses. Pas plus que son compagnon d'émigration, ASLAN ne représentait un hippopotame. C'était néanmoins un cheval puissant par la régularité de la conformation et l'ampleur relative de toutes ses parties ; il respirait la noblesse et la force ; il montrait les belles qualités de sa race : c'était le cheval turc le plus précieux qu'on se rappelât encore avoir vu en France. Il ne démentait pas la signification de son nom ; il avait la vigueur et la fierté du lion ; il était surtout remarquable dans l'avant-main et dans la région du jarret : ses produits héritaient de ses perfections. Il avait pourtant un côté faible ; le rein était un peu trop long et l'épaule péchait par le défaut opposé. Malgré cela, ASLAN était un cheval d'élite. Une de ses filles, sortie d'une jument anglaise de pur sang, suffira à le sauver de l'oubli.

## II.

Pour ne pas s'attarder, pour répondre aux besoins de l'époque et donner aux producteurs de chevaux un salutaire exemple, l'administration des haras avait importé d'Angleterre des animaux de prix et de mérite de la race anglaise de pur sang dont les produits étaient alors en si haute estime et en si grande faveur dans le monde élégant, parmi les plus riches consommateurs du pays. L'administration travaillait donc à acclimater le pur sang anglais aux conditions mêmes de son existence en France. Mais elle avait compris que la nouvelle race ne serait pas partout également utile, partout adoptée avec le même empressement, et elle avait fait en sorte que l'industrie particulière ne fût pas tout à coup privée d'un autre élément de régénération ou de perfectionnement ; elle avait donc introduit des reproducteurs de sang oriental qu'on prisa trop peu alors et que, sauf quelques exceptions, on a peut-être trop vantés depuis.

Juge plus impartial et plus vrai, l'administration essaya de faire mieux apprécier et de mettre en rapport les valeurs, les richesses qu'elle avait pris soin de réunir. Elle porta ses travaux sur le point qui lui parut le plus négligé; elle voulut prouver que ses étalons de pur sang arabe, offerts par elle aux éleveurs du Merlerault, étaient des animaux de bon choix, des supériorités ignorées, et elle les maria aux juments d'élite qu'elle avait sous la main.

SELIM-MARE, COMUS-MARE et DAER furent livrées à MASSOUD et à ASLAN.

Il eût été difficile de faire un meilleur choix de poulinières; origine, conformation, santé, elles présentaient toutes les conditions nécessaires au succès.

Trois fois livrée à MASSOUD, SELIM-MARE a donné, savoir :

1823, B. F. DELPHINE, poulinière jusqu'en 1848 ;

1824, Al. M. ÉMIR, réformé à 2 ans en 1826 ;

1825, B. M. DERVICHE, étalon jusqu'en 1843.

COMUS-MARE, mariée trois fois à ASLAN, présente l'état suivant :

1822, vide ;

1823, B. F. EFFILÉE, morte au lait ;

1824, B. F. CLORIS, poulinière jusqu'en 1839.

DAER, saillie deux fois par MASSOUD, a produit :

1824, B. F. DANAÉ, poulinière jusqu'en 1848 ;

1825, B. F. GALATÉE, vendue en 1830 et poulinière jusqu'en 1847.

Chacune de ces juments a donc laissé une poulinière de mérite au haras, — DELPHINE, CLORIS — et DANAÉ. Voyons la descendance en limitant notre examen aux seuls produits qui ont été conservés par les haras et ont fait partie de la collection des animaux auxquels remonte la création de la famille de pur sang anglo-arabe.

*A.* DELPHINE s'est montrée délicate dans sa jeunesse ; elle n'a pris le dessus qu'à l'âge de 4 ans. Sa mère, comme la majorité des juments anglaises, était mauvaise nourrice ; son père était encore sous l'influence de l'acclimatation lorsqu'il fut livré à *Selim-Mare*. Ces deux circonstances ont cer- tainement réagi sur le produit pendant sa vie utérine et dans les premiers temps de son existence.

Quoi qu'il en soit, cette disposition est restée. Non-seulement les produits donnés plus tard par DELPHINE ont été délicats, d'un difficile élevage, mais les générations suivantes offrent le même inconvénient en dépit de l'abondance et de la qualité du lait chez les femelles. Voici donc une observation essentielle et qui s'étend à toute la famille de DELPHINE, nous la consignons tout de suite pour n'avoir plus à y revenir, — nature délicate dans les premières années de la vie, bien que les qualités laitières soient très-développées et fournissent abondamment aux produits la meilleure alimentation qu'ils puissent recevoir alors.

La conformation de DELPHINE laissait peu à reprendre dans l'ensemble. Sa taille mesurait 1$^m$,55; ses formes étaient amples et régulières. Elle portait dans l'œil et le front un caractère de noblesse qui rappelait la distinction de ses auteurs. Comme particularité, elle tenait de sa mère et transmettait à ses produits des lèvres un peu longues et pendantes, surtout l'inférieure. Cette défectuosité n'était apparente qu'au repos et enlevait alors un peu d'expression à la physionomie. L'encolure était belle; le garrot, remarquablement élevé, supportait facilement la tête, qui ne manquait pas de finesse; la région du rein offrait trop de longueur; c'était un autre héritage de la mère; la croupe était bonne. La poitrine était spacieuse, mais à la manière arabe; elle se montrait plus large et plus ronde que haute et profonde; dans sa partie antérieure, elle ne plongeait pas entre les avant-bras comme chez le daim ou le lévrier, comme chez le cheval anglais de pur sang. Par suite de cette conformation, l'épaule paraissait un peu courte. On aurait pu désirer plus d'ampleur sous le genou. Par contre, le membre postérieur était irréprochable et particulièrement beau dans son articulation principale, le jarret, partie que

Massoud transmettait fort belle à tous ses descendants. Les allures étaient brillantes, vives et allongées ; elles dénotaient une grande vigueur que permettaient, au reste, d'apprécier les courses folles auxquelles se livrent parfois les animaux à la prairie.

Delphine a passé vingt et un ans de sa vie au haras du Pin où elle a donné, avec l'étalon de pur sang anglais, 15 produits : 9 mâles et 6 femelles. Elle a ensuite été transférée à Pompadour, où, livrée au reproducteur arabe, elle a encore mis bas deux fois et produit 2 pouliches. Ces 17 gestations ne prennent qu'un intervalle de dix-neuf ans. C'est une fécondité assez remarquable ; elle avait fatigué cette précieuse poulinière qui fut vendue en 1848 après deux années de viduité.

La science de la reproduction des êtres tire nécessairement avantage des observations qui s'accumulent sur des existences aussi bien remplies. Il en est ici qui déposent en faveur de la nécessité d'une sélection très-rigide. Les imperfections que Delphine tenait de sa mère se sont répétées avec une constance désespérante, à un degré plus ou moins marqué, sur tous ses produits. Le changement de l'étalon n'a que très-peu modifié cette disposition de la mère à transmettre à ses suites l'héritage maternel. Nous avons déjà indiqué les défectuosités que l'accouplement devait combattre, — tempérament délicat, — longueur du rein, — défaut d'ampleur sous le genou ; malgré cela, pourtant, Delphine était une poulinière très-remarquable et très-précieuse. A ne la considérer que du bon côté, il y avait beaucoup à louer ; on l'admirait volontiers, car elle se montrait réellement pleine de vitalité, régulière, puissante. Mais le devoir d'un maître de haras, après avoir fait la part des qualités et des perfections de la forme, c'est de n'oublier jamais les imperfections, de les chercher avec la loupe, de les voir chez les descendants avec un verre grossissant, afin de prévenir, autant que possible, les mécomptes et le danger de l'aveuglement ; celui-ci naît tout à la fois de l'habitude et de

l'amour de la propriété, deux obstacles sérieux au perfectionnement d'un haras.

Occupons-nous maintenant des produits de DELPHINE qui
ont servi à la fondation de la famille anglo-arabe; les autres
doivent être négligés dans cette étude.

1833. B. F. FOLLETTE, par *Eastham*, — ang. p. s.
1835. B. M. EYLAU, par *Napoléon*, —ang. p. s.
1836. B. F. HOEMA, par *Hœmus*, —ang. p. s.
1839. B. F. LÆTITIA, par *Napoléon*, — ang. p. s.
1846. B. F. MNACEB, par *Hussein*, — arab. p. s.
4 sont sortis du cheval anglais, 1 de l'étalon arabe.

Voyons les générations suivantes en nous en tenant toujours aux seuls animaux qui ont déjà été utilisés en faveur
de l'œuvre commencée ou qui pourront être employés plus
tard à la continuer.

### FOLLETTE.

1839. B. F. KALOUGA, par *Napoléon*, — ang. p. s.
1840. B. F. CÉSARINE, par *Napoléon*, — ang. p. s.
1843. B. F. JACTANCE, par *Massoud*, — arab. p. s.
1851. B. F. FOLIE, par *Hussein*, — ar. p. s.

### HOEMA.

1846. B. F. MAURICETTE, par *Hussein*, ar. p. s.

### LÆTITIA.

1845. G. F. LIESSE, par *Numide*, ar. p. s.

La seconde génération ne comprend que des femelles;
elles sont au nombre de 6 à la fin de 1851, époque à laquelle s'arrête cette constatation : 2 sont nés des œuvres de
l'étalon de pur sang anglais; 4 proviennent du pur sang
arabe. Plus loin, ces faits trouveront leurs commentaires.

### KALOUGA.

1844. B. F. KATINKA, par *Terror*, ang. p. s.
1849. Bb. F. PAULETTA, par *Prospero*, ang. p. s.

### CÉSARINE.

1846. B. F. MÉDICIS, par *Hussein*, ar. p. s.
1851. B. F. ROMANCE, par ROMAGNESI, ang.-ar. p. s.

JACTANCE.

1849. B b. F. PIE-GRIÈCHE, par *Commodor-Napier*, ang.
p. s.

1851. B b. F. GLORIEUSE, par *Kohel*, ang.-ar. p. s.

LIESSE.

1851. G. F. GAVOTTE, par *Bagdadli*, ar. p. s.

La troisième génération est donc représentée par 7 pouliches d'espérance : 3 sortent de l'étalon anglais, 2 de l'étalon arabe pur et 2 du reproducteur anglo-arabe.

En 1855, naissent des produits plus nombreux : nous ne
saurions les juger si jeunes ; il faut nous en tenir aux existences antérieures et ne rien escompter de l'avenir.

Somme toute de DELPHINE, qui a disparu, il reste,
savoir :

| | | | | |
|---|---|---|---|---|
| 1re génération, étalon, 1; poulinières, | 4; pouliches, | »; total.. | 5 |
| 2e génération....... » .......... | 5 ........ | 1 ...... | 6 |
| 3e génération....... » .......... | 2 ........ | 5 ...... | 7 |
| TOTAUX... 1 | 11 | 6 | 18 |

Ces 18 têtes se divisent de la manière suivante :

Nées de l'étalon anglais..... 9 ⎫
— — arabe...... 7 ⎬ Total pareil...... 18
— — anglo-arabe. 2 ⎭

Presque tous les produits dont les noms précèdent ont
été fort difficiles à élever. Le premier âge n'a été en quelque sorte qu'une longue crise, un état de langueur qui ré-
sistaient aux soins les plus attentifs et menaçaient toujours.
Plus tard cependant, après la troisième année, la lutte cessait ; les forces vitales se développaient et les formes s'accu-
saient ; les os grossissaient, les muscles se nourrissaient
mieux, et la vie se montrait active et puissante ; la nature
triomphait, et tous les signes d'une santé robuste témoi-
gnaient que l'âge critique avait passé. Toutes les femelles
de cette famille se sont montrées excellentes nourrices, et

l'on s'étonne que des poulains si chétifs puissent naître de mères dont la condition est d'ordinaire excellente, que des nourrissons végètent et languissent sous l'influence d'un allaitement aussi complet. On s'étonne encore, lorsque l'on consulte le Stud-Book, de constater une aussi grande mortalité avant le sevrage ou peu après la séparation d'avec la mère. Ce sont des faits, néanmoins, il n'y a pas à les repousser, ils sont incontestables.

Faisons remarquer qu'après 1843 le cheval anglais de pur sang n'a plus été donné, que par exception, aux poulinières désignées plus haut. Les commencements de la nouvelle famille systématiquement produite datent de cette époque. Mais il n'entrait pas dans nos plans de pousser l'alliance avec l'étalon arabe jusques à ses dernières limites. Nous voulions un produit mixte ; il fallait agir de manière à le réaliser. Nous avons donc continué à nous servir du cheval anglais quand il nous a paru convenir mieux au but proposé. Nous verrons plus loin les résultats.

*b.* CLORIS est née en 1825 à Paris, où sa mère avait été envoyée pour être saillie par le célèbre RAINBOW. *Comus-Mare* souffrait encore de l'acclimatation quand elle portait CLORIS, et celle-ci naquit mince et malingre. Cette condition se prolongea ; vers 4 ans seulement, CLORIS se développa et s'étoffa d'une manière satisfaisante.

Voilà donc une nouvelle tige qui apporta les mêmes prédispositions physiologiques que celle de *Delphine.* Chose étrange, elles se reproduisent chez la plupart des produits, et nous les retrouverons, comme dans la descendance de la fille de MASSOUD, jusqu'à la deuxième génération, et malgré les apparences de santé les plus prononcées chez les mères.

Quoi qu'il en soit, CLORIS fut considérée comme une poulinière d'élite et appliquée à la reproduction du pur sang. Le seul reproche qu'on ait fait à sa conformation ample et forte portait sur une région essentielle, sur le rein, qui était

III.                                                                 8

trop long et laissait désirer dans son attache. Cette défectuosité existait tout à la fois chez le père et chez la grand'-
mère maternelle.

CLORIS a vécu jusqu'à la fin de 1839. Elle a eu 11 gestations successives sans intervalles, sans repos. Cette fécondité ne laisse pas que d'être remarquable; elle a produit
5 mâles et 6 femelles. Les premiers sont tous devenus des
étalons de bon ordre, et parmi eux Y. MASSOUD, dont nous
avons donné la biographie à la fin du second volume de cet
ouvrage. Au nombre des femelles, nous trouvons trois noms
qui appartiennent à la fondation de la famille anglo-arabe ;
les voici :

1829. Al. F. CYBÈLE, par *Tigris*, ang. p. s.
1831. Al. F. DINE, par *Eastham*, ang. p. s.
1853. G. F. MIGNONNE, par *Massoud*, ara. p. s.

Parmi les produits de CYBÈLE un seul prendra place dans
la liste des ancêtres du cheval de pur sang anglo-arabe,
c'est DIDON, par *Terror*, ang. p. s.

DINE a une plus nombreuse lignée ; nous en reproduisons
l'état pour celles des juments qui sont restées attachées à
l'œuvre qui nous occupe.

### DINE.

1839. Al. F. ALTHÉA, par *Paradox*, ang. p. s.
1842. Bb. F. IRIS, par *Napoléon*, ang. p. s.
1843. Al. F. JUVENTA, par *Massoud*, ar. p. s.
1846. G. F. MOLINA, par *Koheil-Obayan-Sederei*, ar. p. s.
1847. G. F. NÉMÉE, par *Hussein*, ar. p. s.
1848. Al. F. OBSERVANCE, par *Koheil-Obayan-Sederei*,
ar. p. s.

Quant à MIGNONNE, qui a cessé d'appartenir au haras en
1842, elle n'a laissé qu'une seule tête,—HÉLÉIS, par *Abou-
Arkoub*, ar. p. s., née en 1841. Entre les mains de son
nouveau possesseur, elle a donné, accouplée avec le pur

sang arabe, 6 produits dont 2 mâles. Les filles de cette poulinière, parvenues à l'âge, sont livrées encore à l'étalon
d'Orient; l'expérience dira ce que vaut cet accouplement.
Dans nos idées, il fait trop prédominer l'élément arabe et
rapproche trop le produit de la conformation de cette dernière race. C'est au moins ce qui nous arrive quand nous
donnons le reproducteur arabe deux fois de suite. En thèse
générale et bien qu'il n'y ait aucune règle absolue à poser,
les résultats sont meilleurs quand les générations s'alter-
nent.

CLORIS a donc laissé 5 filles dont 1 est directement
sortie de l'arabe, et ces trois poulinières ont donné à leur
tour 6 juments et 2 pouliches dont 3 seulement descendant
en ligne directe du pur sang anglais.

Nous arrivons à la troisième génération.

### DIDON.

En dix ans, 9 produits qui placent haut la mère dans notre
estime. Le plus remarquable de tous, — ROMAGNESI, — a été
jugé comme producteur d'élite et capable de servir avec
avantage à la reproduction de la famille. Il a déjà donné
quelques produits, mais trop jeunes encore pour être jugés
en dernier ressort.

1842. B. F. ISABELLE, par *Harlequin*, ang. p. s.
1843. B. M. ROMAGNESI, par *Massoud*, ar. p. s.
1844. Al. F. KY, par *Massoud*, ar. p. s.
1845. G. M. T. BEN TURKMAN, par *Turkman*, turc p. s.
1846. Al.M. ULLOA, par *Hussein*, ar. p. s.
1847. B. F. NYMPHOEA, par *Ben-Massoud*, ang. ar. p. s.
1848. Al. F. OCCASION, par *Rajah*, ar. p. s.
1849. Vide.
1850. B. F. QUALITÉ, par *Prospero*, ang. p. s.
1851. N. M. ABOU-NOCTA, par *Kohel*, ang. ar. p. s.

Sur ces 9 produits, 5 ont du sang de MASSOUD. Les qualités de ROMAGNESI justifient la préférence donnée à cet étalon ; il n'y a rien à regretter jusqu'à présent. DIDON se montre digne d'une jumenterie d'élite, d'un haras-souche.

## ALTHÉA.

Cette petite-fille d'ASLAN est l'une des poulinières les plus précieuses qui soient en France. Sa conformation est à peu près irréprochable ; elle réunit la force à la distinction et à la parfaite netteté de toutes les parties. Douée d'une grande énergie, elle a tenu et elle tient encore toutes les espérances qu'on en avait conçues dès les premiers mois de la vie. Elle n'a pas l'imperfection de sa mère, — le rein long, — et présente un ensemble vraiment admirable. Elle supporte à son avantage l'examen le plus sévère et produit d'une manière très-recommandable quand elle est judicieusement mariée.

ALTHÉA ne dément pas son origine maternelle. *Comus-Mare*, sa bisaïeule, a donné 15 produits en France ; CLORIS, sa grand'mère, a porté 11 fois sans interruption, ainsi que nous l'avons constaté ; DINE, sa mère, compte déjà, en 16 ans, 15 productions, et elle est encore, à 20 ans, pleine de vitalité et d'avenir ; voici, quant à elle, son état : — 7 produits en 7 années dont 5 issus de l'étalon arabe. Parmi ceux-ci, un étalon de mérite, mais non encore assez recommandable pour servir à la reproduction de la nouvelle famille, bien qu'il soit petit-fils de MASSOUD, et deux poulinières, — LARA et MALZZIA. — Cette dernière, en tout digne de sa mère, se recommande déjà par son premier produit, — PILOTIN, fils de COMMODOR NAPIER, né en 1851.

1844. Al.M. SGHIR-BEN-ABD-EL, par *Mezaroum*, ar. p. s.
1845. Al. F. LARA, par *Koheïl-Obayan-Sederei*, ar. p. s.
1846. Al. F. MALZZIA, par *Hussein*, ar. p. s.
1847. Al.M. VAUQUELIN, par *Saoud*, ar. p. s.
1848. Al. F. OCTAVIE, par *Rajah*, ar. p. s.

1849. Al. F. PARODIE, par *Prospero,* ang. p. s.
1850. Bb.M. ZOILE, par *M. d'Ecoville,* ang. p. s.
1851.       Vide.

## IRIS.

Force et puissance, ces deux mots résument les qualités
de cette poulinière aux longues et larges dimensions. Sa
tournure, son modèle rappellent beaucoup la mère moins
l'imperfection signalée dans le rein. IRIS est bien de la famille; elle promet de se montrer féconde; elle compte 5 produits en 6 ans.

1847. G. M. VATEL, par *Hussein,* ar. p. s.
1848. Ro.F. OPALE, par *Hussein,* ar. p. s.
1849. Al.M. YRIEIX, par *Prospero,* ang. p. s.
1850. B. F. QUADRILLE, par *Brocardo,* ang. p. s.
1851.       Vide.
1852. B. M. ARC-EN-CIEL, par *Brocardo,* ang. p. s.

### JUVENTA.

Même type avec le corps plus long, moins de corpulence
et d'ampleur, mais plus de distinction et de bouquet; jument remarquable à tous égards, non encore jugée, cependant, comme mère; délicate dans ses premières années, elle
a médiocrement produit pour commencer; elle en appel-
lera certainement. Elle n'a encore été livrée qu'au cheval
arabe.

1848. G. F. OBOLE, par *Mesroor,* ar. p. s.
1849. B. F. PÉCORE, par *Hussein,* ar. p. s.
1850. G. M. ZAATCHA, par *Hussein,* ar. p. s.
1851.       Vide.

### MOLINA.

MOLINA a donné son premier produit en 1851; elle a refusé de l'allaiter, ce qui est extrêmement rare dans les haras

de l'État, surtout chez une jument d'origine arabe. Mais celle-ci sort de *Koheil-Obayan-Sederei* dont le caractère était extrêmement irascible, difficile et dangereux à l'époque. Le pauvre orphelin, fils de HUSSEIN, arabe, promettait. Le défaut d'allaitement nuit beaucoup à sa croissance et à son développement; si l'on tient compte de cette circonstance, il ne laisse pas trop mal juger MOLINA, qui, selon toute apparence, sera plus traitable et meilleure mère dans l'avenir.

HÉLÉIS.

Cette jument compte 5 produits dont 2 issus d'arabe. Il en est un,— XERXÈS, qui se fait remarquer : le dernier né, —PAULA, par *Commodor-Napier*, angl., — est trop jeune pour être jugé en dernier ressort.

Cette troisième génération, assez nombreuse, donne quelques animaux hors ligne qui avanceront beaucoup l'œuvre commencée ; mais à moins d'un étalon arabe, exceptionnel par les qualités et par la conformation, les juments de cette famille, issues de sang oriental, s'accoupleront mieux avec le cheval anglais ou avec le cheval anglo-arabe. Jusqu'ici, l'étalon de sang arabe pur a trop aminci cette souche, qui est pourtant forte et puissante en général. Ce serait une grande faute, assurément, que de ne pas profiter ici des leçons de l'expérience. Cette dernière parle trop ouvertement pour résister à ses enseignements.

*c*. DANAÉ, demi-sœur de DELPHINE, est un autre chef de race; nous allons retrouver le sang de MASSOUD, si précieux que nous avons cherché à en faire la base de la nouvelle race, un lien de parenté aussi étroit que possible entre les diverses branches de la famille à multiplier.

Comme les précédentes, DANAÉ offre un exemple de fécondité assez remarquable. En 20 ans, elle a donné aux haras 16 produits. Une poulinière qui échappe, pendant une existence aussi longue, à la sévérité qui préside aux réformes

annuelles est assurément une bête précieuse. Ainsi que
DELPHINE et CLORIS, celle-ci avait le double privilége d'être
jugée pour elle-même dans son mérite propre , et d'être
appréciée tout à la fois dans les qualités dont plusieurs de
ses filles faisaient preuve à ses côtés au même titre , puisqu'elles occupaient une place honorable et distinguée dans
les jumènteries de l'Etat.

Cette simple observation nous dispense de tous commentaires sur DANAÉ dont la conformation était exempte du défaut reproché à DELPHINE et à CLORIS. En effet, la région du
rein était courte et puissamment attachée ; la partie qui laissait à désirer chez elle, c'est ce qu'on désigne par ces mots
— le bas. Sous le genou et le jarret , on aurait donc voulu
un peu moins de longueur et plus d'ampleur. Ce caractère,
qui en détermine un autre , celui d'être — enlevé , se retrouve chez quelques-uns des produits de DANAÉ. Mais telle
n'est pas la conformation de ceux qui ont été conservés et
dont nous inscrivons ici les noms.

1831. Al. F. AGAR, par *Eastham*, ang. p. s.
1833. Al. F. BÉRÉNICE, par *Eastham*, ang. p. s.
1834. B. F. DULCINÉE, par *Eastham*, ang. p. s.
1835. B. F. BRESILIA, par *Napoléon*, ang. p. s.
1848. B. M. XÉNOPHANE, par *Romagnesi*, ang. ar. p. s.

AGAR est une illustration ; elle a fort bien couru. Un entraînement trop brusque avait nui à sa condition et elle a
été longtemps à se remettre des effets d'une discipline trop
sévère. C'est un modèle de régularité, de force et de puissance , une jument de tête. En 11 ans , son état porte 10
produits ; elle est loin d'être au terme ; c'est l'une des plus
belles espérances de la famille. Retenue au Pin jusqu'en
1850, elle n'a point encore reçu le cheval arabe pur. Deux
fois seulement elle a été fécondée par un étalon anglo-arabe,
— EYLAU, — fils de DELPHINE et petit-fils de MASSOUD. Il en
est sorti une poulinière qui est presque la perfection, —

Reine de Chypre, et une pouliche, —Queen, —qui se montre en tout digne de sa mère et de sa sœur. Voici deux bêtes extrêmement précieuses et qui promettent les fruits les plus satisfaisants.

Bérénice compte 9 produits, après 13 ans d'existence au haras, où elle figure au nombre des poulinières les plus corsées et les plus vigoureuses. Plusieurs de ces produits sont devenus des étalons de bon ordre : deux femelles, — Belle-Poule, née en 1841, de *Napoléon*, ang. p. s., tient une place distinguée à la jumenterie de Pompadour; — Prunelle, fille de *Hussein*, arabe p. s., née en 1846, promet également une bonne poulinière.

Dulcinée apparaît sur le même plan que sa sœur : 11 produits en 12 années. L'élevage de ceux-ci est parfois très-difficile. C'est particulièrement sous la mère, pendant l'allaitement, que le nouveau-né a le plus à souffrir. Un sevrage anticipé remédie au mal. Une fois séparés de la mère, les poulains répondent bientôt aux bons soins qui les enveloppent et gagnent le terrain perdu pendant les premiers mois de la vie. 7 des produits de cette poulinière sortent directement du pur sang arabe, 1 de l'anglo-arabe, 3 de l'anglais.

Lasciva, née, en 1845, de *Numide*, arabe, est déjà au nombre des poulinières du haras ;

Azora, née, en 1851, de *Bagdadli*, arabe, promet une jument précieuse.

Bresilia a moins bien tourné que ses aînées. En 8 ans, elle avait donné 7 produits ; mais atteinte ensuite par la fluxion périodique, elle a dû être immédiatement écartée, malgré son mérite et tout ce qu'on pouvait en attendre. Venue du Pin à Pompadour, comme ses sœurs, elle a plus souffert des effets de l'acclimatation, et ses premières productions s'en sont ressenties. Elle n'a laissé au haras que deux filles,—MOUALLIS et NÉLAHÉ, toutes deux par *Hussein,* arabe pur.

De cette troisième génération, nombreuse pourtant, il ne reste que 8 femelles. C'est peu et c'est beaucoup ; car sur les 4 filles de DANAÉ trois sont encore en plein rapport. Mais ce chiffre témoigne de deux faits qui doivent être consignés,—1° des difficultés que présente la pratique, puisque les reproducteurs capables naissent si rares même dans un haras toujours épuré ; 2° de la sévérité avec laquelle se fait la sélection, le choix de ceux-ci afin de n'admettre et de ne conserver que des animaux parfaitement dignes du rôle qu'ils auront à remplir. Nulle part, dans aucune écurie particulière, on ne retrouve ces conditions et ces garanties de succès.

La quatrième génération mérite une attention spéciale, une étude particulière ; elle s'ouvre par les produits sortis de REINE DE CHYPRE, arrière-petite-fille de MASSOUD par son père et par sa mère.

### REINE DE CHYPRE.

1847. G. F. NAXOS, par *Saoud,* ar. p. s.
1848. B. M. XÉNOCRATE, par *Rajah,* ar. p. s.
1849. B. F. PRINCESSE DE CHYPRE, par *Prospero,* ang. p. s.
1850. B. M. ZOROASTRE, par *M. d'Ecoville,* ang. p. s.
1851. B. M. ROI DE CHYPRE, par *Romagnesi,* ang.-ar. p. s.

5 produits en cinq ans ; voilà déjà une preuve de puissance. Elle est bonne à noter parce qu'elle témoigne qu'ici le résultat de la consanguinité n'a pas atteint REINE DE CHYPRE au point de vue des facultés génératives (1).

(1) Voyez l'histoire de REINE DE CHYPRE, t. II des *Études hippologiques,* p. 33.

Naxos a été vendue à 2 ans ; elle ne montrait pas assez de qualités pour être conservée au haras de Pompadour. Elle était tout à la fois le premier produit de sa mère et l'un des derniers résultats d'un cheval très-vieux, plus vieux que son âge.

Xénocrate est destiné à marquer. C'est un cheval tout à fait exceptionnel, l'une de ces individualités rares et puissantes qui suffisent à créer une race. Nous reviendrons sur ce jeune étalon qui a déjà fait ses preuves. On remarquera qu'il a deux fois du sang de Massoud par sa mère, et que par Rajah, fils de celui-ci, il en est encore le petit-fils.

Donnée au cheval anglais, Reine de Chypre paraît devoir produire d'une manière satisfaisante. Il semble que la nature indique par là qu'il y a mieux à faire avec cette jument, qu'on en retirera plus d'utilité en la réservant au sang arabe. L'expérience faite et le résultat obtenu commandaient de la rendre au père de Xénocrate ; mais Rajah avait quitté le Limousin. On revint cependant au sang de Massoud qui avait si complétement réussi, et — de Romagnesi — est sorti Roi de Chypre qui ne démentira pas son origine.

A côté des poulinières données à la nouvelle famille par le mélange rationnel des deux races pures, voici donc deux étalons de tête qui vont aider à la fonder, à en fixer le mérite et les aptitudes spéciales. Eylau n'est point à la portée de la jumenterie anglo-arabe, et d'ailleurs il est, par lui-même, trop loin de l'un des éléments à employer. Il en est ainsi de Kohel que nous avons déjà trouvé sur notre route et qui descend de Massoud au même degré qu'Eylau. L'emploi de ces étalons a pourtant offert un réel avantage, c'est la communauté d'origine, la très-proche parenté. En effet, arrière-petits-fils l'un et l'autre de Massoud, ils sont encore demi-frères de père : à quoi il faut ajouter que les mères sont nées dans les mêmes circonstances et se sont développées sous les mêmes influences, toutes choses favorables à l'homogénéité, l'une des conditions les plus essentielles à la formation des races.

### BELLE-POULE.

1846. G. M. UTILE DULCI, par *Hussein*, ar. p. s.
1847. Al. M. VASCO, par *Hussein*, ar. p. s.
1849. Bb. F. PIMBÈCHE, par *Prospero*, ang. p. s.
1850. B. F. QUARANTAINE, par *Brocardo*, ang. p. s.
1851. B. F. HARMONIE, par *Romagnesi*, ang. ar. p. s.

Les deux premiers produits n'avaient rien de remarquable.

La mère, venue de Normandie en Limousin, avait eu quelque peine à s'acclimater. Le père, lui aussi, de récente importation, n'a que médiocrement produit, en général, pendant les deux premières années de son service au haras de Pompadour. PIMBÈCHE et QUARANTAINE promettent davantage : HARMONIE donne les plus belles espérances. Encore un bon résultat de la consanguinité, ou plutôt un nouveau témoignage en faveur du sang précieux de MASSOUD.

LASCIVA n'a rien laissé encore ; il faut attendre. Et de même pour MOUALLIS qui n'a pas voulu allaiter son premier poulain.

Voilà cette quatrième génération, précieuse et remarquable en cela qu'elle fournit des animaux de haute valeur capables de reproduire la famille en dedans, résultat difficile à tous égards, but de tous les efforts d'un éducateur judicieux.

CLORIS et DANAÉ ont produit des mâles et des femelles hors ligne; DELPHINE et GALATÉE ont plus particulièrement laissé des poulinières ; à celles-ci pourtant se rattachent EYLAU et KOHEL ; mais nous l'avons déjà dit, ces étalons sont un peu loin de l'élément arabe qui n'est entré qu'une fois dans leur ascendance.

### III.

Pour hâter le résultat cherché, constituer la nouvelle famille et l'asseoir sur une base plus large, pour avoir aussi un plus grand nombre de femelles capables à livrer au premier étalon de choix que donnerait le nouvel élevage, on a marié quelques autres poulinières de pur sang anglais à l'étalon de pur sang arabe. Ces dernières sont au nombre de 7 seulement ; il y a aussi avec des juments arabes un accouplement à l'envers.

Voici les noms de ces 9 chefs de famille :

| | | | |
|---|---|---|---|
| WHALEBONA, née en 1829; | | BÉNÉDICTION, née en 1844; | |
| WAWERLEY-MARE, | 1835; | DAMOPHILA, | 1846; |
| CHANOINESSE, | 1836; | CANDOUR-AMDAM, | 1847; |
| VENEZIA, | 1837; | KEBIRA, | -1844. |
| DANAÉ, par *Terror*, | 1837; | | |

Les suites de ces poulinières avec l'étalon arabe ou anglo-arabe ne sont pas encore nombreuses. On a dû mettre beaucoup de circonspection et de réserve dans la multiplication de la famille anglo-arabe par l'étalon arabe seul, d'autant plus même que le haras de Pompadour, après la mort de MASSOUD, et jusqu'à l'arrivée de HAMDANI BLANC, au commencement de 1852, n'a possédé aucun étalon arabe supérieur. Il ne fallait pas courir les risques d'obtenir, avec des poulinières de premier ordre et des étalons d'un mérite secondaire, des produits qui eussent été un pas en arrière, qui eussent retardé dans sa marche ascendante la formation de la race anglo-arabe.

Quoi qu'il en soit, voici l'état des animaux de cette race sortis des 7 poulinières dont nous venons d'insérer les noms :

1841. B. F. FORTIFICATION, par *Eylau*, ang.-ar., et *Whalebona*, ang.

1846. B. F. Mercédès, par *Hussein*, ar., et *Fortification*, ang.-ar.

1847. G. F. Néva, par *Hussein*, ar., et *Fortification*, ang.-ar.

1848. B. F. Ondine, par *Mesroor*, ar., et *Fortification*, ang.-ar.

1849. Bb. M. Young, par *Prospero*, ang., et *Fortification*, ang.-ar.

1850.          Vide.

1851. Bb. F. Courtine, par *Romagnesi*, ang.-ar., et *Fortification*, ang.-ar.

1851. B. F. Cavatine, par *Romagnesi*, ang.-ar., et *Mercédès*, ang.-ar.


Bien qu'elle n'ait pris part à aucune course publique, Fortification a été vigoureusement éprouvée. Née à Paris, où sa mère avait été envoyée du Pin pour être saillie par *Lottery*, elle a supporté les inconvénients d'un voyage à trois mois. Plus tard, en 1844, elle a passé à Pompadour, où elle a parfaitement résisté aux influences du climat. Elle y a subi un entraînement en règle et très-rude, tenant tête, — comme maîtresse d'école, — non-seulement à tous les produits de l'établissement, mais aussi à un nombreux troupeau de chevaux appartenant à des particuliers et qui étaient entraînés sur l'hippodrome du haras. Ce qu'elle a supporté de travail est vraiment extraordinaire; elle a montré tout à la fois de la vitesse et du fonds. Pour couronner la saison et mettre ses qualités en relief, le dernier jour des courses, elle a été relayée, dans une course de 2,000 mètres, par 3 chevaux placés à distance, qui devaient la pousser et la mettre en honneur. Elle est sortie de cette épreuve aux applaudissements et à l'admiration de tous, car elle est arrivée, haute et fière, sans souffler et la robe sèche.

Le sang de Massoud n'avait porté aucune atteinte à celui qui coulait dans les veines de Whalebona. Comme point de départ, FORTIFICATION est donc une précieuse poulinière ; aussi bien se place-t-elle tout d'abord hors ligne à la suite de la première gestation. — En effet, MERCÉDÈS a de la valeur et, comme sa mère, elle la montre sans attendre, dès en donnant son premier produit. CAVATINE est une pouliche de grande espérance.

Cet accouplement *in an ind* a parfaitement réussi, et voilà le sang arabe et le sang anglais à dose presque égale dans cette future poulinière. Ce résultat, obtenu à la troisième génération, eût été moins complet et moins satisfaisant, plus lent à paraître, si l'étalon donné à MERCÉDÈS eût été de sang arabe pur. L'intervention d'un reproducteur anglo-arabe a donc permis de toucher plus tôt et de plus près le but. Voilà l'utilité de ces alliances entre le sang arabe et le sang anglais, l'utilité de la production du cheval anglo-arabe.

NÉVA a moins bien tourné : on l'a vendue à l'âge de 2 ans ; car, encore un coup, il ne faut ici que des bêtes de premier choix.

ONDINE, quoique sortie d'un étalon médiocre, promet davantage.

YOUNG est à la hauteur du mérite du père, cheval de second ordre.

Il n'en est plus ainsi de COURTINE. Le sang de MASSOUD se retrouve des deux côtés et donne toutes les brillantes qualités qui lui sont propres. Le mérite exceptionnel de ce reproducteur aura doté la France d'une famille de chevaux qu'on apprécie déjà, mais dont on parlera davantage plus tard, lorsque les services en auront été consacrés par le nombre et le temps.

1841. B. F. HERMINIE, par *Massoud*, ar., et *Wawerley-Mare*, ang.

1846. G. F. N.         , par HUSSEIN, ar., et *Herminie*, ang.-ar. (morte en naissant).

1847.      Vide.

1848. G. F. OËNONE, par *Mesroor*, àr., et *Herminie*, ang.-ar.

1849. G. M. Y.    , par *Hussein*, ar., et *Herminie*, ang.-ar.

1850. B. M. ZAIN, par *Kohel*, ang.-ar., et *Herminie*, ang.-ar.

1851. B. F. FAUCILLE, par *Kohel*, ang.-ar., et *Herminie*, ang.-ar.

Cette tige n'a rien produit encore de remarquable. Cependant, des deux côtés, l'origine est précieuse. C'est le gros qui manque; la distinction l'emporte. Bien qu'elle ait toujours été saillie par des étalons de choix, *Wawerley-Mare* n'a rien laissé qui la recommandât beaucoup. MASSOUD a sauvé HERMINIE de la réforme. Une pensée la maintient au milieu des poulinières d'élite parmi lesquelles elle vit, c'est que les facultés des ascendants, enrayées jusqu'ici, pourront se retrouver au contact d'un étalon de tête.

Les études déjà faites sur cette poulinière montrent très-bien que toutes les juments anglaises ne sont pas aptes à recevoir l'étalon arabe, et que tous les produits de cet accouplement, si grand que soit d'ailleurs le mérite des ascendants, ne peuvent servir à la multiplication de la famille. Il y a beaucoup de lacunes et de nombreuses pertes; il faut, si l'on veut l'atteindre, se résigner à marcher jusqu'au but. Il est toujours éloigné quand il s'agit de la création d'une nouvelle race de chevaux.

Aussi, *Wawerley-Mare*, poulinière médiocre par ses produits, n'a pas encore été relevée de cette infériorité par les premiers nés de sa fille, HERMINIE. Celle-ci est trop légère et d'un sang trop fashionable comme mère; elle donne du brillant, de la grâce et de beaux mouvements; mais les proportions générales et l'ampleur font complétement défaut; la conformation extérieure laisse beaucoup à désirer, mais les qualités intimes se révèlent puissantes. Il y a donc quelque chose d'essentiel encore; la dégénération ne se fait pas sentir ici, mais seulement l'imperfection de la forme, c'est à l'accouplement à combattre et à vaincre.

Les étalons arabes donnés à HERMINIE n'avaient point assez de supériorité pour dominer cette nature énergique, s'il y en a. Jusqu'ici la femelle l'a toujours emporté en puissance sur des mâles d'un ordre secondaire ou mal acclimatés. Le dernier produit, FAUCILLE, sorti d'un anglo-arabe, donne de meilleures espérances et fait supposer que le contact d'un étalon du mérite de ROMAGNESI ou de XÉNOCRATE exercera enfin une bonne influence sur les produits à naître.

1842. B. F. LÉANA, par *Massoud*, ar., et *Chanoinesse*, ang.

1847. G. M. VASA, par *Saoud*, ar., et *Léana*, ang.-ar.

1848. B. F. OKANA, par *Koheil-Obayan-Sederei*, ar., et *Léana*, ang.-ar.

1849. G. F. PERRUCHE, par *Hussein*, ar., et *Léana*, ang.-ar.

1850. B. M. ZÉPHIR, par *Hussein*, ar., et *Léana*, ang.-ar.

1851. B. M. ÉMIR, par *Bagdadli*, ar., et *Léana*, ang.-ar.

Toute rencontre de NAPOLÉON et MASSOUD a donné les meilleurs résultats. Nous croyons avoir déjà constaté ce fait. Les qualités de LÉANA le confirment à tous égards. Voici la note officielle qui la concerne :

« Très-bonne poulinière, près de terre, carrée, fortement membrée, précieuse enfin par son origine, santé robuste ; mère féconde, allaitant bien ses produits qui la mettent en honneur ; à conserver longtemps. »

Ces quelques mots disent beaucoup ; cette concision a son mérite. Il sera intéressant de revenir au sang de MASSOUD avec cette poulinière.

1846. G. F. MEGG MÉRILIES, par *Hussein*, ar., et VENEZIA, ang.

1851. G. F. RAMA , par *Bagdadli* , ar., et *Venezia*, ang.-ar.

1851. B. F. MISS MEGG, par *d'Écoville* et *Megg Mérilies*, ang.-ar.

Cette branche est sans antécédents, difficile à juger par conséquent. A ne la prendre que dans les trois individualités isolées qui la commencent, il y a promesse de succès. MEGG MÉRILIES est bonne par sa conformation ; elle a montré des qualités à l'entraînement. MISS MEGG se montre bien quant à présent et la recommande. RAMA ne sera pas inférieure à son aînée. Avec MISS on devra revenir à l'arabe, mais la mère n'est pas vouée à tout jamais à l'anglais. Ce premier mariage a, toutefois, assez réussi pour indiquer qu'il est souvent avantageux d'interrompre l'alliance avec le sang arabe. MEGG MÉRILIES n'avait pas paru assez corpulente pour supporter au début l'étalon oriental ; elle est assez développée aujourd'hui pour se prêter à une expérience.

Il en est du mariage des deux races pures comme du croisement entre les races de pur sang et de demi-sang ; il y a une certaine mesure à garder et des règles de pratique à observer. Celui des deux éléments qu'on se propose de faire dominer ou d'introduire seulement à une dose quelconque, non déterminée à l'avance parce que cela n'est pas possible, ne peut être brusquement porté à la dose nécessaire. Il faut tâtonner et n'avancer qu'en raison des besoins, sous peine d'insuccès.

1842. B. F. DINARZADE, par *Massoud*, ar., et *Danaé*, ang., par *Terror*.

1847. G. M. VISIR, par *Hussein*, ar., et *Dinarzade*, ang.-ar.

1848. Al. F. OSSIANA, par *Hussein*, ar., et *Dinarzade*, ang.-ar.

1849. B. F. PERCE-NEIGE, par *Hadjar*, ar., et *Dinarzade*, ang.-ar.

1850. G. M. Zani, par *Hussein*, ar., et *Dinarzade*, ang.-ar.

1851. B. M. Firman, par Kohel, ang.-ar., et *Dinarzade*, ang.-ar.

Toujours la même fécondité, qualité inappréciable, précieux avantage dans une œuvre aussi lente que celle de la création d'une race. Cette faculté, qu'on ne l'oublie pas, est, comme toutes les autres, transmissible des ascendants aux descendants, et ajoute au mérite propre à la race.

Les trois premiers produits de cette poulinière ont été écartés. On le comprend lorsque l'on sait l'histoire de la famille. Dinarzade, produite à Pompadour, est née au Pin ; elle est ensuite revenue en Limousin. Ces pérégrinations ont un peu ralenti, retardé son développement, et pesé sur ses facultés vitales. Elle était donc mal disposée pour la bonne influence qu'elle aurait pu exercer sur ses produits soit pendant la vie utérine, soit dans les mois d'allaitement. A cette considération viennent s'ajouter l'état physiologique et le mérite secondaire des étalons. Mais le dernier produit relève le rang occupé jusqu'ici par Dinarzade, comme mère. Kohel, arrière-petit-fils de Massoud et fils de Napoléon, a donné du ressort aux qualités qui sommeillaient chez Dinarzade; et Firman se montre digne de la famille. Cette branche n'est pas isolée comme la précédente; Massoud est un lien puissant.

1851. B. F. Benedicta, par *Romagnesi*, ang.-ar., et *Bénédiction*, ang.

Cette pouliche, si bien née, paraît devoir être un auxiliaire utile ; elle n'a qu'à tenir ce qu'elle promet en ce moment pour devenir une poulinière précieuse par l'origine autant que par la conformation. Elle entre dans la famille par une dose de sang arabe très-ménagée, mais d'une qualité très-supérieure. Elle formera une autre série d'expérimentation qui laissera son contingent de lumière à la science de la reproduction du cheval.

1851. B. F. PALMYRE, par *Hussein*, ar., et *Damophila*, ang.

*Damophila* se rattache à DINE. Ces deux poulinières sont petites-filles de *Comus-Mare* par CLORIS et *Corisandre*. Rien à dire sur ce résultat.

1848. G. M. XÉRÈS, par *Romagnesi*, ang.-ar., et *Candour-Amdam*, ar.

1851. G. F. BARCAROLLE, par *Romagnesi*, ang.-ar., et *Candour-Amdam*, ar.

CANDOUR-AMDAM, jument de premier ordre, s'est, au contraire, montrée poulinière d'un très-mince mérite avec dés étalons de sa race. On avait pu compter sur elle pour donner à la famille arabe pure des reproducteurs d'élite ; elle a trompé toutes les espérances, même dans sa rencontre avec MASSOUD.

Essayée pourtant en dernier lieu avec l'anglo-arabe, elle a mieux réussi. XÉRÈS est un cheval hors ligne qui rendra les meilleurs services. BARCAROLLE s'annonce bien ; s'il faut attendre pour la juger, en raison de sa jeunesse, il y a tout au moins de fortes présomptions en sa faveur.

CANDOUR-AMDAM et KÉBIRA, qui vont nous occuper, sont les seules poulinières de pur sang arabe, livrées à l'étalon anglais, dont les suites paraissent devoir grossir le nombre de la famille anglo-arabe ; en effet, leurs précédents ne sont pas de nature à encourager beaucoup à les laisser exclusivement à l'étalon arabe.

Le mérite très-réel de XÉRÈS et les espérances que donne sa sœur permettraient de penser, au contraire, que, dans certains cas et avec certaines matrices, il y aurait avantage à procéder de la sorte. Ces alliances à l'envers ont souvent réussi avec le cheval anglais ; elles peuvent avoir de meilleures chances encore avec le reproducteur anglo-arabe.

Kébira, moins précieuse que la précédente par l'infériorité de son père, mais petite-fille de Massoud, n'ayant que très-médiocrement produit avec l'étalon arabe, a été livrée en 1850 à un reproducteur anglo-arabe de bon choix, — Kohel, lui-même, arrière-petit-fils de Massoud. Il en est sorti un poulain, — Maurice, — qu'il faut attendre, mais qui s'annonce assez bien.

Ces faits prouvent qu'il n'y a d'absolu en matière de reproduction animale que les lois dictées par la nature. Or la nature a voulu que le pur sang pût conserver partout sa puissance et son efficacité. Celles-ci résistent aux influences du climat lorsque l'homme sait judicieusement intervenir. Peu importe alors que le cheval de pur sang soit né dans le nord ou dans le midi, qu'il ait été élevé ici ou là, il n'en est pas moins apte à reproduire sa force propre, les qualités inhérentes à son origine, à son principe. Ce qui a pu être modifié en lui,—la forme, l'enveloppe extérieure,—n'a aucunement atteint les hautes facultés de la race, celles qui puisent leur source dans la pureté du sang. Il n'en est pas de même des races mêlées, on le comprend ; mais ce n'est ici ni le moment, ni le lieu d'aborder cette thèse.

## IV.

Les développements qui précèdent permettent d'apprécier jusqu'à un certain point la marche adoptée pour la formation de la nouvelle race de pur sang, et de même de se former une opinion sur le mérite propre à chaque individualité ; ils ne sont pas de nature, toutefois, à faire bien juger la composition actuelle de la famille, l'ensemble de toutes les existences sur lesquelles reposent maintenant sa multiplication, la possibilité de la reproduire un jour par elle-même, *in and in*, son avenir en un mot.

La liste suivante fera mieux connaître les choses à ce point de vue.

Composition de la jumenterie anglo-arabe pure du haras de Pompadour, au 1ᵉʳ janvier 1852.

## 1° Étalons.

1837. KOHEL (1), par Napoléon et BICHE, sortie de GALA-TÉE, par MASSOUD.

1843. ROMAGNESI, par MASSOUD et *Didon*, sortie de *Cybèle*, petite-fille *d'Aslan*.

1848. XÉNOCRATE, par RAJAH, fils de MASSOUD, — et REINE DE CHYPRE, sortie D'AGAR, par EYLAU, petit-fils de MASSOUD ; — la mère D'AGAR, DANAÉ, fille elle-même de MASSOUD.

## 2° Poulinières.

1831. AGAR, par Eastham et DANAÉ.

1831. *Dine*, Eastham et *Cloris*.

1833. FOLLETTE, par Eastham et DELPHINE.

1833. BÉRÉNICE, par Eastham et DANAÉ.

1834. DULCINÉE, par Eastham et DANAÉ.

1837. *Didon*, par Terror et *Cybèle*.

1839. LÆTITIA, par Napoléon et DELPHINE.

1839. KALOUGA, par Napoléon et FOLLETTE.

1839. *Althœa*, par Paradox et *Dine*.

1840. CÉSARINE, par Napoléon et FOLLETTE.

1840. HÉLÉIS, par Abou-Arkoub et MIGNONNE.

1841. HERMINIE, par MASSOUD et Wawerley-Mare.

1841. FORTIFICATION, par EYLAU et Whalebona.

1841. BELLE-POULE, par Napoléon et BÉRÉNICE.

1842. DINARZADE, par MASSOUD et DANAÉ, par Terror.

1842. REINE DE CHYPRE, par EYLAU et AGAR.

1842. LÉANA, par MASSOUD et Chanoinesse.

1842. *Iris*, par Napoléon et DINE.

---

(1) Les noms imprimés en petites capitales désignent ceux des animaux qui, à un degré plus ou moins prochain, sortent de MASSOUD ; les noms en italique appartiennent au sang d'*Aslan*.

1842. *Isabelle*, par Harlequin et *Didon*.
1843. JACTANCE, par MASSOUD et FOLLETTE.
1843. JUVENTA, par MASSOUD et *Dine*.
1844. KATINKA, par Terror et KALOUGA.
1845. LIESSE, par Numide et LÆTITIA.
1845. LASCIVA, par Numide et DULCINÉE.
1845. *Lara*, par Koheil-Obayan-Sederei et *Althœa*.
1846. MAURICETTE, par Hussein et HOEMA.
1846. MERCÉDÈS, par Hussein et FORTIFICATION.
1846. MNACEB, par Hussein et DELPHINE.
1846. MOUALLIS, par Hussein et BRESILIA.
1846. MÉDICIS, par Hussein et CÉSARINE.
1846. *Molina*, par Koheil-Obayan-Sederei et *Dine*.
1846. *Malzzia*, par Hussein et *Althœa*.
1846. MEGG MÉRILIES, par Hussein et Venezia.
1847. NYMPHOEA, par BEN-MASSOUD et *Didon*.
1847. NÉLAHÉ, par Hussein et BRESILIA.
1847. *Némée*, par Hussein et *Dine*.
1848. ONDINE, par Mesroor et FORTIFICATION.
1848. OCCASION, par RAJAH et *Didon*.
1848. *Opale*, par Hussein et *Iris*.

3° *Poulains et pouliches nés en* 1849.

M. YORICK, par Commodor-Napier et KATINKA.
M. YATAGAN, par Koheil-Obayan Sederei et *Isabelle*.
M. *Yelow*, par Hussein et *Dine*.
M. YOUNG, par Prospero et FORTIFICATION.
M. Y, par Hussein et HERMINIE.
F. PAULA, par Commodor-Napier et HÉLÉIS.
F. PIE-GRIÈCHE, par Commodor-Napier et JACTANCE.
F. PIMBÊCHE, par Prospero et BELLE-POULE.
F. PAULETTA, par Prospero et KALOUGA.
F. PERRUCHE, par Hussein et LÉANA.
F. PRUNELLE, par Hussein et BÉRÉNICE.

F. PRINCESSE DE CHYPRE, par Prospero et REINE
DE CHYPRE.

4° *Poulains et pouliches nés en* 1850.

M. ZAÏM, par KOKEL et HERMINIE.

M. ZAATCHA, par Hussein et JUVENTA.

M. ZAMOR, par Hussein et FOLLETTE.

M. ZÉPHIR, par Hussein et LÉANA.

M. *Zoïle*, par M. d'Ecoville et *Althea*.

M. ZANI, par Hussein et DINARZADE.

F. *Quadrille*, par Brocardo et *Iris*.

F. QUEEN, par EYLAU et AGAR.

F. QUARANTAINE, par Brocardo et BELLE-POULE.

F. *Qualité*, par Prospero et *Didon*.

5° *Poulains et pouliches nés en* 1851.

M. Fakar-el-Dine, par Bagdadli et Betzy.

M. *Pilotin*, par Commodor-Napier et *Malzzia*.

M. ABOU-NOCTA, par KOHEL et *Didon*.

M. GENTLEMAN, par M. d'Ecoville et KATINKA.

M. *Kaled*, par Hussein et *Molina*.

M. EL-KEBIR, par KOHEL et KEBIRA.

M. MAURICE, par KOHEL et MAURICETTE.

M. INFANT, par KOHEL et *Isabelle*.

M. FIRMAN, par KOHEL et DINARZADE.

M. ROI DE CHYPRE, par ROMAGNESI et REINE DE
CHYPRE.

M. OSMANLI, par Bagdadli et LASCIVA.

M. EMIR, par Bagdadli et LÉANA.

F. FAUCILLE, par KOHEL et HERMINIE.

F. CAVATINE, par ROMAGNESI et MERCÉDÈS.

F. BARCAROLLE, par ROMAGNESI et Candour-Amdam.

F. COURTINE, par ROMAGNESI et FORTIFICATION.

F. HARMONIE, par ROMAGNESI et BELLE-POULE.

F. Miss Megg, par M. d'Ecoville et Megg Mérilies.

F. Palmyre, par Hussein et Damophila.

F. Rama, par Bagdadli et par Venezia.

F. GLORIEUSE, par KOHEL et JACTANCE.

F. FOLIE, par Hussein et FOLLETTE.

F. AZORA, par Bagdadli et DULCINÉE.

F. BENEDICTA, par ROMAGNESI et Bénédiction.

F. GAVOTTE, par Bagdadli et LIESSE.

6° *Poulains et pouliches nés en* 1852.

M. *White-Face*, par Brocardo et *Didon*.

M. *Arc-en-ciel*, par Brocardo et *Iris*.

M. *Brocard*, par Brocardo et *Malzzia*.

M. ISMAEL, par Brocardo et AGAR.

M. DÉMOCRATE, par XÉNOCRATE et MNACEB.

M. JOURDAIN, par KOHEL et Nazareth.

M. DANTÈS, par KOHEL et MERCÉDÈS.

M. LUSIGNAN, par Brocardo et REINE DE CHYPRE.

M. BRIN DE JONC, par Brocardo et DINARZADE.

M. AMEN, par Bagdadli et MÉDICIS.

F. BLONDINE, — par Hamdani Blanc et BÉRÉNICE.

F. Illusion, — par Hussein et Chimère.

F. INFANTE, — par KOHEL et *Isabelle*.

F. VANITÉ, — par Brocardo et JACTANCE.

F. Bohême, — par Brocardo et Megg Mérilies.

F. JOYEUSE, — par Brocardo et LÆTITIA.

F. KANDHA, — par Brocardo et KALOUGA.

F. CÉSARÉE, — par Brocardo et CÉSARINE.

F. CORVETTE, — par Commodor-Napier et HERMINIE.

F. POULETTE, — par Brocardo et BELLE-POULE.

F. NONNETTE, — par Brocardo et LÉANA.

F. JOUVENCELLE, — par Brocardo et JUVENTA.

F. LASTHÉNIE, — par XÉNOCRATE et LIESSE.

F. *Rita*, — par Hussein et *Lara*.

F. Irma, — par Xénocrate et *Molina*.

F. Nymphe, — par Xénocrate et Nymphoea.

F. Briséis, — par Bagdadli et Mouallis.

F. Filoselle, — par Kokel et Damophila.

F. Frétillante, — par Bagdadli et Écho.

F. Bagatelle, — par Hussein et Etincelle.

F. Mauviette, — par Kohel et Egeste.

F. Maura, — par Bagdadli et Nélahé.

F. *Misère*, — par Hussein et *Némée*.

F. *Blondine*, — par Hamdani Blanc et *Bérénice*.

F. *Hibisca*, — par Brocardo et *Althœa*.

Cette liste comprend — 3 étalons, — 39 poulinières et 82 produits, ou 124 têtes. C'est déjà un beau chiffre, si l'on veut bien se rappeler que tous ces animaux forment une famille d'élite, un groupe de sujets issus d'une sélection sévère s'exerçant elle-même sur des individus sortis d'un système d'épuration constante et de vieille date.

Parmi les 3 étalons, 2 ont du sang de Massoud des deux côtés; le troisième appartient tout à la fois à Massoud et à *Aslan*.

28 poulinières sortent de près ou de loin de Massoud ; il en est 10 qui descendent d'*Aslan*, une seule ne tient ni à l'une ni à l'autre de ces deux branches réunies chez un certain nombre au contraire.

15 produits proviennent de Massoud par le père et par la mère, 45 autres n'en sortent que par un côté seulement, en tout 60 ; il en est 14 de la souche d'*Aslan* et 8 qui forment autant de branches à relier à la famille au moyen des étalons qu'elle a déjà donnés, et qui, riches de ce précieux sang, le feront couler à haute dose immédiatement dans les produits à venir.

En résumé, les 124 têtes se répartissent ainsi :

Sang de Massoud. . . . . . 91

Sang d'*Aslan*. . . . . . . 24

Divers. . . . . . . . . 9

A un autre point de vue, on compte aisément, par catégorie, le nombre d'étalons différents qui ont donné naissance aux juments et aux produits de la liste précédente.

Il y a :

Étalons arabes de pur sang. . . . 10 ⎫
Étalons anglais de pur sang. . . . 9 ⎬ total. . 24
Étalons anglo-arabes de pur sang. 5 ⎭

En voici l'état nominatif :

1° *Étalons de pur sang arabe directement importés d'Orient.*

| | |
|---|---|
| ASLAN, | HUSSEIN, |
| MASSOUD, | MESROOR, |
| ABOU-ARKOUB, | BAGDADLI, |
| KOHEIL-OBAYAN-SEDEREI, | HAMDANI BLANC. |

2° *Étalons de pur sang arabe nés au haras de Pompadour.*

| | |
|---|---|
| NUMIDE, | RAJAH. |

3° *Étalons de pur sang anglais importés d'Angleterre.*

| | |
|---|---|
| NAPOLÉON, | PARADOX, |
| EASTHAM, | HARLEQUIN, |
| TERROR, | BROCARDO. |

4° *Étalons de pur sang anglais nés en France.*

| | |
|---|---|
| COMMODORE-NAPIER, | M. D'ECOVILLE. |
| PROSPERO, | |

5° *Étalons de pur sang anglo-arabe nés dans les haras de l'État.*

| | |
|---|---|
| EYLAU, | ROMAGNESI, |
| BEN-MASSOUD, | XÉNOCRATE. |

6° *Étalon de pur sang anglo-arabe né chez un particulier, mais issu d'une jument anglo-arabe sortie du haras du Pin.*

KOHEL.

Sur les 10 étalons arabes ci-dessus dénommés, 2 seuls continueront à être appliqués à la reproduction de la famille anglo-arabe, — HAMDANI BLANC et BAGDADLI.

Ce dernier est de l'importation faite en 1850. C'est un cheval corpulent et puissant, il a du gros, et s'est tout d'abord placé très-haut comme père. Ses premiers produits, nés en 1851, promettent assez pour ne pas craindre de lui livrer une partie des poulinières du haras. Nous avons fait connaître HAMDANI BLANC dans le précédent volume ; il faut en attendre beaucoup.

Parmi ces 9 étalons de pur sang anglais qui figurent dans l'ascendance la plus rapprochée de la nouvelle famille, un seul, — BROCARDO, — semble devoir concourir encore à l'œuvre commencée. La conformation et les qualités de ses premiers produits donnent de brillantes espérances.

La troisième catégorie d'étalons employés donnera un nombre proportionnel plus considérable. KOHEL, — ROMAGNESI — et surtout XÉNOCRATE marqueront profondément leur empreinte sur la race anglo-arabe. A eux reste dévolue la tâche de la fixer d'une manière définitive et certaine, de lui donner la constance des caractères qui vient de l'homogénéité du sang.

Nous éprouvons quelque orgueil à produire cette création, à faire que le public sache bien son existence et apprenne à la connaître. Elle remplit l'un des besoins les plus pressants de l'époque ; elle réalise un vœu souvent émis ; elle prouve que les haras, malgré les vicissitudes du temps et toutes les difficultés amoncelées au devant d'eux, ont su faire sortir du choc des idées et d'éléments bien incomplets une œuvre utile et durable. Nos successeurs en tireront plus d'avantages et d'honneur que nous ; mais il n'en saurait être autrement dans des travaux de cet ordre, en France du moins.

L'Angleterre seule a l'instinct, la prescience des grandes choses; elle les apprécie de leur vivant, qu'on nous permette l'expression ; elle sait les encourager puissamment chez

ceux qui les conçoivent et ont le patriotisme de les entreprendre. Les grands éducateurs d'animaux, les créateurs
de races utiles ont été distingués et honorés chez elle à l'égal
des réformateurs qui ont le mieux mérité du pays. En
France, cette nature de services trouve sa récompense dans
les petites attaques et l'envie, — dans des critiques absurdes
et passionnées, dans le dédain des demi-savants; aussi l'État
doit-il faire par lui-même, et supporter le feu de la malveillance et du mauvais vouloir des incapables et des impuissants. Les hommes qui se vouent à une pareille œuvre sont
trop heureux quand ils n'y laissent pas la considération et
le respect qui les auraient enveloppés s'ils avaient donné à
leur intelligence un tout autre essor.

## V.

Arrêtons-nous aux faits pour constater une fois de plus
la lenteur avec laquelle se forme une nouvelle famille de
chevaux.

Les trois poulinières placées en tête de la race dont nous
écrivons les commencements, fécondes entre toutes cependant,
ont mis dix-huit ans à produire les dix premières juments qui nous ont servi et dont les suites composent aujourd'hui la très-grande majorité de la famille entière.

Suivant l'accroissement, année par année, de la jumenterie anglo-arabe, voici les chiffres successifs :

Au point de départ, en 1850. . . 3 poulinières.
Augmentation en. . 1831. . . 2 —
                      1833. . . 2 —
                      1834. . . 1 —
                      1837. . . 1 —
                      1839. . . 5 —
                      1840. . . 2 —
                      1841. . . 3 —
                      1842. . . 5 —

```
1843.  .  .  2 poulinières.
1844.  .  .  1      —
1845.  .  .  3      —
1846.  .  .  8      —
1847.  .  .  3      —
1848.  .  .  3      —
```

Les générations ultérieures promettent davantage, mais le fait d'une augmentation plus rapide résultera tout à la fois d'un plus grand nombre de femelles appliquées à la reproduction et de la possibilité de poursuivre cette dernière par l'emploi simultané d'étalons arabes, anglo-arabes et anglais ; ceci n'avait point eu lieu jusque-là, car la nouvelle famille ne possédait pas encore de mâles sortis de son sein capables de travailler avec avantage à la fondation définitive et au renouvellement de la race.

La marche était donc d'autant plus lente et retardée que l'homogénéité, si nécessaire pour constituer d'une manière durable, ne pouvait que bien difficilement s'établir sous l'influence variable des divers reproducteurs appelés à concourir à la création projetée. Le seul élément stable provenait des femelles ; ce n'était pas assez pour aller vite. Nous n'avons pressé les résultats qu'en rentrant dans le sang des mères, qu'en faisant de la consanguinité en proche parenté.

La nécessité de substituer à l'étalon arabe, tel qu'il nous vient d'Arabie, un reproducteur plus grand et plus corpulent avait fait entreprendre une œuvre presque séculaire, — le grossissement et l'agrandissement de la race arabe pure. On y parvient, mais il faut beaucoup de temps et de fortes dépenses pour des résultats peu nombreux, puisque l'importation donne peu d'animaux remarquables et que, par suite, la reproduction en France fournit très-peu également. De là, ainsi que l'a constaté le compte rendu pour 1850, la pensée d'aider au but par une création voisine, celle de la famille anglo-arabe de pur sang.

Le point de départ de cette nouvelle tige, disions-nous alors, a été la jument anglaise et l'étalon arabe ; plus rarement, mais quelquefois pourtant, la jument arabe et l'étalon anglais. Les alliances n'ont point été poussées à outrance suivant cette direction ; elles ont eu pour base les règles raisonnées d'un accouplement, d'un appareillement intelligent, et non les idées systématiques d'un croisement toujours renouvelé.

Avant de décider un mariage, on consulte avec soin le passé, les antécédents physiologiques des futurs, leur conformation, leur affinité plus ou moins prononcée par l'un ou l'autre sang, et l'on suppute les suites, car on sait où l'on doit aller, car le but est parfaitement déterminé.

C'est toujours une tâche longue et difficile que la création d'une race ou sous-race. Plusieurs générations sont nécessaires pour en confirmer la valeur, pour en fixer le pouvoir héréditaire. Le reproducteur mâle capable de la répéter ne se montre que de loin en loin, et seulement comme une exception. Il faut donc opérer artificiellement et à l'aide d'éléments étrangers, en quelque sorte, avant de trouver dans la nouvelle famille les instruments de sa génération, de sa propre conservation.

Ce premier âge de la race ne se mesure point *à priori;* c'est l'apparition d'un individu très-supérieur qui l'efface, c'est la puissante influence d'un reproducteur hors ligne qui ouvre à la nouvelle tige une vie propre, une existence distincte, indépendante.

La famille anglo-arabe fondée et propagée à Pompadour en est là maintenant. Deux étalons d'un mérite exceptionnel, — ROMAGNESI et XÉNOCRATE, — commencent une nouvelle série, qu'on nous passe le mot, et reproduisent en dedans les qualités acquises par le mélange, très-réussi, du sang arabe et du sang anglais. Les derniers nés de la famille, en partie les fruits de leurs œuvres, paraissent atteindre le but proposé ; ils sont plus complétement séparés que leurs aînés des deux races qui leur ont donné naissance, ils forment réellement caste à part.

Voilà donc un autre élément de succès, une voie plus courte, deux ou trois générations gagnées. C'est le bénéfice de la création poursuivie, du résultat obtenu. Les produits mâles de XÉNOCRATE donneront certainement quelques reproducteurs d'élite à la famille. Jusqu'ici cette dernière s'était particulièrement propagée par les femelles ; elle peut maintenant se renouveler, se multiplier tout à la fois par les mâles et par les femelles. C'est un pas immense vers la solution cherchée, car les existences actuelles montrent des qualités solides et brillantes. Celles-ci forment une magnifique colonie dont les individus participent de leur double ascendance. Elles conservent les qualités les plus précieuses du sang, dans une conformation ample et bien prise; elles offrent le type du cheval à toutes fins, complet, réussi ; elles répondent aux plus grandes exigences des services dans ce temps-ci, et se groupent, par la ressemblance des caractères extérieurs autant que par l'homogénéité du sang, en une race supérieure, éminemment propre à l'amélioration des autres.

On a souvent émis le vœu, en France, qu'une race pure fût créée, appropriée à nos besoins et aux conditions générales du pays. Les uns croyaient la chose aisée et gourmandaient fort l'administration des haras de ne l'avoir point encore entreprise, réalisée ; d'autres niaient que ce fût une création utile, et considéraient comme du temps perdu celui qu'on passerait à modifier les formes du cheval arabe dont le cheval anglais offrait et pouvait seul offrir le plus haut degré de perfectionnement, eu égard à la civilisation actuelle. Nous avons vu dans l'établissement de la nouvelle famille un autre problème à résoudre que celui de la création d'une race parfaitement semblable à celle de pur sang anglais. Nous n'avons pas entendu refaire l'œuvre de nos voisins ; nous n'avons pas marché derrière eux pour emboîter le pas, mais à côté d'eux pour emprunter à leur système général de reproduction du pur sang toutes celles de leurs pratiques qui pouvaient nous être utiles en répudiant les autres. Nous avons voulu remplir un vide, c'est-à-dire produire un cheval mieux approprié que l'arabe aux exigences de l'époque, et qui, livré aux juments des races légères du midi de la France, donnât immédiatement, dès la première génération, des résultats plus satisfaisants, des produits de haute valeur et de plus facile défaite que le cheval de pur sang anglais tel que le font l'entraînement exagéré et des courses à outrance. Les grandes luttes, malheureusement, ne sont pas pour nos éleveurs un *criterium* de force et de puissance, mais une spéculation, l'exploitation excessive des qualités physiques et morales du cheval; elles ne sont, elles ne peuvent être un moyen usuel et profitable d'amélioration quand elles tendent à l'épuisement des facultés limitées au fait de la reproduction générale; elles dépassent le but, si elles ne s'arrêtent pas à la constatation des qualités développées à l'aide d'un bon régime, d'un élevage judicieux et rationnel.

Autre chose, en effet, est d'éprouver simplement et suffisamment toutefois la conformation de reproducteurs capables destinés au croisement, autre chose de pousser l'épreuve au delà de cette mesure afin de connaître d'une manière certaine les athlètes d'une race, les seuls auxquels on puisse confier avec chances de succès le soin de conserver à celle-ci l'amplitude de ses mérites, le maximum des facultés départies à l'espèce entière. Une foule de produits peuvent être sacrifiés à ce résultat utile et nécessaire, indispensable même; mais il ne s'ensuit pas que les animaux qui n'ont pas résisté à ces épreuves, qui en ont été atteints au contraire, soient eux-mêmes plus capables après les excès auxquels on les a soumis et dont ils se ressentent à peu près toute leur vie.

Le genre d'épreuve à imposer aux reproducteurs doit donc varier suivant le but qu'on se propose. M. le duc de

Grammont a partagé cette opinion qu'on trouve très-explici-
tement exprimée dans un mémoire intitulé, — *Moyens
d'opérer la propagation et l'amélioration des races chevalines*. Dans cet opuscule, l'honorable hippologue fait très-
bien sentir la nécessité que les circonstances font à l'État
de développer dans les haras nationaux les races de pur sang
et de produire lui-même des étalons et des juments en rapport avec les conditions d'existence très-variées de notre
population indigène.

Et à ce sujet voici en quels termes il se prononce :

« Il est à propos d'observer, ici, que plus on reconnaîtra
la supériorité incontestable du cheval de pur sang et les
qualités régénératrices dont sa race est le principe essentiel, plus il deviendra inutile, pour inspirer confiance aux
éleveurs, de faire subir des épreuves publiques aux produits
de nos haras destinés aux croisements des races inférieures.
D'une part, la certitude qu'à l'avenir tout individu sortant
de ces établissements sera de pur sang et originairement
d'une famille distinguée dans cette race; d'autre part, la réputation que se seront acquise les produits dont l'industrie
privée aura pu profiter, suffiront pour satisfaire les exigences
des amateurs les plus instruits comme les moins éclairés.
Je crois donc inutile de mettre indistinctement les élèves
des haras nationaux en rivalité avec ceux des particuliers
pour les prix des courses institués par le gouvernement.....

« ..... D'ailleurs, les produits des haras qui n'agissent sur
les masses que par les croisements n'ont pas besoin d'offrir
les mêmes garanties que ceux destinés à perpétuer la race
des régénérateurs ; l'exiger serait, quoiqu'à bonne intention, élever des prétentions déraisonnables.

« ..... Que le gouvernement se contente donc de fonder
et de maintenir dans les haras nationaux une race type pur
sang, dont les régénérateurs seuls seront appelés à subir,
dans chacun de ces établissements, toutes les épreuves qui

peuvent le mieux garantir qu'ils possèdent les qualités re-quises pour remplir le but qu'on se propose (1). »

Ces préceptes reçoivent une pleine et entière application dans la reproduction du pur sang anglo-arabe à Pompadour. Les poulains y sont soumis à des exercices raisonnés, à un entraînement suivi d'épreuves qui n'excèdent pas leurs moyens, et développent en eux plus de vigueur et de résis-tance que de vitesse, plus de gros que de légèreté ; car le point cherché est l'équilibre entre ces deux forces que nous avons distinguées dans le premier chapitre de ces études sous les noms de force morale et de puissance musculaire. Mais dans l'ascendance de nos produits, du côté de la race an-glaise pure, on trouve toujours des ancêtres à brillantes performances, des célébrités du turf, des régénérateurs éprouvés qui offrent toutes garanties en faveur de la pureté du type et des hautes qualités de races conservées intactes.

Nous évitons ainsi les inconvénients qui résultent d'une fatigue excessive à laquelle nous n'avons aucun besoin de nous soumettre, puisque d'autres se l'imposent avec avan-tage pour nous-même, et nous ne tombons pas dans la

(1) M. F. Person a exprimé la même pensée dans une brochure re-marquable publiée sous ce titre, *Les chevaux français en* 1840.

On y lit, à la page 61 : « Au demeurant, pour la race pur sang, il est deux espèces de producteurs, les particuliers et le gouvernement. Rien ne s'oppose à ce que ceux des premiers qui voudront courir soient encouragés. Pour le gouvernement, c'est même une obligation que de le faire...; mais pour l'administration, qui n'a besoin ni d'en-couragement ni d'indemnité, une tâche et plus utile et plus belle lui est réservée. Cette tâche, c'est de créer et d'entretenir une race régénératrice qui nous donne des chevaux de service, qui, pour nous, sont d'une bien autre importance que les coureurs. Elle le peut, elle seule a les éta-blissements convenables, et peut y mettre la suite et la persévérance indispensables ; elle seule peut faire les avances, sans se laisser in-fluencer par des idées de perte ou de profit ; elle seule peut maintenir la race qu'elle aura créée dans toute sa pureté. C'est ainsi qu'elle s'as-surera des droits à la reconnaissance du pays. »

faute commise en Espagne et à Deux-Ponts, où des races pures ont disparu pour n'avoir pas été reproduites par les animaux les plus capables. Notre système d'épreuves satisfait complétement au point que nous voulons atteindre, et nous nous retrempons toujours en temps opportun et à un suffisant degré dans l'énergie et le sang des deux races d'où procède celle que nous avons créée et que nous ne voulons pas laisser déchoir.

## VI.

Comme tout ce qui est, le cheval anglo-arabe aura ses partisans et ses détracteurs. Tant qu'elle n'a été connue que par ceux à qui elle est destinée, la nouvelle famille a été recherchée et appréciée pour son utilité même. A présent que les comptes rendus publiés par l'administration des haras l'ont produite et lancée dans le domaine public, elle a trouvé des critiques et des plus sévères (1). Il est vrai que ceux-ci ne l'ont jamais vue ni étudiée ; ils n'en savent ni la forme ni la raison d'être. Ils la jugent de loin, théoriquement, et la condamnent par cela seul qu'elle n'est point le pur sang anglais, qu'elle tient d'assez près au pur sang

(1) La race anglo-arabe subit le sort commun ; en ce moment elle le partage avec une autre création. Le fait est constaté dans les quelques mots suivants extraits d'un article publié par le *Constitutionnel*, dans son numéro du 23 juillet 1852.

« Une nouvelle race de moutons, dit M. Louis Leclerc, a fait parler d'elle, en France, depuis quelque temps. Elle a un nom propre ; elle a des ennemis et des envieux, ce qui est toujours flatteur, même pour les bêtes à laine. Mais les honneurs d'un autre genre ne lui manquent pas non plus. Parlons donc de la race *charmoise.....* »

Nous faisons comme M. Louis Leclerc, écrivain savant, spirituel, consciencieux, nous parlons quand même de la race anglo-arabe pure. Elle ira tout droit son petit bonhomme de chemin, si on la laisse marcher, si on ne l'étouffe pas entre deux ventes qui en disperseraient les débris et n'en laisseraient pas trace au foyer même de sa production.

arabe et qu'elle se présente comme partie prenante au budget. Or tout ce qui enlèvera à la reproduction du pur sang anglais la moindre parcelle des crédits alloués aux haras sera toujours blâmé et repoussé par un certain monde qui se fait juge et partie dans une très-petite course et qui a le tort d'oublier qu'à côté de lui et au-dessus de lui il y a quelque chose comme la France entière.

Voilà donc le cheval de pur sang anglo-arabe fort maltraité par les éleveurs de chevaux de pur sang anglais et les spéculateurs de l'hippodrome. Quels reproches lui adresse-t-on ? — On trouve puéril qu'on ait la prétention et l'orgueil de vouloir refaire ce qui est tout fait dans le cheval anglais ; on est plein de dédain et de superbe pour des travaux inutiles que le ridicule tue, que des idées de bonne administration des deniers publics doivent faire condamner à tout jamais. Ces aménités ne s'impriment pas, et c'est là qu'est le danger. On les infiltre avec aigreur, mais on ne leur fait pas les honneurs de la publicité. On a beau jeu, du reste, car on attaque des absents. Or en tout temps et partout les absents doivent nécessairement avoir tort. Laissons aller les choses sur cette pente. Nous avons foi dans la vérité ; celle-ci est avec nous et pour nous.

Arrivons à des observations d'un tout autre caractère, car elles se montrent sous les formes les plus bienveillantes et avec un désir marqué de déblayer un terrain encore peu exploré. Celles-ci ont été consignées dans un travail rédigé par la commission de circonscription de Pompadour, — session de 1851, — et transmis à l'administration des haras. Il nous aurait été facile de les garder pour nous ; loin de là, nous avons été pressé de les mettre au jour et d'y répondre dans le compte rendu de la même année.

C'est donc à ce document que nous allons reprendre les seules objections écrites qui aient encore été faites sur la création du *pur sang français*.

« L'administration se livre, dès actuellement, à la création

« sur les dépendances mêmes du haras de Pompadour,
« d'une nouvelle famille de chevaux destinée à fournir des
« reproducteurs utiles ; nous voulons parler de la race anglo-
« arabe. Certes, si l'on considère les sujets de cette race,
« ou, si l'on aime mieux, de cette nouvelle famille, on ne
« peut qu'être content du résultat et approuver les efforts
« qui l'ont amené et qui tendent à le perpétuer.

« Les membres de la commission ont visité avec un bien
« vif intérêt les produits anglo-arabes qui s'élèvent aux
« succursales de Chignac et du Puymarmont ; ils ont eu
« lieu d'être satisfaits de ce qu'ils ont vu, et n'ont à ex-
« primer que de l'approbation pour l'ampleur, les formes,
« la taille de ces animaux, et de la satisfaction pour l'éner-
« gie et la force que doit faire espérer une telle conforma-
« tion extérieure ; mais ces animaux, qui ne sont au fait que
« le produit d'un métissage, auront-ils en eux-mêmes la
« permanence, la fixité, qui, seules, peuvent permettre la
« transmission des qualités apparentes que nous leur con-
« naissons ?

« XÉNOCRATE, par exemple, est un magnifique cheval
« que tout système d'élevage serait fier d'avoir produit ;
« que sera-t-il comme étalon ?

« L'avenir seul nous permettra de répondre à ces deux
« questions, qui, au fond, n'en font qu'une.

« Pour bien faire comprendre, à cet égard, la pensée de
« la commission, il faudrait d'abord s'expliquer et s'en-
« tendre sur un point.

« La famille anglo-arabe est-elle un métissage ? est-elle
« une race pure ?

« La race anglaise descend sans mélange de la race
« arabe : c'est un fait. A différentes époques, elle a admis
« des étalons arabes à venir la retremper, nous l'admet-
« tons ; mais on conviendra bien aussi que, depuis cent cin-
« quante ans, les circonstances dans lesquelles la branche
« anglaise s'est maintenue et propagée ont été si opposées

— 150 —

« à celles qui avaient formé la race arabe et qui n'ont cessé
« d'agir sur elle, qu'aujourd'hui (il faut bien le dire) elles
« ont chacune des caractères si différents, si tranchés, qu'il
« n'est guère permis de les confondre, au point de vue de
« la reproduction, dans une seule et même appellation
« comme une seule et même race ; les épaules, les reins, les
« hanches que la branche aînée et la branche cadette repro-
« duisent, chacune dans leur genre, avec tant de constance,
« sont autant de divergences que saisissent facilement les
« yeux les moins exercés. Ces deux branches sont donc de-
« venues bien réellement deux races. Ce qu'on appelle la
« race anglo-arabe n'est donc, jusqu'à présent, qu'un *mé-*
« *tissage, métissage* conçu et entrepris dans les conditions
« les plus rationnelles, *mais n'est pas encore une race ;* ce
« point semble établi.

« Il n'est pas entré un seul instant dans la pensée de la
« commission de blâmer l'idée qui a présidé à la tentative
« faite à Pompadour de croiser la race anglaise et la race
« arabe ; mais elle a pensé qu'en face d'élèves individuelle-
« ment fort remarquables, que rien ne garantissait pour-
« tant devoir un jour devenir à coup sûr de *fidèles* et *loyaux*
« reproducteurs, il ne fallait pas sacrifier toutes les richesses
« péniblement accumulées à un essai sur lequel l'expé-
« rience avait encore à se prononcer. La jumenterie de
« Pompadour lui a paru chose trop précieuse pour la dé-
« penser dès à présent et sans réserve à l'établissement de
« la famille anglo-arabe. La Rivière et les Monts renfer-
« ment des mères pures anglaises et pures arabes d'un mé-
« rite trop réel pour négliger l'élevage des reproductions
« pures de l'une et l'autre race.

« Que l'administration fasse poursuivre à Pompadour
« l'expérience de la famille anglo-arabe, rien de mieux ;
« mais qu'elle ne perde pas de vue que *l'étalon de race pure*
« *est indispensable sur une grande échelle,* et que l'étalon
« anglo-arabe, quelque bien conformé qu'elle le fasse à Chi-

« gnac et au Puymarmont, ne mérite pas encore la con-
« fiance que l'on n'accorde, à juste titre, qu'aux étalons
« de race pure.

« Et quel que soit, d'ailleurs, le sort que l'avenir réserve
« aux anglo-arabes comme reproducteurs, qu'ils soient ou
« non ce qu'on désire qu'ils soient un jour, la prudence ne
« commande-t-elle pas de se tenir prêt ou à cesser de faire
« de l'anglo-arabe pour ne plus faire que de l'anglais pur
« ou de l'arabe pur en cas de mécompte ;

« Ou à refaire encore de l'anglo-arabe au cas de réussite,
« et, pour cela, de maintenir les deux souches anglaises et
« arabes pures.

« La commission a craint que l'impulsion donnée aux
« accouplements, à Pompadour, n'ait, dans un court délai,
« pour effet de ne pas laisser à la jumenterie une seule pou-
« linière pure dans son espèce anglaise ou arabe.

« C'est dans cette pensée qu'elle a été unanime à de-
« mander que, dans son élevage, l'administration des haras
« ne perdît pas de vue qu'elle doit aux principes qu'elle re-
« connaît et proclame de maintenir pures et sans mélange
« une souche de poulinières de pur sang anglais, et une
« souche de poulinières de pur sang arabe, sans que ni l'une
« ni l'autre ne soit en danger d'être absorbée et de dispa-
« raître dans l'œuvre qu'elle poursuit de constituer et de
« perpétuer une famille anglo-arabe, œuvre à laquelle la
« commission de la circonscription du haras de Pompadour
« entend donner, du reste, sa complète approbation. »

« L'administration n'a et ne peut avoir que de gracieux
remercîments à adresser à la commission pour le soin et la
bienveillante attention qu'elle apporte dans l'examen approfondi de tout ce qui se fait à Pompadour. Répondre tout
particulièrement à ce passage, extrait de ses délibérations,
sera lui montrer en quelle estime son travail a été pris.

« Celui-ci soulève, en effet, des objections qui doivent
être présentées. Il s'agit de science, d'une science encore

peu connue. Les questions agitées dans les observations précédentes peuvent porter la lumière sur des points encore obscurs, et faire mieux connaître, d'ailleurs, la pensée qui préside à la multiplication de la famille anglo-arabe pure à Pompadour, et sa constitution définitive en race de pur sang français.

« Avant tout, la commission le déclare surabondamment, les produits obtenus de l'alliance des deux races, arabe et anglaise, sont un précieux résultat en tant qu'individus. Voilà d'abord un succès qui témoigne de la bonne pratique suivie, en ce qui concerne le choix des ascendants, qui dépose en faveur de l'attention apportée au mariage des sexes. C'est, en effet, sur un principe de sélection rigoureuse et raisonnée que reposent la situation actuelle et l'avenir de la famille anglo-arabe, créée par les soins de l'administration des haras.

« Les doutes de la commission se font particulièrement jour sur les trois points suivants :

« A. La famille anglo-arabe est-elle un métissage, est-elle une race pure ?

« B. L'étalon anglo-arabe, produit d'un *métissage*, aura-t-il sur sa descendance l'action seulement dévolue aux reproducteurs qui appartiennent à une race ancienne et confirmée (1) ?

« C. Serait-il prudent de sacrifier des richesses péniblement amassées en pur sang arabe et en pur sang anglais

(1) La vérité ne peut se faire jour qu'à travers l'erreur. Il en est ainsi de la lumière qui n'apparaît qu'après avoir dissipé les ténèbres. Le même doute a été exprimé au sujet du cheval de pur sang anglais. Des hippologues se sont demandé s'il constituait bien une race capable de se reproduire sans recours au sang arabe ; plusieurs ont pensé qu'il serait impuissant à fonder une race pure en France, qu'il y dégénérait infailliblement, et que la bonne science, la saine théorie prescrivaient de s'adresser exclusivement au sang arabe pour former un pur sang français. « Ne pourrait-on pas craindre, écrivait l'un d'eux au *Jour-*

pour poursuivre la constitution d'une famille *métisse* ou
bâtarde ?

« A. La famille anglo-arabe n'est pas le résultat d'un métissage ; elle est le produit épuré d'alliances entre sujets de
races pures ayant fait leurs preuves comme reproducteurs
déjà connus par la manière dont ils se reproduisent eux-
mêmes. Si dissemblables, extérieurement, qu'on fasse et
qu'on voie le cheval arabe et le cheval anglais de noble extraction, ces deux animaux n'ont pourtant qu'une seule et
même origine ; ils découlent l'un et l'autre du même principe, tous deux procèdent du type le plus pur qui existe.
Comment le fruit de leur union cesserait-il d'être pur et homogène dans sa nature, dans son sang, lorsqu'il est la reproduction, exempte de mésalliance, du cheval arabe et du
cheval anglais, expression la plus pure, l'un et l'autre, du
prototype de l'espèce ?

« En appatronnant le cheval arabe et la jument anglaise,
on ne fait pas de mésalliance, on n'altère la pureté de race
ni de l'un ni de l'autre, on cherche seulement à modifier
les formes extérieures et par suite l'aptitude ; on ne porte
aucune atteinte au principe même de la race qui fait sa
force et son utilité. On ne comprendrait pas, par exemple
(qu'on nous permette cette trivialité), comment le bordeaux
deviendrait du surène, par cela seul qu'on le ferait passer
dans un verre à champagne ? Ce n'est pas la forme qu'on
attaque, on lui rend toute justice au contraire, mais on va
au fond et l'on raisonne théoriquement et au rebours des
faits, puisque le petit nombre des faits déjà acquis est favorable, jusqu'ici du moins, à la conservation des caractères

nal des haras, en 1833, que l'emploi exclusif du sang anglais, qu'on
regarde comme pur, ne fût suivi d'une dégénérescence plus prompte
que si l'on employait le sang créateur de celui-là ? » Ces doutes et ces
craintes n'avaient aucun fondement; les doutes qui se renouvellent à
l'occasion du pur sang anglo-arabe ne reposent pas sur une base plus
certaine.

d'homogénéité et de constance qui font les races anciennes et bien confirmées, qui constituent les types supérieurs et que l'on retrouve à un si haut degré dans les ascendants de la nouvelle famille propagée à Pompadour.

« B. La réponse au premier doute exprimée par la commission donne en quelque sorte satisfaction, relativement aux deux qui suivent. Aussi bien le second point avait été déjà abordé dans le compte rendu pour l'année 1850, et la commission ne s'est point inscrite en faux contre le procès-verbal de situation de la famille anglo-arabe de pur sang entretenue à Pompadour; elle en a, au contraire, confirmé tous les termes. D'où viendrait donc le doute exprimé par elle sur le pouvoir héréditaire de la nouvelle race ? C'est trop se hâter. Les premiers produits des accouplements pratiqués en dedans naîtront seulement au printemps de 1852; il est juste de ne pas les condamner par anticipation. Nous supposons, en effet, que l'argumentation de la commission s'attache exclusivement à la reproduction de la famille anglo-arabe par elle-même, et non point à l'influence que ses produits mâles peuvent exercer par leur croisement sur les races secondaires du Midi.

« Pour celles-ci, le doute n'est plus permis, car l'expérience est faite; le compte rendu de 1849, à la page 17, a fait connaître les succès qu'obtient l'étalon anglo-arabe dans le service de la monte, les bons résultats qu'il donne lorsqu'on l'emploie à l'amélioration de nos races méridionales. En effet, ses produits le montrent actif et puissant dans ses facultés prolifiques et quant au pouvoir héréditaire. C'est au moins une présomption en faveur de la reproduction de la nouvelle famille par elle-même, quand on pourra faire servir à sa multiplication des sujets d'élite et capables.

« C. En ce qui regarde la crainte exprimée par la commission de voir compromettre des richesses acquises pour courir après un trésor d'une valeur douteuse, il importe aussi de la dissiper : elle n'a aucun fondement.

« Loin de chercher à détruire la race de pur sang arabe, l'administration a longuement expliqué, dans son compte rendu de 1850, les efforts qu'elle avait faits, et qu'elle voulait continuer, pour reproduire cette race précieuse dans toute sa force au haras de Pompadour. Les bons résultats obtenus témoignent du succès de ses travaux et de la sollicitude toute spéciale avec laquelle ils ont été dirigés. De ce côté donc, l'administration ne sacrifie rien de ce qu'elle possède, elle ne donne rien au hasard, et fait en sorte de se préserver contre les mauvaises chances et les pertes.

« Relativement à la race anglaise, une explication est nécessaire.

« L'administration consacre le haras de Pompadour à la conservation de la race arabe pure et à la fondation de la famille anglo-arabe de pur sang ; elle ne peut avoir la pensée d'y entretenir en même temps une nombreuse colonie de poulinières de pur sang anglais. La reproduction de cette dernière race serait mieux à sa place au haras du Pin, qui a possédé une jumenterie de 65 têtes, détruite par un vote législatif en 1844. Si l'on donnait à l'administration les moyens de revenir sur ses pas, de restaurer un établissement de production et d'élève de chevaux de race anglaise, c'est au Pin qu'il faudrait recommencer l'œuvre entreprise avec succès après 1850, et brisée douze ans plus tard, quand les résultats parlaient si haut en sa faveur. Ce serait une faute, au contraire, que de donner une grande extension à la production de cette dernière race à Pompadour. Elle y réussit sans conteste, mais sa réussite coûte moins de soins et de difficultés en Normandie qu'en Limousin. Après cela, la propriété de Pompadour se trouve assez chargée maintenant ; la race arabe et la famille anglo-arabe suffisent à la consommation de tous les produits des domaines en régie.

« Il y a cependant quelques poulinières de pur sang anglais au haras de Pompadour, et leur existence y est une double nécessité. En premier lieu elle sert de terme de com-

paraison, et permet de mieux apprécier la force et le développement acquis par les élèves des deux autres races ; en
second lieu, elle donne à la multiplication de l'anglo-arabe
des éléments que le temps et la reproduction sur place ont
parfaitement acclimatés au milieu spécial dans lequel est
appelée à se former la nouvelle famille. Ceci est une condition *sine qua non* de succès. En dehors de ces motifs, il n'y
aurait pas de raison pour entretenir des juments de pur
sang anglais à Pompadour. »

### VII.

Deux choses sont nécessaires pour conserver à une race
pure son homogénéité et les hautes qualités sur lesquelles se
fonde son utilité comme principe esssntiel d'amélioration et
de perfectionnement des races secondaires : — la connaissance positive, certaine de l'origine, — un choix très-sévère
et toujours attentif des reproducteurs qui ne sauraient donner trop de garanties individuelles.

Nous n'avons point à revenir sur tout ce que nous avons
déjà dit et répété à ce sujet. Ces points sont désormais parfaitement acquis. Pour abréger donc, nous nous bornerons
à établir le *Stud-Book* particulier à la famille anglo-arabe,
un peu noyée dans les détails de notre *Stud-Book*.

L'administration des haras possède, après les naissances
de 1852, savoir :

Étalons au service.................... 72
Poulinières ( toutes réunies à Pompadour ). 39 } ci.... 193
Pouliches de quatre ans et au-dessous (*id.*). 49
Poulains de différents âges (*id.*). 33

Il existe chez les particuliers, au commencement de 1851, savoir :

Juments.............................. 85
Pouliches de quatre ans et au-dessous..... 64 } ci.... 198
Poulains de *idem*...................... 49

TOTAL........... 391

Voici la liste nominative et alphabétique des existences en juments et produits qui appartiennent aux particuliers ; nous avons, plus haut, donné les noms de ceux des haras. Nous laissons en dehors, à dessein, les étalons ; ceux-ci, presque exclusivement livrés au croisement avec les races inférieures, travaillent surtout à la production du cheval de demi-sang. Les lettres H. N. désignent les animaux qui, nés dans les établissements de l'État, ont ensuite passé aux mains de l'industrie privée. Les noms en petites capitales indiquent les descendants de MASSOUD.

1850. Bb. M. *Adim*, par Karchane, ar., et Girfah, an.-ar. (1).

1850. Al. F. *Aga*, par Renonce, an., et Zillah, an.-ar.

1847. R. M. *Agba*, par Karchane, ar., et Occipite, an.

1848. G. F. *Agiba*, par Mentor, an.-ar., ou Agib, ar, et Norma, an.

1840. B. F. AïCHA, par Napoléon, an., et BICHE, an.-ar.

1844. B. F. ALCANTARA, par Napoléon, an., et GALA-TÉE, an.-ar. (H. N.).

1849. N. F. *Alerte*, par Karchane, ar., et Quinteuse, an.

1850. B. M. ALEXANDRE, par KOHEL, an.-ar., et Hébé, an.

1850. Bb. F. *Alexina*, par Chamois, an.-ar., et Elvire, an. (H. N.).

1845. Al. F. *Alicie*, par Ali-Baba, an., et Mélina, an.-ar.

1849. B. M. *Allègre*, par Karchane, ar., et Sylvia, an.-ar. (H. N.).

---

(1) an. signifie anglais;
   ar.  —  arabe;
   an.-ar. —  anglo-arabe;
   Bb.  —  bai brun ;
   B.  —  bai;
   Al.  —  alezan;

G. signifie gris ;
N.  —  noir;
R.  —  rouan ;
M.  —  mâle ;
F.  —  femelle.

1845. B. F. Aménaïde (H. N.), par Napoléon, an., et Agar, an.-ar.

1844. G. F. *Andaé*, par Koheil-Hamdani, ar., et Zillah, an.-ar. (H. N.).

1849. B. M. *Animi*, par Karchane, ar., et Ny, an.

1840. B. F. Antoinette, par Sylvie ou Napoléon, an., et Cléopatre, an.-ar. (H. N.).

1849. B. M. *athlète*, par Karchane, ar., et Lavely, an.

1845. B. F. *Aveyronnaise*, par Hableur, an.-ar., et Norma, an.

1850. F. *Babel*, par Karchane, ar., et Sylphide, an.

1845. B. F. *Babet*, par Ali-Baba, an., et Y. Meleha, an.-ar.

1848. B. M. *Babiole*, par Frivole, an.-ar., et Y. Meleha, an.-ar.

1850. B. F. Bahia, par Philip.-Shah, an., et Bresilia, an.-ar. (H. N.).

1848. B. M. Balthasar, par Royal-Oak, an., et Aménaïde, an.-ar. (H. N.).

1850. F. *Belle*, par Karchane, ar., et Sylvia, an.

1848. B. M. *Ben-Thoury*, Prospectus, an., et Pomponia, an.-ar. (H. N.).

1840. B. F. *Betzy*, par Y. Reveller, an., et Geada-Minor, ar.

1850. Bb. M. Beyrouth, par Commodor-Napier, an., et Hoema, an.-ar. (H. N.).

1851. B. F. Biche, par Eastham, an., et Galatée, an.-ar. (H. N.).

1850. B. F. *Biscara*, par Tanger, an.-ar., et Norma, an.

1850. M. *Bombay*, par Karchane, ar., et Quinteuse, an.

1850. M. *Bonsoir*, par Karchane, ar., et Ny, an.

1850. G. M. *Cadi*, par Renonce, an., et Andaé, an.-ar.

1850. G. M. *Capitaine*, par Renonce, an., et Zélie, ar.

1841. B. F. *Celina*, par Foscarini, an., et Meleha, ar. (H. N.).

1850. G. M. *Chabb*, par Ibrahim II, ar., et Celina, an.-ar.

1849. Al. M. *Cheik*, par Ibrahim, ar., et Mirza, an.-ar.

1847. B. F. *Chloé*, par Durzi, ar., et Ada, an.

1857. B. F. CIRCÉ (H. N.) par Dangerous, an., et VESTA, an.-ar. (H. N.).

1841. B. F. CLÉMATIS (H. N.), par Pickpocket, an., et DANAÉ, an.-ar. (H. N.).

1859. B. F. *Coalition* (H. N.), par The Juggler, an., et Cloris, an.-ar. (H. N.).

1849. B. M. *Comus*, par Ionian, an., et Flicca, an.-ar. (H. N.).

1850. G. F. *Constantine*, par Koheil-Hamdani, ar., et Médéah, an.-ar.

1845. Al. F. *Cora*, par Koheil-Hamdani-Arbi, ar., et Mizza, an.-ar.

1849. Al. F. CYBÈLE, par Ali-Baba, an., et DEIDZA, an.-ar.

1845. G. F. DAHRA, par Frigian, ar., et MIGNONNE, an.-ar. (H. N.).

1848. B. F. DEA, par ROMAGNESI, an.-ar., et DIOMEDA, ar. (H. N.).

1849. R. F. *Deer* ex *Annette*, par Karchane, ar., et Thalie, an. (H. N.).

1858. Bb. F. DEIDZA, par Y. Emilius, an., et BICHE, an.-ar.

1847. G. F. *Déira*, par Frivole, an.-ar., et Melina, ar.

1858. G. F. *Delia* (H. N.), par Windcliffe, an., et Cloris, an.-ar. (H. N.).

1846. Al. F. *Dilhara*, par Karchane, ar., et Jacinthe, an.-ar.

1848. G. M. *Djerid*, par Karchane, ar., et Girfah, an.-ar.

1849. B. F. *Elica*, par Nautilus ou Worthless, an., et Zelima, an.-ar.

1849. B. M. *Elicio*, par Nautilus, an., et Misère, an.-ar.

1845. B. F. EMILIE, par EMILIO, an.-ar., et Beresina, an. (H. N.).

1840. B. F. *Eva*, par Franck, an., et Girfah, an.-ar.

1849. B. F. *Fathma*, par Mansourah, ar., et Nina, an.-ar.

1843. B. F. FAUVETTE, par QUINE, an.-ar., et Adaman-tine, an. (H.N.).

1850. B. F. FÉLICIE, par Fitz Emilius, an., et CIRCÉ, an.-ar. (H. N.).

1850. G. M. FELLOW, par Agib, ar., et CLEMATIS, an.-ar. (H. N.).

1854. B. F. FLEURETTE, par Eastham, an., et Niobé, an.-ar. (H. N.).

1840. Al. F. *Flicca* (H. N.), par Paradox, an., et Dine, an.-ar.

1849. B. F. FORTUNATA, par Worthless ou Nautilus, an., et CIRCÉ, an.-ar. (H. N.).

1846. B. F. *Foscarina*, par Frivole, ar., et Miss-Nor-mandine, an.

1845. B. F. FRIGUEN, par TITUS, an.-ar., et Anne de Bretagne, an.-ar.

1856. Al. F. *Gambade* (H. N.), par Zopire, an.-ar., et Caracole, an. (H. N.).

1850. G. F. *Gimmerinne*, par Koheil-Hamdani, ar., et Viola, an.

1851. G. F. *Girfah*, par Antar, ar., et Philomèle, an.

1840. Al. F. *Gourbette* (H. N.), par Abou-Arkoub, ar., et Zillah, an.-ar. (H. N.).

1850. B. F. GRAZIELLA (H. N.), par EYLAU, an.-ar., et Clématite, an. (H. N.).

1849. B. F. *Graziella*, par Hussein, ar., et Fringante, an.

1850. Bb. F. Guêpe, par Worthless, an., et Fauvette, an.-ar.

1846. B. F. *Gulnare*, par Agib, ar., et Miss Schneitz Hœffer, an.

1850. B. M. *Hearty*, par Agib, ar., et Steam, an.

1848. B. F. Heiress, par Mentor, an.-ar., et Clematis, an.-ar. (H. N.).

1849. B. F. *Helma*, par Agib, ar., et Edgworth-Bess, an.

1841. Al. F. Hera (H. N.), par Massoud, et Luna, an. (H. N.).

1826. B. F. Hoema (H. N.), par Hœmus, an., et Delphine, an.-ar. (H. N.).

1850. Al. F. Horeb, par El-Ared ou Ibrahim I, ar., et Mignonne, an.-ar. (H. N.).

1842. B. F. Idalia (H. N.), par Napoléon, an., et Bérénice, an.-ar. (H. N.).

1844. B. F. Iéna, par Eylau, an.-ar., et Niobé, an.-ar. (H. N.).

1850. G. M. *Iman*, par Ibrahim II, ar., et Alice, an.-ar.

1847. B. M. *Isly*, par Frivole, an.-ar., et Fée, ar. (H. N.).

1845. B. F. Isma, par Emilie, an.-ar., et Paméla Bis, an. (H. N.).

1848. Al. M. Ismael, par Titus, an.-ar., et Eucharis, an.

1850. Al. M. Iter Emilius, par Fitz Emilius, an., et Hera, an.-ar. (H. N.).

1850. G. F. *Iveline*, par Carthago, an.-ar., et Cocotte, an.

1843. B. F. Jan Rose (H. N.), par Mesrur, ar., et Bresilia, an.-ar. (H. N.).

1844. Al. F. Kalmia (H. N.), par Mezaroum, ar., et Bresilia, an.-ar. (H. N.).

1835. G. F. *Kasba*, par Deucalion, an., et Girfah, an.-ar.

1848. B. M. *Kerim*, par M. d'Écoville, an., et Garba, ar. (H. N.).

III.                                        11

1844. Al. F. KETMIE, par MEZAROUM, ar., et Gourbette, an.-ar. (H. N.).

1844. Al. F. KY (H. N.), par MASSOUD, ar., et Didon, an.-ar.

1845. B. F. LACHESIS (H. N.), par Koheil-Obayan-Sede-rei, ar., et DELPHINE, an.-ar. (H. N.).

1842. B. F. LAVINIE, par EYLAU, an.-ar., et Chesnut Filly, an.

1858. B. F. LÉDA, par Y. Reveller, an., et GALATÉE, an.-ar. (H. N.).

1842. B. F. LÉGÈRE, par Don Juan, an., et Geada Mi-nor, ar.

1844. Bb. F. LÉGÈRE, par Y. Emilius, an., et BICHE, an.-ar.

1848. B. F. *Légère*, par Tachiani, ar., et Aquila, an.

1845. B. F. LENTITTE (H. N.), par Numide, ar., et FOL-LETTE, an.-ar.

1848. B. M. LEO, par Royal-Oak, an., et ZICKA, an.-ar.

1850. B. F. LESBIE (H. N.), par EYLAU, an.-ar., et Lady Fashion, an.

1845. B. F. LILIA, par Harlequin, an., et LILLY, an.-ar. (H. N.).

1850. B. F. LILLY (H. N.), par Mustachio, an., et GALA-TÉE, an.-ar. (H. N.).

1847. Al. F. LUNETTE, par Minster, an., et HERA, an.-ar. (H. N.).

1848. B. F. LUTZEN, par EYLAU, an.-ar., et Isabella, an.

1849. B. M. MAHI-EDDIN, par KOHEL, an.-ar., et Garba, ar. (H. N.).

1848. B. M. *Mardain*, par Slane, an., et Misère, an.-ar.

1846. B. F. MARIE DE BRABANT (H. N.), par Koheil-Obayan-Sederei, ar., et FOLLETTE, an.-ar. (H. N.).

1850. G. M. *Mars*, par Hamdani Blanc, ar., et Quiz, an.

1850. G. F. MASCATE, par Ibrahim II, ar., et DAHRA, an.-ar.

1847. G. F. *Maza,* par Frivole, an.-ar., et Meleha, ar. (H. N.).

1847. B. M. MAZULINE, par Royal-Oak, an., et ZICKA, an.-ar.

1846. B. F. *Medeah,* par Chatterton, an., et Aouda, ar.

1844. Al. F. MÉDINE, par Frigian, ar., et MIGNONNE, an.-ar. (H. N.).

1859. B. F. *Y Meleha,* par Tartare, an., et Meleha, ar. (H. N.).

1840. B. F. *Melina,* par Frigian, ar., et Massoudé, an.-ar. (H. N.).

1850. B. M. *Michel Morin,* par Morok, an., et Nina, an.-ar.

1855. G. F. MIGNONNE (H. N.), par MASSOUD, ar., et Cloris, an.-ar. (H. N.).

1848. Al. F. *Mirza,* par Turkman, ar., et Gourbette, an.-ar. (H. N.).

1859. B. F. MISÈRE, par Dangerous, an., et GALATÉE, an.-ar. (H. N.).

1841. B. F. MISS ENNLY (H. N.), par Pickpoket, an., et DULCINÉE, an.-ar. (H. N.).

1844. Bb. F. MISS EYLAU, an.-ar., et Pamela, an. (H. N.).

1846. Al. F. MISS PAIL, par Paillasse, an., et MISÈRE, an.-ar.

1849. B. F. MORESSA, par Prince Caradoc, an., et BICHE, an.-ar.

1849. Bb. F. MOUCHE, par Nautilus ou Worthless, an., et FAUVETTE, an.-ar.

1850. B. F. N......., par Eremos, an.-ar., et BICHE, an.-ar.

1847. G. F. NAÏADE (H. N.), par Hussein, ar., et DANAÉ, an.-ar. (H. N.).

1847. Al. F. *Nanine* (H. N.), par Saoud, ar., et Isabelle, an.-ar. (H. N.).

1844. B. F. *Nathalie*, par Frigian, ar., et Massoudé, an.-ar. (H. N.).

1847. Al. F. NAUSICAA (H. N.), par Hussein, ar., et HÉLÉIS, an.-ar.

1850. B. M. *Nedjdi*, par Nedjdi, ar., et Urania, an. (H. N.).

1847. G. F. NEVA (H. N.), par Hussein, ar., et FORTIFICATION, an.-ar.

1844. G. F. *Nina*, par Chaban, ar., et Ninette, an. (H N.).

1847. B. F. NINIVE (H. N.), par Hussein, ar., et LÆTITIA, an.-ar.

1853. B. F. OAK-FLEET, par Oak-Stick, an., et NIOBÉ, an.-ar. (H. N.).

1847. Al. F. *Ombrelle*, par Polidas, ar., et Parasol, an.

1848. Al. F. OSSIANA (H. N.), par Hussein, ar., et DINARZADE, an.-ar.

1850. Al. M. *Y. Pagan*, par Pagan, an., et Terpsichore, an.-ar.

1848. B. F. PALMYRE, par Mameluke ou Y. Whisker, an., et FAVORITE, ar. (H. N.).

1850. B. M. *Pantin*, par Koheil-Hamdani, ar., et Juliette, an. (H. N.).

1847. B. M. *Papillon*, par Abou-Arkoüb, ar., et Premia, an.

1849. B. M. PASSE-PARTOUT, par EYLAU, an.-ar., et Doris, an. (H. N.).

1841. B. F. *Pastourelle*, par Premium, an., et Kasba, an.-ar.

1850. B. F. *Pauline*, par Brocardo, an., et Flicca, an.-ar. (H. N.).

1849. B. F. PERCE-NEIGE (H. N.), par Hadjar, ar., et DINARZADE, an.-ar.

1849. B. F. PETRA, par Ibrahim, ar., et MÉDINE, an.-ar.

1829. Al. F. *Pomponia*, par Doge of Venice, an., et Egilfé, ar. (H. N.).

1850. B. F. Quenouille (H. N.), par Hussein, ar., et Dulcinée, an.-ar.

1850. G. F. Quêteuse (H. N.), par Hussein, ar., et Lasciva, an.-ar.

1850. B. F. Quinine, par Brocardo, an., et Eurydice, an.-ar. (H. N.).

1843. B. F. Rachel, par Eylau, an.-ar., et Lady, an.

1842. Bb. F. Rachel, par Sylvio, an. et Zicka, an.-ar.

1850. G. M. *Ramadan*, par Hamdani Blanc, ar., et Cassandra, an.

1844. Al. F. *Rebecca*, par Koheil-Hamdani-Arbi, ar., et Emeraude, an.

1843. B. F. Richette, par Eylau, an.-ar., et Kasba, an.-ar.

1843. B. F. Rigolette, par Quine, an.-ar., et Ninette, an.

1844. Al. F. *Rigolette*, par Terror, an., et Flicca, an.-ar. (H. N.).

1840. B. F. Rosine, par Mameluke, an., et Galatée, an.-ar. (H. N.).

1849. G. F. *Sahara*, par Hamdani Blanc, ar. et Error, an.

1848. B. M. Scævola, par Beggarman, an., et Deidza, an.-ar.

1846. G. F. Smala, par Frigian, ar., et Mignonne, an.-ar. (H. N.).

1844. B. F. Syfax, par Beggarman, an., et Biche, an.-ar.

1848. Al. F. *Sylvia*, par Koheil-Hamdani-Arbi, ar., et Pimpérinette, an. (H. N.).

1845. G. F. *Syrienne*, par Karchane, ar., et Emeraude, an.

1846. R. F. *Terpsichore*, par Karchane, ar., et Sylvia, an.

1846. Al. F. Tertia, par Titus, an.-ar., et Miss Flora, an.

1848. B. M. Timur, par Romagnesi, an.-ar., et Bresilia, an.-ar. (H. N.).

1848. B. F. Tivoline, par Tivoli, an.-ar., et Jeannette, an.

1846. B. F. *Tunisienne*, par Karchane, ar., et Olinga, an.

1846. Al. F. *Unique*, par Polidas, ar., et Gaiety, an.

1847. R. F. *Urbaine*, par Karchane, ar., et Ny, an.

1847. G. F. *Urgèle*, par Karchane, ar., et Lovely, an.

1847. R. M. *Usson*, par Karchane, ar., et Felicia, an.

1847. Al. M. *Ut*, par Karchane, ar., et Olinga, an.

1848. G. F. *Vélocité*, par Karchane, ar., et Sylvia, an.

1848. G. F. *Venise*, par Karchane, ar., et Felicia, an.

1848. G. F. *Vesta*, par Karchane, ar., et Olinga, an.

1848. G. F. *Vesta*, par Skirmisher, an., et Zélie, ar.

1846. B. F. VICTORIA, par EMILIO, an.-ar., et Adamantine, an. (H. N.).

1840. B. F. VICTORIA (H. N.), par Napoléon, an., et DELPHINE, an.-ar. (H. N.).

1846. B. F. *Victoria*, par Plower, an., et Betzy, an.-ar.

1848. G. F. *Vieitle*, par Karchane, ar., et Thalie, an. (H. N.)

1848. G. F. *Vigie*, par Karchane, ar., et Lovely, an.

1848. G. M. *Volcan*, par Karchane, ar., et Emeraude, an.

1848. G. M. *Washington*, par Karchane, ar., et Sylphide, an.

1849. B. F. WASP, par Agib, ar., et CLEMATIS, an.-ar. (H. N.).

1848. G. M. *Well-Come*, par Hussein, ar., et Olga, an.

1850. B. M. *Y Worthless*, par Worthless, an., et Pomponia, an.-ar. (H. N.).

1848. G. M. XANTHUS (H. N.), par Saoud, ar., et JACTANCE, an.-ar.

1848. B. M. XAVIER (H. N.), par Koheil-Obayan-Sederei, ar., et FOLLETTE, an.-ar. (H. N.).

1850. B. M. *Y*, par KOHEL, an.-ar., et Tanaïs, an.

1842. G. F. *Zélie*, par Frigian, ar., et Massoudé, an.-ar. (H. N.).

1842. Al. F. *Zélima*, par Mesroor, ar., et Luna, an. (H.N.).

1835. B. F. Zicka, par Napoléon, an., et Galatée, an.-ar. (H. N.).

1832. Al. F. *Zillah*, par Général Mina, an., et Egilfé, an. (H. N.).

1847. B. F. *Zora*, par Karchane, ar., et Frantic, an.

1846. G. F. *Zuléika*, par Dahmani, ar., et Girfah, an.-ar.

1847. G. F. *Zulmé*, par Karchane, ar., et Miss Ann, an.

Rien qu'en songeant aux faibles ressources à l'aide desquelles a été commencé l'établissement de cette famille, rien qu'à examiner attentivement la liste des existences qui la composent à une époque aussi rapprochée de ses commencements, on se prendrait à croire à son utilité et à sa durée.

Dans ce catalogue, 92 noms rappellent Massoud ; c'est d'un bon augure pour l'avenir : une centaine de têtes, au moins, est sortie des haras nationaux. Ce chiffre répond à plus d'un argument contre l'entretien des jumenteries par l'État. Ne rendissent-elles à l'industrie privée que le seul service de la pourvoir, que ce serait déjà un bienfait considérable. Mais que l'on étudie les généalogies, et qu'on dise si les particuliers apportent, dans la reproduction de la famille, des idées arrêtées, un système ? On livre des femelles au mâle sans autre but que d'obtenir des produits quelconques ; on se préoccupe peu de fonder la race, de la fixer sur des bases solides pour en tirer avantage au point de vue de l'amélioration des races secondaires. A Pompadour seulement, cette pensée est l'objet incessant d'efforts et de résultats poursuivis avec persévérance. Les particuliers ne savent encore qu'une chose, unir le sang arabe au sang anglais. Entre leurs mains, cette alliance donne des produits plus ou moins capables, d'une valeur plus ou moins élevée, et d'une défaite assez facile ; elle forme une série d'expériences qui éclairent sur la pratique de ce genre de croisement ; mais elle n'est pas répétée, elle n'est pas continuée de manière à constituer définitivement la race.

Cette tâche reste tout entière au haras de Pompadour, formons des vœux pour que l'administration ne soit pas arrêtée dans cette œuvre capitale ; le temps lui est nécessaire, on ne la jugera sainement que dans l'avenir, lorsque l'intérêt privé qui la combat aujourd'hui aura cessé de peser sur elle.

Il est bien étrange, vraiment, qu'une administration pareille, seule puissante et capable en semblable matière, disons la chose haut et net, soit ainsi mise en état de siége, toujours tenue en échec par quelques amateurs dont toute la science s'arrête aux spéculations de l'hippodrome. Dans cinquante ans, personne ne le voudrait croire; il y a, par conséquent, nécessité à l'établir, ne fût-ce que dans un intérêt historique.

Ailleurs, on ne se bornerait pas à être juste ; on encouragerait de tels efforts, on louerait de tels résultats. En France, il a fallu les développer dans l'ombre, à l'insu de la malveillance, pour les produire sur une certaine échelle et les mettre au jour comme des fruits parfaitement mûrs. Nous verrons bien ce qu'en fera l'intérêt privé de quelques-uns. L'attaque a commencé, attendons-en l'issue; mais terminons en rappelant le fait constaté au rapport du conseil supérieur des haras (session de 1850) :

Les cinquante poulinières d'élite réunies au haras de Pompadour forment la plus belle collection de juments qu'il y ait peut-être en Europe ; elles sont plus spécialement destinées à la production des étalons qui conviennent aux régions du midi de la France.

*P. S.* Au moment où nous corrigeons cette épreuve, le *Moniteur* annonce, pour les 2 et 3 octobre, une vente au haras de Pompadour : elle comprend 66 têtes.

# DE LA PRODUCTION DES CHEVAUX DE TRAIT.

—

## Sommaire.

### I.

Le cheval de gros trait est l'antipode du cheval de pur sang : celui-ci est le prototype de l'espèce, l'autre n'est que l'expression d'un besoin, le résultat de modifications profondes dues à des influences locales et spéciales. De toutes, la plus active, c'est la nécessité d'un moteur puissant, gros, large, membru, ramassé dans ses formes.

Des routes difficiles, accidentées et mal entretenues, les immenses développements du commerce ont donné naissance à la grosse espèce, au cheval de trait, qui a la faculté de tirer de lourds fardeaux.

Les fortes races ne sont pas de très-vieille date; nul n'en sait bien l'origine. On connaît mieux le degré d'importance qu'elles ont acquis des circonstances, pendant les cinquante dernières années. Les anciens auteurs n'en parlent guère, s'ils en parlent, tandis qu'ils s'occupent avec complaisance des races légères et des chevaux de route qui répondaient aux besoins des diverses époques pour lesquelles ils ont écrit. Avant la construction des chemins de fer, les grosses races entraient si bien dans les exigences de ce temps-ci, qu'elles menaçaient d'envahir toutes les contrées de production et d'élève. Elles étaient haut placées alors dans la faveur

et dans l'estime publiques. Si quelques détracteurs les trai-
taient assez mal et les qualifiaient de production dégénérée,
avilie du cheval noble, elles ont eu d'énergiques défenseurs
qui les ont vengées du mépris du petit nombre.

Parmi ceux-ci, Mathieu de Dombasle a été le plus incisif.
Son opinion mérite d'être rapportée. C'est en répondant à
cette question : — *Que doit-on entendre par dégénérescence?* — qu'il l'a exprimée.

« Si l'on veut savoir, a-t-il dit, combien on abuse, tous
les jours, en France, du mot de dégénérescence ou abâtardissement des races , on peut consulter les expressions suivantes , prononcées en 1842 à la chambre des pairs par
l'héritier d'un grand nom. M. le prince de la Moskowa , à
propos d'une loi de roulage , après avoir presque dénié
au limonier de charrette le nom de cheval , parce que sa
conformation diffère totalement de celle du cheval arabe,
ajoute : « C'est ainsi que la population chevaline de la
« France s'est graduellement agrandie , alourdie , abâtardie
« par l'influence des roulages, etc.» Ainsi, à mesure que les
races de chevaux, les plus utiles de toutes, en définitive, se
perfectionnent en s'appropriant davantage aux usages
auxquels les animaux sont destinés , ces races *s'abâtardissent* aux yeux des hommes qui ont concentré toutes leurs
affections sur une espèce particulière de cheval. J'ai présenté, au reste, cette citation de préférence à beaucoup
d'autres écrits où les mêmes opinions sont énoncées, parce
que M. le prince de la Moskowa est président d'une réunion
d'hommes qui s'efforce de se faire appeler *Société pour
l'amélioration des chevaux.* Cela indiquerait assez, si on ne
le savait déjà, comment cette société comprend cette amélioration. Son titre serait tout à fait exact, si l'on y ajoutait un
seul mot : des races de chevaux *de course.*

« Le limonier de charrette , c'est la tête de Méduse de
messieurs du Jockey-Club. Le limonier de charrette..., mais
ils ne sont pas en état de le comprendre , ce valeureux ani-

mal, qui, sans cesse aux prises avec les ébranlements d'une masse de cinq mille kilogrammes, tire dans les montées plus fort que tous les autres, qui supporte seul toute la charge dans les descentes, qui développe chaque jour plus de véritable vigueur que le cheval d'hippodrome, qui succombe sous le poids de la fatigue avant l'âge, mais après avoir rendu au pays plus de service que tous les chevaux de pur sang. »

C'est ainsi qu'en se plaçant à des points extrêmes, partisans et détracteurs se détournent du vrai, se fortifient dans des idées erronées, et arrivent à la négation des choses les plus utiles, du principe le plus constant.

Pour défendre le pur sang et le faire admettre comme le véhicule le plus efficace à l'amélioration des races, est-il donc nécessaire de nier l'utilité des services, de combattre jusqu'à l'existence du cheval de gros trait ? Et pour rendre justice à celui-ci, pour faire valoir aux yeux de tous l'importance que les besoins du moment avaient donnée à son emploi, était-il nécessaire de méconnaître la supériorité incontestable dans l'acte reproducteur, la puissance réelle du sang comme principe d'amélioration ? Il n'y a que l'absolu pour créer de pareilles situations, faire obstacle à la lumière, et retarder la marche, toujours pénible, du progrès.

En l'espèce, les partis se sont nettement dessinés. Chacun s'est cramponné à son dada, qui sur le cheval de pur sang dont on avait fait une panacée universelle, qui sur le cheval de trait dont on avait fait un type supérieur à caractères fixes, homogènes, persévérants, une espèce distincte originaire des bords de la mer du Nord, — et dont le principe se retrouvait entier, à l'état de pureté, dans la race boulonnaise, ou dans le cheval percheron.

Nous n'avons plus rien à dire sur le pur sang. La question n'est certainement pas épuisée ; mais nous lui avons donné assez d'espace pour fixer l'opinion, et à tous égards, en ce qui le concerne.

Voyons maintenant le gros cheval, le cheval de trait.

Et d'abord il ne constitue pas une espèce à part, il n'a pas une autre origine que celle du cheval arabe; mais, pas plus que les races intermédiaires, il n'est sorti tel quel des mains de la nature. Loin du foyer de l'espèce, du climat de prédilection qui lui avait été primitivement assigné, le cheval a subi des influences nouvelles, très-différentes de celles de la terre natale, et son organisation en a été modifiée au point de le changer de fond en comble, de le transformer, de le métamorphoser extérieurement et physiologiquement.

C'est dans les modifications les plus intimes de l'organisme, dans leur vitalité propre qu'il faut particulièrement rechercher les différences physiologiques profondes qui séparent les grosses races, celles que l'on nomme les races communes, du cheval père, du cheval de pur sang, à quelque famille qu'il appartienne.

Nous avons déjà fait connaître ces différences (1); un mot heureux les résume : le cheval de pur sang, c'est le madrier en cœur de chêne; le cheval de race commune, une poutre de bois blanc. Le premier résiste aux mauvaises influences en raison de sa densité, de sa vitalité; on comprend qu'il les conserve et les transmette. L'autre cède, au contraire, parce qu'il manque d'énergie, de puissance vitale, parce que, affaibli dans le principe même qui constitue l'espèce, dans la force qui a créé cette dernière, il offre prise, par tous les pores, aux agents extérieurs, à toutes les causes de dissolution qui pèsent sur la machine vivante. On peut s'expliquer maintenant pourquoi il ne reste pas lui-même dans les différentes migrations qu'on lui impose, pourquoi il ne répète pas ses formes, ses caractères, toute son aptitude, pourquoi il n'est plus boulonnais dans le

_____

(1) *Études hippologiques*, t. Ier, p. 19 et suivantes.

Perche, percheron en Franche-Comté, breton en Poitou, dans le midi, que sais-je ! tandis que le cheval de pur sang, *race universelle*, comme l'appelait Mathieu de Dombasle, se reproduit partout le même quand les mêmes soins le suivent et l'entourent là où on le transporte. Non, le cheval de trait n'est pas un type dans toute l'acception du mot. C'est simplement un résultat correspondant à des besoins spéciaux, facilement obtenu en des contrées humides, sur de grosses terres qui produisent de grosses nourritures, lesquelles, à leur tour, donnent, suivant l'expression de Toinette dans le Malade imaginaire, de bons gros chevaux, de bons gros bœufs, de bons gros porcs. C'est un animal créé par la main de l'homme pour des exigences temporaires, et dont la forme, le volume, la taille ont été successivement élargis, grossis, accrus suivant le temps et les besoins. M. Ch. de Sourdeval, analysant la première livraison de l'*Atlas statistique de la production des chevaux en France*, a parfaitement caractérisé ce fait. « La race boulonnaise, dit-il, autrefois renommée pour les destriers de la chevalerie, a, depuis le commencement de ce siècle, indéfiniment grossi ses individus, pour leur assurer le premier rang, non pas dans les tournois, dans les joutes armées ou courtoises, ni sur les hippodromes, mais au timon des plus lourdes voitures de roulage. Cette race, depuis qu'elle a quitté sa bonne et simple nature primitive, a suivi à peu près les chances de la grenouille de la fable, « qui s'étend et s'enfle, et se travaille, « disant : Regardez bien, ma sœur, est-ce assez ? Dites-moi, « n'y suis-je point encore ? m'y voilà ! » Elle avait, en effet, sensiblement dépassé la grosseur du bœuf, lorsque l'établissement des chemins de fer est venu révéler que les proportions d'éléphant n'étaient qu'influence vaine, que, maintenant, les plus lourds fardeaux s'envolant avec la rapidité de l'hirondelle, plus n'est besoin de ces gros et pesants leviers pour les mouvoir à pas de tortue. Il y a donc nécessité, pour la race boulonnaise, de défaire tout son ouvrage d'un demi-siècle, et de revenir aux nobles proportions du destrier, qui sont certaines d'être accueillies par l'armée et par les attelages de luxe. C'est la révolution qui évidemment se prépare. »

Pas plus que le boulonnais le cheval percheron n'est un type, parce qu'il n'a pas plus que lui *la faculté de se reproduire d'une manière constante* en dehors des influences locales et des circonstances particulières qui le donnent et le façonnent. Le propre du type, c'est un principe supérieur qui va des ascendants aux descendants, qui se transmet sans perte, sans défaillance quand on en surveille la transmission, qui passe en partie, seulement, à des doses calculées, fortes ou faibles, au gré de l'éducateur, lorsque son immixtion entre dans les vues de ce dernier, qui peut se concentrer enfin, ou s'étendre à volonté, suivant les combinaisons variées dont on attend une utilité déterminée.

La nature du cheval de trait est bien autre ; elle ne se prête, à vrai dire, à aucun genre d'améliorations, et elle annihile celles qui viennent du sang. Toute tentative faite pour améliorer une race quelconque par le cheval boulonnais ou le cheval percheron n'a abouti qu'à un complet insuccès. Les essais de transportation de la race, en vue de la reproduire sans mélange sur des points divers, n'ont pas été plus heureux. Dès la première génération, le percheron et le boulonnais disparaissent ; il ne reste plus qu'un cheval de trait à caractères vagues et vulgaires. Les races de trait forment castes, familles à part, très-différentes des races nobles, mais elles ne s'élèvent pas à la hauteur du type. Ce sont des races locales qui perdent la faculté de reproduire leurs qualités propres, leurs caractères spéciaux dès qu'elles sont extraites du point où elles se sont établies, dès qu'elles ne sont point exclusivement soumises aux influences particulières auxquelles elles doivent leur développement et le cachet qui les localise si bien.

M. Guinet aîné, vétérinaire et marchand de chevaux à

Lyon, qui semble s'être livré tout spécialement à l'étude de la reproduction des chevaux de race commune, a déposé, dans un article très-court accueilli par le *Journal de médecine vétérinaire*, tome V, p. 68, des idées appuyées sur l'expérience et qui confirment à tous égards les nôtres.

« Le percheron, dit M. Guinet, représente le principe unique du développement de la matière, c'est-à-dire des tissus solides, musculaires et osseux.....

« Si le croisement de l'étalon du Perche avec des juments étrangères à sa race avait produit quelque part une sous-race qui transmît ses caractères généraux, sauf les variantes inséparables du mélange du sang, nous nous prononcerions peut-être en sa faveur pour le propager ; mais dans quelle contrée, autre que l'ancienne province qui lui a donné son nom, trouve-t-on des types *sui generis* dignes de sa renommée et capables de se perpétuer? Nous laissons à ses partisans puritains le soin de nous renseigner et de nous convaincre. Ces types n'existent qu'au berceau de la race; ils ne s'y maintiennent que par la constance des influences de la localité, d'alimentation, d'hygiène, etc. Dès qu'on les exporte, leur nature se débilite, et le germe héréditaire s'affaiblit; leur tempérament se modifie par la prédominance du système lymphatique, parce qu'il lui manque l'énergie vivifiante du sang, du sang noble, en un mot du *pur sang* qui résiste aux causes de dégénération. Alors ce type devient incapable de modifier les errements d'une race abâtardie; il est évident qu'il reproduit toujours la matière animale vivante plus ou moins imparfaite, parce que l'auteur de toutes choses veut que l'œuvre de sa création se perpétue; mais le principe rénovateur qui active la vie et la transmet hiérarchiquement aux descendants s'est presque éteint, dans la race percheronne, par l'absence du sang primitif, qui seul imprime aux organes leurs caractères de perfection et leur puissance d'action. »

Nous avons donc pu écrire avec fondement dans notre

*Atlas statistique* : le cheval percheron n'est point une race pure. En effet, sa renommée n'est pas ancienne; aucun auteur ne l'a décrit, cité même avant ce siècle. Un cultivateur du Perche, M. Desvaux-Lousier, éducateur habile et grand partisan du cheval percheron, déclare que les soins donnés à cette race datent seulement du décret de 1806 portant fondation du dépôt d'étalons de Blois : il la regarde comme l'expression d'un besoin; il la dit faite par la main de l'homme, non par le sol ou le climat, dont elle est tellement indépendante, ajoute-t-il, qu'avec *un terrain clos et du son il pourrait s'engager à faire le cheval percheron partout, même en plein Limousin.*

La race percheronne, on le voit, est de récente formation. C'est littéralement un produit artificiel ou factice, et non point un type susceptible de se reproduire ailleurs avec ses formes et les traits distinctifs de sa race, avec son aptitude et tous ses mérites.

Le cheval franc-comtois, que M. le duc de Guiche a placé côte à côte du boulonnais, n'a, dans son passé physiologique, rien qui justifie cette distinction ; nous n'avons pas à nous y arrêter en ce moment.

La race de trait bretonne est probablement, de nos grosses races, celle qui offre le plus de résistance au croisement; mais son existence n'est pas très-ancienne non plus, et l'on ne retrouve pas davantage en elle le caractère de permanence qui permettrait de la reproduire sur d'autres points. L'expérience est faite depuis longtemps et se renouvelle encore chaque année.

Le gros cheval poitevin est dans le même cas ; on ne l'a jamais recommandé comme race propre au croisement.

M. le duc de Guiche se trompait donc lorsqu'il élevait le *cheval lourd* ou de *gros trait* au niveau du type qui régénère, lorsqu'il conseillait de fonder trois haras destinés à reproduire LA RACE PURE DE GROS TRAIT et à peupler ensuite des dépôts d'étalons à affecter au service des poulinières chargées du renouvellement annuel de cette partie de notre population chevaline. On aurait sans doute régularisé la conformation et perfectionné les qualités du cheval de gros trait dans les trois établissements ouverts à son amélioration; mais on n'aurait pas donné à sa race le principe supérieur, indépendant de la forme, qui constitue le type.

C'est par ce principe, tout intérieur, que le cheval de pur sang existe, se révèle, se montre toujours le même, en dépit des modifications que la main de l'homme impose à l'enveloppe, à l'individu.

Chez notre cheval de trait, cette force de cohésion, cette puissance ont été détruites. Les influences extérieures ont toute prise sur une nature facile, molle, peu résistante; elles exercent une action très-marquée, pèsent sur la machine entière et font dominer la matière. De là vient que le cheval de trait produit, façonné ici ou là, cède si aisément à une action nouvelle, reste fatalement soumis à toutes les influences du monde physique et n'oppose aucune puissance à celles qui tendent à le dissoudre; il est le jouet des éléments, il ne résiste pas.

La force du cheval de trait, toute extérieure, appartient à l'ordre physique, c'est une puissance matérielle; la force du cheval de pur sang, toute de concentration, appartient à l'ordre moral, c'est un principe supérieur, c'est la force inhérente à l'espèce même.

## II.

La reproduction du cheval de trait a été le triomphe d'une partie de l'agriculture française; elle a trouvé de nombreux apologistes parmi les agronomes qui en ont fait une gloire nationale. Mais qu'est-ce que la gloire? un peu de fumée, n'est-ce pas? Le sort réservé au cheval de trait n'est pas de nature à rectifier ce dicton philosophique.

Le cheval de trait ne pouvait être, n'aura été qu'une tran-

III.                                                          12

sition. Les hippologues l'avaient parfaitement compris. Ils n'ont jamais conseillé d'abandonner la culture du cheval de sang pour la multiplication et l'extension des races communes ; ils ont souvent gourmandé l'État, au contraire, pour la part d'intérêt direct ou indirect qu'il a, de tout temps, accordée à ces races.

Copions entre mille, au hasard, une page qui appuie cette assertion. Voici ce qu'on lit, en effet, dans le tome I<sup>er</sup> du *Journal des haras*. La publication remonte à 1828. On y pressentait des besoins nouveaux, c'était chose facile ; mais combien peu alors songeaient à l'avenir et préparaient les voies dans le sens des améliorations qu'il faut se hâter de réaliser aujourd'hui !

« Jetons nos regards sur les autres contrées de l'Europe, écrivait de Besançon un M. de W..., et nous verrons que les races légères dominent chez toutes : que nulle part, ou à peu d'exceptions près, on ne trouve aucune espèce de chevaux de trait dénuée de légèreté. Devons-nous donc faire toujours exception et croire pendant longtemps encore que la bonté d'un cheval de trait est en raison de la masse qu'il présente? Notre sol produit, en général, les substances les plus nutritives ; les qualités supérieures de ces substances poussent à la force et au développement des membres : ne serait-il pas naturel de chercher à corriger ces dispositions à l'épaisseur par un peu de légèreté, et de cesser enfin de nous consumer en efforts pour créer les animaux le plus pesants possible? Qu'avons-nous gagné, d'ailleurs, par ce surcroît de force ou de masse? A-t-il contribué à l'amélioration de notre agriculture? Notre industrie, notre commerce lui doivent-ils quelque chose? Offre-t-il enfin à nos communications intérieures et à notre négoce d'exportation des avantages tels qu'il puisse légitimer la prédilection et la sollicitude dont il est l'objet?

« Grâce à cet amour pour ce qui est colossal, presque toutes nos voitures de roulage sont si massives et si lourdes, qu'elles exigent pour leur confection le double des matériaux que l'on emploie pour une voiture de la même dimension soit en Allemagne, soit en Angleterre, soit aux États-Unis, et qu'elles dégradent nos routes au point que le gouvernement ne sait plus comment les entretenir et les réparer. Chevaux, harnais, voitures, tout chez nous est parfaitement en rapport, tout nous rappelle le moyen âge et ses grossières imperfections.

« Il suffit d'envisager l'ensemble que présente cet état de choses pour sentir l'urgence d'un changement total, d'un système mieux combiné et mieux coordonné dans toutes ses parties. Jamais peut-être le moment ne fut plus opportun et plus propice. La France se canalise; on établit aussi des chemins de fer, et l'on s'occupe de toutes parts à étendre les moyens de communication. Bien plus, il paraît, par des expériences qui ont eu lieu à la ferme modèle de Roville, que l'on peut singulièrement économiser le nombre des animaux de travail, puisque là on est parvenu, à l'aide de meilleures méthodes, de perfectionnements dans la fabrication des outils aratoires, et en renonçant aux grandes et pesantes voitures, à faire avec cinq chevaux et neuf bœufs, soit quatorze têtes, ce qu'on n'obtenait auparavant que de l'entretien et des efforts soutenus de trente à trente-cinq bêtes de trait.

« Rien donc ne peut justifier l'attention exclusive dont les chevaux de force colossale, ou plutôt de grosse race, ont été jusqu'ici l'objet; tout démontre, au contraire, l'impérieuse nécessité d'adopter, comme en Angleterre et dans les autres contrées d'élève, un type unique et supérieur dont les modifications serviraient ensuite à satisfaire à tous les besoins d'une consommation variée. »

Ceci est une autre face de la question; nous l'examinerons plus loin dans un chapitre spécial. Cette citation n'avait qu'un but, la constatation de ce fait que les races de gros trait, même au temps de leur plus général emploi, de leur utilité la mieux démontrée et de leur situation la plus prospère, n'ont pu être considérées par les économistes et les hommes de cheval que comme un moyen transitoire de suppléer, pendant quelques années, à l'insuffisance de nos voies de communication. Nées d'exigences à satisfaire, elles ont admirablement rempli leur destination ; insuffisantes à leur tour, elles doivent bientôt se modifier et se fondre dans des variétés intermédiaires dont l'existence est devenue, de nos jours, un besoin très-pressant.

### III.

Il ne faut pas croire néanmoins que le cheval de trait corpulent doive complétement disparaître. Quoi qu'il arrive, certains services le réclameront toujours. Sa production sera moins étendue, beaucoup moins nombreuse qu'elle ne l'est aujourd'hui, bien qu'elle ait déjà notablement perdu ; elle n'en aura pas moins assez d'importance encore pour mériter l'attention du pays.

Les règles de cette production ont été bien posées en général ; elles se réduisent à celles d'une sélection éclairée, du choix judicieux des reproducteurs dans la race même, à la condition, pourtant, d'éviter les alliances *en proche parenté*. Ici, en effet, la consanguinité renouvelée agirait dans le sens des inconvénients qu'elle présente. Le facteur de la race résidant presque exclusivement dans les influences locales et non dans la force inhérente à la race même, il n'y a point à compter sur une puissance qui n'existe pas. La nature et l'abondance des aliments, les habitudes de travail, les circonstances climatériques, telles sont les sources vives et actives, les conditions essentielles de la production des grosses races ; l'hérédité ne vient, ici, qu'en seconde ligne. Les autres influences la dominent et l'oppriment, parce qu'elle n'est plus qu'un pouvoir affaibli. Elle ne lutte pas, elle ne contrarie pas l'action des causes extérieures ; livrée sans beaucoup de résistance aux agents physiques, la matière animale en subit bien plus aisément et plus profondément les lois.

Dans la reproduction du gros cheval, l'attention doit donc particulièrement se fixer sur la forme. Le but à poursuivre, le résultat à obtenir, c'est une conformation propre au trait, l'aptitude à tirer les plus lourds fardeaux. Nous sommes loin de la question du sang; elle n'a plus rien à faire ici. C'est pour cela que les races de trait, si faciles à former dans les localités favorables à leur développement, ne se répètent pas et perdent leurs traits caractéristiques partout où on les transporte en vue de les reproduire.

Dans toutes les contrées montagneuses du centre, dans tout le midi de la France, on parviendra certainement à planter le même cheval, à fondre les anciennes races, si distinctes, en une seule famille de chevaux forts et légers, parce que le principe de leur procréation sera le même et se renouvellera partout le même, en dépit de la variété des circonstances locales. Il combat celles-ci, les affaiblit à chaque génération et les dominera bientôt, car la force est de son côté.

Et de même dans les autres parties de la France où le développement corporel sera toutefois plus considérable, en raison des nourritures plus substantielles dont l'animal vivra.

Mais il n'en sera point ainsi du gros cheval. On peut le transporter, comme par le passé, sur les points les plus divers, nulle part il ne se répétera, nulle part il ne s'améliorera, nulle part il ne ressemblera à lui-même. Élément nouveau dans la production de la race locale, il jettera de la perturbation dans la conformation de cette dernière, sans l'améliorer ni sous le rapport des formes, ni sous le rapport des qualités. Il faut donc le produire pour lui, dans l'intérêt des services qui le réclament, en chacune des localités où il y a avantage à le faire, boulonnais dans la Somme, breton en Bretagne, mulassier en Poitou, franc-comtois en Franche-Comté.

En dehors de ce fait, il n'y a plus de pratique utile.

Le croisement du cheval de trait par un autre cheval de trait, en d'autres termes le mélange de deux races de trait n'a produit encore aucun résultat dont on ait eu à se louer, qu'on ait eu intérêt à renouveler.

Le transport simultané d'étalons et de poulinières d'une race de trait, sur un point également favorable à la culture du cheval de cet ordre, n'a pas réussi davantage à reproduire la race importée hors de la localité qui lui est propre.

La production du cheval de trait n'en reste pas moins soumise à des règles certaines qu'il ne faut point enfreindre dans le rapprochement des sexes ; d'elles, en effet, dépendent l'utilité et la valeur de chacune des races de trait qui peuvent être édifiées ou améliorées dans différentes régions de la France.

Ces règles sont, pour ainsi dire, toutes corporelles ; elles nécessitent des études moins approfondies et sont plus à la portée des éleveurs ordinaires du gros cheval. Toutefois la connaissance des formes extérieures sur lesquelles s'appuie particulièrement la bonne pratique des accouplements, le choix raisonné des reproducteurs n'est point assez répandue ; elle a besoin d'être vulgarisée. Nous en résumerons ici les points les plus saillants ; d'autres pourront les répéter et les faire pénétrer dans les masses qu'elles intéressent au premier chef.

Rappelons cette vérité que les formes apparentes ne sont que l'indice de la structure interne. Ce que nous dirons de la conformation extérieure sera toujours basé sur la connaissance de la structure et des usages des organes cachés.

Chez le mâle et chez la femelle, il faut rechercher les grandes dimensions de la poitrine ; mais la capacité de celle-ci dépend de sa forme beaucoup plus que de son étendue en circonférence. Mesurant cette partie sur deux individus et admettant que le contour soit égal, il peut arriver néanmoins que les organes intérieurs aient plus d'espace, de développement et de puissance chez l'un des deux. Ce fait est d'une facile démonstration. En effet, un cercle contient plus qu'une ellipse d'égale circonférence. A mesure donc que l'ellipse dévie du cercle, elle contient moins. Il en résulte qu'une poitrine profonde n'est spacieuse et n'offre une grande capacité qu'en raison de sa largeur proportionnelle.

Les poumons, chez le cheval de trait, ne sont pas des organes moins importants que chez le cheval de sang. De leur volume et de leur état sain, de la complète liberté que trouve leur action, de l'étendue de leur fonctionnement dépendent principalement la vigueur, la résistance au travail et la santé de l'animal. Le pouvoir de s'assimiler la nourriture, l'avantage de consommer avec profit les aliments, d'en extraire les matériaux de développement et de réparation d'où sortent les races utiles et fortes, sont en proportion des dimensions, de la capacité de ces organes. Il en résulte que les animaux les mieux conformés et le mieux doués sont encore ceux dont le travail est le plus abondant et le plus durable, ceux dont l'élève et l'entretien coûtent le moins. Les races mal conformées, surtout parmi celles qui ont beaucoup de volume et de masse, sont, à proprement parler, *prodigues*; elles ne travaillent pas en proportion de ce qu'elles consomment, elles sont chères à produire et à entretenir.

Pour peu qu'on y réfléchisse, on verra que les grandes dimensions de la poitrine ne peuvent pas exister, chez le cheval de trait, sans que le poitrail se montre très-ouvert, les épaules fortes, épaisses et charnues, le garrot bas et noyé, l'encolure volumineuse et chargée; au bout de celle-ci, on ne peut guère trouver qu'une tête un peu lourde. Est-ce que ces caractères ne distinguent pas essentiellement le cheval de trait, le moteur puissant par sa masse?

Que faut-il pour compléter l'animal? Une croupe étoffée, large, double.

Cette région est à l'arrière-main ce que la poitrine est aux parties antérieures du corps. La forme et les proportions de la croupe font connaître la capacité de la cavité pelvienne qui renferme des organes importants et qui, chez la femelle, est destinée à contenir le produit de la fécondation pendant toute la durée de la vie utérine. Les grandes dimensions de la cavité pelvienne résultent surtout de la largeur des hanches et de l'espacement des cuisses; elles n'existeraient pas sans le volume proportionnel des couches musculaires qui recouvrent les os de la région. Eh bien, le développement considérable des parties charnues, c'est l'action et la force. Dans le cheval de sang, l'énergie morale supplée au volume; ici, c'est la masse qui produit l'effet utile. Il faut donc rechercher et tendre à obtenir beaucoup d'ampleur dans la région de la croupe dont les fortes proportions entraînent nécessairement les puissantes dimensions des membres postérieurs.

Simplifiée à ce point, la production du gros cheval est facile, et son amélioration est assurée partout où le sol est gras, lourd et compacte, sur tous les points du territoire où les fourrages participent des propriétés, car là le climat est plus humide que sec, et la localité plus couverte que nue. Ces diverses conditions sont particulièrement favorables à la culture du bon cheval de trait.

Ici donc, les principes disparaissent. La pratique se borne à constater un fait tout matériel. Elle est sûre de bien faire en repoussant des reproducteurs à poitrine étroite et peu étendue, aux hanches serrées et à la croupe peu fournie; elle est certaine du succès en portant ses choix sur des animaux amples dans ces parties. Elle n'a point à s'inquiéter du reste : le climat, le sol, la nourriture sont les facteurs généreux du gros cheval; la taille et le volume qui lui sont propres sortent naturellement de leur action sur l'économie animale dans les conditions que nous venons d'indiquer.

La production du cheval de trait est si facile alors qu'on s'étonne à bon droit de rencontrer, dans la population qu'il forme, un nombre aussi considérable de sujets défectueux ou mal venants. Ce résultat vient surtout de ce que l'on emploie à la propagation des étalons d'un mauvais choix des sujets indignes de ce nom. Leurs imperfections neutralisent les bonnes influences, et la race descend ou reste au-dessous d'elle-même par l'incurie de ceux qui la renouvellent. Dans les localités où les forces productives du sol développent peu, rapetissent ou amincissent le cheval, le défaut de nourriture est pour beaucoup dans les non-réussites et les mécomptes ; mais, ici, cette cause d'insuccès n'est pas connue. Il est très-remarquable, au contraire, que les races de trait produites par de grosses nourritures et des aliments riches en substances sont généralement encore très-abondamment affouragées. L'emploi de reproducteurs mal conformés est donc la source unique des imperfections qui ôtent à la masse des produits leurs qualités et leur valeur. Il serait difficile, en effet, que des vices ou des défauts semblables se rencontrant des deux parts dans l'alliance du mâle et de la femelle, il n'y eût pas empêchement vers le progrès ou dégradation plus marquée. Les qualités nutritives et la quantité des aliments combattent jusqu'à un certain point ces fâcheuses tendances, ces suites nécessaires d'accouplements irréfléchis ; mais la loi d'hérédité, si affaiblie qu'elle soit, ne perd pas tous ses droits et retient la race au pied de l'échelle alors qu'elle serait très-facilement portée sur des rayons plus élevés.

Dans les races supérieures, c'est l'influence du sang, le principe même de la conservation de l'espèce qui lutte avec avantage contre les causes d'altération et d'affaiblissement. Dans les races de trait, l'origine est, au contraire, la source des imperfections et des vices que combattent sans relâche les influences naturelles du climat, du sol et de l'alimentation.

Cette distinction est féconde pour la pratique ; elle explique toutes les difficultés dont se trouve entourée la production des races qui ont besoin d'être relevées ou améliorées par le sang, les facilités que rencontre l'éleveur dans la bonne production du gros cheval. Cette dernière n'exige en quelque sorte que l'élimination des animaux défectueux et dégradés. Lorsqu'on repousse ces derniers, il faut admettre, au contraire, les individus consimilaires les plus parfaits et renouveler les générations sans se départir de cette règle. Alors chaque race locale s'affermit et acquiert, sous la double influence des circonstances spéciales qui l'enveloppent et des forces relevées de l'hérédité, les formes les plus régulières et l'aptitude la plus développée.

En fixant l'attention de l'éleveur sur le moule dont il dispose, sur le modèle qu'il peut s'efforcer d'obtenir pour réaliser une utilité plus grande, on lui dit qu'il ne doit pas s'en rapporter exclusivement au hasard, ou opérer seulement d'après des vues bizarres ou capricieuses ; on lui donne à réfléchir sur le but à atteindre ; on lui propose en termes fort simples la solution d'un problème auquel il ne s'arrête guère en général ; on l'amène à étudier et à apprendre ; on le conduit par une voie facile et droite à raisonner, à comprendre, à faire intelligemment ce que, jusque-là, il avait pratiqué routinièrement et machinalement, par habitude, sans y changer ou y regarder.

Voilà pour la forme. Quant à présent, c'en est assez pour la production du gros cheval. Bientôt viendra la question de fond. L'enfant bégaye avant de parler avec facilité ; toute chose a ses commencements, toute langue a son alphabet. Quand le cultivateur saura convenablement appareiller ses poulinières de trait, il ne tardera pas à se familiariser avec toutes les règles qui président à la création et à l'épuration constante des races. Laissons-lui d'abord caresser la forme, car elle le saisit. Plus tard, nous lui dirons qu'il ne doit pas s'en tenir à l'enveloppe, et nous éclairerons pour lui cette lanterne éteinte; il y découvrira tout un nouveau monde.

En fait, la science est loin de la pratique générale. Dans une question de l'ordre qui nous occupe, le cercle est bien étendu. La vérité n'est qu'un point, mais elle est au centre, et il est de son essence même de s'étendre, de rayonner dans tous les sens de manière à en couvrir également toute la surface.

Les hommes de science sont rares partout; en France, comme ailleurs, ils ne forment qu'un groupe peu considérable. La classe des amateurs est plus nombreuse, mais celle-ci est plus théorique que pratique. D'autres arrivent à quelques connaissances incomplètes et toutes superficielles; ils sont très-souvent plus nuisibles qu'utiles à l'avancement des idées et au progrès réel. La masse s'agite, exerce, pratique, mais sans rien savoir, par nécessité, sans la moindre conscience de ce qu'elle fait; c'est un labeur, une opération au jour le jour, sans antécédents et sans calcul. Pourtant c'est à cette dernière qu'est la force, à elle appartient le gros des ressources, la puissance du nombre; c'est elle, en effet, qui possède le plus, qui produit abondamment, qui fait la richesse ou la pauvreté du pays. Il faut compter avec elle.

C'est pour elle que nous avons écrit ce chapitre; à elle s'adresse cette étude sur la production et l'amélioration du cheval de gros trait.

## DE LA PRODUCTION DES RACES DE DEMI-SANG.

—

### Sommaire.

I. Considérations générales. — C'est par voie de métissage que l'on obtient des races de demi-sang. — II. Questions d'hérédité dans la reproduction des races et par les races formées à l'aide de la métisation. — III. Création de la race anglo-normande et de la race bigourdane améliorée. — IV. Métisation par métis en Vendée, en Alsace, en Anjou et dans le midi de la France. — V. Transformation du cheval de trait au moyen du métissage.

### I.

Les races de demi-sang naissent et se développent à la faveur du *métissage*; elles résultent du mélange rationnel, en proportion variable et que l'expérience seule peut déterminer, de deux races distinctes, ordinairement très-éloignées par leurs principaux caractères.

Une race de demi-sang est un groupe de produits intermédiaires, constituant une famille nouvelle dont l'aptitude et les formes, puisées à des sources différentes, n'appartiennent plus ni à l'une ni à l'autre des races employées pour la procréer.

Les éléments un peu hétérogènes qu'on fait concourir à sa formation rencontrent souvent, dans les influences locales, des résistances imprévues et considérables. En ce cas, le point cherché est lent à trouver, le résultat poursuivi fort retardé, le but proposé très-difficilement atteint; beaucoup y renoncent et s'arrêtent à mi-côte, épuisés ou découragés.

C'est, d'ailleurs, une œuvre laborieuse et complexe que

celle de la création d'une race de demi-sang, les travaux d'un seul n'y suffiraient pas ; le grand nombre est nécessaire en raison du temps qu'elle exige et des sacrifices qu'elle nécessite.

La théorie n'en a pas encore été clairement exposée ; il y a ici à dégager une inconnue.

Nous essayerons.

Dans un chapitre intitulé, *De la transmission du sang par l'acte générateur*, nous avons spéculativement établi la démonstration du fait héréditaire, et dressé l'échelle des pertes et des acquisitions du sang dans l'acte de la génération. Il en résulte, quand on accouple un étalon de pur sang, par exemple, et une poulinière d'une race devenue indigène à un point donné, que le produit est qualifié de demi-sang. L'accouplement inverse arrive au même résultat.

Le cheval de trois quarts sang naît de l'étalon de pur sang et de la jument de demi-sang, ou réciproquement.

Le produit de sept huitièmes de sang sort de l'alliance de deux reproducteurs, dont l'un est de pur sang et l'autre de trois quarts sang, etc.

Mais ces qualifications individuelles, nécessaires pour éclairer la pratique, ne peuvent pas néanmoins s'appliquer à une race. Elles désignent un degré de *métissage* plus ou moins avancé, elles n'expriment pas le fait de l'existence même d'une race ; elles ne sont que le mode de production employé pour constituer cette dernière, qui ne saurait être créée aussi rapidement, qui ne saurait acquérir qu'après un nombre plus ou moins considérable de générations le trait propre à son indépendance ; — l'hérédité, — c'est-à-dire la faculté de se reproduire sous l'influence des causes qui lui ont donné naissance, et la force d'être par elle-même.

C'est ainsi qu'une race de demi-sang peut être formée et constituée. A son début, tout est vague et indéterminé ; l'éducateur a ses vues bien arrêtées, mais il ne sait pas quelles difficultés vont surgir, et n'aperçoit le but qu'à travers bien des efforts et bien des années. Les premières générations obtenues n'ont pas de noms : ce sont des *métis* souvent informes, décousus et peu encourageants; c'est le plus ordinairement la confusion et le désordre apportés dans la vie, une manière de ripopée animale qui séduit peu et fait jeter les hauts cris à ceux qui regardent pour mal diré de tout ce qui leur tombe sous la main. Mais viennent d'autres produits, et les choses se modifient et se régularisent. Les liqueurs les plus délicates, les vins les plus exquis ne sont pas toujours parfaitement limpides. Que faut-il à l'eau troublée et bourbeuse pour devenir transparente et pure? du repos et du temps. Laissez au producteur de la race nouvelle le temps d'opérer, en proportions convenables, le mélange des origines, du sang, des formes, des qualités, de la vie tout entière, et vous apercevrez bientôt l'ordre et la régularité là où vous n'aviez vu tout d'abord que matière à regrets et sujet à lamentations.

Il faut bien nous fixer sur la signification des mots pour savoir au juste ce que nous disons. *Métissage* et *croisement* sont des termes que nous avons précédemment définis avec soin. Bien compris, ils peuvent aider à la pratique, on ne prendrait plus le change comme il est arrivé toujours ou à peu près, et l'on s'éviterait, par des critiques intempestives, de nuire au but proposé. Le mode de formation d'une race nouvelle n'a rien de commun avec la pratique du croisement, qui a pour objet l'amélioration ou le perfectionnement d'une race déjà existante. Cette distinction est essentielle, qu'on nous permette d'insister encore sur ce point.

« Le croisement, a dit M. Yvart, consiste dans l'accouplement, pour la génération, d'animaux de races différentes; les produits de ces accouplements reçoivent le nom de métis. Les femelles premières métisses, couvertes par un mâle de la race pure qui leur a donné naissance, donnent des deuxièmes métis, plus rapprochés de la race du père qu'elles ne le sont elles-mêmes ; les femelles deuxièmes métisses

accouplées à leur tour, en persévérant dans le même système, avec un mâle de la race avec laquelle a été commencée
l'opération, produisent des troisièmes métis. En continuant
encore on forme des quatrièmes, des cinquièmes, des
sixièmes métis, et l'on rapproche tellement de la race pure
du père les produits qu'on obtient, qu'on finit par ne plus
pouvoir les en distinguer. Dans le cheval, la dénomination
de cheval de pur sang est fréquemment employée au lieu de
pure race, et celles de demi-sang, de trois quarts de sang
équivalent à celles de premiers et deuxièmes métis (1). »

Par voie de *métissage*, on procède autrement, car ce n'est
pas en opérant ainsi que l'on obtiendrait le produit nouveau, intermédiaire auquel on donne la qualification de
race de demi-sang dès que les caractères cherchés, l'aptitude désirée ont pris dans l'organisation la fixité qui permet
de les reproduire.

La manière d'agir est autre, disons-nous, rendons la proposition plus facilement saisissable.

Supposons un étalon de pur sang $= 1$, marié à une
jument indigène forte et commune $= 0$, nous obtiendrons
un produit moyen $= 0,50$, ou demi-sang.

Ce premier métis, quant aux formes extérieures, ressemblera plus ou moins à l'un ou à l'autre de ses auteurs, selon
que le père ou la mère aura exercé dans l'acte générateur
une influence plus ou moins marquée. Il aura plus de gros
et de commun, s'il rappelle la souche maternelle ; il se mon-
trera grêle et mince, si l'action du sang a été trop vive et
trop prompte.

Dans ce dernier cas, le produit mâle devrait être complétement rejeté de la reproduction ; son alliance ne serait
utile ni avec une autre jument indigène, ni avec une femelle
issue du même mariage.

La pouliche, au contraire, devrait servir à un second

(1) *Maison rustique du* XIX<sup>e</sup> *siècle*, t. II, p. 403.

métissage, mais il ne faudrait pas la livrer à un étalon de pur sang ; elle devrait être alliée soit à un étalon bien choisi de la race de la mère, soit à un mâle issu d'un métissage pareil dont le degré de sang pourrait varier suivant que l'individu se montrerait plus corpulent et plus régulier dans son ensemble. Ce pourrait donc être ou un quart sang, ou un demi-sang, ou un trois quarts de sang. Ce nouveau métissage ajouterait à la dose de sang déjà acquise, tout en favorisant le développement physique, tout en poussant au gros dans des systèmes osseux et tendineux, au volume des masses charnues.

Dans le cas où le produit, ayant peu pris du côté du père, serait peu distingué et rappellerait presque exclusivement la mère par ses formes, l'étalon qui lui conviendrait le mieux serait un trois quarts de sang, et après celui-ci un demi-sang réussi. On se retarderait trop en revenant à un cheval de la race indigène ; on brusquerait trop, selon toute apparence, en revenant immédiatement à un étalon de pur sang.

Voilà le système ; établissons-le en chiffres pour les diverses hypothèses qui précèdent, mais laissons de côté les mâles pour ne nous occuper que des productions femelles.

Ainsi, opérant sur une poulinière issue du premier métissage, on obtiendrait,

Avec l'étalon indigène, un produit $= 0,25$;
Avec un étalon d'un quart sang, un produit $= 0,375$;
Avec un étalon de demi-sang, un produit $= 0,50$;
Avec un étalon de trois quarts de sang, un produit $= 0,625$.

Devenant à son tour producteur, chacun de ces métis donnerait, par son alliance avec des femelles sorties de générations parallèles, des résultats plus imprégnés du sang de la race du père, et non moins corpulents que la souche maternelle ; il assurerait, à la longue et par une gradation convenablement ménagée, le mélange intime, la combinaison la plus heureuse des éléments, qu'on s'était promis d'amalgamer, savoir : — le principe supérieur du sang, source de la force, de la noblesse et de l'activité vitale, — l'ampleur des formes, la taille et le gros qui résultent des influences du climat, du sol et de l'alimentation. En allant de l'un à l'autre, suivant qu'on trouverait avantage à faire dominer celui-ci ou celui-là, à revenir au principe du sang ou bien à l'addition de la matière, on graviterait toujours autour d'un point qui ne s'éloignerait pas beaucoup du terme moyen, du demi-sang, quand il s'agirait d'obtenir le cheval d'attelage élégant, vite et fort; on irait moins loin pour la production de moteurs dont l'emploi réclamerait plus de masse que de légèreté, plus de commun et de force musculaire que de distinction et de rapidité, on resterait alors vers le quart de sang. Mais on avancerait davantage lorsqu'on voudrait dans le métis plus de grâce et d'énergie, plus de force et moins de corpulence, quand on travaillerait en vue d'une race plus apte au service de la selle qu'aux exigences du trait rapide, et l'on pousserait jusqu'aux trois quarts sang, qu'il ne faudrait pas beaucoup dépasser. En avant de ce terme, en effet, on arrive trop près du sang, et l'on s'expose à en avoir les inconvénients sans les avantages.

Ainsi réduite à sa plus simple expression, la théorie du métissage n'offre plus aucune difficulté; elle est d'intelligence aisée, car elle se dégage de toutes les obscurités dont elle était entourée.

Les influences qui se rencontrent ici sont de deux sortes. Les unes, importées par le cheval de pur sang, n'ont d'empire qu'autant que l'individu employé au métissage est libre de toute souffrance résultant de l'acclimatation ; les autres, locales et profondément enracinées, offrent une résistance d'autant plus prolongée que la race indigène est mieux établie, que ses caractères, ses qualités, ses défauts sont plus anciennement reproduits sous l'action renouvelée des mêmes habitudes générales. La grande difficulté est là. L'opposition réciproque des forces originelles, s'ajoutant à celle qui vient des agents physiques, fait obstacle et nuit à la transmission des qualités morales, arrête ou entrave la régularisation des formes extérieures. La lutte est donc moins vive, et plus ou moins durable entre les hérédités divergentes auxquelles seul le nombre des générations peut donner un point d'appui et la certitude nécessaire.

Le mode de métissage dont nous venons d'indiquer le mécanisme, qu'on nous permette l'expression, est toutefois le plus simple qui puisse être pratiqué. Il ne prend à parti que deux races, une étrangère et une indigène. Il peut arriver même que la première, précédemment importée, soit déjà acclimatée au milieu dans lequel l'autre a puisé l'indigénat; en ce cas, le succès est moins lent, plus facile à obtenir que si la race étrangère n'avait encore aucun lien, aucun rapport avec la localité. Les influences extérieures ont alors une très-grande force, elles sont une puissance, un obstacle sérieux; leur action obscure, insaisissable, mais profonde, s'appesantit particulièrement sur les premières générations, elle en contrarie toutes les tendances individuelles à l'union intime, à l'affinité réciproque, mais après quelques variations entre les points extrêmes qui se disputent le résultat, après quelques oscillations incessamment combattues par le créateur de la nouvelle race, l'influence héréditaire se fortifie dans le sens du moyen terme, efface les différences, rapproche et confond toutes les nuances; elle triomphe alors, et l'uniformité se montre en des produits qui pourront bientôt se répéter semblables à eux-mêmes. A ce degré la race est faite.

Dans le cas où l'on s'arrête au quart de sang, il n'y a point de race, mais seulement des individualités. Le métissage doit être constamment renouvelé; ce mode nécessite la conservation de la race indigène avec tous ses avantages, car c'est elle qui devra toujours fournir les matrices. Ce mode de production a son utilité. Nous en trouvons l'application dans le passage suivant tiré de l'ouvrage anglais — *The horse :* —

« Le grand défaut du cheval de camion de la grande espèce, c'est sa lenteur; ce défaut est tellement dans le sang, que tous les efforts du producteur ne parviennent pas à le déraciner, cependant on peut y porter remède. Qu'une jument de cette race, aussi parfaite qu'on pourra la trouver, soit livrée au cheval de pur sang le plus fort, le plus compacte et le plus grand possible; si le produit de l'accouplement est une pouliche, revenez, pour celle-ci, à l'étalon de trait de la race de la mère, et choisissez-le bon; le poulain qui en résultera sera justement le cheval convenable *pour faire souche.* »

Ces trois derniers mots nous paraissent très-hasardés; nous examinerons ailleurs la question d'hérédité qu'ils soulèvent.

Arrivons à un métissage plus compliqué: il en est des exemples dans le pays. En ce moment, nous ne faisons qu'une étude théorique; bientôt nous passerons à l'histoire physiologique de nos diverses races, et nous trouverons sur notre route de nombreuses applications des doctrines que nous examinons à présent.

La métisation peut donc s'effectuer aussi entre animaux de races très-différentes, dont les produits, alliés tantôt entre eux, tantôt avec l'une ou l'autre des races importées, donnent des animaux de sangs très-mêlés qui s'établissent à la longue sur le sol de manière à former une race nouvelle, supérieure à celle dont elle a pris la place. Dans cette multiplicité d'alliances, la confusion et le désordre seraient faciles; on les prévient en procédant avec méthode, en raisonnant et le choix des races et la conformation des sujets à unir à tel ou tel degré du métissage. La question du sang est résolue par avance; mais elle donne d'utiles indications par l'effet différent que produit, par exemple, dans l'acte générateur, le sang arabe ou le sang anglais. En dehors de cette influence, avec laquelle il faut savoir compter, il n'y a plus que l'action combinée de nourritures variées, abondantes et aussi substantielles que possible. On sent que nous voilà placé sur un terrain pauvre, dans un milieu où les agents physiques sont peu favorables au développement des masses musculaires, où le climat, réagissant sur le sol, ne donne à ses produits immédiats ni l'abondance ni la richesse des sucs alimentaires. On voit qu'il faut aider à la nature et opposer à sa force de concentration une force d'expansion dont les éléments doivent être empruntés à d'autres lieux et à d'autres existences. Les difficultés sont plus grandes dans ce mode de métissage que dans les précédents; mais elles ne sont point insurmontables; en effet, la persévérance en triomphe, et l'on voit sortir de ces hérédités diverses, divergentes une force qui absorbe et domine peu à peu les autres. La puissance nouvelle surgit de deux côtés à la fois. Le sang arabe et le sang anglais ont une très-grande affinité l'un pour l'autre. Par ailleurs, les races méridionales, sur lesquelles on les verse tour à tour, admettent sans perturbation le premier, qui prépare et assure le succès de l'autre, à la condition que la dose de ce dernier en soit ménagée et que la quantité à introduire n'arrive que successivement et goutte à goutte. En brusquant le fait, on nuit au résultat, parce que l'alimentation n'en soutient pas l'édifice.

Cette manière d'agir est de tous points rationnelle; l'expérience l'a bien des fois démontré. Elle diffère de ces alliances hétérogènes dans lesquelles tout est mêlé et confusionné, sans apparence de but. Ce désordre a été fort bien exprimé par un hippologue, qui a semé des erreurs et des contradictions bien étranges parmi des observations remplies de justesse et de vérité pratique comme celle-ci, par exemple :

« Si, non content d'une première métisation, au lieu d'en unir les produits seulement entre eux, nous venions à les allier à une troisième race, puis avec une quatrième, ou même un plus grand nombre, et toutes dissemblables, alors les caractères propres à chacun ne tarderaient pas à s'effacer, parce que, leurs tendances respectives se neutralisant, l'hérédité se réduirait bientôt aux attributs généraux de l'espèce, c'est-à-dire qu'il n'y aurait plus de *race*, plus de *spécialité*, plus d'*excellence héréditaire*, mais seulement des *individus* d'un extérieur variable, tous nivelés dans une médiocrité commune et pareille à celle de l'espèce encore inculte (1). »

## II.

Une condition de succès dans la métisation, c'est d'opérer sur le grand nombre. On peut bien acquérir, à l'aide de quelques reproducteurs d'élite, d'un mérite tout à fait exceptionnel, une race pure que son principe soutient à une grande élévation, au sommet de l'échelle, que des soins spéciaux empêchent de déchoir; mais on ne crée pas une race nouvelle avec quelques animaux seulement, quand ceux-ci doivent tirer leur force intérieure, leur vitalité propre d'origines différentes appelées à se combattre réciproquement sous des influences de nature à contrarier l'union intime de sangs divers, la fusion de formes souvent éloignées, la complète uniformité des nuances qui se produisent dans les premiers résultats.

On sait la distinction à faire ici. Trois étalons ont suffi à la conquête du sang arabe par les éleveurs anglais, qui sont parvenus à stabiliser en leurs mains une race noble et perfectionnée. L'histoire de la reproduction des races pures en France, et notamment celle de la formation du pur sang anglo-arabe, fournit de nouvelles preuves à l'appui de cette assertion; mais on ne cite aucun fait analogue dans la création des races métisses, résultant des modifications imposées

(1) A. F. de Cacheleu, *Système rationnel de haras en général.*

tout à la fois au principe et à la structure des races supérieures.

Il faut donc le concours du grand mombre, et c'est là une nouvelle cause de lenteur, un nouvel obstacle très-sérieux à la marche précise du progrès, à la constitution définitive d'une race intermédiaire. L'opération est plus aisée lorsqu'elle se fait sur d'autres espèces domestiques, sur celles du porc, du mouton et même du bœuf, par exemple. Les troupeaux sont plus nombreux, la gestation plus courte, la parturition plus fréquente, la population plus serrée sur un même espace, les frais de production beaucoup moindres, les débouchés plus assurés, la vente des produits moins éloignée. Aucune de ces facilités n'existe avec l'espèce du cheval, dont la culture est à la merci d'une foule d'hommes isolés, insouciants ou peu aisés. Chacun travaille suivant ses vues personnelles et bien plus souvent au hasard, sans but arrêté. Il en résulte une population très-bigarrée, dont les individus n'offrent pas entre eux les rapports de formes et d'aptitudes, l'affinité qui seraient nécessaires dans une œuvre à laquelle le grand nombre doit participer. C'est donc au temps, à la persévérance dans les voies ouvertes, aux générations renouvelées, qu'il faut demander la réussite, une réussite forcément lente et éloignée, puisqu'il n'est aucun moyen de faire concorder pour une même fin tant de volontés instables ou rebelles.

En regard de cette difficulté toute matérielle, il en est une autre toute scientifique qui se pose en ces termes :

Une race obtenue par voie de métissage est-elle susceptible de se reproduire un jour par elle-même, sans le secours de la race étrangère qui a concouru à sa formation?

En cas d'affirmative, à quel degré de métissage la nouvelle race pourra-t-elle se suffire, se reproduire en dedans, par voie de sélection rigoureuse?

A la première de ces questions il faut répondre par la question elle-même. En effet, le mot *race* implique le pouvoir, la faculté de transmettre héréditairement les qualités, les défauts, la spécialité des caractères dont la réunion et la persistance forment groupe distinct et indépendant. La race n'est constituée que lorsque cette faculté existe, car elle en est le propre. N'oublions pas la définition du mot lui-même. Les races consistent dans des modifications profondes, survenues à la longue dans l'organisation animale sous l'influence de causes spéciales toujours les mêmes, et se transmettant, par voie d'hérédité, des ascendants aux descendants, sous l'action répétée des causes qui les ont produites.

Une race obtenue par la métisation est donc, comme toute autre, susceptible de se maintenir par elle-même tant qu'on ne la soumet pas à des influences contraires à celles qui ont aidé à sa formation, développé ses dispositions, ses qualités intimes, sa force propre, fixé sa puissance héréditaire.

Mais à quel degré du métissage la race sera-t-elle définitivement constituée?

Les naturalistes qui ont posé cette question étaient sans doute quelque peu étrangers à la pratique de la formation et de la conservation des races. Le métissage ne donne pas *une* race partout la même, il n'opère pas dans des circonstances parfaitement déterminées et toujours pareilles, il agit sur des natures très-différentes, sur des races ou des variétés très-nombreuses. Il en résulte que le produit intermédiaire à naître, à réaliser n'est pas *un*, mais multiple, et très-différent suivant les éléments qu'on emploie et le milieu dans lequel on est placé. Le terme du métissage ne saurait donc être théoriquement fixé ; l'expérience seule peut prononcer en semblable matière. Ajoutons que dans l'espèce du cheval, au moins en France, aucun métissage régulier n'a encore été suivi assez longtemps pour éclairer le point de fait soulevé par la question précédente. Les deux seules contrées où l'opération ait été intentionnellement commencée sont la Normandie et les Pyrénées. Il n'y a pas vingt ans de cela. Quatre générations successives ne suffisent pas à pareille œuvre. Combien, en effet, l'ont entreprise pour elle-même? combien sont entrés dans la voie pour atteindre le but? Le grand nombre a marché sans savoir où il allait, sans se rendre compte même de ce qu'on essayait de lui faire produire. Beaucoup se sont arrêtés à la première ou à la deuxième génération; il en est que les circonstances ont fait disparaître; d'autres ne se sont décidés qu'après coup. Le métissage va donc en boitant; il va toutefois, et les premiers résultats, qui ont soulevé une si effroyable tempête contre l'administration des haras, qui l'a commencé et le poursuit, se sont très-sensiblement améliorés, malgré les difficultés de toutes sortes, et promettent, si l'on ne déraille pas, les meilleurs fruits, le succès le plus complet.

Dans une partie de l'Orne, du Calvados et de la Manche, dans la plaine de Tarbes et les environs de Pau, le métissage suivi se poursuit à l'aide d'éléments divers, bien qu'il tende au même but, à la création de deux races intermédiaires, élevées sur l'échelle hippique, imprégnées de sang, répondant, par leur conformation et leurs qualités, aux exigences de l'époque, et l'on veut pousser assez loin cette création pour que ses produits d'élite puissent servir à l'amélioration rapide de la presque totalité de la population chevaline de la France. Nous retracerons dans un autre chapitre l'histoire de ces deux métisations. Par son côté pratique, elle fera pendant aux idées théoriques exposées jusqu'ici. Elle contribuera sans doute à mieux asseoir l'opinion, si facile à égarer sur tout ce qui tient à la bonne direction à imprimer au perfectionnement de nos races.

Un autre point reste à examiner pour compléter cette étude : Métisation par métis peut-elle constituer race, améliorer au-dessous d'elle; ou bien ne produit-elle que confusion et abâtardissement réciproque des hérédités différentes?

Dans ce qui précède, nous avons traité de la métisation

en vue de la formation de races nouvelles pouvant se suffire
à elles-mêmes, et en vue de la procréation d'animaux non
destinés à se reproduire et qui s'obtiennent en deux ou trois
générations, au delà desquelles le but serait dépassé. C'est
le cas particulier de l'introduction d'une petite dose de pur
sang dans les veines des espèces communes, afin d'accroître
l'activité des mouvements et donner à la machine une vitalité plus grande sans toucher, pour ainsi dire, à la forme.
De meilleurs services, une usure moins prompte, plus de
durée, tel est le bénéfice de ce métissage arrêté avant constitution de race, avant que l'influence exercée par l'étalon
de la race supérieure ne se soit fait ressentir sur la conformation du cheval de trait et ne l'ait altérée en la resserrant,
en lui ôtant une partie du volume, de la masse qui lui sont
nécessaires pour bien remplir sa destination spéciale, pour
produire tout l'effet utile qu'on attend de son emploi.

Il s'agit de déterminer à présent si les étalons les mieux
doués d'une race obtenue par voie de métissage peuvent
servir à créer ailleurs des races nouvelles ou simplement des
sous-races, peuvent améliorer des populations moins avancées dans le sens d'une plus complète appropriation aux
exigences du temps, ou bien si leur intervention doit seulement produire la confusion des formes et l'anéantissement
des qualités héréditaires des races avec lesquelles on les
mêlerait.

Produire des races, nous l'avons déjà surabondamment
constaté, n'est pas chose aisée. Mais est-il donc si nécessaire
d'obtenir partout et dans chaque localité une race spéciale,
des familles de chevaux dont la conformation extérieure
doive être différente de celle des chevaux de la contrée voisine? La nature seule des besoins commande; les races
n'ont pas d'autre raison d'être que celle-là. Trois genres
d'aptitude bien caractérisés dominent la production du
cheval en ce temps-ci : le service de la selle, le trait rapide
et le trait lent. Trois genres de conformation répondent

parfaitement à ces trois exigences; à quoi bon dès lors multiplier indéfiniment les races, les formes? L'action du climat
et du sol, mais surtout l'influence des nourritures, déterminent toujours des différences extérieures notables qui
portent sur la taille, la corpulence et la distinction. Toutefois ces différences, insignifiantes au fond, ne constituent
pas race.

Ce serait folie que de chercher aujourd'hui, à l'aide de
quelques moyens que ce soit, à former des races spéciales,
indépendantes les unes des autres, dans chacune des localités qui en ont possédé autrefois, au temps où chaque province, par exemple, vivant en quelque sorte de sa vie propre,
demeurait isolée et ne communiquait qu'accidentellement
avec les autres parties du royaume. Les besoins généraux
sont maintenant les mêmes partout, ils réclament partout
l'emploi de chevaux semblables; ce qui est utile, par conséquent, c'est d'obtenir, au sommet de la population, les races
capables de produire les spécialités de chevaux nécessaires
au pays.

Ainsi ramenée à ses termes les plus vrais, la question
posée n'offre plus aucune difficulté à résoudre, et nous en
donnons théoriquement la solution suivante; les faits à
l'appui viendront plus tard.

Après longue imprégnation du principe sous l'influence
duquel elle s'est développée, il est hors de doute qu'une
race créée par le métissage ne soit propre elle-même à former des sous-races par son mélange rationnel avec d'autres
races. La tâche s'accomplira d'autant moins difficilement et
lentement que les résistances seront plus amoindries, que
la race locale à modifier sera plus rapprochée ou moins dis-
parate, que les circonstances générales de climat, de sol et
d'alimentation feront moins obstacle, que les vues de l'éducateur contrarieront moins les affinités nouvelles, que la
main de l'homme ne pèsera pas dans un sens défavorable

au travail d'agrégation qui devra s'effectuer pour atteindre le but.

Si les races créées par voie de métisation sont aptes à former des sous-races, *à fortiori* peuvent-elles améliorer des races qui leur sont inférieures par les qualités, par l'aptitude à bien remplir l'objet de leur destination. Mais leur emploi à l'amélioration ne dispense en aucune manière d'observer les règles les plus élémentaires de la reproduction animale. Or c'est principalement l'oubli de ces règles qui éloigne le succès et occasionne la perturbation dont on se plaint toujours à la suite des premiers produits d'un métissage quelconque.

Métisation par métis établit alors confusion et désordre comme le ferait l'intervention des races les plus nobles et les plus pures.

Ce moyen de reproduction arrive encore au même résultat et pousse à l'anéantissement des deux hérédités quand on touche une race quelconque avec des métis non encore confirmés dans leurs caractères et dans le sang, avec des animaux mêlés chez qui les forces héréditaires, récemment divisées, ne présentent plus qu'une puissance individuelle affaiblie, fortuite pour ainsi dire, et à l'état de conflit, qu'on nous passe le mot.

Dans ce cas, cependant, il y a encore un service à attendre de ce mode de reproduction, celui de détruire la résistance qu'une race locale très-ancienne, et tombée en non-valeur, oppose, par le fait même de son ancienneté, aux modifications qu'il est utile de lui faire subir pour relever son importance économique et attacher à sa culture bien entendue des avantages nouveaux. Dans ces circonstances, les combinaisons les plus variées deviennent un moyen de succès; leur objet est diamétralement opposé à toute certitude héréditaire, à toute fixité de caractères. Il faut commencer par tout brouiller et tout mêler, diviser les forces et les résistances, afin de les dominer ensuite plus facilement. Dans le cours de ces études, nous trouverons plus d'une application à faire de cette théorie à l'envers ; nous en constaterons les effets sur plusieurs points, dans des contrées très-différentes ; mais les résultats n'en sont pas encore complets, parce que le temps a manqué.

Pour faire mieux comprendre cependant la pratique de cette sorte de métisation, nous emprunterons à l'espèce ovine un exemple très-remarquable puisé dans la création récente d'une race de bêtes à laine connue maintenant sous le nom de race de la Charmoise. Ce ne sera point un hors-d'œuvre que d'en parler ici. Les lois de la nature sont une et régissent tous les êtres. Les découvertes dues à la reproduction d'une espèce profitent nécessairement à la reproduction de toutes les autres quand on sait les interpréter judicieusement et les appliquer avec convenance.

Frappé des mauvais résultats qui sortaient des efforts les plus soutenus, de nombreux essais, des sacrifices de toutes sortes qu'il avait faits pour améliorer un troupeau indigène au moyen d'importations de reproducteurs étrangers, le créateur de la race ovine de la Charmoise, ramené, par l'observation et l'expérience, à l'examen plus approfondi des conditions de la loi d'hérédité, découvrit que jusque-là ses tentatives avaient échoué sous l'influence du principe de l'ancienneté et de l'homogénéité du sang. La race qu'il se proposait d'améliorer, identifiée par nombre de générations avec toutes les circonstances de l'indigénat, offrait au croisement, par son ancienneté et l'absence des métissages antérieurs, une force de résistance supérieure à la puissance héréditaire des races perfectionnées dont les mâles, avait-on supposé, devaient transformer aisément et hâtivement un troupeau déchu et improductif en une race améliorée et profitable.

Une fois découverte, la cause de l'insuccès fut victorieusement combattue. Le moyen employé diminua la force de résistance inhérente au troupeau indigène. Au lieu de con-

tinuer à le reproduire en dedans, on détruisit son individualité, sa force d'agrégation, s'il est permis de s'exprimer
ainsi, en le mêlant à plusieurs autres par l'introduction de
mâles appartenant à des troupeaux déjà mêlés eux-mêmes.

De cette multiplicité des sangs, qui n'excluait pas le bon
choix des reproducteurs sous le rapport des formes, résulta
un troupeau de métis qui n'offrait plus dans son ensemble
aucun caractère arrêté de race distincte, aucune force qui ne
pût être vaincue désormais par la race perfectionnée dont
l'ancienneté reprenait alors le dessus.

Tout en conservant l'avantage des bêtes faites aux circonstances locales, le troupeau ainsi renouvelé ne pouvait
plus apporter, dans la production de la race nouvelle à constituer, qu'une influence annihilée en quelque sorte par la
division des éléments dont elle était formée. La race amélioratrice conservait, au contraire, tous ses avantages et
toute sa puissance héréditaire.

Dans ces conditions favorables, les travaux de l'intelligent
éducateur, M. Malingié Nouel, ont été couronnés d'un plein
succès.

Il en est des races créées par le métissage comme des
races les plus nobles et les plus anciennes. A tous les âges
de leur formation on voit surgir des sujets tellement supérieurs, que leur emploi à la reproduction détermine des
progrès beaucoup plus rapides qu'on n'était en droit de s'y
attendre. Mais ces résultats exceptionnels n'apparaissent que
de loin en loin ; on ne les apprécie pas toujours assez tôt
non plus pour en tirer tout le parti désirable. Les sujets
moyens forment le grand nombre. Parmi ceux-ci encore
très-peu tiennent, dans l'acte générateur, les espérances
fondées sur leur origine et leur excellente conformation. Si
attentifs qu'on soit donc à faire pour le mieux, l'opération
éprouve nécessairement des temps d'arrêt, des fautes inévi-
tables sont commises, soit qu'on emploie trop tard, pour
ne les avoir pas connus, des reproducteurs capables, soit

que l'on n'écarte pas assez vite les indignes. Tout ceci revient à dire que la pratique offre d'immenses difficultés et que les connaissances les plus étendues sont encore très-bornées parce que chaque individualité est par elle-même *une inconnue*, un vaste champ ouvert à des observations et à des études toujours nouvelles.

Or l'observation est généralement lente ici ; elle ne se développe qu'avec les années, puisque les résultats exigent des années pour se produire, et qu'on ne sait souvent à quoi s'en tenir sur le mérite réel d'un reproducteur que longtemps après qu'il a cessé d'exister. En effet, beaucoup d'étalons n'ont été révélés dans leur puissance et leur utilité que par les qualités et les bons services de leurs produits.

Il faut, en toute opération de ce genre, se contenter de faire pour le mieux ; on y arrive en ne négligeant rien de ce qui peut être bien. On constate de nombreux mécomptes, ils ne sont pas toujours suites de fautes ou d'ignorance. Les terres les plus fertiles et les mieux préparées ne donnent pas, tous les ans, d'abondantes récoltes. Bien des circonstances indépendantes du cultivateur peuvent tromper et trompent son attente sans qu'il ait aucun reproche à s'adresser. La reproduction des animaux, et notamment la culture du cheval, offre plus de prise encore à l'insuccès; elle demande plus d'attention et de persévérance qu'aucune autre branche de l'industrie agricole.

## III.

Sans aborder ici l'histoire de celles de nos races qui ont été soumises, depuis vingt ans, au mode de reproduction que nous étudions dans ce chapitre, nous pouvons bien indiquer les principaux résultats obtenus à l'aide du métissage systématiquement appliqué à l'amélioration raisonnée de plusieurs d'entre elles.

C'est au siège des anciennes races carrossières normandes

et au foyer de production du cheval connu sous le nom de race de Merlerault que l'administration des haras a commencé une métisation suivie et rationnelle.

Le but à atteindre était parfaitement définie ; opérant sur des poulinières de haute stature et corpulentes, il fallait relever le tempérament et l'énergie, ajouter à l'action vitale, donner plus de véritable force à tout l'organisme, et communiquer en proportion convenable les qualités et les mérites inhérents au cheval de sang : il s'agissait de créer une famille de chevaux puissante, parmi laquelle on pût trouver des reproducteurs capables de reporter sur d'autres races l'amélioration qui leur était propre.

L'étalon de pur sang anglais, des étalons de choix dus eux-mêmes à de judicieux métissages et très-avancés dans le sang par une imprégnation déjà ancienne et souvent renouvelée, tels étaient les éléments de la création projetée. Malheureusement, il est bien difficile de procéder toujours suivant les règles d'une saine pratique, lorsque l'expérience n'a encore rien appris et lorsque les faits se produisent suivant des volontés très-diverses, au gré de chacun, et sur une étendue quelque peu considérable. Non-seulement alors la direction est incertaine, mais les résultats sont mal appréciés, et l'instabilité générale contrarie et contrecarre incessamment l'opération. Il en résulte autant de mécontentements que de mécomptes, et l'œuvre, toujours enrayée, avance irrégulièrement et lentement. Toutefois quelques bons fruits apparaissent çà et là qui soutiennent les plus intelligents et les plus dociles, excitent à recommencer, éclairent la route à suivre en multipliant les observations et en familiarisant avec la pratique. Mais au début tout est neuf, vague, indéterminé, cause d'erreurs et matière à découragement. La théorie, indécise ou défectueuse tant que l'expérience n'a pas parlé, laisse un vaste champ ouvert à tous les tâtonnements, conduit aux fautes les plus grossières et aux exagérations les plus fâcheuses. La science est méconnue, l'erreur prend la place de la vérité, et la réussite est retardée.

Ces quelques mots retracent toute l'histoire de l'introduction du pur sang anglais dans les races normandes du Merlerault, de la vallée d'Auge et du Cotentin. On a pu y constater les mauvais fruits d'accouplements peu judicieux; mais on n'a pu y recueillir toutes les malédictions qu'ils ont entassées sur le principe même de l'amélioration de ces races. Tout le monde y a pris part et ç'a été un étrange concert de plaintes et de lamentations. C'est que les plus graves intérêts étaient engagés dans la question. Le présent et l'avenir se heurtaient sur un terrain encore inexploré. Le présent est tout pour les masses, pour les individus qu'on met en travail ; — l'avenir doit surtout préoccuper les services publics ou plutôt ceux qui en ont charge. C'est donc en vue de l'avenir que l'administration des haras opérait et forçait les producteurs de chevaux à entrer dans des voies nouvelles en dépit de leurs récriminations et malgré les pertes momentanées que l'inexpérience seule leur infligeait. Elle savait que les saines pratiques se dégageraient bientôt, et elle observait attentivement les faits pour hâter le moment où la lumière se ferait au milieu de l'ignorance générale, mais elle ne savait pas encore, ce que l'on sait parfaitement aujourd'hui, quel mode était le plus rationnel et le plus sûr pour atteindre le but sans passer par la pénible et coûteuse épreuve de tous les mécomptes inséparables d'une pareille œuvre.

Il en est qui ont montré plus d'impatience et qui se sont jetés un peu à l'étourdie dans la mêlée. Les intentions étaient excellentes ; mais les meilleures intentions ne suffisent pas, elles ont produit ici le plus grand tort en répandant les idées les plus malsaines.

En voici de curieux échantillons :

« En accouplant nos précieuses juments avec le pur sang, nous obtiendrons aussitôt le demi-sang, qui, accouplé lui-même avec d'autre pur sang, nous donnera complétement le pur sang, et cela en très-peu de générations. Seulement il faut ne pas manquer de faire toutes ces alliances successives avec l'étalon de pur sang, autrement on rétrograderait au lieu d'avancer.....

« ..... Encore une fois, ce n'est que par plusieurs alliances consécutives qu'on peut insinuer dans les veines de l'animal le sang procréateur qu'on a choisi. C'est pourquoi il importe tant de bien constater la généalogie de nos poulinières et de les accoupler toujours avec des étalons de pur sang ; car, si après avoir obtenu une poulinière de demi-sang, nous n'avions pas l'attention de la faire couvrir encore par le pur sang, nous resterions stationnaires, et nous rétrograderions promptement en l'unissant à l'étalon indigène.

« ....., On entend perpétuellement les producteurs de poulains demander à grands cris des étalons de demi-sang, et beaucoup de ces messieurs déclarent nettement qu'ils les préfèrent à ceux de pur sang..... Cette hérésie hippique ne provient que de l'inexpérience, de craintes chimériques et d'une obstination mal raisonnée (1). »

Sur quels faits pouvait s'appuyer une théorie semblable en 1836 ? Rien, assurément, n'autorisait un tel langage. Il en est qui ont suivi les recommandations de l'auteur, et bien mal ils s'en sont trouvés. La bonne pratique voulait précisément une marche opposée, et l'hérésie était dans ce qu'on croyait être la vérité.

Des éleveurs ont donc trouvé, malgré le très-petit nombre d'étalons de pur sang mis à leur portée, le moyen d'en user et d'en poursuivre l'emploi jusqu'à l'abus; ils ont appliqué à leur race le *croisement*, quand il ne fallait que la soûmettre à une *métisation* intelligente et éclairée.

Mais à qui s'en prendre ? Avant que l'expérience n'eût

(1) *De l'emploi de l'étalon de pur sang dans la Normandie;* par le comte de Rochefort d'Ally. ( Juillet 1836. )

élucidé le fait, qui donc a pu marcher avec certitude? Où est l'éleveur qui a su prévoir un résultat physiologique aussi complexe? Au commencement, tout le monde a péché contre la science parce que la science n'était pas faite.

Aujourd'hui l'on est plus avancé; on sait bien que les alliances avec le pur sang se sont parfois continuées d'une manière trop suivie, trop persévérante chez un certain nombre d'éleveurs. On a donc reconnu la nécessité de les interrompre souvent, de n'y revenir que de temps à autre, et l'on a soumis la reproduction de la famille de demi-sang à un système d'accouplements alternatifs qui n'introduit dans les veines de la nouvelle race que la quantité de sang pur nécessaire pour lui donner l'énergie et la distinction réclamées sans toucher à ce que l'on nomme *le gros*, sans réduire les fortes proportions que doit toujours présenter le cheval de demi-sang. Quand celui-ci apparaît grêle et mince, c'est que le but a été dépassé. L'écueil de la production du demi-sang est précisément dans ce fait.

Il a donc fallu apprendre à *doser le sang*, à ne point affiner trop la race, à atteindre les justes proportions en deçà et au delà desquelles il n'y a plus une aptitude entière, les qualités recherchées, une conformation moyenne satisfaisante.

Ces connaissances, si difficiles qu'elles aient été, qu'elles soient encore à acquérir, sont maintenant dans le domaine public. L'éleveur intelligent doit reconnaître quand une poulinière peut utilement recevoir l'étalon de race pure, quand, au contraire, elle ne doit être livrée qu'au cheval de trois quarts sang, de demi-sang, ou même d'un quart sang.

Ces différentes appellations, on le voit, sont nécessaires au commencement d'un métissage, alors qu'une race est en voie de formation, que ses caractères n'ont point encore été confirmés par un nombre suffisant de générations. Plus tard, elles deviennent inutiles, elles jetteraient même de la

confusion dans le langage sans servir en rien le fait d'une reproduction bien entendue.

L'expérience a donc appris bien des choses tout à fait
ignorées en Normandie il y a moins de vingt ans, et entre
autres celles-ci :

Lorsqu'il est employé avec discernement, l'étalon de pur
sang rend les meilleurs services à l'amélioration et donne à
l'éleveur les résultats les plus satisfaisants ;

Sous l'influence d'un emploi moins judicieux et moins
bien entendu, le cheval de pur sang, sans nuire à la race,
donne des produits qui rendent moins à la vente ;

L'emploi trop fréquemment répété conduit à l'insuccès,
mais la non-réussite ramène immédiatement à l'usage rationnel ;

Un produit manqué est un mécompte, rien de plus ; c'est
une perte, une lacune, un temps d'arrêt, un pas en arrière
du but qu'on s'était proposé, mais non une dégénération ;
c'est un fait particulier dont la famille n'est en rien atteinte.

Cette distinction est essentielle; pour n'avoir pas encore été faite, elle n'en est ni moins certaine, ni moins
fondée.

Une chose étonne quand on étudie de près les faits, quand
on raisonne les pratiques les plus usuelles, c'est la facilité
avec laquelle l'opinion prend le change et s'égare, la facilité avec laquelle l'erreur prend d'ordinaire la place de la
vérité. Et pourquoi cela ?..... Il n'est pas toujours aisé de
répondre à un point d'interrogation si brusque. Ici nous
ne découvrons pas la cause du préjugé qui s'est enraciné
dans le pays au sujet de l'emploi judicieux du pur sang. On
ne s'est pas rendu compte de ses effets ; on n'a interprété
que les mauvais résultats. Un vent contraire a soufflé....., et
puis tout a été dit. Nul ne pouvait plus aborder utilement
la question ni défendre les saines idées. Il a fallu tout attendre du temps; mais, grâce à lui, la cause est gagnée, et le

métissage se poursuit et progresse conformément aux règles qui ont été précédemment déduites.

Un métissage parfaitement semblable a transformé une autre race, celle qui vit dans la plaine de Tarbes et qui porte aujourd'hui le nom de race bigourdane améliorée. Elle est un frappant exemple de ce que peut la saine pratique, intelligemment appliquée et poursuivie avec persévérance sur plusieurs générations successives.

La race bigourdane actuelle forme pendant, — comme race secondaire, — à la création de la famille anglo-normande dans les départements de l'Orne, du Calvados et de la Manche. C'est la même théorie et la même pratique qui les produisent l'une et l'autre.

En Normandie, toutefois, deux éléments seuls sont en présence, le sang anglais à ses divers degrés et le sang de la race indigène. Toutes les difficultés se réduisent à ne pas verser sur la poulinière une trop forte dose de sang pur, à ne pas faire que celui-ci domine par trop, et sorte des proportions rationnelles qui constituent, à vrai dire, *le demi-sang* dans la bonne et réelle acception du mot.

Dans les Pyrénées, le mélange s'est fait entre la jument indigène, le cheval arabe pur, l'étalon de pur sang anglais et les dérivés de ces diverses races. L'opération n'en a pas été compliquée, elle est restée la même. En effet, le sang arabe opère ici à la façon de l'étalon anglo-normand sur la poulinière de même extraction. Il y a une telle affinité entre la jument des Pyrénées et l'étalon d'Orient, que celui-ci ne jette aucune perturbation dans l'œuvre en cours. Seul, le sang anglais forme élément étranger. Introduit à trop grandes doses dans l'ancienne race navarrine, il lui nuirait incontestablement. L'expérience a démontré qu'il ne devait entrer qu'avec ménagement et goutte à goutte, si l'on peut dire, dans les veines de la nouvelle famille.

Telle a été et telle est la pratique des accouplements chez les éleveurs éclairés; l'administration n'en conseille pas d'autre, et jusqu'ici elle s'est montrée sûre dans ses résultats. Les Anglais procèdent de même dans la reproduction de leurs carrossiers, du cheval de chasse, et de leurs trotteurs puissants et rapides. C'est toujours un alternat raisonné qui les fait arriver au point cherché. La nature des éléments employés à un métissage quelconque diversifie les moyens, mais ne change rien au fond, parce que la science est une et que ses principes sont invariables.

L'utilité de ce métissage, dans les Pyrénées, a été fort bien expliquée et démontrée par M. le comte de la Roque-Ordan, dans une note qui figure à la page 111 du rapport publié au nom du conseil supérieur des haras, session de 1850; nous ne saurions mieux faire que de la copier textuellement. La voici dans son entier :

« L'emploi presque exclusif de l'étalon arabe et de ses dérivés avait produit, dans la plaine de Tarbes, une race précieuse par le sang et les qualités, mais insuffisante, sous le rapport de la taille, à répondre aux exigences du commerce, à celles du service des remontes pour les chevaux destinés à monter les officiers.

« Des éleveurs pensaient que l'on pouvait demander à la race anglaise le complément des qualités déjà produites, à savoir plus de taille et de volume, une plus grande extension dans les allures.

« L'expérience fut faite, elle eut ses erreurs et ses déceptions. Les unes et les autres peuvent être attribuées à l'emploi d'étalons anglais d'une taille trop élevée, d'une conformation peu régulière, à l'insuffisance du régime. Toutefois cet enseignement porta ses fruits; il profita aux éleveurs et à l'administration des haras. De nouveaux essais furent tentés avec des animaux près de terre et d'une taille moins élevée que les premiers; le régime fut amélioré. Dans ces conditions nouvelles, on obtint les meilleurs résultats; ce qui n'avait d'abord été qu'un essai devint une pratique générale.

« Mais les éleveurs se gardèrent d'oublier que le cheval arabe était le fondateur de cette famille nombreuse répandue dans la plaine de Tarbes, qu'il était l'étalon de la race même, puisqu'il l'avait fondée; aussi est-il rare que la fille d'un cheval anglais ne soit pas rendue à l'étalon arabe. C'est, comme on le voit, une sorte d'alternat dans l'emploi du sang oriental et anglais. Les éleveurs ont donné à ce mode d'opérer le nom de croisement alternatif. On comprend que, dans la pratique, la chose ne soit point aussi absolue que le mot.

« Il est juste et vrai de reconnaître que c'est à l'usage bien entendu de ce mode de reproduction que la plaine de Tarbes doit sa prospérité hippique actuelle. Les caractères de la race nouvelle ainsi formée deviendront permanents par l'emploi d'un étalon intermédiaire entre le cheval arabe et le reproducteur anglais, celui que l'on désigne sous le nom d'anglo-arabe, et que le haras de Pompadour est spécialement destiné à produire. »

## IV.

La métisation des anciennes races normandes, la création d'une nouvelle famille bigourdane avaient, ainsi que nous l'avons déjà dit, un double but; en s'occupant de les améliorer, l'administration des haras se proposait tout à la fois de les approprier mieux à tous les besoins de l'époque et de les élever assez haut sur l'échelle hippique pour les pouvoir utiliser avec avantage à l'avancement des races inférieures.

Étudions le fait de leur emploi à l'amélioration de celles-ci dans plusieurs de nos provinces à chevaux.

Et d'abord les marais de Machecoul, de Saint-Gervais et de Rochefort. Ici la population chevaline offrait, par son développement et sa taille, par la nature de son tempérament, par sa conformation, son aptitude et les circonstances

générales de reproduction et d'élevage, de nombreux points
de contact avec les races carrossières nourries dans la plaine
de Caen, dans la vallée d'Auge et le Cotentin. L'affinité était
si grande, que les produits nés en Vendée, en Saintonge ou
en Poitou, et élevés en Normandie, y prenaient tous les caractères extérieurs du cheval normand. Il n'est pas douteux
que la transplantation inverse eût fait d'un produit normand
un cheval poitevin.

Dans ces conditions, le métissage pratiqué sur la population chevaline des trois marais, à l'aide d'étalons anglais
de pur sang et de divers degrés de sang, devait déterminer
la production d'une race locale rapprochée, par ses mérites
et sa conformation, de la famille anglo-normande obtenue
en Normandie. Les ressources en étalons ne permettaient
pas de réaliser en même temps cette double création. D'ailleurs les habitudes d'élevage ne s'y prêtaient pas. Dans les
marais de l'Ouest, on fait naître beaucoup plus qu'on n'é-
lève ; la Normandie, au contraire, ne se borne pas à élever
ses produits, elle en importe d'autres contrées qu'elle s'ap-
proprie par l'élevage. Il en résulte que les suites du métissage pouvaient être recherchées, connues, étudiées en Normandie, tandis que, disparaissant, en jeune âge, des marais,
elles ne pouvaient y être l'objet d'observations nécessaires à
la continuation attentive et réfléchie du mode de reproduction concerté. Une autre considération se produit encore
ici dans les familles de chevaux appartenant à la Normandie, et par la raison que nous venons de dire, il y avait un
fonds de race et des qualités plus appréciables que chez le
cheval des marais poitevins. Le but apparaissait donc moins
éloigné en s'attaquant aux anciennes races normandes. Le
succès a pleinement justifié la préférence qui leur a été accordée, et l'étalon anglo-normand est devenu le reproducteur, privilégié en quelque sorte, de tous les points de la
France où la population chevaline avait des rapports et des
analogies avec les races normandes. Il a été porté dans les

marais de l'Ouest, où, pour appuyer son action, pour mieux assurer son influence, on lui a donné, comme auxiliaires, quelques chevaux de pur sang ou de demi-sang achetés en Angleterre. Ils y ont produit des améliorations très-marquées. Partout la distinction et l'énergie sont venues, mais au commencement les formes étaient trop allégies, et les membres ne prenaient pas l'ampleur qu'on recherche avec raison dans les races carrossières. On sentait que, dans le métis employé lui-même au métissage, les qualités à produire n'étaient encore ni assez saillantes ni assez confirmées pour que la transmission pût être entière ou seulement satisfaisante. Plus tard, l'amélioration du métis détermina de meilleurs résultats, et l'œuvre du perfectionnement se développa; la persévérance dans la même voie fera le reste.

C'est le moment de consigner un fait pratique qui a échappé à l'observation des hippologues. L'insuffisance des premiers anglo-normands, sortis de Normandie, a beaucoup plus nui au principe de l'amélioration par le pur sang qu'à l'emploi du métis lui-même. C'est au pur sang que l'éleveur a attribué tous ses mécomptes. Il n'a pas vu juste à travers son ignorance. S'il ne faut user qu'avec ménagement de l'étalon de pur sang, à plus forte raison ne faudrait-il employer ses dérivés que lorsqu'ils réunissent les conditions essentielles d'une bonne reproduction. L'insuffisance du reproducteur de demi-sang étranger à la race à laquelle on l'applique n'a certes pas moins d'inconvénients que l'emploi exagéré du cheval de pur sang. Celui-ci amincit trop la race, il imprime à la vie une activité trop grande et hors de proportion avec le degré de résistance que présentent les tissus; il rompt l'équilibre et détruit, par conséquent, l'utilité individuelle. C'est un verre qui éclate, avant d'être chauffé, au contact d'une chaleur trop brusque; c'est une plante qui se dessèche, sans pouvoir mûrir, sous l'action non ménagée d'un soleil trop ardent.

Le métis non encore constitué, chez lequel une longue

imprégnation n'a point confirmé les bonnes qualités des deux races d'où il sort, n'a souvent d'influence héréditaire que pour transmettre les vieilles imperfections de la souche maternelle. C'est ainsi qu'il peut nuire et qu'il a souvent nui à la marche rapide de l'amélioration. Toutefois il y a fréquemment aussi plus de services immédiats à attendre des produits qui en résultent que de ceux qui naissent de l'emploi excessif, exagéré de l'étalon de pur sang. C'est pour cela que les éleveurs ont repoussé ce dernier alors même que l'autre était moins profitable à l'amélioration. Mais le fait que nous constatons n'en subsiste pas moins. Répétons-le donc, l'écueil contre lequel a souvent échoué le croisement d'une race par le cheval de pur sang, indépendamment de l'usage abusif qu'on a pu en faire par inexpérience, ç'a été la qualité trop médiocre et l'insuffisance des premiers métis qui opéraient parallèlement avec le régénérateur de race pure. Mais plus le métis s'est élevé sur l'échelle, plus il s'est rapproché de la force propre au demi-sang définitivement constitué, et moins on s'est plaint de l'emploi du pur sang. C'est le métis récent, l'étalon de demi-sang non encore confirmé qui a compromis, comprimé et retardé la bonne influence du reproducteur pur. On s'est trompé dans l'appréciation irréfléchie qu'on en a fait; car, partout, l'étalon de pur sang a rempli son œuvre, momentanément arrêté par l'insuffisance de ses premiers produits, quand ceux-ci ont servi à la reproduction d'une famille autre que la leur même.

Pour obtenir des résultats immédiats tout à fait satisfaisants de ces derniers, il faut donc attendre que les générations aient pu les parfaire.

Dans le cas dont nous nous occupons, on a demandé à l'étalon anglo-normand, prématurément et par nécessité, plus qu'il ne pouvait donner. Il n'a rendu qu'en raison de ce qu'il possédait lui-même. L'alternance des accouplements par le cheval pur et ses dérivés exigerait, chez ceux-ci, un degré de perfection qui ne s'acquiert qu'à la longue, après un certain nombre de générations.

Nos familles de demi-sang les plus avancées ont servi à de nouveaux métissages avant d'avoir passé par la série de générations nécessaires à la confirmation des qualités qu'on cherchait à accumuler en elles ; mais il y avait urgence, et l'on a dû les utiliser telles quelles.

Les résultats acquis de l'emploi de l'étalon anglo-normand, dans le Bas-Rhin, donnent lieu à des observations d'un autre genre. Si peu certain qu'il ait été par lui-même, il a toujours produit ici mieux que tout autre. Ce fait veut être éclairci ; voyons donc.

Peu de contrées hippiques ont autant souffert que le département du Bas-Rhin dans nos jours de détresse. Sa situation géographique et la nature de ses chevaux l'ont exposé, pendant toute la durée de nos guerres, aux réquisitions de l'intérieur et aux déprédations de l'ennemi. La population entière y a passé. Tous les animaux valides ont disparu. Les vides n'ont été remplis, alors, que par des êtres chétifs et sans valeur. Autant le cultivateur était bien monté avant la ruine de ses écuries, autant il mit de soin à ne posséder, après, que le rebut et la lie de l'espèce. Les plus brillants attelages furent remplacés par les animaux les plus défectueux, par des bêtes maladives ou infirmes.

Telle était la population à améliorer. Le point de départ était bien bas, car la dégradation était extrême.

Des étalons de races très-diverses furent appelés à la régénérer. Les seuls qui obtinrent du succès étaient venus de Normandie. Le cheval de pur sang n'a pas réussi dans le Bas-Rhin ; il a fallu renoncer, ou à peu près, à son emploi. La jument de cette contrée ne le supporte pas. Elle n'a ni le gros ni l'étoffe qu'il réclame sous peine de ne donner que des produits minces et délicats, d'un caractère ardent et d'une nature par trop impressionnable. L'expérience est faite. Cette poulinière trouve dans l'anglo-normand bien choisi tous les éléments d'une bonne reproduction ; elle est trop pauvre pour admettre avec avantage un croisement supérieur. L'étalon de demi-sang prend sur elle une grande force et exerce une très-salutaire influence sur le fruit. La faiblesse héréditaire chez la jument indigène lui crée une puissance relative qu'il ne saurait avoir, qu'il n'a pas dans les localités peuplées de poulinières plus anciennement fondées. Ce résultat a d'ailleurs été favorisé par l'absence d'étalons de tout autre sang, car on n'a eu garde d'en envoyer de races différentes à partir du moment où leur insuccès a été notoire. A chaque nouvelle génération donc, la tâche est devenue plus facile, car l'élément paternel était seul en cause dès qu'il se retrouvait aussi chez la mère, née elle-même d'accouplements semblables.

Voilà, certes, un exemple très-marquant de reproduction profitable par métis non encore confirmés et stabilisés. Inutile, alors, d'insister davantage en ce moment. La question pourra revenir utilement dans un autre chapitre.

Passons en Anjou.

Dans cette partie de la France, la production chevaline revêt une autre forme et se montre sous un jour nouveau. En Alsace, l'étalon anglo-normand a, pour ainsi dire, fonctionné seul. Au début, il a opéré sur une population de juments qui n'offrait aucune résistance héréditaire. Plus tard, il a trouvé des femelles issues de lui-même pour ainsi dire, et la reproduction s'est presque faite en dedans. Rien, aujourd'hui, n'en vient rompre l'homogénéité, et la famille alsacienne s'élève sur l'échelle de l'amélioration en raison même du degré de perfectionnement que présente la race anglo-normande dont elle est une émanation directe et à peu près exclusive. Toutes difficultés, en Alsace, tiennent à la pauvreté du régime insuffisant tout à la fois par la qualité et la quantité, et aux vices d'une stabulation continue faite pour ruiner les plus belles espérances. Dans ces conditions, le pur sang ne peut rien ; l'expérience a forcé d'y renoncer et de n'employer que des éléments d'une nature moins impressionnable.

En Anjou, la population chevaline, quant au fond, étudiée au moment où l'on a commencé à la mettre en contact avec le cheval de sang ou de pur sang, était petite et mal tournée comme en Alsace, mais elle avait un tempérament robuste, elle était saine ; ses imperfections étaient extérieures, la nature intime n'était point viciée. C'était un sauvageon à la santé puissante et habitué à la dure. Du reste, aucun caractère de race, aucune racine dans les influences locales, mais un mérite fort appréciable, une vigueur native considérable, une activité vitale précieuse. Ces avantages étaient dus à la beauté du climat, à la bonne qualité des aliments produits par un sol fertile.

Telle était la population indigène, bien différente de celle que nous avons trouvée en Alsace ; telles étaient aussi les excellentes conditions d'hygiène au milieu desquelles elle pouvait être développée et améliorée. Ç'a été une tâche assez facile et promptement accomplie, car les choses sont arrivées, aujourd'hui, à une situation très-satisfaisante.

Mais le métissage a pu être mené à la fois par deux voies parallèles. L'étalon anglo-normand a eu pour auxiliaire puissant l'étalon de pur sang anglais, et ils ont agi l'un et l'autre ici en dehors des règles les mieux établies. Les succès obtenus forment contraste et exception. C'est un fait unique peut-être dans l'histoire de la reproduction chevaline ; mais il a des analogues dans les espèces voisines, et nous en avons donné l'explication en disant les conditions favorables de santé et de régime dans lesquelles vit et se développe le cheval angevin.

Ainsi le métissage a commencé, en Anjou, du côté des mères, avec des éléments d'une grande infériorité au point de vue de la conformation extérieure. La taille était exiguë, mais l'arrière-main ne manquait pas d'une certaine ampleur ; du reste, absence de type, mais une vitalité puissante dûe aux influences du sol et du climat. C'était assez pour assurer le succès (il ne faut point perdre de vue cet exemple), et toutes les améliorations ont été facilement produites par le cheval de sang et de pur sang, dont les produits trouvaient dans les circonstances générales et locales tous les germes de développement et de réussite, malgré la disproportion de taille et de corpulence qui existait entre l'étalon et la jument.

Abstraction faite des influences favorables, la théorie repoussait des alliances aussi disparates. Pour notre compte, nous ne pourrons jamais oublier le profond découragement qui nous saisit lorsque, pour la première année, nous avons eu à surveiller le service de la monte dans la circonscription du dépôt d'Angers. Cela nous parut bien plus qu'une tâche ingrate ; mais, lorsque nous vîmes les produits, notre opinion changea vite, et nous acceptâmes comme une vérité de circonstance cette trivialité qui nous avait été plusieurs fois opposée et que peut-être on avait inventée à notre usage particulier : — Avec deux fois deux liards vous ne ferez jamais deux sous, à plus forte raison trois francs.

La raison de cette métamorphose, la cause du succès qui suivait l'accouplement, irrationnel en apparence, d'une véritable bourrique et d'un étalon fort et corpulent, c'était, — répétons-le, — en dehors des circonstances de régime et de climat, les conditions de santé et de sanité des mères, l'absence, chez celles-ci, de toute résistance héréditaire, et l'existence, à haut degré, chez le mâle, au contraire, de la faculté de transmettre les qualités acquises.

Telle a été la source abondante et vive de nouvelles richesses pour une contrée jusque-là presque étrangère à l'industrie chevaline.

La métisation par métis, dans le midi de la France, ne donne lieu à aucune observation spéciale. Les éléments qui concourent à la formation de la race bigourdane améliorée s'amalgament si complétement entre eux, et le produit d'élite de cette nouvelle famille présente une si grande affinité avec toute la population chevaline de la contrée, que le métissage va de soi et donne d'excellents résultats partout où la nourriture est suffisante à développer les bons germes déposés par le mâle au sein de la femelle. Là ne se montre aucune difficulté scientifique : la réussite est tout entière dans l'abondance ou la pauvreté du régime ; elle dépend uniquement des ressources alimentaires dont peut disposer l'éleveur. La production du cheval est donc réduite à ses termes les plus simples et les plus faciles. Quelque attention dans l'alliance des sexes, de la nourriture à la mère pendant la gestation et l'allaitement, de la nourriture et quelques soins au produit pendant l'élevage, — et tout est dit.

## V.

Une fois admise la nécessité de modifier la structure du cheval de trait pour l'approprier mieux aux exigences de l'époque, il s'agit de poser les termes du problème à résoudre et de déterminer la manière de faire pour arriver sûrement et promptement au but proposé.

Étant donnée une race de trait, soit, par exemple, celle du Perche, il faut lui ôter de sa masse, de sa pesanteur, pour ajouter à la vivacité et à l'extension des allures, à la faculté de soutenir plus longtemps, sans repos forcé, un travail plus rapide. Ainsi modifié, le cheval percheron ne sera pas détruit, mais transformé ; il aura gagné en puissance et en utilité.

Maintenant, comment procédera-t-on ? Un seul moyen se présente, l'introduction d'un sang étranger à la race. Le choix de la race amélioratrice n'est pas difficile à faire : seul, le pur sang peut opérer la transformation ; mais il y a manière de s'en servir.

Le croisement conduirait à des modifications trop violentes et trop profondes dans les formes et dans les aptitudes ; il ne serait point adopté par les éleveurs et déterminerait, dans la race, des effets bien différents de ceux qu'on voudrait obtenir.

Le métissage direct offre, au contraire, le moyen d'arriver au but sans déception, sans perte d'argent ni de temps. Il prévient les changements trop brusques que le croisement amène dès les premières opérations; il corrige l'action un peu trop vive que le pur sang exerce toujours sur une race de chevaux de trait; il maintient l'équilibre entre les forces anciennes et nouvelles qui luttent avec d'autant plus de violence que la race de trait est elle-même plus anciennement établie et mieux fondée; il prépare le mélange rationnel du sang des deux races et fusionne les caractères. De la sorte, il n'y a plus aucune perturbation dans les produits; les aptitudes recherchées se développent graduellement, et l'on obtient sans secousse le résultat moyen, le point cherché, par la raison que l'on a écarté tout ce qui aurait pu nuire au mélange, l'empêcher de se faire dans les proportions voulues, et qu'on l'arrête à point nommé, afin de ne pas dépasser le terme de l'opération.

Il faut donc interrompre cette dernière dès la seconde génération et se servir des produits de la première pour arriver à d'autres; il ne faut avancer qu'à pas comptés, pour ne pas aller au delà du résultat que chaque produit doit ajouter à ce qui a été précédemment obtenu. C'est encore l'alternance raisonnée entre la jument de trait non mêlée ou métisse et l'étalon pur ou déjà métisé.

Faisons mieux saisir cette théorie par un exemple que nous prendrons dans la pratique du métissage commencé depuis peu dans le Boulonnais.

Il s'agit de jeter du sang, d'introduire une certaine dose de sang dans les veines d'une race précieuse, alourdie et un peu dégradée par son contact trop souvent renouvelé avec le cheval flamand ou même avec les grosses races belges, si communes et si lymphatiques.

Le mot sang, personne ne s'y trompera, veut dire ici force, énergie, puissance morale alliée au gros, au volume, aux larges proportions. En le versant avec prudence, dans une juste mesure, on allége la masse sans la réduire beaucoup, on améliore la race sans la détruire. Or voici comment il faudra procéder pour réussir dans cette sorte de croisement, toujours interrompu et toujours repris, qu'on nomme métisation :

Les premiers-nés d'un étalon de pur sang et de poulinières boulonnaises, s'ils montrent, d'ailleurs, des qualités individuelles, seront appliqués, savoir :

Les femelles à produire avec l'étalon indigène le plus capable,

Les mâles à produire avec des juments boulonnaises bien choisies.

Les produits femelles qui naîtront de ces alliances pourront être livrés soit à l'étalon de pur sang, soit à un reproducteur issu du métissage, si elles ont trop retenu encore de la souche paternelle et si le mâle, au contraire, rappelle davantage le côté de la mère.

C'est toujours le même principe. Cette explication de la théorie ne change rien à son application ; on poursuit cette dernière jusques à contestations du résultat, et l'on est certain de ne pas s'égarer en observant de près les faits, en ne laissant pas dominer, par un accouplement intempestif, celui des deux éléments qui paraîtrait devoir l'emporter sur l'autre ou sortir de la proportion mixte qui remplirait, à tous égards, le but proposé.

Dès la troisième ou quatrième génération, on peut espérer de pouvoir fixer les caractères de la nouvelle race en la reproduisant par elle-même, sauf le cas où il serait besoin de revenir, de loin en loin, au principe même, au pur sang.

Plusieurs métissages semblables ont été commencés dans le Boulonnais, dans le Perche, et en Bretagne. Ils ont pour objet de créer, à côté de la race indigène non mélangée,

une sorte de demi-sang spécial capable d'améliorer la race
elle-même, et de l'amener aux conditions nouvelles de
durée et de rapidité qu'exige l'époque actuelle dans le cheval destiné à la traction. Ces métissages ont été entrepris
pour obvier aux inconvénients et aux mécomptes signalés
dans le travail de transformation de nos principales races
par le métis anglo-normand.

Dans ses commencements, ce dernier ne pouvait avoir
assez de force héréditaire pour agir avec efficacité sur des
races faites et confirmées. Il a nui alors en introduisant en
elles des germes de défectuosités communes aux races carrossières, mais étrangères à l'espèce de trait. Ça a été une
expérience malheureuse; les leçons n'en doivent pas être
perdues pour l'avenir. Quelques produits d'un métissage
direct, au contraire, sortis de la jument de trait et de l'étalon de pur sang, ont produit d'excellents résultats quand
on les a fait servir à la reproduction de la famille à laquelle
ils appartenaient. C'est un enseignement qui devait porter
ses fruits; nous nous sommes mis en marche pour opérer
dans ce sens; il faut attendre maintenant que des faits
nombreux permettent de décider en dernier ressort. Cependant il n'y a pas de raison pour que la théorie ait tort chez
nous; car elle réussit complétement en Angleterre, où elle
est à l'état d'application usuelle. Les hippologues anglais ne
l'ont pas formulée d'une manière explicite; ils la font entre-
voir plutôt qu'ils ne la montrent, mais l'étude des généalogies de leurs trotteurs les plus fameux dit très-bien comment
ils ont été obtenus. Ceux-ci réalisent, chose difficile à
la vérité, l'idéal de la force unie à une grande légèreté; ils
sont gros, épais, corpulents et membrus; ils ont de la distinction en suffisance, et dénotent toute l'énergie désirable
par l'activité des mouvements et la résistance au travail.

Nous avons rêvé des créations analogues sur une vaste
échelle, et nous avons sollicité le concours de toutes les
volontés et de toutes les bourses. Nous restions au sommet

pour imprimer la direction, activer la marche et assurer le succès. C'est une œuvre capitale et difficile, mais toutes les forces convergeant vers le même but, la tâche n'était pas au-dessus des efforts de tous.

# DES RACES CHEVALINES DE LA FRANCE ANCIENNE ET NOUVELLE.

—

## I.

Considérations générales. — Deux faits primordiaux influent sur la nature du cheval et dominent sa production à travers tous les âges. — Voyage en France; itinéraire.

L'ancien état politique de la France, son ancienne division territoriale avaient favorisé, dans certaines parties du royaume, l'établissement de races de chevaux nombreuses et distinctes. Leur nom, mieux que cela, — leur renommée, — a traversé l'espace et vit encore, pour quelques-uns, comme un souvenir à jamais regrettable.

Les influences qui avaient créé ces races étaient puissantes à les maintenir et à les perpétuer, car elles pesaient exclusivement et uniformément sur toutes les existences. La vie propre à ces familles était celle aussi des populations qui les utilisaient. Complétement isolée, libre de tout mélange, exempte de secousses intérieures, elle passait sans lutte, qu'on nous permette le mot, des ascendants aux descendants, conservant toujours, chez ces derniers, sa force inhérente et les signes extérieurs qui impriment un cachet, constituent l'individualité, un type.

Les contrées, au contraire, qui, par leur position géographique ou par le rôle qu'elles ont été appelées à jouer dans le mouvement de la civilisation, présentent un aspect sans cesse variable; les contrée dans lesquelles se fait un plus grand retentissement d'événements extraordinaires, ou qui ne se montrent pas très-favorables à la culture des espèces les mieux appropriées aux besoins du moment, n'offrent point, n'ont jamais offert cette uniformité qui pourrait se prolonger de siècle en siècle sans subir aucune altération importante.

Dans l'un et l'autre cas, les conditions sont bien différentes.

Aucun changement notable n'apparaît là où les influences sont, pour ainsi dire, invariables, où les éléments sont homogènes, où nul contact étranger ne trouble et ne dérange la vie intérieure habituelle; c'est toujours la même physionomie et le même cachet. Mais, là où les influences se montrent nombreuses, diverses, changeantes, loin d'être les mêmes, les effets se croisent, se combinent, se neutralisent ou se fortifient, de telle sorte que tout reste mélangé, confusionné, au milieu de cette relation incessante de causes différentes ou renouvelées; car, — éléments hétérogènes,— elles se mêlent à la vie, aux habitudes, au sang, et ne permettent à aucun caractère de se fixer d'une manière durable dans la constitution même de l'individu.

Un mouvement aussi considérable, ce va-et-vient continuel, dès qu'ils s'établissent quelque part, font bientôt disparaître jusqu'aux derniers vestiges de la race la plus homogène et la plus anciennement fondée. Ce n'est donc ni le hasard ni l'ignorance qui ont contribué à anéantir les races de chevaux dont la France s'est enorgueillie autrefois, mais les nécessités du temps, les exigences, chaque jour plus grandes, de la société, et les conditions nouvelles d'une civilisation toujours progressive.

Forcément, les races de chevaux qui couvraient les différentes parties de la France se sont rapprochées, mêlées, fusionnées pour se modifier, pour perdre leurs caractères distinctifs et prendre, avec d'autres formes, des aptitudes plus en rapport avec des besoins nouveaux.

Essayons de ressaisir, à travers les temps et les générations successives, les transformations diverses par lesquelles

ont passé nos principales races équestres à partir de l'époque
où elles ont eu un nom dans l'histoire chevaline du pays.

Deux faits primordiaux influent sur la production du
cheval et la dominent : — la nature des besoins à satisfaire,
— l'état avancé ou arriéré de l'art agricole. En certaine situation, à certain degré de la civilisation, ces deux faits se
confondent et se tiennent.

« Dans un état peu avancé des sociétés, dit Mathieu Dombasle, lorsqu'une vaste portion du territoire est encore inculte, c'est sur les pâturages naturels que sont élevés les
chevaux, de même que toutes les autres races d'animaux.
Les races des divers cantons sont alors le produit des circonstances locales de climat, de richesse du sol et peut-être de
quelques autres circonstances non moins aperçues, et qui
modifient les races d'animaux sur le territoire d'un pays ou
d'une localité, de même que le terroir modifie la saveur et
les autres propriétés des végétaux qui y croissent (1). »

A cette même période de la civilisation générale, observe
encore le judicieux écrivain, le petit nombre des communications par les routes, le mauvais état de celles-ci, l'imperfection de l'industrie qui produit les véhicules à roues, et
aussi des restes d'habitudes contractées dans des temps où
les chemins étaient encore bien défectueux, restreignent
presque exclusivement à l'usage de la selle l'emploi des
chevaux destinés à transporter les hommes d'un lieu dans
un autre. A la guerre, l'usage personnel des chevaux est réservé aux hommes de la classe privilégiée de la société et à
un groupe de combattants qui forment leur suite. Dans cet
état de choses, le cheval de selle et les exercices qui s'y rapportent sont naturellement en grand honneur dans la société. C'est alors que l'on voit naître, ainsi que cela a lieu
chez nous, les titres honorifiques de *chevalier, écuyer, ma-
réchal, connétable,* ou leurs équivalents ; c'est alors que

(1) *De la production des chevaux,* etc.

l'éloge personnel d'un homme peut se résumer dans une qualification telle que celle-ci, — *cavalier accompli*.

Mais dans ce temps aussi, suivant la remarque d'un autre écrivain, M. Flavien d'Aldéguier, les débouchés abondent, et tout porte à encourager la production du cheval de selle. Usage habituel de ce dernier, cavalcades nombreuses, exercices équestres perfectionnés, carrousels brillants, cour galante, maison militaire considérable, équipages de chasse magnifiques, grandes guerres enfin, tout concourt à appeler l'attention sur ce noble quadrupède, qui est l'élément indispensable de toutes les fêtes, de tous les travaux et de tous les périls.

Telles étaient les conditions économiques du pays, les habitudes du temps et la situation de la production du cheval à l'époque à laquelle il faut remonter pour trouver, dans plusieurs provinces de la France, ces races de chevaux fameux que quelques personnes regrettent encore de nos jours, et dont la disparition est attribuée aux idées et aux pratiques de l'administration des haras.

A d'autres époques, à d'autres âges de la civilisation, ces conditions changent, et avec elles tout ce dont elles avaient été la cause première. L'agriculture fait de rapides progrès, les routes se multiplient et s'améliorent, l'industrie crée, chaque jour, des besoins plus nombreux et plus variés, l'équitation est négligée, l'usage du cheval d'attelage, rapide ou lent, prend un immense accroissement. Dès lors, une révolution complète s'opère et dans la production du cheval et dans les caractères de ses différentes races. Les unes, en faveur jusque-là parce qu'elles étaient mieux appropriées aux exigences du temps, seront peu à peu abandonnées et perdront bientôt de leur mérite et de leur prix ; les autres, moins recherchées et moins estimées jusqu'alors, seront, à leur tour, bientôt cultivées avec plus d'art, avec plus d'atttention, parce que leur utilité nouvelle ne peut être consacrée que par des améliorations, et que la mise en plus grande valeur, le perfectionnement d'une race d'animaux ne sortent ni de l'indifférence ni de l'incurie.

L'abandon des races qui ont vieilli est une conséquence forcée de ces besoins divers et changeants. Les progrès de la science hippique, ceux que fait, chaque jour, la pratique de l'agriculture en France, sont un remède puissant contre la caducité et l'abandon. Ils permettront de transformer, en temps utile et d'une manière toujours profitable, les races qui s'éloignent de leur destination première, celles qui cessent de répondre au but de leur entretien actuel.

La production du cheval ne pouvant demeurer stationnaire, ceux-là servent réellement les intérêts du producteur qui l'éclairent sur les améliorations à réaliser dans sa race, au lieu de protester sans cesse contre le présent pour rappeler un passé désormais sans retour.

Les anciennes races que les amis du bon vieux temps ne veulent pas oublier appartenaient à l'espèce légère, à celle du cheval de selle. Quelques autres ont marqué; il en est qui les ont remplacées. Toutes doivent nous intéresser, quoiqu'à des titres divers. Nous allons en chercher le siége, en rétablir par la pensée les conditions d'existence et de prospérité. La question chevaline n'a pas été suffisamment observée à ce point de vue.

Nous rendrons cette exploration facile en faisant revivre nos vieilles provinces de France dans chacune des circonscriptions actuelles des haras et dépôts d'étalons; nous les retrouverons là moins morcelées que dans la simple division départementale.

Dans ce voyage en France, nous visiterons d'abord le midi et le centre en allant de la Provence aux Pyrénées, en Gascogne, en Auvergne, en Limousin. Nous passerons ensuite dans l'ouest pour parcourir la Saintonge, le Poitou, la Vendée, la Bretagne, l'Anjou, et les départements placés sous l'influence des dépôts de Blois et de Cluny où nous recueillerons les derniers vestiges de races non encore tout à fait oubliées.

Nous viendrons de là en Normandie et dans le Perche, puis dans le Bourbonnais, les Ardennes, la Franche-Comté, l'Alsace et la Lorraine, la Champagne, la Bourgogne et l'Ile-de-France, où finira notre course.

Dans le midi et les contrées montagneuses du centre, la configuration générale du pays, la nature du sol, l'état de la culture, la qualité nutritive des végétaux favorisaient spécialement la production et l'élève d'un cheval léger par ses formes, sobre par tempérament, nerveux par la concentration même des forces vitales. C'est là, d'ailleurs, que furent déposés, après les croisades, la plupart des chevaux d'Orient qui, pendant près de deux siècles, ont été importés de cette partie du monde en France. Antérieurement aux guerres saintes et dès le vIIIᵉ siècle, du moins tout porte à le croire, les Maures, vaincus dans les environs de Poitiers par la pesante infanterie de Charles-Martel, durent y laisser nombre des chevaux qui composaient leurs admirables escadrons. Telle est, d'après les témoignages de l'histoire, l'origine des principales races de chevaux de selle que nous avons possédées autrefois.

Dans la division du nord, le climat humide, des pâturages gras, une agriculture plus riche, des aliments plus substantiels et d'un tissu plus grossier, donnaient au cheval des formes plus massives et plus communes, un tempérament plus lymphatique, une nature plus exigeante, une vitalité moindre. Les races produites dans cette partie de la France n'ont point eu la réputation des races méridionales, et nul n'en a parlé comme de celles-ci; cependant, pour être moins anciennes, pour avoir été moins vantées, elles n'en ont pas moins eu, dans notre temps surtout, une grande utilité et une haute valeur.

Voyons donc quels ont été les produits chevalins de la France d'autrefois et par quelles phases ils ont successivement passé pour arriver à être ce qu'ils sont aujourd'hui.

## II.

Circonscription du dépôt d'étalons d'Arles. — La Provence et la Camargue. — Le cheval cerdan. — Population bigarrée des autres parties de la circonscription. — Services rendus à la production par le dépôt d'Arles ; quelle doit être la composition de son effectif ?

Neuf départements ont été rattachés au dépôt d'étalons d'Arles et en ressortent pour tout ce qui tient aux institutions hippiques, ou plutôt à l'action purement administrative des haras sur l'industrie chevaline. A un autre point de vue, une circonscription aussi large serait une faute, une impossibilité. Le dépôt d'Arles a été, est encore le chef-lieu d'un vaste territoire, mais sa sphère d'action est plus bornée et n'embrasse que les localités où la production a quelque importance.

Bientôt cependant, une nouvelle délimitation, devenue nécessaire par le rétablissement du dépôt de Perpignan, permettra de resserrer un peu une étendue trop considérable. Les Pyrénées orientales, formées de l'ancien Roussillon, seront nécessairement enlevées au dépôt d'Arles qui conservera les Hautes et Basses-Alpes, le Var, la Drôme, Vaucluse, les Bouches-du-Rhône, le Gard et l'Hérault.

C'est plus qu'il n'en faudrait, assurément, pour occuper la surveillance la plus active, si l'industrie chevaline offrait un certain intérêt sur tous les points de ce territoire; mais il n'en est point ainsi, et nous le verrons bientôt.

La première race qui s'offre à notre étude est celle qui est devenue indigène à la Provence.

Avant de se jeter dans la Méditerranée, le Rhône forme un vaste delta et entoure l'île, qui retient le nom de *Camargue*.

La Camargue nourrit, à l'état demi-sauvage, une race équestre que l'on fait descendre de chevaux orientaux ou africains.

La tradition, s'appuyant sur l'histoire, voit l'origine du

cheval camargue dans l'introduction de chevaux arabes ou
numides, dans les environs d'Arles, lorsque, vers l'an 626
de Rome, Flavius Flaccus vint pour occuper le pays. Cette
première importation aurait été fortifiée, accrue lors de
l'établissement de la colonie de *Julia*, puis renouvelée à
deux reprises différentes pendant le séjour des Sarrasins en
Provence, vers 730, et ensuite à l'époque plus récente des
croisades (1).

Tels furent, croit-on, les commencements d'une race qui
paraît avoir eu, non pas de la renommée, mais une certaine
utilité pratique locale.

Les camisards, armés pour cause de religion contre la
puissance de Louis XIV, avaient pu former leur cavalerie de
chevaux nés et élevés en Camargue (2).

(1) Truchet. — *Mémoire sur les chevaux de la Camargue.*
« En 738, deux cent mille Sarrasins envahirent tout le midi de la
France, et étendirent leur domination jusque sur les bords du Rhône.
Si les traces monumentales de leur séjour à Arles n'existaient pas; si
une colline située non loin de cette cité n'avait pas conservé le nom de
mont Cordouan, en souvenir des Maures du camp de Cordoue, la race
entière des chevaux de ce pays témoignerait assez de ce fait historique.
Les chevaux des Maures trouvèrent à la fois dans le territoire d'Arles
une île qui, par sa configuration et par la nature des alluvions du
Rhône, a été souvent comparée au delta du Nil. Ce fut pour eux le
sol, comparativement, le moins favorable, et c'est là que leur race,
abandonnée parmi les joncs et les roseaux, a dégénéré facilement, quoique le cheval de Camargue ait encore aujourd'hui la tête presque
carrée du cheval arabe, son chanfrein creux plutôt que busqué, son
encolure de cerf, sa sobriété, son fonds d'haleine excellent, son infatigable persévérance dans un long voyage. Mais, sur la rive gauche du
Rhône, le cheval arabe trouve, dans la vaste plaine de Crau, une autre
Arabie par la nature du sol et des herbages aromatiques. Depuis qu'un
haras royal a été établi à Arles, le croisement de la race, aujourd'hui
indigène, avec celle dont elle est la descendance, en ramène les produits au type originaire. Je me rappelle avoir vu, entre autres étalons
de ce haras si heureusement situé, l'élégant coursier que Napoléon
avait ramené d'Égypte. » ( *Comte Wenceslas Rzewuski* ).
(2) Grognier. — *Cours de multiplication des animaux.*

L'opinion qui précède, sur l'origine de cette race, n'est point admise sans conteste. Quelques personnes la croient indigène à l'île, d'où elle est sortie pour se répandre dans les Bouches-du-Rhône, dans partie des départements du Gard, de l'Hérault, du Var, et arriver jusqu'aux portes de Nice. Loin d'être un héritage direct de la souche arabe, la physionomie orientale et les qualités remarquables du cheval camargue seraient dues aux influences naturelles du climat, du sol et des propriétés alimentaires des plantes; elles ne seraient point acquises, mais innées, et se perpétueraient d'une manière constante, en dépit des causes de dégradation qui, partout ailleurs, altèrent si rapidement les mêmes caractères.

Quoi qu'il en soit, la race camargue se distingue, au physique, par je ne sais quel *air étranger*, sinon oriental, du moins tartare, cosaque, celui, au surplus, qu'on remarque chez tous les animaux de l'espèce chevaline vivant à l'état sauvage, ce qui prouve que le même traitement, le même régime, les mêmes habitudes doivent produire, à peu de chose près, les mêmes formes, les mêmes qualités et les mêmes défauts chez le cheval, bien qu'il vive dans des contrées éloignées les unes des autres, et sous des latitudes différentes. Cette observation, vraie à tous égards, appartient à tous les hippologues, et se trouve souvent reproduite dans leurs travaux.

Huzard père fouillait moins avant dans l'histoire pour trouver les premiers fondements de la race camargue. Elle est, dit-il, le résultat d'un haras libre établi, en 1755, dans l'île de ce nom, sur un ordre de Louis XV; et il ajoute : Ce haras a fourni des chevaux assez distingués par leurs formes et par leur beauté pour être placés dans les écuries du roi (1).

(1) Huzard père. — *Instruction sur l'amélioration des chevaux en France.*

Bourgelat, qui écrivait en 1768, treize ans après la fondation de ce haras, ne mentionne même pas la race camargue. Cet oubli serait inexplicable, si les résultats donnés par le haras avaient été aussi notables, et si la race camargue, par elle-même, avait été d'un mérite aussi élevé.

Du reste, la révolution de 1789 détruisit l'établissement de la Camargue comme tous les autres.

Le tableau des étalons officiels de l'ancienne administration des haras (1) est muet sur le nombre des reproducteurs que devait renfermer la Camargue, lors de la suppression des haras, en 1790. Cela tient, peut-être, à ce que ces animaux appartenaient au roi lui-même, et vivaient, d'ailleurs, complétement libres dans l'île, à l'état demi-sauvage, condition d'existence commune à tous les chevaux de la tribu.

Quelle était donc la race camargue? quelle a été son utilité? quels services a-t-elle rendus à la consommation générale? quel rôle joue-t-elle encore dans la satisfaction des besoins de l'époque?

Indigène ou importée, la race camargue ne paraît pas avoir eu jamais une grande importance économique. Forcément limitée au milieu restreint hors duquel le cheval camargue s'éloigne plus ou moins de sa propre nature, sa production semble avoir été presque toujours bornée aux besoins mêmes de la localité qui forme tout à la fois son berceau et son siége.

Par exception seulement, le cheval camargue est sorti de sa sphère, de sa spécialité d'emploi. Il naît, vit et meurt dans son île; là s'accomplit toute sa destinée. Produit inculte d'un sol à peu près abandonné à lui-même, il retient toutes les qualités inhérentes à la reproduction libre, à la vie sauvage; mais il en a aussi toutes les imperfections et tous les inconvénients.

Vers la fin du XVIIe siècle, les calvinistes des Cévennes,

(1) Première partie, tome 1er, p. 71.

ligués pour la défense de leur secte, empruntent à la race
camargue les moyens de monter leur cavalerie. C'est presque le seul témoignage historique d'une utilité autre que
celle des besoins mêmes des habitants de l'île. Pour trouver
au cheval camargue une destination différente, plus générale, il faudrait remonter haut dans les temps antérieurs, et
arriver à l'époque où « nos preux ne se servaient pas encore
de ces grands destriers, qui devinrent indispensables aux
douzième, treizième et quatorzième siècles, lorsque cavalier
et monture étaient bardés de fer (1). »

Cependant, et ainsi que le fait remarquer l'auteur auquel
nous venons d'emprunter ce passage, le duc de Newcastle
écrivait en 1760, dix à vingt ans avant le soulèvement des
camisards, que les gentilshommes des bords de la Méditerranée achetaient, tous les ans, des chevaux barbes de l'âge de
deux, trois et quatre ans, à Frontignan, à Marseille, etc.,
où on les débarquait; qu'ils avaient pour coutume de mettre
les nouveaux venus parmi les poulains de leurs haras, et
qu'ils les vendaient ensuite indistinctement comme chevaux
nés en Afrique, tant la ressemblance physique et morale
était frappante entre eux.

Autrefois donc, le cheval camargue a été l'objet d'un certain commerce; on en retrouve des preuves écrites.

« Quiquéran de Beaujeu, évêque de Sénez, qui a fait son
livre intitulé *les Fleurs de la Camargue*, au commencement
de 1600, dit que les métayers faisaient castrer leurs poulains
de bonne heure, et qu'ils ne gardaient que les plus belles
juments pour fouler les grains. Il assure qu'à cette époque
on comptait dans l'île seulement quatre mille juments por-
tières, plus seize mille bœufs; ce qui me paraît extraordinaire, lorsque je compare ces nombres à ceux d'à présent,

(1) *Amélioration de la race chevaline camargue*, par **M.** Lacroix.

qui, pour les chevaux, ne vont pas à 1,900 (1), et, pour les bœufs, à 1,000 ou 1,100, en y comprenant, pour les seconds, ceux de la petite Camargue (littoral de la rive droite du petit Rhône) et ceux du *Plan du Bourg*, territoire situé sur la rive droite du bras principal de ce fleuve..... »

Il aurait été fort intéressant de rechercher si cette diminution du nombre des existences animales avait un rapport quelconque avec les chiffres comparés de la population humaine aux mêmes époques.

Quoi qu'il en soit, M. Lacroix pense que les *manades* nombreuses, c'est-à-dire la grande quantité de haras demi-sauvages que possédait l'île alors, ne devaient pas trouver, dans les travaux du dépicage, un emploi suffisant, et que le commerce exportait l'excédant des besoins pour le jeter dans la consommation générale. De cette remarque, si elle était fondée, il résulterait que l'exubérance de la production n'aurait été qu'un fait accidentel ; il confirmerait ce que nous avons déjà dit, à savoir : — La race camargue n'a jamais tenu une place bien importante dans la production indigène.

Il est hors de doute, pourtant, que cette importance a été plus grande qu'elle ne l'est aujourd'hui. La disparition d'une si grande quantité d'animaux s'explique, d'ailleurs, en partie, dit M. Lacroix, par les errements de ce temps-ci, bien différents de ceux d'autrefois. En effet, les fermiers actuels de la Camargue proscrivent les femelles et gardent les mâles. Le motif de cette préférence, c'est que les mâles résistent mieux à la misère et à la peine. Les mâles restent entiers, bien entendu ; on ne sait plus ce que c'est, en Ca-

(1) En 1847, c'est-à-dire au moment même où écrivait M. Lacroix, qui nous fournit cette citation, le sous-préfet du département d'Arles estimait à trois ou quatre mille têtes la population chevaline de l'île de la Camargue. Entre cette évaluation et l'autre la différence est ou du tiers ou de la moitié.

margue, que de les soumettre à la castration. Voici donc les
choses bien changées.

Autrefois les gentilshommes s'occupaient du cheval camargue. Pour ne pas le laisser tomber trop bas, ils combat-
taient les effets de l'abandon, de la vie à peu près sauvage,
par l'importation, souvent renouvelée, habituelle même, de
reproducteurs barbes, et pour que les mâles indigènes,
moins capables, ne pussent nuire à l'action améliorante de
l'étalon primitif, on les vouait de bonne heure au bistouri.
On faisait mieux encore, on choisissait parmi les juments
celles qui montraient le plus d'aptitude pour la bonne reproduction de la famille; seules, *les plus belles* y étaient
employées. C'est par de semblables moyens qu'une race se
maintient haute en valeur. Sous l'influence d'un tel régime,
le cheval camargue a pu acquérir toutes les qualités qu'il n'a
plus et trouver placement facile.

Mais plus tard, et aujourd'hui encore, les faits sont ren-
versés. Il n'y a plus d'importations régulières des types régénérateurs; les produits mâles sont tous gardés entiers; la
consommation détourne et use celles des juments qui ren-
draient les meilleurs services à la conservation de la race.
D'un autre côté, l'espace se resserre d'annéc en année; le
marais disparaît peu à peu sous les grands travaux de dessé-
chement qui se poursuivent. Or le premier résultat d'un
pareil ordre de choses, c'est d'enlever au cheval demi-sauvage de l'île une partie de ses moyens d'existence. La récolte des céréales augmente, mais le roseau diminue, et ce
dernier est la grande, l'unique ressource alimentaire de
la Camargue.

Aussi les proportions changent et les habitudes se modifient. Dans les temps antérieurs, les céréales étaient moins
abondamment produites et n'occupaient pas au dépicage
des grains tous les chevaux qui naissaient dans l'île. Dès lors
on en faisait commerce. Pour que celui-ci devînt profitable,
on s'attachait à une production aussi bien entendue que

possible; mais, lorsque la culture du blé prit une plus grande extension, la nourriture du cheval fut moins abondante, et celui-ci perdit bientôt de ses qualités, de sa taille, de sa valeur; un nombre moindre de poulains réussit, car la population s'affaiblit sous cette double influence : alimentation moins abondante et travail plus considérable. Dans ces circonstances, le consommateur n'a plus été autant satisfait, le débouché a langui, on a moins accordé de soins ou d'attention à la race; cependant elle suffit encore aux exigences, elle ne coûte que peu ou rien, et rend encore des profits.

Mais les faits marchent et la condition s'aggrave encore. Les ressources alimentaires diminuent en raison de l'augmentation du travail et de l'affaiblissement de la race. Déjà la population adulte est insuffisante; on est forcé d'appeler à son aide les jeunes générations, et celles-ci ne sont point mûres pour la fatigue. Tout y passe, car la récolte est abondante et le temps presse; bientôt même, quoi qu'on fasse, le moteur manque; on précipite son action, mais on n'arrête pas le temps dans sa course, et l'on se voit dans la nécessité de suppléer au nombre autant qu'aux forces du cheval par l'adoption de machines grossières d'abord, plus expéditives ensuite et perfectionnées plus tard.

Nous en sommes là, quant à présent. Le cheval n'est plus le seul instrument de dépicage usité en Camargue; les machines y ont fait invasion et sont encore, si peu que coûte le cheval de l'île, d'un emploi moins dispendieux que lui.

La race camargue n'a plus ainsi de raison d'être; elle disparaît peu à peu sous l'influence de son inutilité même (1).

___

(1) Une courte notice, publiée en 1806 par M. Poitevin, signalait déjà ce résultat comme un fait inévitable et prochain. « Une circonstance nouvelle, disait-il, me fait présager qu'avant peu il n'existera plus de chevaux camargues; car le cylindre propre à fouler les grains, étant une fois introduit, les rendra inutiles, puisqu'ils ne servent qu'à cet usage, et que le motif qui les a fait perpétuer cessant, on en laissera éteindre la race. » (*Observations sur les chevaux camargues.*)

C'est devant une agriculture progressive qu'elle s'efface et s'éteint; le dépicage était sa spécialité, et voilà que le battage des grains s'effectue par un procédé meilleur, plus économique, à l'aide d'un moyen plus rationnel; c'est le sort inévitable de toutes choses dont l'usage est aussi restreint.

Toutefois le besoin du cheval ne disparaîtra pas pour cela; l'agriculture, perfectionnée, donnera d'autres aliments que le roseau, si pauvre en substance nutritive; elle produira des fourrages d'une autre nature et d'une richesse alimentaire incontestable; ceux-ci nourriront plus abondamment et modifieront profondément, dans sa structure et dans ses formes, ce qui survivra de la race camargue actuelle. D'autres individualités viendront; la population renouvelée, d'abord incertaine et mêlée, se confirmera plus tard sous les efforts du temps et sous l'action des influences nouvelles nées de l'ordre nouveau, issues d'un système général d'agriculture avancée.

L'ancienne race sera peu regrettée alors, c'est incontestable; mais, tandis que la transition s'opère, ses besoins nouveaux sont mal remplis. Or le présent non satisfait se retourne vers le passé et s'arrête complaisamment à des souvenirs qu'il est temps d'oublier. Mieux vaut regarder l'avenir et se hâter de réaliser les espérances d'utilité plus grande qui se montrent comme une certitude au bout du travail de transformation imposé par la nécessité.

La race camargue est donc perdue sans retour. Elle disparaît forcément de la carte hippique de la France; elle disparaît sous le poids de sa propre inutilité après être tombée, degré par degré, du niveau auquel les circonstances l'avaient élevée. Sa perte ne laisse pas un grand vide dans la population. Si le nom qu'elle a porté n'avait pas souvent réveillé dans l'esprit je ne sais quelle idée de rapprochement ou même de complète analogie avec le cheval arabe, nul ne parlerait plus depuis longtemps de cette petite famille de

chevaux français. Ce qui l'a sauvée de l'oubli, ce qui l'a
fait vivre jusqu'à l'époque actuelle, ce sont les projets, assez
fréquemment renouvelés, de quelques hippologues, de la
traiter avec beaucoup d'attention afin de la rappeler au type
primitif. Pour certains hommes de cheval, la Camargue était
l'Arabie de la France; il était facile d'y reproduire, avec
toutes ses qualités natives, le prototype de l'espèce, d'en
faire la pépinière de tous les régénérateurs de notre population affaiblie. La prétention était grande. Il n'est pas trop
aisé de s'en rendre compte lorsqu'on voit ce qu'est la Camargue, lorsqu'on fait tout ce qu'exige une reproduction
élevée, celle qui doit atteindre à toutes les perfections,
lorsqu'on étudie les conditions économiques de l'île elle-
même.

Cependant voyons quels ont été les projets de ces hippologues. On peut les rapporter tous à deux types. L'un, nous
venons de le dire, transportait l'Arabie en Camargue et y
reproduisait le cheval père avec tous ses mérites de race noble et pure, avec tous les avantages qu'il peut offrir à l'éducateur intelligent pour la régénération de l'espèce entière;
l'autre se bornait à faire de l'île le foyer exclusif de la remonte de la cavalerie légère.

C'est dans une lettre écrite en 1821 à monseigneur le duc
d'Angoulème que se trouve exposée la pensée d'établir sur
une grande échelle un haras arabe en Camargue. L'auteur
du projet est le marquis de Royère; ceux qui l'ont copié ne
lui ont pas même fait les honneurs d'une simple indication.
Nous rendons à César ce qui est à César.

« La France, disait donc le marquis de Royère, a dans les
marais de la Camargue une race de chevaux barbes ou arabes, laissés dans les marais par les Mores, ou par les croisés à leur retour de la terre sainte. Cette race, composée
maintenant de quatre à cinq mille individus des deux sexes
et de tout âge, n'a dû qu'à sa misère, à ses malheurs, à
sa sobriété, de s'être conservée dans la pureté de son ori-

gine (1). Tout étalon français que l'on aurait admis à partager leur mauvaise nourriture, leurs souffrances, leur misère en hiver et en été, serait, par cela même, devenu incapable de se reproduire : il a donc fallu que, malgré les hommes, qui souvent gâtent tout, cette race restât pure, quoique expatriée.

« Les chevaux de la Camargue sont restés arabes ; mais, souvent exténués par la faim, dévorés par les insectes, toujours dans l'eau, ils ont dû perdre la beauté de leurs formes. La cause qui a le plus contribué à la perte de leurs avantages a été les accouplements précoces des deux sexes : ils ont perdu de leur taille, de leur beauté ; mais ils ont conservé le sang arabe, c'est-à-dire la vigueur, la légèreté, la souplesse, et surtout la sobriété. A ces derniers avantages il faut en ajouter un bien précieux pour la France, ils se sont acclimatés au ciel et au sol de la France.

« Si l'on voulait sacrifier une douzaine ou quinzaine d'étalons arabes pour rendre à cette race sa primitive splendeur, nous aurions dans peu d'années une pépinière de chevaux arabes en France. Il serait bien impolitique de ne pas tenter cette conquête, dont le succès me paraît certain ; mais pour réussir il n'y a qu'un moyen, il faut que le gouvernement achète, dans ce moment-ci, tous les chevaux mâles de la Camargue, depuis l'âge de six mois jusqu'à celui de vingt-cinq ou trente ans ; qu'il les fasse tous castrer sans pitié, qu'il les revende ensuite aux propriétaires, ou qu'il en fasse tout ce qu'il lui conviendra d'en faire. Une fois tous les chevaux mâles entiers disparus de la Camargue, on choisira environ mille des meilleures juments de cette race, celles surtout qui auront le mieux conservé le type original ; on en fera saillir, tous les ans, cinq cents par les quinze arabes qui seront à Arles. On encouragera les propriétaires de

(1) Nous laissons au marquis de Royère, bien entendu, la responsabilité de ses doctrines et de sa manière de les produire.

ces juments à ne les faire saillir que tous les deux ans; à ne pas les excéder de travail pour battre les blés; à les nourrir du meilleur fourrage, qu'ils donnent aux moutons; à les soigner pendant l'hiver; enfin à les traiter comme des juments dont les petites-filles et les arrière-petites-filles doivent leur donner, dans vingt ou vingt-cinq ans, des chevaux qu'ils vendront 4, 5 et 6,000 fr.

« Pendant dix ou quinze ans, il faut que le gouvernement achète tous les ans, à six mois ou à un an, tous les poulains mâles qui naîtront dans la Camargue. Quoique fils de nos arabes, il faut les faire tous châtrer impitoyablement. Il faut absolument qu'un cheval entier au-dessus d'un an devienne contrebande dans l'île de la Camargue, et soit confisqué, dans l'intérêt même des habitants de l'île.

« . . . . . . . . . . . . . . . . . .

« Il est parfaitement reconnu que les poulains mâles, fils d'arabes (s'ils ne sont pas fils d'une jument améliorée), ne peuvent absolument rien pour l'amélioration; les pouliches seules y peuvent tout.

« Le gouvernement, ayant donné des étalons arabes, croit avoir tout fait; il suppose que les propriétaires de juments doivent faire le reste. De cette erreur, de cette économie mal entendue il est toujours résulté, il résultera toujours que les dépenses du gouvernement seront entièrement perdues, et que les arabes, barbes et autres ne produiront jamais rien de bon. Il faut, ou que le gouvernement laisse les étalons en Arabie, ou bien qu'il achète, pendant dix ou quinze ans, tous les mâles provenant de ces arabes, qu'il les fasse castrer et qu'il en fasse des chevaux de hussards.

« Je sais bien que les pouliches, premières filles d'arabes, ne vaudront pas mieux à l'usage que leurs frères, les poulains mâles : mais celles-ci peuvent servir à l'amélioration, mais elles peuvent faire des poulinières précieuses; mais, saillies par un étalon arabe autre que leur père, elles donneront des filles qui vaudront mieux qu'elles. Ces dernières, saillies par un troisième arabe autre que leur père et leur grand-père, donneront encore mieux qu'elles ; et enfin, à la quatrième, cinquième ou sixième génération, vous aurez des juments à peu près arabes, nées en France et acclimatées en France.

« Il est inutile de chercher à prouver ici que les juments de la Camargue, déjà arabes, déjà acclimatées en France depuis plusieurs siècles, arriveront bien plus vite, bien plus certainement à la perfection arabe que les juments de toutes autres races françaises. Quand une fois les juments de la Camargue, saillies à chaque génération par un nouveau cheval arabe, auront repris les formes, la taille, l'élégance arabes, alors seulement on ne châtrera plus leurs poulains mâles : le gouvernement continuera à les acheter ; mais il en fera des étalons bien précieux pour la Navarre, l'Auvergne, le Limousin et la Gironde. Alors les hussards français, qui hériteront de ce que l'on n'emploiera pas comme étalons, seront la troupe de l'Europe la mieux montée.

« . . . . . . . . . . . . . . . . . .

« Il faut à la France des chevaux ; il est très-difficile de s'en procurer ; ils sont et deviennent fort chers. Pourquoi ne profiterions-nous pas du climat de la Provence ? Pourquoi négligerions-nous les facilités que la Providence nous a conservées à travers les siècles, à travers les révolutions pour faciliter à la France l'éducation des chevaux arabes ?

« Le séjour qu'ont fait les chevaux de la Camargue dans leurs marais, pendant plusieurs siècles, n'a pu leur ôter les qualités qu'ils tenaient de leur origine. Toutes les souffrances qu'ils ont eues à supporter, la faim, la soif, au milieu de marais salés ; les moucherons, les insectes, les sangsues qui les dévorent ; le défaut de nourriture, les travaux forcés pour dépiquer les blés ; l'abandon, les accouplements incestueux et prématurés, rien n'a pu faire perdre à cette race la noblesse de son origine. Tout cela prouve que le climat de la Provence peut élever des chevaux arabes, et que, si l'on recueille avec soin les semences précieuses qui nous restent, on parviendra aisément à avoir des chevaux arabes en France. »

Au point où nous en sommes de ces études, nous croyons pouvoir nous dispenser de réfuter de pareilles idées. Elles n'avaient rien de pratique ni dans la donnée scientifique ni dans le fait économique. En ne s'occupant pas du projet du marquis de Royère, le gouvernement lui a rendu justice : il ne soutenait pas le plus léger examen.

La pensée de faire produire à la Camargue tous les chevaux nécessaires à la remonte de la cavalerie légère avait quelque chose de plus spécieux. L'auteur abritait sous ce prétexte une question de travaux publics d'une grande importance et d'un immense intérêt pour tous les propriétaires de la contrée. Or voici comment il raisonnait :

Tous les efforts de l'administration des haras échouent contre le même écueil, — les gros frais de production. Où est le moyen de fabriquer à bas prix des chevaux dans un pays où l'on n'obtient à bon marché ni l'herbe, ni le foin, ni l'avoine? La première question à résoudre est celle-ci : faciliter la création des prairies nécessaires à l'élève de tous les chevaux qui manquent au pays. Par cette voie, seulement, nous serons affranchis du honteux tribut que nous payons à l'étranger et de la dépendance plus honteuse encore sous laquelle il nous tient.

« Pour faciliter le transport et l'échange des produits, dit l'auteur du projet, le gouvernement construit, entretient et améliore à grands frais les routes, les canaux, les ports de mer, etc...; pour créer les plus essentiels de ces produits ne peut-il donc construire de grandes rigoles d'irrigation partout où le besoin s'en fait sentir. Il n'hésite pas à dépenser des centaines de millions pour élever et entretenir des citadelles, des places fortes, des arsenaux, afin d'assurer l'indépendance nationale. Devrait-il hésiter à employer une seule fois la vingtième partie de ce qu'absorbe le ministère de la guerre, chaque année, pour donner à la France un élément de force militaire plus essentiel cent fois que les forteresses et les citadelles, je veux dire les chevaux nécessaires à la remonte de sa cavalerie? Avec une bonne, une nombreuse cavalerie qui harcèlerait continuellement l'ennemi en temps de guerre, la France ne serait-elle pas mieux préservée de toute atteinte de l'étranger, mieux en mesure de porter chez lui ses armes triomphantes, qu'avec le système de défense militaire le plus habilement combiné et les arsenaux les mieux fournis? Le souvenir des guerres des Numides et des Parthes contre les Romains, et la longue résistance d'*Abd-el-Kader* à notre tactique et à nos forces, répondraient suffisamment à cette question, lors même qu'on aurait oublié que *Napoléon* attribuait la plupart de ses revers à l'infériorité de sa cavalerie.

« Or 15 à 20 millions bien employés suffiraient pour arroser dans le delta du Rhône 50 à 60,000 hectares d'un sol naturellement fertile; déjà les études sont faites pour les deux tiers de ce terrain par un habile ingénieur des ponts et chaussées. Une pareille somme employée de la même manière sur d'autres points du royaume porterait à 30 ou 40 millions les fonds que le gouvernement aurait à débourser pour créer au delà de 100,000 hectares de prairies.

« S'il fournissait gratuitement l'eau d'irrigation aux propriétaires, à la charge seulement de nourrir, sur chaque hectare de terrain arrosé, une poulinière agréée par les agents de l'administration des haras ou de la guerre, et saillie par un étalon qu'auraient désigné ces agents, on aurait bientôt, dans ces seules prairies improvisées par les nouvelles rigoles d'irrigation, une production équestre suffisante pour la remonte d'une belle et nombreuse cavalerie. Et cependant le capital employé, au taux auquel le gouvernement obtient l'argent aujourd'hui (4 pour 100), n'imposerait guère au delà de 1,200,000 à 1,500,000 fr. de charges annuelles à l'État, somme peu importante sur un budget de 1,200 millions, et qu'on économiserait tout entière par la diminution du prix des 6,000 chevaux que le ministre de la guerre est obligé d'acheter, chaque année, presque tous à l'étranger pour remonter fort mal et difficilement notre cavalerie, qu'il remonterait parfaitement avec la plus grande facilité sans exportation de numéraire, si cette mesure, fort importante, d'ailleurs, pour l'agriculture de contrées aujourd'hui ruinées, était adoptée.

« Ce que je propose est, j'en conviens, une innovation. Jusqu'ici on n'a considéré, comme travaux publics à la charge de l'État, que les ports de mer, les ponts, les chemins, les fortifications et les monuments, rarement les canaux de navigation; c'est-à-dire qu'on n'a guère employé les fonds de l'Etat qu'à des dépenses de luxe ou du moins à des dépenses, pour la plupart, improductives. Mais, si l'on reconnaissait qu'il reste à faire des travaux éminemment productifs, véritablement utiles, et, je ne crains pas de le dire, plus urgents que tous ceux qu'on a hâte d'achever, devrait-on balancer par cela seul qu'ils sont insolites et qu'ils font sortir l'administration de la routine bureaucratique? Je ne le pense pas, surtout quand on peut tout à la fois, comme dans le cas présent, assurer la défense du royaume, économiser les ressources des contribuables, fertiliser toute une contrée, faire prospérer, enfin, et progresser une branche essentielle de l'économie rurale, restée jusqu'ici stationnaire. Aussi espérons-nous que M. le ministre de l'agriculture, qui connaît ce projet, l'appuiera avec chaleur auprès de son collègue des travaux publics (1). »

Ainsi posée, la question n'avait plus rien de scientifique. il s'agissait d'établir 50 ou 60,000 hectares de prairies et de faire arriver en Camargue 50 à 60,000 poulinières destinées

(1) Baron de Rivière. *Des haras en France et particulièrement en Camargue.*

à la production de chevaux de cavalerie légère. Ce projet, comme le précédent, est resté dans les cartons. Il y a gros à parier qu'il ne sera pas de sitôt exécuté.

Est-ce à dire que la race camargue ait été abandonnée par le gouvernement? assurément non. Loin de là, d'importantes ressources ont été mises à la portée des propriétaires de l'île, dont l'administration des haras n'a cessé de combattre l'incurie par les conseils et l'influence de l'exemple. En effet, elle ne s'est pas bornée à fournir les étalons utiles à la bonne reproduction, elle a été plus avant dans les faits. Elle a formé une manade en tout semblable à celles du pays; elle a donc possédé un petit troupeau de juments indigènes qu'elle a entretenu suivant l'usage de la contrée en lui donnant, de plus, l'abri d'une cabane en roseau durant les plus gros temps, et un supplément de nourriture, composé de roseau et de paille, pendant les quatre mois d'hiver seulement. Les poulains étaient traités de la même manière, mais on ajoutait à leur ration 1 litre ou 1 litre et demi d'avoine par jour. Cette légère amélioration dans le régime a déterminé des effets d'amélioration physique inespérés; elle a développé les animaux qui ont acquis une plus-value relativement considérable. A quatre ans, cependant, les produits ne revenaient pas à 200 francs par tête. On les admirait et on les recherchait avec d'autant plus d'empressement qu'ils étaient façonnés au travail, car ils partageaient avec les mères toutes les exigences de l'exploitation d'une ferme. C'est en les utilisant qu'on les élevait, afin que l'exemple fût complet et pût être partout imité. On ne faisait rien sur cette ferme qui ne se pratiquât dans le pays même; seulement on le faisait avec un peu plus de soin et de manière à en tirer des fruits tout à la fois meilleurs et plus abondants. La réussite a été entière, reconnue et constatée; mais personne ne s'est mis en marche pour faire de même, et l'essai n'a point eu d'autre suite. Il a échoué, en l'absence des propriétaires de l'île, qui n'habitent pas leurs terres, contre l'indifférence et l'apathie des fermiers.

En adoptant la méthode facile et si peu coûteuse de la manade modèle établie par l'administration des haras, on élevait sans grands sacrifices le cheval camargue à la hauteur des exigences de la cavalerie légère, on le transformait en produit utile, et l'on sauvait sa race d'une ruine assurée et prochaine. Rien n'a pu stimuler l'action privée; rien, pas même la certitude du bénéfice. Il a bien fallu prendre un parti et supprimer le petit établissement formé en Camargue.

L'étalon de sang oriental, pur ou non tracé, a toujours été mis à portée du propriétaire de juments camargues; l'étalon de pur sang anglais a néanmoins été essayé avec succès. Les produits de celui-là ont toujours été supérieurs à ceux de l'étalon indigène appelé *grignon*. Toutefois il faut constater un fait parce qu'il est vrai, c'est que les poulains du *grignon* résistent mieux à l'âpreté de l'hiver, à toutes les misères de la vie sauvage que ceux du cheval habitué à une existence moins rude. C'est la plus grande valeur des fils de celui-ci qui rachète et compense les avantages que donne aux autres une rusticité plus développée. La conséquence de ceci, facile à tirer, était que les produits croisés voulaient un peu plus d'attention et de soins. Quand ces soins et cette attention manquent, il faut s'en tenir au grignon et produire le camargue chétif et bientôt inutile; quand on songe, au contraire, à obtenir un résultat différent, il faut employer un étalon mieux doué et en développer les bons germes à la faveur d'un élevage moins abandonné.

La race camargue, l'expérience l'a surabondamment démontré, n'eût été réfractaire à aucune tentative d'amélioration. Elle acceptait, au contraire, le perfectionnement avec une merveilleuse facilité. Le croisement par l'étalon arabe ou anglais donnait beaucoup de distinction à la tête, à l'encolure, à l'épaule et à toute l'arrière-main; il développait

ces parties et en effaçait le caractère propre à la race. Chez
le produit issu d'arabe on retrouvait les formes du cheval
barbe; les fils d'anglais se rapprochaient davantage du cheval pyrénéen issu de la jument navarrine et de l'étalon de
pur sang anglais.

Quant au cheval indigène, au camargue pur, comme on le
nomme dans le pays, c'est le produit inculte d'un sol à peu
près abandonné à lui-même: il a tout s les qualités de rusticité inhérentes à la reproduction libre, à la vie sauvage,
mais il en retient aussi toutes les défectuosités et tous les
inconvénients. Il est petit, sa taille varie peu et mesure de
1 mèt. 52 cent. à 1 mèt. 54 cent.; rarement il grandit assez pour atteindre à l'arme de la cavalerie légère; il a toujours la robe gris blanc. Quoique grosse et parfois busquée,
sa tête est généralement carrée et bien attachée; les oreilles
sont courtes et écartées; l'œil est vif, à fleur de tête; l'encolure droite, grêle, parfois renversée; l'épaule est droite
et courte, mais le garrot ne manque pas d'élévation; le dos
est saillant; le rein est large, mais long et mal attaché; la
croupe est courte, avalée, souvent tranchante comme chez
le mulet; les cuisses sont maigres; les jarrets sont étroits et
clos, mais épais et forts; les extrémités sont sèches, mais
trop minces; l'articulation du genou est faible et le tendon
est failli; les paturons sont courts; le pied est très-sûr et de
bonne nature, mais large et quelquefois un peu plat. Le che-
cal camargue est agile, sobre, vif, courageux, capable de
résister aux longues abstinences comme aux intempéries. Il
se reproduit toujours le même depuis des siècles, malgré
l'état de détresse dans lequel le retiennent l'oubli et l'incurie.

Les manades de l'île, moins nombreuses et multipliées
qu'autrefois, sont composées de 20 à 100 têtes de chevaux,
juments et poulains de tous les âges. Chacune d'elles a son
gardien qui la surveille à cheval. Les gardiens ne manquent
pas d'un certain art, de ce qu'on peut appeler la science

pratique du cheval. Nés et élevés au milieu des troupeaux,
ils en connaissent les mœurs et montrent une dextérité
toute particulière quand il s'agit d'approcher et de saisir
un sujet désigné dans la troupe indomptée. Ils exercent sur
lui une sorte de magnétisme qui attire et maîtrise les plus
rebelles. Ils pratiquent une équitation instructive pleine de
puissance et d'audace, dont le mérite et la solidité ressortent dans les courses ardentes, échevelées de la *ferrade*.

Il est étrange qu'on n'ait pas songé à utiliser, au profit
d'un dressage intelligent, l'habileté et le savoir des gardiens. Ils sont doux, patients, expérimentés, remplis de
tact, et viennent aisément à bout des plus farouches. On est
étonné de la facilité avec laquelle ils s'en approchent, de la
précision avec laquelle ils lancent au cou la corde, sans jamais faire une fausse manœuvre ni se tromper. C'est bien
le cheval à prendre qui est pris. Celui-ci, inquiet comme
s'il était en péril, se précipite et fuit. Le gardien se laisse
d'abord entraîner, puis il gagne du terrain en forçant le
fuyard à ralentir la rapidité de sa course, inspire confiance,
se rapproche insensiblement, arrive jusqu'à la tête et domine bientôt l'animal, qu'il ramène en le caressant du regard, de la main et de la voix, après avoir disposé la corde
en manière de caveçon sur le nez. C'est maintenant un es-
clave presque docile. On peut l'examiner à loisir, à la condition, pourtant, de ne tourner ni trop près ni trop brusquement autour de lui. Il eût, sans doute, été facile d'intéresser
les gardiens des manades au succès du dressage et, par
conséquent, à la vente profitable des produits. Nul n'y a
songé, et le cheval camargue ne reçoit aucune éducation.
Toutefois, quand on s'en occupe, il montre bien plus d'indépendance que d'indocilité; il a plus d'intelligence encore
que de sauvagerie. Avec la douceur on lui fait vite comprendre ce qu'on veut de lui; la brutalité, au contraire, le ré-
volte et l'exaspère. On en a la preuve toutes les fois qu'on
essaye de le faire passer brutalement de la vie libre à la vie

domestique. Il ne se soumet pas sans résistance au régime des coups de bâton qu'on lui inflige souvent pour lui faire accepter, sans préliminaire, ou les traits ou la selle.

La ferrade est une autre occasion de prouesses pour les gardiens. On nomme ainsi l'opération de marquer par le feu les bœufs sauvages qu'on veut reconnaître. Le peuple aime à la fureur ces exercices, qui les passionnent et qui sont les tournois de l'agriculture. Dans la ferrade, l'agilité, la vigueur et le courage sont autant nécessaires aux hommes qu'aux chevaux, également exposés à être éventrés à la poursuite des bœufs, lorsque ceux-ci, à bout de course, se retournent brusquement et menacent de leurs terribles défenses.

Les chevaux entiers qui se distinguent le plus par leur nerf et leur agilité dans les ferrades passent à la condition de grignon. Les reproducteurs de la race ont presque tous fait leurs preuves. C'est donc une nécessité, à tous les degrés de la hiérarchie chevaline, que la constatation des qualités chez le procréateur. Pourquoi cette vérité pénètre-t-elle si lentement dans les esprits et ne parvient-elle que si difficilement à l'état de pratique usuelle ?

Le dépicage des grains est un travail des plus fatigants et des plus pénibles par sa durée et la haute température de l'atmosphère au temps où on l'exécute.

« Dès que le jour commence, dit M. Truchet, que nous avons déjà cité, vers trois ou quatre heures du matin, les chevaux montent sur les gerbes posées verticalement l'une à côté de l'autre, et là, marchant comme dans le plus grand bourbier possible, ils suivent péniblement les *primadiers* enfoncés dans la paille, ne sortent que la tête et le dos : cela dure jusqu'à neuf heures. Ils descendent alors pour aller boire. Une demi-heure après, ils remontent, et trottent circulairement jusqu'à deux heures, moment où on les renvoie encore à l'abreuvoir. Ils reprennent le travail à trois heures jusqu'à six ou sept, et ne cessent de tourner au grand trot sur les pailles, jusqu'à ce qu'elles soient brisées de la longueur de 3 à 6 pouces. On peut supputer que dans cette marche pénible les chevaux font de 16 à 18 lieues par jour, quelquefois plus, sans qu'on leur donne une pincée de fourrage, réduits qu'ils sont de manger à la dérobée quelques brins de paille et quelques-uns des épis qu'ils ont sous les pieds. Ce travail se renouvelle assez ordinairement tous les jours pendant un mois et plus. On a souvent essayé d'y soumettre des chevaux étrangers; ceux-ci n'ont jamais résisté au même degré que les camargues. »

Le foulage des grains terminé, le cheval camargue retourne au marais jusqu'à la moisson suivante. Il a rempli tout son office. Il coûte de 20 à 25 fr. par an, mais il gagne de 60 à 80 fr. Le décompte est facile; il y a là un revenu bien clair et bien net. Mais ces derniers chiffres ont déjà à fléchir; le rouleau prend la place du cheval, et celui-ci disparaît.

Telle est, ou plutôt telle aura été la race camargue. Elle n'est point à regretter, puisqu'elle est avantageusement remplacée dans la seule destination que lui avaient faite les circonstances, les usages locaux et une agriculture arriérée.

Soit que la race camargue, sortie de l'île, ait été reproduite autrefois sur tout le littoral, soit qu'un cheval d'espèce légère ait été développé en même temps qu'en Camargue, il n'est pas moins vrai qu'on retrouve le type de cette vieille race sur les bords de la mer, depuis Fréjus, dans le Var, ou même depuis Nice, jusqu'aux portes de Perpignan (Pyrénées-Orientales). Cela se comprend du reste, car les circonstances locales, les influences du sol et du climat sont là, à peu de chose près, les mêmes qu'en Camargue. De grands marais bordent des étangs considérables et fournissent encore au cheval le même genre d'existence.

Il nous aura suffi de constater ce fait. Hâtons-nous d'ajouter, néanmoins, que ces diverses parties de contrées voisines de la Provence ne sont pas restées stationnaires comme elle. La population chevaline ne s'y montre plus aussi uniforme qu'en Camargue ; des nuances assez prononcées témoignent des tentatives déjà faites en vue d'une transformation utile. Le cheval grandit et se développe davantage à la faveur de croisements dont la bonne influence est soutenue par un régime moins parcimonieux et plus substantiel. C'est dans le département de l'Aude que le progrès est le plus marqué ; c'est de là que s'étendront de proche en proche les plus profitables, grâce aux efforts patriotiques et intelligents de quelques hommes dévoués. Les anciens haras de la contrée, appelés *aygalades*, disparaissent comme les *manades* de la Camargue, mais ils s'en vont pour faire place à des produits nouveaux ; ils se transforment et ne meurent pas d'inanition. Ici on a ménagé une heureuse transition. Les progrès de l'agriculture, loin de chasser le cheval, l'ont appelé pour le faire meilleur, pour lui donner de plus grandes qualités, des aptitudes nouvelles, une tournure et une valeur plus marchandes. C'est là ce que n'a pu le fermier, et ce que n'a pas su ou voulu faire le propriétaire de la Camargue toujours absent de ses terres.

Le Languedoc et la Provence ne sont pas à grande distance ; ces deux contrées se tenaient fort près l'une de l'autre au point de vue hippique. Qu'on les étudie aujourd'hui et qu'on voie les différences. En Camargue, la race se meurt de consomption et s'affaisse sous le poids de son inutilité; elle revit sous une autre forme pour échapper à la ruine, elle s'élève au niveau des exigences de l'époque pour remplir sa destination, pour tenir la place qu'elle doit occuper dans la satisfaction des besoins généraux du pays. On la verra bientôt prospère et convenablement classée sur l'échelle de l'espèce.

Et pourtant, le fait est digne de remarque, l'industrie chevaline n'a reçu, ni dans l'Aude, ni dans le Gard, des ressources égales à celles qui ont été continuées en Camargue: celle-ci les a eues abondantes et faciles pour les délaisser et n'en tirer qu'un faible parti ; on les a fort disputées en Languedoc, au contraire, qui leur a fait rendre au delà de toute espérance. Il est évident que les intérêts se sont déplacés ; que la Camargue userait en pure perte, aujourd'hui, des forces qui sont beaucoup mieux utilisées sur les points plus avancés de la circonscription du dépôt d'Arles. Voilà ce que démontrent les faits étudiés avec quelque attention.

La Cerdagne, plateau des Pyrénées-Orientales élevé à plus de 1,600 mètres au-dessus du niveau de la mer, nourrit une autre race de chevaux qui n'est pas sans mérite. Cette tribu, d'ailleurs peu nombreuse et tout à fait inconnue en France, est apparemment sortie du cheval espagnol qu'elle rappelle par sa conformation et ses caractères extérieurs. La fertilité du sol et l'abondance de la nourriture lui donnent la taille, la corpulence et les qualités du cheval de ligne ; la gendarmerie la recherche et se loue de ses services.

Le cheval cerdan, presque toujours noir, ne manque pas d'une certaine distinction. Il a du cachet. Sa tête est ordinairement busquée, mais légèrement ; son épaule est bonne et libre, mais haute dans ses mouvements ; le rein est trop long, mais soutenu dans son attache ; la hanche offre de la longueur et un suffisant degré d'inclinaison. La poitrine est bien conformée, plus ronde que plate et proportionnellement moins haute que large ; la membrure est forte et bien appuyée ; l'articulation du jarret est particulièrement remarquable ; les paturons sont un peu longs et plient, mais sans faiblesse ; le pied est toujours bien fait et pose avec assurance sur le sol.

Comme toutes les anciennes races, celle-ci est lente à se développer. Il faut l'attendre jusqu'à sept ou huit ans ; mais alors et malgré de pénibles labeurs, la résistance au travail est considérable et la vie est longue. Le cheval cerdan est utilement employé jusqu'à l'âge de vingt ans. C'est au moins douze ans de bons services. Il vaut de 8 à 1,200 fr.

L'Espagne ouvre à sa production un débouché sûr, facile

et lucratif. Toutefois la mode impose à l'éleveur des conditions de forme qui feraient moins rechercher ce produit en France : ainsi la tête busquée et la couleur noire. Le premier de ces caractères ne recommande plus aujourd'hui le cheval à nos yeux; il est encore une beauté pour les Espagnols.

Cette race n'a pas quitté la Cerdagne, mais celle-ci a de plus fréquents rapports avec nos voisins qu'avec nous-mêmes. Son prix élevé est sans doute la raison qui l'empêche d'être le cheval de prédilection du gendarme dans une partie des départements du midi de la France.

Qu'était le cheval cerdan autrefois? Aucun auteur n'en a parlé; la question est donc insoluble pour nous?

En dehors des races camargue et cerdane, il n'y a plus dans cette circonscription qu'une réunion très-mêlée d'individus appartenant à toutes les races connues, depuis le cheval allemand jusqu'au petit breton. C'est une colonie bizarrement composée, incessamment renouvelée par le commerce qui fournit aux divers besoins de la contrée.

Examinons de plus près cette population bigarrée et sans antécédent local.

Sur la rive gauche du Rhône, c'est-à-dire dans les départements de Vaucluse, de la Drôme, des Hautes et Basses-Alpes, se trouve un cheval léger sans caractère de race proprement dit. C'est d'abord le cheval du midi de la France, importé de toutes parts et presque acheté au hasard : le type léger est ici en minorité. Les sujets de grosse espèce dominent, mais sans recherche, sans préférence aucune pour telle ou telle race. C'est la même confusion de caractères que chez les animaux du type léger. Cependant, sur les parties montagneuses, le cheval de trait est choisi parmi les individus de petite taille, 1 mètre 40 à 1 mètre 50 centimètres au plus, avec du poids et de la corpulence. C'est une question de régime, de richesse alimentaire qui impose cette condition. Les fermiers cherchent, d'ailleurs, à s'appro-

III.                                                                    17

prier cette espèce en livrant les femelles à des étalons de demi-sang bien pris et bien cousus dans leurs formes. Ils en obtiennent d'excellents produits. Le mérite de ceux-ci et leur parfaite convenance au genre de travaux auxquels on les soumet indiquent la voie à suivre pour arriver à mieux que ce qui est.

Sur tout le littoral de la Méditerranée, on voit le cheval de trait breton, poitevin, percheron, suisse; le cheval allemand arrive jusqu'ici et se montre au milieu de cette colonie hétérogène. Dans cette partie de la circonscription comme dans l'autre, on emploie, on adopte comme reproducteur le bon cheval de demi-sang anglo-normand. L'accouplement de celui-ci avec les poulinières des différentes races introduites au hasard des besoins et des circonstances donne des produits, et l'éleveur est satisfait en ce qu'ils le dispensent de renouveler, chaque année, ses achats au dehors. C'est là une heureuse tendance qu'il faut favoriser et développer en mettant de bons étalons à la portée des cultivateurs. L'emploi judicieux du cheval de demi-sang bien choisi peut doter la contrée d'une famille de chevaux parfaitement capables de remplir les exigences de l'époque. Si peu orthodoxe que puisse être ce conseil aux yeux de certaines personnes, il n'en est pas moins sûr et bon à suivre, car les faits l'appuient et l'expérience le recommande. On en trouvera, d'ailleurs, tous les motifs scientifiques dans ce que nous avons précédemment rapporté des effets du métissage en Anjou.

Le département du Var a cherché à s'approprier, par la voie du croisement, une race de chevaux de trait dont les conditions d'existence ne se trouvent pas dans la nature du sol. Dès lors, toutes ses tentatives ont abouti à l'insuccès. Croiser la jument légère du pays avec le cheval percheron, pour y reproduire ce dernier, est une faute contre la science et contre la pratique la plus vulgaire. Procéder ainsi, c'est méconnaître toutes les règles et marcher au rebours de toutes les connaissances acquises. Livrer la jument importée au même étalon dans le pouvoir héréditaire est si borné, qu'on n'en constate nullement les effets sur aucune autre race; c'est faire en pure perte des sacrifices de temps et d'argent.

Dans les chapitres précédents, nous avons posé les règles et déposé les prémisses de la science; viennent maintenant les conséquences et les enseignements de la pratique.

Les résultats qui se sont produits pendant les vingt dernières années, sous l'influence des étalons de l'État, sont de nature à verser la lumière sur des théories vieillies par les progrès de la civilisation. Tant que le fait de la reproduction, dans cette vaste étendue qui est devenue la circonscription du dépôt d'Arles, n'a guère intéressé que la race camargue et ses dérivés, il est évident que le sang arabe était à peu près le seul à conseiller, à employer; mais, du jour où des besoins plus pressés ont forcé d'abandonner le cheval issu d'arabe, atteint et convaincu d'insuffisance, il y a eu nécessité de s'adresser à d'autres existences et de chercher, en dehors des pratiques anciennes, la satisfaction des exigences actuelles. Alors commencèrent des importations de races d'un autre ordre; ce n'étaient d'abord que des bêtes de service, mais la distance n'est pas grande entre la jument qui travaille aux mains du cultivateur et la jument dont on fait une matrice. Eh bien! cette dernière a donné des fruits d'autant meilleurs et profitables, qu'elle a été accouplée avec des reproducteurs anglais, et surtout issus d'anglais. Ici le sang arabe, pur ou mêlé, a plus ou moins complétement échoué. De l'insuccès à l'abandon, il n'y a qu'un pas facile à franchir. Les choses en sont là.

Envisagée de cette manière, et c'est incontestablement la seule utile et vraie, la question des accouplements prend un caractère plus économique que scientifique. Pourtant la science ne perd rien de ses droits, et elle explique à merveille comment, sur des poulinières de toutes sortes et sans

type, on obtient mieux avec le bon demi-sang qu'avec le
pur sang, comment l'étalon fort et puissant, étoffé, membru et corpulent donne mieux et plus complet que le reproducteur mince, léger, de petite taille, insuffisant.

La production ne peut demeurer stationnaire quand les
intérêts se déplacent. Ceux-ci demandent à d'autres poulinières qu'à la petite jument camargue des produits mieux
appropriés aux exigences de l'époque; c'est à la science,
éclairée par les faits, à trouver, pour les nouvelles matrices,
les reproducteurs qui conviennent le mieux au but à atteindre.

Voyons donc les faits.

Ils se trouvent résumés dans le tableau suivant, qui offre,
en moyennes quinquennales, les résultats comparés du service des étalons nationaux de pur sang arabe ou issus d'a-
rabe, et de pur sang anglais ou issus d'anglais, à partir de
1834, époque du rétablissement du dépôt d'étalons d'Arles.

| ANNÉES. | NOMBRE moyen d'étalons. | | MOYENNE des juments saillies. | | MOYENNE par tête. | |
|---|---|---|---|---|---|---|
| | Catégorie arabe. | Catégorie anglaise. | Catégorie arabe. | Catégorie anglaise. | Catégorie arabe. | Catégorie anglaise. |
| 1834 et 1835 | 13 | 8 | 304 | 180 | 23 | 23 |
| De 1836 à 1840 | 15 | 8 | 385 | 213 | 26 | 26 |
| De 1841 à 1845 | 17 | 11 | 536 | 355 | 31 | 32 |
| De 1846 à 1850 | 18 | 16 | 479 | 557 | 27 | 37 |

Ces chiffres ne manquent pas d'intérêt. La catégorie des
chevaux arabes ou issus d'arabe l'a toujours emporté par le

nombre sur celle des étalons anglais ou issus d'anglais
L'effectif de ces derniers a grossi, mais avec lenteur. C'est
leur recherche, plus active d'année en année, qui a poussé
l'administration, qui a commandé la composition de l'établissement. Pour répondre aux besoins du pays, l'effectif
devrait désormais comprendre un nombre de chevaux issus
du sang anglais supérieur au chiffre des étalons de l'autre
catégorie.

En France, rien ne s'impose moins que le choix d'un
étalon. Pris en masse, le producteur n'en fait qu'à sa tête ;
avant d'agir, il consulte son intérêt, ou tout au moins ce
qu'il croit être son intérêt. Il faut bien admettre, pour ce
qui se passe ici, que le cheval arabe et son dérivé donnent
des produits d'une utilité et d'une valeur moindres que ceux
de la souche anglaise, puisque ces derniers sont plus recherchés et plus employés que les autres. L'examen du tableau
ne permet aucun doute à cet égard.

En effet, tandis que le nombre des juments livrées aux
chevaux de sang arabe diminue sans que le nombre des étalons faiblisse, le chiffre des poulinières données aux reproducteurs de sang anglais s'élève au point de laisser loin en
arrière la catégorie arabe. Or il y a déjà plus de dix ans que
ce résultat se produit. Il serait plus considérable, si l'administration des haras n'avait pas autant résisté, si elle avait
cédé avec moins de mesure aux sollicitations des éleveurs.

Dans cette circonscription, on ne sait pas faire l'application du croisement alternatif. On réclame l'étalon d'origine
anglaise, plus particulièrement à l'état de demi-sang qu'à
la condition de pur sang ; on le réclame pour lui-même et
pour l'utiliser, à l'exclusion du cheval arabe. Les produits
de ce dernier ne prennent pas assez de développement pour
la nature des travaux qu'on leur impose maintenant dans
toute la contrée. L'espèce des juments ne comporte pas non
plus les précautions du croisement alternatif entre le sang
arabe et le sang anglais ; ce serait une perte de temps con-

sidérable que de s'y livrer, puisque les faits appellent immédiatement l'emploi de l'étalon de demi-sang. En agissant ainsi, on s'écarte des hommes de théorie ; mais, en répudiant leurs idées ou leur système, on continue à suivre la route tracée par l'expérience.

## III.

Circonscription du dépôt d'étalons de Tarbes. — Ancienne race navarrine. — Portrait du cheval andalou. — L'ancien cheval de la Navarre dans le Bigorre. — Race bigourdane améliorée. — Sous quelles influences elle s'est formée. — Ses caractères et sa valeur. — État civil de la race. — Le cheval de l'Ariége, — du Gers — et de l'Aude. — Population chevaline de la Haute-Garonne. — Migrations de poulains dans la Haute-Garonne et l'Aude.

Cinq départements ont été placés sous l'influence du beau dépôt de Tarbes, et forment une vaste circonscription dont la partie la plus importante et la plus riche, sous le rapport hippique, est la plaine de Tarbes au milieu de laquelle est assis l'établissement.

Les Hautes-Pyrénées, l'Ariége, le Gers, l'Aude et la Haute-Garonne composent le territoire de ce dépôt. Nous voici, par conséquent, en Bigorre, dans le comté de Foix, dans l'Armagnac et en Languedoc ; on y peut faire une curieuse et intéressante excursion. Mettons-nous donc en route.

Et d'abord la race navarrine, car elle tient la tête de la production dans toutes les contrées du midi de la France.

Le cheval navarrin, l'Académie dit navarrois, a laissé un nom comme cheval d'arme essentiellement propre aux troupes légères. Il était dans notre France une précieuse émanation de la race andalouse, dont la réputation a été si brillante parmi les hommes de cheval d'un autre temps, que les hippologues contemporains l'ont placé sur les premiers degrés de l'échelle hippique, à côté du cheval andalou si estimé alors.

Directement sorti du cheval arabe de la plus noble extraction, la race andalouse passe pour avoir vécu en Espagne, pendant plus de huit siècles, à l'état de pureté. Elle avait jeté plus d'un essaim. Celui de ses rameaux qui lui a fait le plus d'honneur est incontestablement celui qui avait pris racine dans la Navarre française. De là il avait poussé d'autres jets que nous retrouverons sur notre route. Le plus important est celui qu'on avait implanté en Bigorre. Il portait le même nom, bien qu'il formât variété distincte par les caractères tranchés qui l'éloignaient du tronc principal sans l'en séparer complétement, sans lui enlever cette ressemblance qu'on désigne vaguement, et pourtant d'une manière si positive, par cette expression consacrée : des airs de famille.

L'ancienne administration des haras entretenait à Tarbes, dans la petite province de Bigorre, une cinquantaine d'étalons de choix. 1,500 poulinières environ leur étaient annexées. C'était un moyen puissant, une action directe efficace. Ces 50 étalons, maîtres de la situation, fécondaient sans rivalité une terre riche par elle-même et parfaitement disposée à recevoir de nouvelles améliorations. C'est sous l'influence d'un pareil état de choses que la race navarrine s'est formée et perpétuée en France, qu'elle y a prospéré au point de vivre encore par sa vieille renommée.

Cependant il y avait déjà longtemps que cette grande prospérité était éteinte, quand la nouvelle administration entreprit, après 1806, la tâche de rappeler à son ancienne splendeur le cheval tant regretté de la Navarre.

Essayons de fixer l'opinion sur le passé, sur l'état de la race, à partir de 1807 jusqu'en 1833, et sur la condition de l'époque actuelle. Peut-être trouverons-nous qu'il y a un peu à rabattre du bien qu'on a pensé du bon vieux temps, et que les richesses du présent ne le cèdent point à celles d'autrefois.

Rien de précis ni de satisfaisant sur le passé, rien que la tradition. Nous l'acceptons, bien que nous ne puissions en saisir la trace et remonter jusqu'au fait même. On peut néanmoins supposer que la race navarrine était dans tout son éclat à l'époque où le cheval andalou était lui-même à l'apogée de la force et du mérite. Je ne sais pas si le cheval père, si le noble coursier d'Arabie a jamis été vanté à l'égal de la race andalouse. Newcastle, qui écrivait en 1658, et qui ne mentionne pas une seule famille de chevaux français parmi toutes celles dont il s'occupe, plusieurs de ses devanciers et beaucoup de ses successeurs lui assignent un rang si élevé, qu'on a quelque peine à ne pas croire à un peu d'exagération. Cent ans plus tard, en 1793, un directeur de haras espagnol, don Pedro Pablo Pomar, imprimait un mémoire sur les *causes de la détérioration des chevaux d'Espagne.* Vingt-cinq ans auparavant, en 1768, Bourgelat avait déjà parlé du dépérissement des haras dans la péninsule; à la même époque et dans le même livre, il accusait l'extinction complète, absolue des meilleures races françaises, et notamment de celle de la Navarre. Eschassériaux jeune, en son rapport au conseil des Cinq-Cents, le 28 fructidor an VI, constate « l'état de dégénération presque général dans lequel « était tombée l'ancienne race navarrine, qui avait toujours « été classée parmi les meilleures de l'Europe pour le service « des troupes légères. »

D'autre part, plusieurs documents établissent que trois régiments de cette arme, les hussards de Belzunce, de Chamboran et de Berchiny, se remontaient en partie en chevaux navarrins achetés poulains en Bigorre, en Béarn, en Navarre, et élevés avec soin sur les lieux dans des écuries militaires entretenues aux frais de ces régiments. Or c'est le souvenir des excellents services obtenus de ces excellents chevaux qui est venu jusqu'à nous, et les a fait si vivement regretter, après la destruction des haras, en 1790, et à la suite des désastres de Russie et de Waterloo.

Il y a évidemment une lacune dans l'histoire de cette race ; les fils ont été rompus, et nous ne trouvons pas les moyens de les réunir. En effet, tout est contradiction dans les renseignements que nous avons sous les yeux. L'insuffisance ou les difficultés du moment paraissent toujours avoir réveillé l'idée d'un passé plus heureux et plus riche, et pourtant chaque époque devient, par cela même, le passé dont on se loue, tandis que les devanciers l'avaient souvent blâmé avec violence.

Pour ne pas remonter au déluge et nous en tenir à ce qui nous frappe le plus dans la condition du cheval navarrin en Bigorre, antérieurement à la suppression des haras pendant la première révolution, nous prenons acte des faits suivants :

1° 50 étalons environ étaient attachés au service de 1,300 poulinières.

2° Trois régiments de hussards se remontaient en partie en chevaux de race navarrine.

3° C'est particulièrement sur le mérite de ces remontes que repose aujourd'hui la réputation de l'ancien cheval navarrin.

4° Nonobstant cela, Bourgelat, Eschassériaux et beaucoup d'autres ont constaté que la race en était depuis longtemps affaiblie ou même complétement éteinte.

En présence de ces opinions divergentes, en l'absence de toute description de l'ancien cheval de la Navarre, nous ne pourrions en faire qu'un portrait de fantaisie ; mieux vaut nous abstenir et passer tout simplement à la seconde époque.

Cependant, et puisque le navarrin rappelait si bien l'andalou, voyons quels étaient les traits les plus saillants de la conformation extérieure de ce dernier.

La tête, et trop longue et trop grosse, avait le chanfrein busqué, la ganache trop chargée, les oreilles longues et attachées un peu bas ; l'encolure était rouée en cou de cygne, mais forte, charnue, épaisse, disgracieuse, quoique garnie d'une grande quantité de crins ondulés et soyeux ; les épaules étaient chargées et le poitrail large; le dos un peu bas et long, la côte bien arrondie, le ventre abaissé, le rein double, la croupe tranchante comme celle du mulet, toute l'arrière-main étroite et serrée; les rayons supérieurs du membre courts, et les rayons inférieurs trop longs; les talons hauts et les quartiers serrés; taille, 1ᵐ,46 à 1ᵐ,52.

Ce n'est pas la beauté du cheval comme on l'entend aujourd'hui; ce n'est pas non plus la disposition des formes favorables à la vitesse. En effet, le cheval andalou avait les mouvements très-hauts, mais fort raccourcis. On ne lui accordait ni le nerf, ni la vigueur, ni la puissance d'haleine des chevaux d'Orient; mais les services qu'on lui demandait réclamaient d'autres qualités : celles-ci, il les possédait entières. Il avait, selon Bourgelat, « le feu, la franchise, l'agilité, les ressorts, la cadence naturelle, la fierté, la grâce, la docilité, la noblesse. » C'était donc un magnifique cheval de parade.

« S'il est bien choisi, disait Newcastle, je vous le garantis « le plus noble cheval du monde : car il n'en est point de « mieux taillé depuis le bout de l'oreille jusqu'au bout du « pied; il est le plus beau qu'il se puisse trouver, car il n'est « ny si menu, ny si fin que le barbe, ny si gros que le nea- « politain, mais entre les deux. Il est de grande vigueur, de « grand courage, et fort docile; il marche fièrement, il trotte « de mesme, et avec la plus belle action du monde. Il est « superbe en son galop, plus viste en sa carrière que touts « les autres, et beaucoup plus noble, et plus aimable qu'eux, « et enfin c'est le plus propre pour un grand monarque « dans un jour de triomphe, afin de se faire voir à son peu- « ple, ou en un jour de bataille, à la teste de son armée, « qu'aucun cheval que je connaisse. »

A la réorganisation des haras, en 1806, le dépôt d'étalons de Tarbes fut rétabli. Les premières années de la nouvelle administration furent une période exclusivement arabe, qu'on nous pardonne l'expression. Le cheval anglais, le sys-

tème et la méthode d'après lesquels il est produit n'avaient
pas cours alors. L'empereur aimait les chevaux d'Orient, il
les montait avec prédilection et ne souffrait pas d'autre
étranger dans ses écuries. On réunit donc au dépôt de Tarbes autant d'étalons orientaux qu'on le put, on se procura
quelques animaux de race andalouse, et on leur donna pour
auxiliaires tout ce qu'il fut possible de retrouver, dans le pays
et chez les amateurs du temps, de produits des anciennes
races navarrine et limousine. Parmi ces derniers figuraient
plusieurs descendants d'un cheval arabe de pur sang nommé
*Mahomet,* et d'un étalon anglais, donné autrefois à la province par un membre distingué des États de Navarre, le
comte de Montréal.

*Mahomet,* venu directement d'Asie, avait fait partie d'un
convoi de 24 étalons arabes achetés par ordre et sous l'administration du ministre Bertin. Classé en troisième ligne
par le célèbre Bourgelat, commissaire général des haras, il
avait néanmoins été choisi par le directeur du dépôt, en raison de sa forte membrure et de sa corpulence. Ces qualités
promettaient de corriger les imperfections correspondantes
qui étaient le propre de la race navarrine. Ces espérances
n'ont point été déçues. *Mahomet* s'est montré cheval supérieur; il a laissé une nombreuse et bonne lignée ; il est devenu un ancêtre, et aujourd'hui, après plus de soixante ans,
son nom est encore recherché et recueilli comme une puissante recommandation. Toute généalogie qu'on peut faire
remonter jusqu'à lui est réputée illustre et donne de la valeur aux arrière-neveux de ce cheval, élevé par ses mérites
au rang de chef de race. Malheureusement *Mahomet* disparut trop tôt. Il fut vendu à l'époque de la destruction des
haras, livré ensuite au bistouri, et finalement abandonné à
un volontaire du corps de chasseurs qui s'organisa, en 1792,
dans les Hautes Pyrénées et le Gers. Les productions mâles
et femelles de *Mahomet,* soustraites autant que possible aux
mauvaises chances de l'époque, ont formé le noyau le plus

précieux de la nouvelle famille qu'il s'agissait d'édifier sur les ruines de la race navarrine.

On y travailla avec ardeur et sollicitude, chacun y apporta sa part d'efforts et de bon vouloir ; mais de bien tristes jours vinrent encore entraver la marche déjà si lente des choses. Les réquisitions occasionnées par la guerre avec l'Espagne, les levées extraordinaires de 1813, 1814 et 1815 emportèrent nombre de poulinières précieuses, et tarirent, jusque dans ses sources, les forces vives du présent et les espérances de l'avenir.

La restauration ne laissa pas les races méridionales dans l'oubli. Une nouvelle exploration eut lieu en Syrie et dota la France de reproducteurs d'un mérite très-apprécié, aujourd'hui qu'ils ne sont plus. On leur rendit moins bonne justice à l'époque ; toutefois ce reproche ne touche pas les éleveurs de l'ancien Bigorre. Ceux-ci étaient restés fidèles à l'arabe ; ils le prisaient haut et repoussaient au contraire ou n'accueillaient qu'avec une extrême réserve les reproducteurs du sang anglais, que les idées nouvelles commençaient à protéger. Les arabes de l'importation de 1821 furent donc les bienvenus, comme leurs prédécesseurs ; mais ils se trouvèrent en rivalité avec des étalons anglais. Dès lors, les deux systèmes fonctionnèrent parallèlement. Ce fut une lutte quelque peu violente. Le sang arabe tint bon ; il eut manifestement le dessus jusqu'en 1833, et rétablit l'ancienne race, moins la corpulence. Le cheval d'autrefois, sorti de l'andalou épais et membru, avait certainement plus d'ampleur et d'étoffe que celui-ci, auquel il faut reconnaître plus d'élégance et de sang. Il ne lui manquait, selon l'expression naïve d'un hippologue distingué du temps, que deux choses, — *des membres et du corps*. A cela près donc, c'était un cheval accompli.

« Le grêle des membres, continue le même écrivain, défaut capital du cheval de la Navarre, aurait dû être combattu par l'emploi d'étalons très-amples dans ces parties, et par l'attention scrupuleuse à éloigner tous les autres. Loin de là, entraîné par cet esprit de système, qui rapportait tout exclusivement au *sang*, nulle autre considération n'a plus présidé au choix des reproducteurs dans les plaines de Tarbes. Il en est résulté que les chevaux arabes qui montraient le plus de *sang* et séduisaient le plus les propriétaires par des qualités plus brillantes que solides perpétuèrent les deux défauts signalés, parce qu'ils les avaient eux-mêmes à un degré très-prononcé ; et, quand on a voulu porter remède à cet état de choses, on s'est aperçu que les tares ou les défectuosités transmises par des étalons de sang étaient bien plus difficiles à effacer que celles provenant d'animaux de races communes.

« Dès 1807, des courses de chevaux furent établies à Tarbes. Elles entrèrent si avant dans les habitudes, qu'elles devinrent une passion, un besoin de tous les jours. On en abusa, et elles firent obstacle au progrès en contribuant à propager la trop grande finesse des membres et le peu d'étoffe reprochés, avec raison, à la tribu chevaline qui peuple les environs de Tarbes. Ces exercices violents, désordonnés, quand on y livre les chevaux sans mesure, sans choix, sans règles, sans préparation ni précaution, vont à l'encontre du but. Ils ruinent prématurément les chevaux les plus énergiques et les plus précieux, ils font un sujet de destruction de l'objet le plus propre à l'amélioration de l'espèce. »

Le cheval navarrin de l'empire et de la restauration ne manquait pas seulement de membres et d'étoffe, il avait encore un autre inconvénient fort grave, surtout dans les années qui ont précédé et suivi la révolution de 1830. Il était petit et impuissant ; sa race, attardée et vieillie, n'était plus à la hauteur des exigences plus pressées de l'époque. L'administration de la guerre avait cessé de rechercher en France les chevaux nécessaires à la remonte de l'armée. Le luxe et le demi-luxe avaient abandonné l'usage du cheval français pour les produits de l'Allemagne et de l'Angleterre,

plus développés ou plus capables. L'industrie nationale, négligée, avait quitté ses voies. Dans le nord, dans une grande
partie de l'ouest et de l'est, elle se voua tout entière à l'é-
lève facile du cheval de trait, dont la consommation devenait
immense. Dans les contrées montagneuses du centre et dans
nos départements méridionaux, elle changea la destination
de la poulinière et la livra à la production plus lucrative du
mulet.

La circonscription de Tarbes suivit le torrent. Les éleveurs partagèrent leurs forces et leurs ressources entre ces
industries rivales. Ce fut une nouvelle cause de défaveur
pour l'espèce chevaline et un moment de crise qui menaça
très-sérieusement l'avenir hippique de la contrée. Seule,
l'administration des haras fit face aux difficultés et tint tête
à l'orage, qui aurait tout emporté sans ses efforts et sa résistance. Elle sauva donc d'une nouvelle et dernière ruine une
famille de chevaux dont les services sont fort utiles et fort
appréciés aujourd'hui; mais ceci rentre dans la troisième
époque de la production qui nous occupe, et tient à la situation actuelle. Avant d'en retracer l'historique, fixons-nous
bien sur les principaux caractères extérieurs qui distinguaient alors le cheval navarrin.

Il était encore, bien qu'il y eût déjà chez un certain nombre de sujets un peu de sang anglais, il était encore le descendant des races andalouse et arabe. Il était de petite stature et n'atteignait qu'exceptionnellement la taille exigée
pour la remonte des troupes légères. Il avait la tête courte et
le front souvent bombé; l'influence renouvelée du sang
arabe avait déjà amélioré cette partie peu distinguée chez le
cheval andalou. Par son épaisseur, l'encolure rappelait davantage ce dernier type, mais le cheval arabe de réelle distinction et de grande noblesse est seul exempt de cette imperfection qu'on retrouve très-prononcée, au contraire, chez
beaucoup de chevaux orientaux moins purs et moins cor-
rects dans leurs formes. Le garrot était noyé, le dos bas et

plongé, la croupe tranchante et parfois avalée ; l'épaule, droite et chargée, manquait de longueur et très-souvent de liberté ; la poitrine n'était pas assez descendue ; l'articulation du genou n'était pas assez accusée ; le jarret était coudé ; les canons étaient démesurément longs ; la membrure, sèche et nerveuse, était néanmoins trop légère ; les attaches aussi étaient grêles, et les poignets minces et flexibles. En mouvement, le cheval était relevé, il avait du tride ; il était gracieux et cadencé, mais raccourci. C'était donc encore un cheval de selle plein d'élégance, de fierté et de gentillesse, mais plus mignon et plus joli que puissant et beau, plus agréable qu'utile.

Or le temps était à l'utile.

Voyons comment on est parvenu à se mettre au niveau de cette exigence.

L'étalon arabe et ses dérivés avaient fait leurs preuves. L'emploi presque exclusif des reproducteurs de cet ordre avait fait son temps. Ils avaient donné une race précieuse par le sang et certaines qualités moins estimées alors qu'autrefois, mais complétement insuffisante sous le rapport de la taille, et ne répondant ni aux besoins du commerce ni aux exigences d'une partie de l'armée. Le problème à résoudre était celui-ci : — grandir et grossir la race, la développer en hauteur et en épaisseur sans rien lui enlever de son élégance, allonger ses allures et étendre ses moyens sans lui rien ôter de sa souplesse et de sa grâce.

Un élément nouveau était indispensable. Le complément des qualités désirées n'était ni dans les ressources alimentaires de la localité, ni dans les influences héréditaires qui avaient agi jusque-là. Il fallait introduire un sang étranger et le mêler à celui de la race actuelle, en proportion si ménagée, qu'il n'en résultât pas une perturbation profonde et prolongée. C'est alors qu'on demanda au pur sang anglais les germes de développement, d'expansion de la forme qu'on n'avait pas trouvés dans l'emploi renouvelé du sang arabe et de ses dérivés. Mais une pareille expérience, toujours facile dans un haras bien dirigé, rencontre des difficultés à chaque pas, d'incroyables obstacles et des résistances tout à fait inattendues, lorsqu'elle se fait sur une grande échelle, avec le concours de volontés divergentes ou réfractaires. Les premiers résultats se sont ressentis de cette situation. Il y a tout à la fois, dans les tâtonnements d'une nouvelle pratique, des erreurs et des déceptions. Les uns, demandant tout à l'étalon, brusquèrent l'opération et livrèrent la plus petite jument au cheval le plus haut; d'autres poursuivirent le croisement à outrance, abandonnèrent complétement le sang arabe et revinrent obstinément à l'anglais sans en soutenir les effets par un régime convenable, par une nourriture abondante et substantielle. Les mieux avisés procédèrent avec plus de sagesse et d'une manière plus conforme aux saines idées. Ils aidèrent au cheval anglais en nourrissant mieux ses produits; ils arrêtèrent, pour les mieux fixer dans la nouvelle famille, les effets d'un croisement trop brusque en revenant à l'arabe et en alternant ainsi de manière à ce que la fille d'anglais fût livrée à l'arabe, et la jument obtenue de celui-ci à l'anglais.

Ce métissage a produit les meilleurs résultats; il a successivement avancé la solution du problème posé, et transformé une race délaissée pour cause d'insuffisance en une famille précieuse qui a conquis une place importante et distinguée parmi les races les plus utiles du pays.

Nous avons simplifié l'explication du fait en le dégageant de tout ce qui aurait pu l'obscurcir. Il est vrai de dire, néanmoins, que dans la pratique la chose n'est pas tout à fait aussi absolue. Parfois l'étalon de demi-sang vient s'intercaler et retarder l'action plus vive, les effets plus prompts et plus complets du pur sang. Dans ces derniers temps aussi a paru un reproducteur intermédiaire, l'étalon anglo-arabe, beaucoup plus puissant que l'arabe, beaucoup moins compromettant ou chanceux que l'anglais, et créé pour obtenir de prime saut les résultats plus lents du métissage direct, c'est-à-dire du croisement alternatif. L'emploi de l'étalon anglo-arabe de pur sang couronne l'œuvre en la consolidant.

Il suit de là que trois éléments concourent, depuis quelques années, à la production améliorée du cheval dans la plaine de Tarbes, savoir : l'espèce locale, telle que nous l'avons définie plus haut, le sang arabe et le sang anglais dans leur pureté primitive, ou mêlés l'un à l'autre dans les veines d'une nouvelle tribu, du produit intermédiaire qualifié de cheval anglo-arabe.

En somme, le résultat du croisement alternatif est un type secondaire d'une incontestable valeur, d'une haute utilité pour l'avancement et l'élévation de la plus grande partie de la population du midi de la France, sur laquelle il exerce, depuis quelques années, déjà une très-salutaire influence.

En voici les traits les plus saillants.

Et d'abord, il prend le nom de bigourdan amélioré. Cette dénomination détermine exactement le siége de la nouvelle race.

Le cheval bigourdan a plus de taille et de corpulence que l'ancien navarrin et que le tarbéen qui l'a précédé ; son développement normal tend à le fixer vers les dimensions qui donnent le bon cheval de lanciers ; il prend donc les aptitudes du cheval de cavalerie de ligne, tandis qu'il était descendu au-dessous des proportions exigées pour la cavalerie légère. Sa tête est un peu plus allongée que chez le produit exclusif de l'arabe, mais elle est restée expressive et très-caractérisée ; l'encolure est plus longue et sort plus gracieusement des épaules ; le garrot est mieux senti et plus élevé, la ligne supérieure plus droite et plus soutenue, la croupe plus longue ; l'épaule est mieux placée, plus haute et plus inclinée, plus libre en son jeu ; la poitrine est plus spacieuse et offre plus de profondeur. La surface du genou

III.                                                         18

est plus large, moins effacée et mieux dessinée. La direction du membre postérieur a cessé d'être défectueuse. Les canons ont été raccourcis et élargis ; les tendons sont plus forts et plus épais, les boulets plus soutenus. Les allures, moins relevées, plus allongées et rapides, n'ont rien perdu de leur brillant. Les qualités solides se sont accrues, et la race a conservé toute sa souplesse. Un mot résumera ce portrait. Le cheval bigourdan amélioré est entré dans les besoins de l'époque. Ce n'est plus seulement un cheval de selle énergique, fier et gracieux ; c'est déjà un cheval d'attelage léger très-recherché et avantageusement utilisé par le luxe méridional.

Le produit directement sorti de l'arabe diffère encore un peu du produit immédiat de l'étalon anglais. Les différences étaient autrefois plus nombreuses et plus tranchées. Ce n'est plus qu'une nuance, mais on la sent encore.

Dans les meilleures conditions, c'est toujours une tâche très-lente et très-difficile que la création et le perfectionnement d'une race de chevaux : dans des conditions défavorables, ce serait entreprendre l'œuvre de Pénélope ; on n'arriverait jamais à la fin. Autre chose est de créer et de perfectionner une race distincte, autre chose d'améliorer une population donnée ; autre chose de réaliser un type élevé, supérieur, ou d'approprier seulement des individus à des exigences définies.

Aucune contrée, dans le Midi, n'aurait offert aux haras des ressources aussi nombreuses et une meilleure situation que la plaine de Tarbes pour produire une race mère, si l'on peut dire, et fixer d'une manière durable, dans son type, les améliorations utiles à reporter ensuite sur la population chevaline de la contrée et des pays montagneux du Centre, vaste territoire affaibli, naguère encore, au point de faire défaut, à la fois, à tous les besoins d'une consommation toujours croissante.

En effet, six cents poulinières environ, réunies sur un

étroit espace, formaient comme un grand haras près duquel
on avait placé un dépôt d'étalons bien choisis , et des hommes expérimentés pour diriger, conseiller et observer , rectifier les écarts, ramener sans cesse vers le but , empêcher
qu'on ne déraillât , par conséquent , et raffermir les dissi-
dents. La surveillance était laborieuse , mais possible. Une
fois acquise , la confiance des éleveurs aplanit bien des difficultés ; les premiers pas qui ont marqué dans la voie du
progrès ont élargi l'horizon ; les idées justes ont été bientôt
comprises et acceptées ; les saines pratiques une fois adoptées, la marche de l'amélioration a été rapide et sûre.

C'est à l'emploi du pur sang qu'est dû ce résultat. L'étalon
arabe et l'étalon anglais de race pure ont fait leur œuvre.
C'est chose à constater dans un pays comme la France , où
le principe de l'origine a été longtemps méconnu , où il est
encore contesté par certains hommes à théorie imaginaire.
Les erreurs et les conseils de ceux-ci ont causé un tort
irréparable à l'agriculture française ; ils nous ont rendu
tributaires de l'étranger , ils ont jeté la France dans la
dépendance de ses ennemis ; les efforts de l'administration
n'ont cessé de lutter , en dépit des obstacles , contre cette
déplorable situation , et à la changer en un état de choses
qui pût , avec de la persévérance , devenir la richesse et la
sûreté du pays.

Tel était le but proposé , telle était la tâche à remplir.
D'hors et déjà nous sommes fort avancés vers le point à atteindre.

Mais c'est une étude attachante et curieuse que celle des
progrès réalisés par l'existence de la race bigourdane améliorée. Recueillons sommairement les faits à titre d'enseignement pratique.

Nous sommes conduit à nous répéter quelquefois, lorsque
nous entrons dans les détails , après avoir posé les règles et
donné des exemples à l'appui. Nous rappellerons donc ici ce
que nous avons déjà consigné dans le tome II de cet ouvrage,

page 75 et suivantes , dans le chapitre qui traite *de la consanguinité*, mais en condensant les faits.

La composition de l'effectif du dépôt de Tarbes, en 1830
et 1850, présentait les différences suivantes :

|  | 1830 | 1850 |
|---|---|---|
| Étalons de pur sang arabe et anglais. . . . . | 11 | 53 |
| — de 1/2 et 3/4 sangs arabe et anglais. . . | 30 | 40 |
| — de race navarrine. . . . . . . . | 19 | » |

C'est dans ces trois ordres d'étalons que les éleveurs de la
plaine de Tarbes ont puisé les éléments de reproduction et
de régénération de la race actuelle. A vingt ans d'intervalle,
l'étalon indigène, l'ancien cheval navarrin a disparu. Ce fait
seul indique la transformation dont la population entière a
été l'objet. Et, en effet, on ne trouverait pas aujourd'hui un
seul individu , un seul de la vieille race. Le mélange a atteint toutes les existences ; et c'est une preuve de la bonne
influence qu'a produite l'intervention raisonnée du pur
sang.

Allons plus loin encore , et voyons comment, de 1831 à
1850 inclusivement, le nombre des étalons de pur sang s'est
partagé entre les races arabe et anglaise, et quel a été le
nombre des juments saillies, par chacun d'eux, dans chaque
catégorie. Les chiffres suivants représentent des moyennes
établies de cinq en cinq ans.

|  | Étalons arabes. | Moyenne des saillies. | Étalons anglais. | Moyenne des saillies. |
|---|---|---|---|---|
| De 1831 à 1835. . | 7 | 40 | 8 | 43 |
| De 1836 à 1840. . | 9 | 38 | 16 | 35 |
| De 1841 à 1845. . | 13 | 46 | 25 | 49 |
| De 1846 à 1850. . | 21 | 52 | 32 | 56 |

Ces nombres ont assurément une très-grande signification. Dans chaque catégorie , l'accroissement de l'effectif a
dû répondre à l'augmentation progressive de saillies , à la

recherche, toujours plus active, des reproducteurs, à l'amélioration rapide de la race ; nous en avons indiqué les caractères aux deux époques. On voit maintenant sur quels faits positifs les portraits donnés sont appuyés.

Avant 1830, la race se reproduisait, en partie, par elle-même et sur elle-même ; elle n'était ni assez nombreuse ni assez perfectionnée pour se bien trouver d'un système d'alliances *in and in*. L'introduction d'un sang étranger, régénérateur actif et chaud, était une nécessité. Le pur sang anglais, mêlé au pur sang arabe, a rempli le but en éloignant la trop proche parenté dans le mariage des sexes, en déterminant des effets de croisement qui ont grandi, étoffé la race, sans nuire au cachet oriental qui la distingue, sans jeter la perturbation ni dans les affinités, source de l'homogénéité du sang, ni dans la constance des formes, sur laquelle se moulent les caractères extérieurs.

Et quand la race bigourdane en a été là, lorsqu'elle s'est montrée perfectionnée à ce point, qu'elle pouvait travailler avec certitude à l'amélioration de nos races méridionales, nous lui avons ouvert un registre matricule : toutes les poulinières de valeur et de choix y ont été inscrites ; la race a donc aujourd'hui son *état civil*. Celui-ci en constate l'importance actuelle, il en fonde les archives authentiques, riche dépôt dans lequel on puisera, plus tard, des matériaux utiles et pleins d'intérêt pour la science zoologique.

L'état civil de la race bigourdane améliorée, publié en 1851, devra être continué et offrir des points de comparaison avec ce qui existait à cette époque en animaux d'élite, savoir :

1° Juments issues de sang arabe sans mélange de sang anglais.................... 55

Juments issues de sang anglais sans mélange de sang arabe.................... 7    ci...... 303

Juments issues du mélange des deux sangs (croisement alternatif)............ 241

2° Produits mâles issus de sang arabe sans mélange de sang anglais............. 9

Produits mâles issus de sang anglais sans mélange de sang arabe.............. 2 } 140

Produits mâles issus du mélange des deux sangs (croisement alternatif).......... 129

3° Pouliches issues de sang arabe sans mélange de sang anglais................ 21

Pouliches issues de sang anglais sans mélange de sang arabe................ » } 168

Pouliches issues du mélange des deux sangs (croisement alternatif),.......... 147

} 308

Total...... 611

En d'autres termes, comparant entre eux les divers nombres et les diverses catégories, on trouve les rapports ci-après :

1° Ascendance arabe sans mélange de sang anglais. 13.91 pour 100;
2° Ascendance anglaise sans mélange de sang arabe. 1.47 pour 100;
3° Ascendance anglo-arabe résultant du croisement alternatif. . . . . . . . . . . . . 84.62 pour 100;

Ainsi démontrés par des chiffres, les faits prennent un caractère de certitude incontestable. Cette manière d'établir la science et de la démontrer a sans doute aussi son utilité. Elle a surtout de la valeur en présence des opinions divergentes qui se sont produites, en face des assertions contradictoires qui se sont disputé l'honneur de former ou d'entraîner l'opinion publique; mais l'erreur perd tous les jours de sa force, et fait retraite; à chaque génération nouvelle la vérité grandit, et dissipe les ténèbres qui l'ont si longtemps enveloppée.

A l'aide de ces documents, on voit comment la race actuelle s'est faite, et sous quelles influences elle peut être continuée et perfectionnée. On voit aussi à quel titre elle se recommande comme moyen d'amélioration des populations chevalines du Midi, moins avancées. Elle est plus fortement imprégnée de sang, déjà fixée dans ses caractères, haute en valeur, et, pour cela même, appréciée comme type de reproduction secondaire.

Passons maintenant dans les autres parties de la circonscription du dépôt de Tarbes.

Aucune d'elles n'a possédé une race spéciale, une famille qui ait laissé un nom. Les chevaux qu'elles ont nourris et procurés aux divers services n'ont jamais été que des émanations plus ou moins affaiblies du cheval navarrin. Attachés à la fortune de ce dernier, ils en ont toujours subi les bonnes et les mauvaises chances. Aujourd'hui encore, ils sont dans une étroite dépendance de la race bigourdane dont ils reçoivent une partie de leurs reproducteurs. C'est donc avec raison que tous les moyens d'amélioration ont été concentrés et mis en œuvre dans la belle vallée de Tarbes, et que l'on s'efforce d'en perfectionner, d'en épurer toujours la précieuse race équestre.

En 1787, de Lafont-Pouloti écrivait son livre intitulé, — *Nouveau régime pour les haras*, et il se plaignait qu'on eût autant négligé la bonne production des chevaux dans les provinces méridionales, si propres, au contraire, à leur élève améliorée par l'influence favorable du climat et l'excellente nature du sol. Ce reproche intéressait particulièrement les points de la France où nous sommes en ce moment.

Quinze ans plus tard, Huzard père confondait, comme nous le faisons nous-même, la population chevaline de l'Ariége, du Gers, de l'Aude avec celle des départements pyrénéens et de plusieurs contrées avoisinantes. Cette population n'avait donc de valeur que celle qui lui venait de la race mère, de la race navarrine, laquelle était une branche de la race la plus renommée de l'Espagne, celle d'Andalousie.

L'ancienne administration des haras entretenait dans le pays de Foix quelques étalons d'élite, mêlés à ceux qu'elle fournissait au Roussillon. Il y en avait vingt-quatre pour les deux provinces.

La généralité d'Auch était mieux partagée. Elle possédait, à Rieutort, un haras dont les produits paraissent avoir joui d'une certaine réputation, et elle avait, en outre, soixante-quatorze étalons placés chez des gardes. C'étaient d'importantes et précieuses ressources. Il n'y en a pas autant aujourd'hui, il s'en faut de beaucoup, et cependant l'emploi du cheval est bien plus répandu , les besoins sont bien plus nombreux et plus pressants qu'ils ne l'étaient alors. La révolution de 1789 et les réquisitions ont dispersé et dissipé les richesses lentement et péniblement amassées. Combien d'années faudra-t-il encore pour réparer le désastre ?

A la suite des pertes que les événements leur avaient infligées , « les cultivateurs , c'est Huzard père qui parle, ont « presque entièrement abandonné l'élève des chevaux pour « se livrer à la production des mulets que les Espagnols « achètent à six mois, et payent aussi cher que les chevaux « de trois et quatre ans. »

En effet, ce genre de commerce prit alors une très-grande et très-rapide extension dans la plupart des provinces du midi , qui furent bientôt à même d'en vendre à la Turquie et aux États barbaresques, à l'Espagne et à l'Italie. Cette production toute nouvelle fut un peu atteinte et ralentie après la réorganisation des haras. Celle du cheval reprit alors un peu de faveur ; mais vinrent les derniers temps de l'empire, qui consommèrent tant de chevaux, et la restauration, qui importa le goût et l'usage du cheval anglais ; vinrent aussi , — et surtout , — d'autres besoins , de plus grandes exigences qui firent abandonner le cheval petit , mince et léger du Midi, pour le moteur ample et développé du Nord. A cette époque , la production chevaline se ralentit de nouveau , et la poulinière reçut une autre destination ; elle fut employée à produire le mulet, auquel un débouché considérable et facile faisait une excellente situation. Entre deux

industries, dont l'une assure des bénéfices, et l'autre conduit fatalement à des pertes toujours renouvelées, le choix
est bientôt fait. Le cultivateur abandonna le cheval et fit des
ânes, ou tout au moins des mulets, et, lorsque de semblables
habitudes sont prises, il n'est pas aisé de les modifier. A
l'époque actuelle, pourtant, les choses ont un peu changé;
on est revenu à la production du cheval, plus abondante et
meilleure que par le passé, elle marche parallèlement aujourd'hui avec celle qui l'avait remplacée.

La supériorité de l'étalon bigourdan commence à s'étendre et à déteindre sur les variétés qu'il produit en s'éloignant
de son propre foyer. Le cheval de l'Ariége, du Gers, de
l'Aude, celui de la Haute-Garonne marchent donc vers une
amélioration progressive correspondante.

Dans l'Ariége, c'est le type du cheval de montagne qui est
le plus répandu. Il vit pendant six mois de l'année sur des
plateaux herbeux, élevés à 1,000 mètres et plus au-dessus du
niveau de la mer. Il y acquiert une grande agilité, beaucoup
d'adresse, une merveilleuse sûreté dans la pose du pied, un
tempérament robuste, une santé à toute épreuve, une
ardeur infatigable. C'est le bénéfice d'une existence indépendante, plus sauvage que domestique.

Voici le revers de la médaille.

La taille est petite, — 1 mètre 45 centimètres à 1 mètre
50 centimètres au plus; — la tête lourde, souvent mal attachée et mal coiffée; l'encolure est grêle; tout le système
musculaire participe de cette condition qui fait le cheval
plat, mince et manquant de grâce; le garrot est bas comme
chez tous les chevaux qui mangent habituellement à terre;
la croupe est avalée. Les pieds antérieurs sont panards, les
jarrets sont clos; les extrémités sont couvertes de poils; la
physionomie est rude et le caractère assez ordinairement
indocile. Toutes ces imperfections s'affaiblissent ou s'effacent sous l'influence d'une alimentation plus substantielle
et plus égale, de quelques soins donnés aux produits et du

choix judicieux des reproducteurs. Les qualités se développent alors avec une incroyable facilité et dominent vite dans ces natures généreuses, inépuisables et remplies de feu. On n'apprécie bien les chevaux de l'Ariége qu'après en avoir usé, mais alors on est étonné de la dépense d'énergie dont ils sont capables, de la dureté qu'ils montrent au travail le plus fatigant et le plus durable. Leur réputation est faite dans les régiments de cavalerie légère; ils y ont une excellente renommée due aux excellents services qu'on en obtient. Les postes et les messageries du pays se remontent presque exclusivement dans les rangs de cette population. Quand on a traversé le département en chaise ou en diligence, on sait avec quelle ardeur et quelle rapidité ces animaux s'acquittent de leur pénible tâche.

Il n'y a que du bien à dire de la variété du même type qu'on trouve dans le Gers. De tous les départements du midi, celui-ci était autrefois le plus riche en chevaux de cavalerie. Cette plus grande richesse lui a valu d'être, plus qu'aucun autre, frappé par les réquisitions. Il en a longtemps gardé le souvenir. Il a néanmoins rétabli sa population de juments, mais il l'a consacrée presque entière à la production du mulet, qu'il écoulait à l'âge de six mois, avant qu'il eût rien coûté, au prix moyen de 250 fr. Ce commerce productif était plus spécialement alimenté par l'Espagne.

Au rebours de ce qui se passe dans les Hautes-Pyrénées, l'élève du cheval est ici aux mains des grands propriétaires qui ont donné de bons exemples et ramené peu à peu les petits cultivateurs aux anciennes éducations chevalines. C'est un service rendu à l'industrie nationale.

Le cheval du Gers, pays fertile en grains et fourrages d'excellente qualité, a plus de taille et de corpulence que celui de la plaine de Tarbes; il a aussi plus d'ampleur dans les membres; il en rappelle, du reste, le type, mais il offre moins de sang. Celui-ci est plus cheval de troupe, l'autre est plus souvent cheval d'officier. L'un est plus élégant, plus fin, plus impressionnable; l'autre a plus de commun, de gros et moins de susceptibilité. Le bigourdan est plus près de cheval primitif, et cela convient à sa condition de race amélioratrice; le produit du Gers reste plus ordinairement dans les proportions du cheval de demi-sang, du serviteur utile et usuel. Toutefois il y a de magnifiques exceptions dans le Gers, où le grand propriétaire se livre à la culture du cheval noble et obtient les plus beaux succès. On arrive alors à une heureuse alliance du gros dans le sang, à l'union si désirable de la force morale et de la puissance matérielle. On peut atteindre ainsi jusqu'à la perfection, et l'on y toucherait beaucoup plus vite et beaucoup plus complétement que dans les Hautes-Pyrénées, parce que le sol, naturellement plus riche, s'y couvre de moissons meilleures par la qualité et l'abondance des principes nutritifs.

Nous ne reviendrons pas sur ce que nous avons déjà dit de la population chevaline du département de l'Aude, où nous avons trouvé un rameau de la race camargue en voie de complète transformation suivant le sens des besoins de l'époque; on y trouve déjà quelques chevaux de valeur, et les différents services publics savent bien les découvrir et les utiliser.

Le département de la Haute-Garonne n'a jamais eu de réputation comme producteur de chevaux; mais il est en marche. Ses poulinières, un peu mêlées, sont d'une structure ample et corsée. Les forces alimentaires se prêtent au développement de la forme, et les éleveurs commencent à tirer parti de cet avantage. L'éducation moyenne procurera de bons dragons et des attelages légers, faciles à placer dans la localité même. Ce sera une conquête de ce temps-ci. On ne voit nulle part, en effet, que cette contrée ait jamais été plus favorisée ni mieux pourvue.

Des importations de poulains d'un et deux ans, achetés dans les environs de Tarbes, réussissent parfaitement dans la Haute-Garonne et donnent l'étalon de race bigourdane, perfectionné par une nourriture appropriée et riche.

Dans l'Aude, on a essayé d'une autre importation. On amène des poulains nés en Limousin, et la spéculation offre des avantages quand le produit sort d'un étalon anglais. Le fils d'arabe reste petit et ne prend pas assez de valeur marchande.

Beaucoup de pouliches de la race bigourdane commencent à suivre leurs frères dans l'émigration habituelle à laquelle ils sont soumis de tous temps. Elles se répandent dans les départements voisins, dont elles augmentent la richesse chevaline ; elles y deviennent poulinières d'élite.

La plaine de Tarbes fait donc naître plus qu'elle n'élève, et exporte en bas âge la plus grande partie de ses produits.

## IV.

Circonscription du dépôt d'étalons de Pau. — Ressources offertes à la production et à l'amélioration autrefois et aujourd'hui. — Composition de l'effectif du dépôt à partir de 1831. — Croisement alternatif. — L'ancien navarrin et le cheval de l'époque actuelle. — Mode d'élevage, — aptitudes — et débouchés. — Race landaise. — Son origine, ses caractères, — son mode de reproduction et d'élève. — Question de croisement.

L'action du dépôt d'étalons de Pau est limitée aux deux départements des Basses-Pyrénées et des Landes. Nous sommes réellement ici dans la Navarre française, en Béarn, dans la Soule, et dans cette partie de la Gascogne qui a toujours retenu le nom de Landes.

Nous nous retrouvons en présence du cheval navarrin, étudié dans le précédent paragraphe, et nous avons une nouvelle connaissance à faire, celle de la race landaise qu'on peut croire très-voisine de l'autre.

Comme partout, le cheval revêt ici une livrée parfaitement conforme à la condition dans laquelle il vit, et présente autant de variétés, pour ainsi dire, qu'il occupe de localités. Cependant il vient de la même source, et c'est bien toujours une émanation très-directe et très-immédiate de la race navarrine.

Avant la révolution de 1789, le Béarn, la Navarre et la Soule possédaient 74 étalons royaux ou approuvés ; le Béarn seul en avait 60. La nouvelle circonscription, plus étendue puisqu'elle comprend, en outre, le département des Landes, n'en a jamais obtenu un nombre aussi considérable depuis 1806. La moyenne de vingt années qui viennent de s'écouler s'arrête à 51. C'est une cause d'infériorité très-regrettable. Elle s'est toutefois affaiblie dans ces derniers temps. Ainsi, de 1846 à 1850, la moyenne s'est élevée à 64. La masse des services rendus est même proportionnellement plus forte. Les 74 étalons de l'ancien régime ne servaient certainement pas au delà de 1,900 poulinières, tandis que ceux de notre époque en saillissent 2,900 environ. On tire donc meilleur et plus profitable parti des ressources actuelles que de celles d'autrefois.

Il n'y aurait aucun intérêt à refaire l'histoire de la race navarrine. Elle a éprouvé ici les mêmes vicissitudes que dans les Hautes-Pyrénées. La destruction des haras lui a été fatale ; le désordre des réquisitions a tout détruit ; étalons et juments capables, poulains et pouliches d'espérance, tout a été enlevé ; seuls, les animaux chétifs ou défectueux sont restés. A ceux-ci, par conséquent, échut la tâche de remplir les vides et de repeupler la contrée.

A la réorganisation des haras, la misère était grande. Les juments qui avaient pris la place des poulinières de choix de l'ancienne race, dans les belles vallées d'Asson, d'Ossau et d'Aspe, sur les rives des gaves de Pau et d'Oloron, appartenaient, pour la plupart, au baudet, et produisaient — le mulet par spéculation, — le cheval par nécessité ; car il fallait bien songer à remplacer les mères par des pouliches vouées, par avance, à la production du mulet. Aussi la naissance d'un mâle était accueillie comme une perte : c'était une déception.

Il ne paraît pas que le cheval navarrin ait jamais été aussi élégant ni aussi près du sang dans les Basses-Pyrénées que dans le département voisin. Il semblerait, au contraire, qu'ici la conformation a toujours été plus ramassée et plus forte, que les membres aussi ont été plus larges et mieux suivis. Il en est encore ainsi à l'époque actuelle. Le cheval des Basses-Pyrénées est plus paysan, moins avancé au point de vue de la race; celui des Hautes-Pyrénées est plus aristocrate et occupe un rang plus élevé sur l'échelle. Celui-ci peut déjà être employé à l'amélioration au-dessous de lui; l'autre n'est point encore assez imprégné du sang et ne saurait être placé à la même hauteur.

A partir de 1853, la circonscription du dépôt de Pau a été soumise aux mêmes idées et au même système que celle du dépôt de Tarbes, mais à un moindre degré. Les ressources manquaient. Au surplus, voici les chiffres moyens, de cinq ans en cinq ans, pour les vingt dernières années.

| | Étalons arabes. | Moyenne des saillies. | Étalons anglais. | Moyenne des saillies. |
|---|---|---|---|---|
| De 1831 à 1835. . | 10 | 34 | 2 | 31 |
| De 1836 à 1840. . | 4 | 29 | 3 | 33 |
| De 1841 à 1845. . | 6 | 37 | 11 | 40 |
| De 1846 à 1850. . | 12 | 44 | 25 | 45 |

Et, tandis que le nombre des juments données à l'étalon arabe est à peine de 520, celui des poulinières livrées au pur sang anglais dépasse le chiffre de 1,100.

Telle a été la marche des faits. On voit comment, sous leur influence, la pratique se modifie, et comment la théorie du croisement alternatif gagne insensiblement du terrain. En effet, le sang arabe était, sur ce point, l'objet d'une prédilection très-marquée. Par contre, le sang anglais y était antipathique au premier chef. Pourquoi? Nul ne le savait. Les mauvaises raisons données à l'appui étaient nombreuses. La race navarrine, d'extraction arabe, ne pouvait que perdre dans son contact avec le cheval anglais. On ne sortait pas de là, et l'on se retranchait obstinément derrière cette barricade pour repousser l'ennemi. L'attaque a été vive et prolongée; mais l'expérience est venue à la fin, sous la forme de l'intérêt, trancher définitivement le nœud gordien. Les distributions de primes ont jeté dans la balance un poids décisif. La victoire reste ordinairement aux gros bataillons. Les primes les plus fortes et les plus nombreuses se plaçant toujours sur les produits qui avaient du sang anglais, les éleveurs, juges d'ailleurs dans leur propre cause, ont bientôt compris l'utilité de l'alliance des deux sangs. Ils ont alors accordé non une préférence exclusive ou absolüe, mais une part raisonnée à chacun d'eux, et ils ont commencé un métissage duquel sortent les meilleurs résultats. Pourtant l'étalon qu'ils emploient le plus volontiers est celui qui leur présente le mélange tout fait et réussi. C'est l'étalon anglo-arabe, en effet, qui s'allie le mieux à la poulinière des Basses-Pyrénées; c'est même au succès complet et très-marqué de celui-ci qu'il faut plus particulièrement attribuer les gros chiffres de la catégorie anglaise avec laquelle il se trouve confondu.

Les gens à système auront beau dire et se démener, les partisans exclusifs du sang anglais, tout aussi bien que les fanatiques du cheval arabe, ils ne pourront rien contre les faits et la pratique; celle-ci les enlace et ceux-là les dominent. Il faut nous en féliciter, puisque, malgré les uns et les autres, nous arrivons à bien en poussant droit au but.

Moins que celui des Hautes-Pyrénées, l'éleveur de cette circonscription aime le cheval pur; il le recherche avec moins d'empressement, il ne l'emploie pas avec le même enthousiasme; il est moins artiste, si l'on veut; l'étalon de demi-sang lui plaît souvent autant que l'autre, et il l'utilise volontiers. Le cheval de pur sang revient ainsi moins fréquemment dans le métissage. A cette manière de faire on peut attribuer et le moindre degré de noblesse, qui frappe chez le produit des Basses-Pyrénées, et cette heureuse condition de la forme à demeurer ensemble, à ne pas s'échapper ou se disjoindre. Une race, en effet, est plus aisément contenue dans les limites des forces locales et des ressources alimentaires, lorsqu'elle est moins donnée au pur sang qu'au demi-sang. Nous trouvons ici la confirmation pratique d'une théorie précédemment exposée.

Les juments les plus précieuses et les produits les plus remarquables se trouvent dans les belles vallées que nous avons déjà désignées ; ils y forment une population homogène et riche qui appelle la constante sollicitude de l'administration, dont elle est l'œuvre tout entière. Ce n'est plus le cheval navarrin insignifiant d'il y a seulement quinze ans, ce cheval si petit et si mince qu'il ne trouvait plus emploi ni dans les services publics ni dans les rangs de l'armée ; c'est maintenant un produit moyen, aux formes relativement amples, capable de durée, apte à des usages variés et entrant dans la consommation générale, où il prend une place trop longtemps occupée par le cheval étranger à la contrée.

Sur les points où l'amélioration a été le mieux conduite, et où les résultats ont été le plus complets, le nouveau navarrin se montre dans les conditions d'un petit *hunter* énergique et puissant, bon à tout. Les os du squelette sont forts ; les muscles sont pleins et saillants ; toutes les parties du corps s'harmonisent dans leurs proportions. Aucune des qualités propres aux races méridionales ne fait défaut à cette nature généreuse et rustique. Elle a retrouvé tous les avantages qu'on lui a connus dans le passé, qu'on avait pu croire perdus sans retour. C'est toujours le cheval de la Navarre, mais le cheval de la Navarre embelli quant aux formes.

Dans les vallées, partout où la nourriture est abondante et substantielle, la transformation a été rapide. Dans les contrées montueuses et moins fertiles, là où les aliments sont moins riches et moins abondamment produits, le progrès a été plus lent, l'amélioration est moins sensible.

Ce n'est plus comme dans les Hautes-Pyrénées, dont la population est plus dense sur un même espace et plus semblable à elle-même. Ici les résultats sont plus disséminés, et chaque groupe diffère un peu du voisin. Ils forment une échelle dont on descend les degrés en passant de l'arrondissement de Pau dans celui d'Oloron, et de celui-ci dans l'arrondissement de Mauléon, dans le pays basque (arrondissement de Bayonne), et enfin dans l'arrondissement d'Orthez.

Le cheval du pays basque offre une particularité qui mérite d'être signalée. Par sa conformation il rappelle, mais sous des proportions moindres, et avec un caractère de distinction plus prononcé, l'ancien cheval de selle de race ardennaise. C'est un précieux animal qui présente peu de parties à refaire. Il demande cependant à être grandi; mais cette élévation de taille ne doit être achetée aux dépens d'aucune des qualités actuelles. C'est particulièrement dans l'abondance et la bonne nature des aliments qu'il faut puiser les éléments de cette amélioration. C'est surtout une question d'accroissement de la fertilité du sol.

Dans l'arrondissement d'Orthez, le cheval répond, par sa petite taille et sa moindre valeur, au peu de nourriture qu'il consomme et au peu de soins dont il est l'objet. Il vit en grande partie sur des landes assez pauvres, et se rapproche beaucoup des formes et du mérite propres au cheval landais qui nous occupera bientôt.

Comme chez l'éleveur des Hautes-Pyrénées, la jument est exclusivement vouée à la reproduction. On ne lui demande aucun travail. Lorsqu'on l'a reconnue inféconde ou mauvaise mère, elle n'est plus qu'une marchandise dont on se défait à la première occasion, et celle-ci on la cherche, afin de ne pas garder en pure perte une bouche inutile ; mais la bonne poulinière, à moins d'un besoin d'argent très pressant, demeure invariablement aux mains de celui qui la possède,

III.                                              19

soit qu'il l'ait fait naître, soit qu'il l'ait achetée pouliche. Ici toutes les attentions, tous les sacrifices sont pour la femelle. Pendant l'élevage, elle est l'espoir de la race ; on la traite avec une prédilection très-marquée ; on attend beaucoup d'elle ; on lui prodigue soins et caresses. Plus tard, elle est une richesse ; on la conserve précieusement, et l'on s'efforce d'en tirer bon parti (1). Pour remplacer la poulinière qui lui manque, le cultivateur recherche la pouliche la mieux née et la mieux réussie dans la famille ou dans la race. Le prix d'une pouliche n'excède pas ses moyens ; celui de la jument, au contraire, dépasserait ses ressources, et d'ailleurs, avons-nous déjà dit, celle-ci est rarement à vendre.

Le poulain n'est pas toujours élevé chez celui qui le fait naître. C'est une bonne pratique qui tend à se généraliser, et qu'il faut favoriser dans les Basses-Pyrénées. Le petit propriétaire n'est que trop disposé à conserver entiers ses mâles et à les élever en vue de l'étalonnage. C'est une industrie chanceuse et coûteuse. L'éleveur se fait souvent illusion et n'est pas toujours bon juge ; il supporte inutilement alors les frais d'une éducation qui tourne mal. La race n'est pas assez avancée, dans cette circonscription, pour songer à y faire l'étalon avec succès ; attendons encore, et revenons à la pratique d'autrefois, aux vieilles habitudes, qui réussissaient alors, comme elles réussissent encore aujourd'hui, à ceux qui les ont reprises ; soumettons de bonne heure à la castration les mâles dont l'élève devient si facile alors, et laisse presque toujours du profit, tandis que celle du che-

(1) Exceptionnellement, il est des poulinières qui deviennent une source féconde ; à celles-là on tient comme on tiendrait à la poule aux œufs d'or. On nous faisait un jour le calcul de ce qu'une de ces rares exceptions avait donné en quatre années — trois poulinières vendues pour une somme de 8,470 fr., — et, loin de se dégarnir, le propriétaire possédait encore 4 bêtes d'espérance. C'était un revenu annuel de plus de 700 fr. par tête.

val entier est une source à déceptions et à nombreux mécomptes (1).

Le navarrin de l'époque, quand il a été hongré en jeune
âge, forme le cheval de cavalerie légère par excellence; il
donne souvent aussi des chevaux de ligne très-estimés. Le
département des Basses-Pyrénées est, de toute la France,
celui qui fournit, croyons-nous, le plus de chevaux à la remonte annuelle des troupes légères. C'est sa spécialité depuis quelques années ; mais l'amélioration monte et les prix
haussent. — En prenant des aptitudes nouvelles, le cheval
navarrin acquiert une plus grande valeur, et les cours s'é-
lèvent en raison d'une recherche plus active. Le luxe est
donc entré en concurrence avec les officiers de la remonte, les
marchands espagnols, les maîtres de poste, les entrepre-
neurs de messageries et les loueurs de voitures, qui se partagent et se disputent les ressources annuelles. Aujourd'hui
tous les chevaux sont mis en service dès l'âge de quatre ans.
C'est un autre résultat du croisement alternatif; car il
pousse au développement plus précoce. Les produits les
mieux réussis et les plus complets forment déjà de charmants attelages qui résistent à merveille aux fatigues d'une
route accidentée; il est rare qu'une paire de chevaux se
vende au delà de 2,400 fr. à 3,000 fr. Le prix des plus jolis

(1) « Parmi les anciennes habitudes généralement adoptées en Béarn,
au temps où les plus beaux chevaux y étaient communs, on remarquait
celle de hongrer les poulains dès qu'ils commençaient à inquiéter les
juments. Ces jeunes animaux pouvant ainsi rester avec elles sans incou-
vénient jusqu'à l'âge de quatre ou cinq ans, la dépense et les soins qu'ils
exigeaient devenaient fort peu de chose. Plus tard, hongrer les chevaux
de cinq à six ans seulement devint la loi commune. De là, l'obligation de
les soigner et de les nourrir à l'écurie pendant deux ou trois ans ; leurs
jambes s'y ruinaient faute d'exercice; souvent ils devenaient vicieux; plus
souvent encore, — l'opération de la taille, ainsi retardée, détruisait leur
courage et leurs moyens; aussi les dépenses d'éducation dépassaient toujours les prix de vente. » (*Rapport d'un conseiller général des
Basses-Pyrénées.*)

chevaux de selle est de 1,000 à 1,200 fr. Le second choix s'écoule à prix réduit.

A côté du cheval navarrin, nous trouvons le cheval landais dont on a fait une race distincte. En se reproduisant au milieu de ces sables arides, de ces marécages qui forment le département des Landes, le cheval a pris et conservé un caractère à part. Il a subi le niveau du lieu; il s'est modifié comme tous les animaux et l'homme lui même, si différents, dans cette contrée, de ceux des régions environnantes. Ici le climat et le sol impriment fortement leur cachet sur toutes les existences qui viennent se mettre en leur dépendance.

Le cheval landais, assure-t-on, est une émanation directe des races d'Orient. Nous le voulons bien. Il est incontestable que toute la population chevaline du midi de la France a une commune origine, et que celle-ci remonte à des importations renouvelées de sang arabe ou barbe. L'histoire légitime cette assertion; elle établit le fait d'une manière irrécusable. Va donc pour une illustre origine. Mais elle s'est bien éteinte, et aujourd'hui il ne faut plus voir dans cette race, courbée sous l'indigénat, qu'un extrait de cheval, une tribu dégénérée faute de nourriture et de séve, un petit animal sauvage qui se place aux antipodes de la civilisation.

La taille du cheval landais varie de 1$^m$,10 à 1$^m$,30. Sa tête est petite et carrée, son œil vif et intelligent. Il porte une encolure fausse, mais il en tombe une crinière soyeuse; il a le garrot saillant, le poitrail étroit, la croupe déclive, la membrure mince, mais nette et solide. Ces imperfections ne rendent pas le cheval gracieux; elles n'ôtent rien cependant aux qualités réelles dont le cheval landais fait preuve au travail: il y est plein de bonne volonté et infatigable.

Comme tous les chevaux élevés loin de l'homme, celui-ci résiste quelquefois à la domestication. En général, cependant, il est d'un caractère doux, quoique facile à effrayer.

Formée sous l'influence des intempéries, sa constitution est robuste et énergique, peu accessible à une foule de maladies communes, au contraire, chez les races plus civilisées. Extérieurement, le même fait se reproduit, et l'on constate bien rarement, sur les animaux qui ne quittent pas la contrée, l'existence des tares osseuses ou des tumeurs molles qui entourent si fréquemment les articulations des membres chez le cheval de service. A une grande énergie s'unit ici une extrême sobriété. Accoutumé à vivre de peu, le cheval landais n'est pas délicat sur les aliments. « Il apporte néanmoins, dit M. Goux, à qui l'on doit une excellente notice sur cette race, une incroyable ardeur au travail. Les allures rapides et prolongées, qui ruinent si vite les grands chevaux à tempérament plus ou moins lymphatique, ne peuvent rien sur sa constitution de fer. Aussi a-t-on dit de lui qu'il fatiguait le cavalier avant de se fatiguer lui-même, et l'on pourrait le caractériser d'un seul trait en lui appliquant ce vers d'un poëte célèbre :

De nerfs et de tendons électrique faisceau ;

tant il y a en lui de nerf, de cœur, de souplesse, tant ce corps, presque chétif, annonce une puissante organisation, héritage du sang méridional que lui ont légué les ancêtres arabes dont il descend. »

Telle est la race landaise. On l'utilise dans la localité ; elle prend part aux travaux agricoles et les partage avec le mulet et le bœuf. Chaque métairie, suivant son importance, tient de deux à six poulinières, qui vivent presque constamment dehors, dans la bruyère et les marécages. C'est à l'existence demi-sauvage de la race, à sa nature rustique qu'il faut rapporter son énergie et sa résistance. Ces deux qualités font contre-poids à la chétiveté des animaux et leur donnent toute leur valeur.

C'est en pleine liberté, au pâturage que s'effectue l'acte de la reproduction, abandonné par l'incurie et la routine à des poulains de deux ans. On les arrache ensuite à leur indépendance pour les émasculer, les dompter et les vendre. Ceci présente quelques difficultés, car on les coiffe d'un licou pour la première fois quand il s'agit de les hongrer.

C'est en plein air, bien entendu, que les poulinières mettent bas. On leur ménage parfois un abri, pour les heures où le soleil est le plus ardent, afin de les soustraire aux insultes d'une espèce particulière de mouche qui s'attache à elles, et les tourmente cruellement. Il y a plus d'un rapport, on le voit, entre l'existence de cette race et celle de la Camargue.

Lorsqu'on le traite ainsi, le cheval landais n'est pas d'un entretien onéreux. Les poulains n'ont donc pas coûté cher jusqu'au moment où on les saisit pour les préparer à la vente. Alors seulement on s'en occupe. Ceux dont on veut tirer le plus d'argent sont soumis à un régime substantiel et relativement abondant. On leur donne une petite ration d'avoine ou de maïs, on y ajoute du son ou de la farine de seigle, et on en fait de bons petits serviteurs qui se vendent très-bien sous le nom de *doubles bidets*. Le mot seul indique la transformation opérée chez l'animal par quelques semaines d'une hygiène plus généreuse que celle de la lande. Transporté dans d'autres localités, soumis à un travail journalier, même pénible, mais convenablement nourri, le cheval landais continue à croître et prend du corps. Il montre ainsi une grande force de végétation, qu'on nous permette le mot.

Nous ignorons complétement le passé de cette race. Aucun document n'établit qu'elle ait jamais été meilleure ou plus puissante, mieux appropriée aux exigences des services divers. L'expérience a depuis longtemps appris sous quelles influences il fallait la placer pour développer les bons germes qu'elle recèle; mais ces influences sont en dehors de la vie nomade, de l'existence habituelle de la race. Ainsi,

— des étalons capables, — une alimentation suffisante. La solution de ce problème, — élever la taille sans diminuer l'énergie, — est tout entière dans ces deux termes. On y a réussi toutes les fois qu'on l'a tenté.

Aussi, et côte à côte de ce petit cheval que nous avons fait connaître, on trouve çà et là, mais sur tous les points, et en nombre variable du reste, des individus et plus grands et plus forts. On les rencontre dans ce qu'on nomme les *belles landes*, espèces d'oasis dans le désert, petits centres privilégiés que la main de l'homme a fécondés. Les ressources alimentaires y développent ou la race indigène ou les produits qui naissent de juments étrangères à la contrée et détournées du service au profit de la reproduction.

L'arrondissement de Dax est le point des Landes où l'amélioration a déterminé les effets les plus appréciables. Dans le voisinage de cette ville et dans toute la partie méridionale de l'arrondissement, la population présente une supériorité marquée, et se rapproche beaucoup du navarrin amélioré des Basses-Pyrénées. Il a donc pris une valeur proportionnelle plus élevée, et attire tout à la fois l'officier de cavalerie et le commerce, qui choisissent des produits de mérite parmi les mieux réussis.

Les questions de reproduction et de croisement n'offrent aucune difficulté sur le terrain où nous sommes. Ne veut-on que des petits chevaux chétifs, mais robustes, il n'y a qu'à se croiser les bras et à laisser faire. La race indigène, depuis longtemps nivelée aux influences locales, continuera à se reproduire telle quelle sans modification aucune. Elle ne perdra ni ne gagnera. Ce sera toujours la même énergie et la même dureté au travail dans la même forme exiguë et raccourcie. Veut-on, au contraire, un produit nouveau, plus haut, plus corsé, capable de satisfaire à de plus grandes exigences, il y a nécessité de choisir les meilleures juments de la race, de les alimenter plus abondamment, de les marier à des étalons de demi-sang ou de pur sang arabe, de

leur donner quelques soins pendant la gestation et l'allaitement, de nourrir les poulains de manière à les développer,
et de les hongrer de bonne heure enfin pour que leur
élevage réussisse plus complétement. Les pouliches, appliquées au même résultat, seront traitées comme leurs mères,
ainsi que leurs filles et petites-filles. Il ne faudrait pas plus
de trois ou quatre générations pour atteindre le but et changer de fond en comble cette petite race chétive en une famille
relativement puissante et riche. Toutes les imperfections s'ef-
faceraient à la faveur d'une hygiène soigneuse et d'alliances
bien faites. Le sang arabe n'introduirait aucun mauvais germe
et ne pousserait qu'avec mesure aux dimensions à faire graduellement acquérir à cette petite espèce. Il n'y aurait point
à redouter qu'il donnât trop grand, car sa force propre est
toute de contention ; elle ne s'épand qu'en raison de la richesse nutritive et de la quantité de la nourriture.

Que si, au contraire, on songeait à opérer à l'envers, à
tenter le croisement sans porter tout d'abord son attention
sur le régime alimentaire, on perdrait son temps, et, qu'on
nous permette cette trivialité qui aura le mérite de fixer le
lecteur sur une pensée fort juste, on mettrait la charrue devant les bœufs et l'on ferait de la bouillie pour les chats. En
procédant ainsi, on n'aboutirait qu'à l'insuccès. Inutile de
renouveler l'expérience. Elle a été faite bien des fois et sur
grand nombre de races ; que ses leçons préservent enfin de
nouveaux mécomptes, et que ceux-ci ne soient plus un prétexte contre l'adoption des bonnes méthodes et des saines
pratiques.

Quels résultats, demande M. Goux, sont sortis des croisements essayés jusqu'à ce jour sur la race landaise? Et il
répond :

« De mauvais chevaux, quand les petites juments ont été
saillies par des étalons de haute taille, soit anglais, soit limousins, etc. ; — de mauvais chevaux encore quand les
produits, fussent-ils de chevaux arabes précieux, ont été

soumis au régime demi-sauvage des Landes et à la pauvre
alimentation qu'il fournit.

« Mais on a eu de bons chevaux, nous ne saurions trop le
répéter, lorsqu'aux petites juments indigènes on a donné
des étalons arabes, petits eux-mêmes, et que les produits
ont été convenablement nourris. »

Ces faits sont en tout conformes aux règles de la science ;
ils ne heurtent que les fausses doctrines. — Il ne faudrait
pourtant pas s'exagérer l'inconvénient d'une taille plus
haute chez l'étalon, quand celui-ci est de race orientale pure
ou de sang mêlé, mais de même origine ; car l'expérience
n'a pas encore varié sur ce point, à savoir : l'élévation de
la taille n'a jamais influé d'une manière défavorable sur le
produit quand elle résulte de l'alliance d'un étalon arabe ou
issu d'arabe, plus grand que la femelle.

Cette observation a une très-réelle importance en ce qui
touche la poulinière landaise et la jument camargue, si
petites l'une et l'autre, et souvent aussi la poulinière qui
peuple les différentes parties du midi de la France.

## V.

Circonscription du dépôt d'étalons de Villeneuve-sur-Lot. — Sa situation chevaline dans le passé. — Création du dépôt en 1806 ; — sa
suppression en 1832 ; — son rétablissement en 1845. — Résultats
obtenus. — Population chevaline des trois départements ; — son
avenir.

Les départements de Lot-et-Garonne, du Lot et de Tarn-
et-Garonne, réunis en circonscription distincte, ont été placés sous la sphère d'action du dépôt d'étalons de Villeneuve,
assis dans l'Agenais. Le Lot et le Tarn-et-Garonne ont été
taillés dans l'ancien Quercy.

Aucun souvenir hippique ne se rattache spécialement à
cette contrée, qui n'a point eu de race à elle. Sa population
chevaline se confondait sans doute avec celle du Midi, qui

tirait son origine du cheval navarrin. Cependant elle n'a pas
été complétement abandonnée dans le passé, au moins dans
le Lot-et-Garonne, où les documents de l'époque montrent
que dix-neuf étalons royaux ou approuvés étaient entretenus dans la province et se partageaient entre l'Agenais et le
Condomois. Cette dernière localité dépend aujourd'hui du
département du Gers et ressortit au dépôt de Tarbes, qui ne
s'en occupe pas. Le fait seul de ce délaissement est une
preuve certaine de pauvreté.

L'Agenais a été plus favorisé. Le décret impérial de 1806
y établit un dépôt qui devait desservir en même temps une
partie du pays voisin ; mais les causes de dépérissement et
de ruine, déjà signalées en parcourant les circonscriptions
de Tarbes et de Pau, se firent sentir plus fortement encore
sur le territoire où nous sommes. L'éducation du cheval,
moins enracinée et moins puissante que dans les départements pyrénéens, y succomba tout à fait et plus vite et plus
complétement. L'industrie mulassière et l'élève du gros bétail prirent la place accordée jusque-là au cheval. La production du mulet réussit médiocrement ou tout au moins eut
des chances fort diverses. La spéculation sur l'espèce bovine
fut mieux entendue et rendit davantage ; l'Agenais surtout
s'y livra avec succès et finit par s'approprier une race qui a
pris rang parmi les meilleures que nous possédions en France.
L'existence de la race bovine agenaise est un fait agricole
important, elle prouve que le pays est propre à la culture
des animaux de choix, qu'il peut nourrir des races supérieures, que ses habitants sont aptes à s'en occuper avec
fruit, capables de tous les soins et de toutes les attentions
nécessaires pour les conserver ou les perfectionner encore.
C'est un précédent ; il est désirable qu'il ne reste point une
exception et que l'avancement de la population chevaline
lui fasse bientôt pendant.

Nous venons de constater que cette population n'avait eu
qu'un bien triste passé, complétons le tableau. La révolution

de 1789 avait emporté les dix-neuf étalons royaux et approuvés ; car ici, comme partout, les étalons particuliers disparurent en même temps que ceux dont l'État était propriétaire. Il est bon de prendre note, en passant, de cette coïncidence, qui a son intérêt et sa signification. La vente à vil prix des étalons royaux aurait dû encourager les détenteurs privés à conserver les leurs, à en augmenter le nombre même ; c'est le fait contraire qui s'est produit.

L'émancipation de l'industrie a eu pour conséquence forcée la ruine et la cessation complète de cette industrie. A partir de ce moment donc, plus de reproducteurs capables ; on les chercherait en vain : il n'y en eut plus nulle part.

Les circonstances peu favorables à la production du cheval léger, de 1815 à 1855, la place peu importante qu'il occupait alors dans les services publics et l'absence de tout débouché pour cette sorte de produits en avaient fait négliger l'éducation dans les provinces les mieux pourvues autrefois et tout à fait abandonner l'élève dans les localités moins avancées. La circonscription du dépôt de Villeneuve était au nombre de ces dernières ; elle utilisait peu les ressources qu'on lui avait rendues ; on les lui retira en 1852. On la remit alors en face d'elle-même ; pour la seconde fois, elle fut émancipée.

« Dans cette partie de la France, disait le rapport de sup-
« pression du dépôt, la majorité des juments est pour le
« baudet. En général, on ne livre guère de juments au che-
« val que pour en obtenir des mulassiers ; aussi l'améliora-
« tion n'y fait-elle que des progrès peu sensibles. Il serait
« mieux d'abandonner la contrée à la spéculation qui lui est
« profitable. Elle saura bien, du reste, se procurer des mu-
« lassières sans que l'État s'en mêle. »

Ainsi parlèrent les économistes de cette époque. Il fut fait suivant qu'ils disaient : on ferma le dépôt d'étalons. Sous ce régime d'entière liberté, écrivons le mot vrai : de complet abandon, les remontes continuèrent à se faire hors de France, et les importations de chevaux étrangers prirent une extension qui rappelle de bien mauvais jours pour la production nationale. Le vide laissé par la suppression du dépôt ne fut pas rempli; il en résulta un notable affaiblissement dans le chiffre et le mérite de la population. Non-seulement les particuliers ne mirent rien à la place de ce qu'on leur avait enlevé, mais les conseils généraux cessèrent de voter des encouragements qui n'avaient plus d'objet. Si peu qu'elle eût marché, grâce à l'influence des étalons fournis par l'Etat, la population chevaline n'était pourtant pas restée tout à fait stationnaire; pour peu sensible que fût le progrès, il y avait progrès toutefois, et de nouvelles améliorations se préparaient. En dehors de l'action du dépôt il n'y eut plus rien, et l'espèce s'appauvrit encore. Il fallut revenir sur ses pas, réédifier ce qu'on avait détruit; ainsi travaillait madame Pénélope : l'administration des haras est depuis longtemps réduite à ce singulier rôle en France. Les amants de la reine d'Ithaque, ennemis du repos d'Ulysse, en voulaient à l'honneur de sa vertueuse épouse; nos économistes ne sont pas les amis de l'administration qu'ils poursuivent; mais, en s'attachant à l'affaiblir et à la détruire, c'est le pays qu'ils frappent, c'est l'indépendance nationale qu'ils commettent et jouent dans une question d'amour-propre et d'intérêt privé.

En 1845, on rétablit le dépôt d'étalons de Villeneuve. Les circonstances avaient changé. Le cultivateur revint au cheval, dont la production prit une activité jusque-là inconnue. De 1846 à 1850, en cinq ans, 7,700 juments, qui seraient presque toutes restées en jachères, ont été livrées aux étalons nationaux. Ceux-ci ne suffisent pas, à beaucoup près, à tous les besoins du pays. Les encouragements des conseils généraux ont fait retour à l'industrie; l'administration de la guerre achète de bons produits, et voici une ère de prospérité, sans antécédents sur ce point, qui ouvre des horizons nouveaux et donne les meilleures espérances. Pour tout détruire, un trait de plume suffira.

Sous l'influence du rétablissement du dépôt, un premier fait, — considérable à tous égards, — s'est produit, et il mérite d'être consigné ici ; c'est le remplacement, dans la population chevaline des trois départements, de 4,000 chevaux entiers ou hongres, de quatre ans et au-dessus, par 4,500 juments de même âge, d'où une augmentation correspondante de près de 800 produits de trois ans et au-dessous. — Qu'on pèse ce résultat, il est significatif ; car, dans le même temps, l'accroissement total de la population est de 1,200 têtes seulement.

Cela veut dire que, du jour où le cultivateur n'a pas d'étalons à sa portée, il peuple son écurie de mâles plutôt que de femelles, et qu'il change de système du moment où on lui donne les moyens de produire par lui-même ; alors il se procure des matrices comme matières premières, et se défait des mâles, qu'il considère comme objets fabriqués.

Dans une contrée qui n'a pas de race propre, les questions scientifiques ne soulèvent aucune difficulté. On produit surtout pour avoir du croît, et tel quel, sauf à s'occuper plus tard d'améliorations et à fixer sa préférence sur la race la plus favorable. Les choses se sont ainsi passées là où nous sommes. Il y avait une telle pénurie d'étalons et un si grand besoin de renouveler la population, qu'on a tout accepté avec empressement et sans y regarder. Tout a donc été recherché et utilisé. La moyenne des saillies a dépassé toute attente ; pour les chevaux de pur sang arabe, anglais ou anglo-arabe, elles ont atteint le chiffre de 59 pour la période quinquennale ; les animaux non tracés arrivent à 61 ; ces derniers sont aux premiers dans le rapport de 1 à 2, à très-peu près.

Le temps n'est pas éloigné, néanmoins, où le choix de la race attirera tout particulièrement l'attention des producteurs. Dès lors ceux-ci désigneront l'étalon de race anglo-arabe comme celui qui leur conviendra le mieux, par la raison qu'il a, mieux que tout autre, réussi avec la jument de la circonscription. Déjà ce fait est acquis.

Mais voyons de plus près la population actuelle.

On serait fort surpris, assurément, de rencontrer ici une race qu'il fût possible de décrire, une famille de chevaux qui présentât des caractères fixes et constants. Ce que nous avons dit du passé conduit à une situation diamétralement opposée. Aussi voit-on, sur tous les points, des groupes de transfuges de diverses contrées, des juments de toute origine, de toute provenance et de tout calibre. Chose assez remarquable toutefois, dès la première génération les produits ont une tendance très-sentie à se mouler sur une forme générale qui efface en partie, ou tout au moins affaiblit notablement les disparates les plus choquantes ; de nouvelles empreintes se gravent sur les individus, qui les rapprochent beaucoup plus qu'on ne l'aurait soupçonné. Cette action immédiate, due tout à la fois à l'influence d'étalons mieux râcés et à celle des agents extérieurs, si elle est favorisée dans la série des générations futures, ne s'exercera pas seulement à la surface, elle ira au delà des formes, pénétrera l'être entier, enveloppera sa structure intime, sa vitalité, son caractère, ses aptitudes. Il en sortira une famille nouvelle, une sous-race qui tiendra, par la conformation, au cheval du Midi, par les qualités à ses auteurs, et qui, sous le rapport du développement et de la corpulence, restera nécessairement subordonnée à l'abondance et à la nature des aliments.

De ce qui est, il n'y a rien à conserver. Avec des éléments hétérogènes, il faut créer un moteur léger et puissant, de taille moyenne, propre à la fois à la selle et au trait : c'est le cheval à deux fins. La population actuelle peut servir à en constituer le type utile, précieux. A ce résultat doivent tendre tous les efforts.

Mais déjà la production locale est en marche. Beaucoup de produits entrent aujourd'hui dans la consommation générale et repoussent le cheval allemand, qui, naguère encore, était seul en possession des services du luxe. Quand les propriétaires aisés le voudront, ce commerce antinational cessera de peser sur l'industrie indigène comme une perte, comme une menace, comme une honte.

Sur la lisière occidentale du département de Lot-et-Garonne finissent ces immenses steppes sablonneuses qui viennent de l'Océan et dont nous avons étudié la population chevaline en nous arrêtant dans les Landes. On en retrouvera la trace dans cette partie de la circonscription du dépôt de Villeneuve; mais, après, ce n'est plus qu'un mélange de chevaux allemands et normands de petite taille, de juments importées de Bretagne, du Berry et de l'Auvergne. C'est la même composition dans Tarn-et-Garonne, avec de meilleurs éléments dans l'arrondissement de Castel-Sarrasin, où le goût du cheval a survécu, où l'on saisit encore les traces d'un ancien croisement opéré, dit-on, entre les races espagnole et normande. Sur ce point, les poulinières sont plus nombreuses; elles ont aussi une taille plus élevée, des membres plus amples, un coffre plus large. Cette petite tribu se sépare très-nettement du reste de la population, dont la taille est moins haute, la membrure plus élevée et le corps à l'avenant.

Dans le Lot, la population est double également. Énergique, sobre, mais d'apparence grêle et chétive là où elle vit d'une nourriture rare et maigre, elle est plus étoffée et mieux prise, plus capable et plus avancée dans la vallée où les fourrages sont plus abondants et plus substantiels. Le cheval d'Auvergne a son analogue dans cette partie du Lot, comme la race landaise a le sien dans un coin de Lot-et-Garonne; mais, dans le Lot, le cheval étranger est une rareté, une exception : le produit indigène, en possession de tous les services, y jouit d'une préférence très-marquée.

La circonscription que nous venons de parcourir naît à la vie hippique, on nous permettra le mot, car il est vrai. Si on sait l'aider, si on n'arrête pas son élan, elle s'élèvera promptement à une prospérité réelle. Ses produits suffiront largement à la consommation locale, et l'armée choisira parmi eux des sujets qui ne le céderont point aux meilleurs chevaux de troupe de la Navarre. Ici, comme dans tout le Midi, on vise à grandir, à étoffer; nulle part on ne veut s'en tenir aux limites de taille et de corpulence du cheval de cavalerie légère, lequel, en dehors du service des remontes, ne trouve vraiment ni facile emploi ni vente profitable. Ce besoin d'obtenir grand et fort a provoqué des accouplements vicieux, et de ceux-ci on a eu des mécomptes; mais l'expérience a bientôt ramené les plus impatients. L'insuccès a fait plus de bruit que de raison; on a élevé la pratique irréfléchie de quelques-uns à la hauteur d'un système qui n'existe pas, au niveau d'un parti pris qui n'a jamais été dans la pensée de personne. Toutefois, si les plus pressés vont un peu vite et s'attardent, les retardataires s'obstinent à marcher d'un pas trop lourd et n'avancent pas. Il y a, de part et d'autre, mieux à faire. Les vieilles théories se modifieront sous l'influence de l'exemple, c'est aux progressistes à le donner; la pleine réussite de leurs vues est une question d'alimentation. Qu'ils nourrissent plus abondamment, et le problème est résolu; car les haras ne commettent pas la faute d'envoyer, comme pères, les géants de l'espèce dans les contrées où les poulinières sont de petite stature et doivent arriver, au maximum, à la taille moyenne du cheval propre à la cavalerie de ligne.

C'est des progrès de l'agriculture et de l'achèvement des routes de terre qu'il faut attendre, dans cette partie de la France, un effet identique au résultat constaté sur plusieurs des points où l'établissement des chemins de fer a déjà provoqué des modifications profondes dans la production des grosses races; seulement la transformation aura lieu en sens inverse.

Dans le Nord, par exemple, dans une partie de l'Est et du

Centre, le gros cheval tend à diminuer en nombre au profit d'une espèce allégie; dans les contrées montagneuses et dans tout le Midi, au contraire, le petit cheval prendra de la taille et de la force, le criquet incapable se développera dans sa corpulence et dans sa membrure, pour arriver au niveau des besoins de l'époque.

La plus grande fertilité du sol, l'extension donnée aux cultures fourragères seront les causes premières, essentielles de cette modification de la forme du cheval, de l'accroissement de son volume, et de sa plus grande aptitude à des travaux auxquels, dans le Midi, on ne l'avait point encore appliqué jusque-là. Sous ce rapport, les faits marchent vite. On croit, en effet, pouvoir avancer avec certitude que, dans les trois départements qui ressortissent au dépôt de Villeneuve, chaque exploitation récolte aujourd'hui moitié plus de fourrages de toute espèce qu'il y a vingt ans. Tout est là. La production fourragère est la clef de la production animale; le produit n'est jamais pauvre quand la matière première abonde. C'est la pénurie des aliments qui fait les races chétives.

Dans le département de Lot-et-Garonne, l'industrie chevaline se porte avec plus de faveur sur la production que sur l'élève. Les poulains se placent facilement; les pouliches sont élevées en vue du remplacement des mères. Les importations n'amènent plus qu'un très-petit nombre de mâles; elles tendent, au contraire, à l'augmentation du chiffre de la population femelle.

Dans le Lot, le commerce des chevaux n'a qu'une très-faible importance; il est tout intérieur, pour ainsi dire. La consommation locale utilise tous les produits chevalins du pays; elle comble le déficit d'une population insuffisante par l'importation de mulets propres au travail.

Le Tarn-et-Garonne réalise mieux les vues de ceux qui avaient fait prononcer la suppression du dépôt de Villeneuve; il se procure des mulassières qui reviendront peu à peu à la production du cheval : celle-ci , d'ailleurs , y est favorisée par la nature fertile du sol , l'abondance et les qualités nutritives des fourrages qui poussent au gros.

Telle est la situation actuelle dans les trois départements qui ressortissent à l'établissement de Villeneuve; elle n'est, sans doute, pas comparable à celle des Pyrénées , mais elle est bien plus avancée et plus riche qu'elle n'a été dans les temps antérieurs. On peut dire qu'elle est en voie de prendre rang avant peu, de se classer à une hauteur très-satisfaisante.

## VI.

Circonscription du dépôt d'étalons de Rodez. — Situation chevaline de la contrée dans le passé, — et à partir de 1843. — Alternance des croisements empiriquement pratiquée. — Convenance de l'étalon anglo-arabe. — Statistique. — Portrait du cheval de l'Aveyron. — Vices de l'élève du cheval dans la circonscription. — Réforme due à l'influence des concours. — Production du mulet.

Trois départements forment cette nouvelle circonscription : l'Aveyron, qui correspond au Rouergue : — le Tarn, au haut Languedoc ; — la Lozère, au Gévaudan. Le premier seul a eu , dans le passé, une petite place parmi les provinces à chevaux , si l'on en juge par le nombre d'étalons royaux ou approuvés, dont l'existence a été constatée en 1790, peu avant la suppression des haras. Ce nombre était de 21, dont 12 entretenus par l'État lui-même au dépôt de Rodez, rétabli en 1806. C'est, d'ailleurs, l'unique souvenir qui en reste. La population chevaline du Rouergue n'avait pas de nom particulier; elle se confondait, sans aucun doute, sous la dénomination générique de race navarrine: celle-ci absorbait, et cela devait être, toutes les variétés sorties de son sein , comme toutes ses émanations s'en rapprochaient pour rester sous son patronage immédiat et tirer avantage de la réputation de la race mère.

Nous savons déjà l'histoire de la décadence et de la restauration prochaine de cette puissance ; mais le Rouergue a moins échappé à la ruine que les provinces pyrénéennes. Quant aux contrées voisines, nulle part il n'en est fait mention. On ne voit pas à quoi les regrets auraient pu s'attacher ici.

Quand l'usage du cheval de selle a faibli en France, quand a passé la mode des produits de notre Midi, les trois départements que nous allons explorer ont fait comme ceux de la circonscription actuelle du dépôt d'étalons de Villeneuve, ils ont détourné la poulinière de sa destination naturelle, ils l'ont vouée à la procréation du mulet ; et cette dernière industrie venant à perdre de son activité locale par l'extension qui lui fut successivement donnée en d'autres contrées, le développement de la production animale se fit au profit du gros bétail, dont la quantité s'est accrue d'une manière très-notable, tandis que la population chevaline s'affaiblissait ou se maintenait à grand'peine *in statu quo*. C'est en vain que le nouveau dépôt de Rodez chercha à stimuler le zèle des cultivateurs, et à tirer parti des ressources qu'auraient pu offrir l'Aveyron et le Tarn à l'élève du cheval, l'attention et l'intérêt s'étaient portés sur des spéculations rivales, et celles-ci l'ont pendant longtemps emporté.

C'est à partir de 1843, seulement, que l'éducation du cheval a repris faveur dans cette circonscription, et que la recherche plus suivie des étalons de l'État donnerait à supposer que l'agriculture ne s'est pas parfaitement trouvée de l'abandon dans lequel elle les avait précédemment laissés.

Quelques chiffres feront mieux sentir la différence que nous indiquons ; ils présentent des moyennes :

|  | Étalons. | Juments servies. | Et par tête. |
|---|---|---|---|
| En 12 ans, de 1831 à 1842. . . | 39 | 1,002 | 26 ; |
| En 18 ans, de 1843 à 1850. . . | 32 | 1,218 | 38 ; |
| En 1850, dernière année. . . . | 31 | 1,140 | 40 1/2. |

Les faits sont tout à l'avantage de l'époque actuelle. Encore quelques années, et la révolution sera complète. C'est le triomphe d'un service public, et l'honneur de ceux qui l'ont dirigé, que de produire de pareils résultats : ils parlent haut, assurément, en faveur du système adopté et des efforts tentés pour soustraire le pays au tribut qu'il a honteusement payé pendant si longtemps à l'étranger, car il était alors sous sa dépendance la plus absolue.

Les questions de principe ne pouvaient avoir aucune influence dans la circonscription du dépôt de Rodez. Le sang arabe et le sang anglais y ont vécu côte à côte, sans choc, ou plutôt en très-bonne intelligence. On n'a ni vanté ni blâmé l'un au profit ou au détriment de l'autre ; ils y ont joui, eux et leurs dérivés, d'un crédit parfaitement égal. Les moyennes distinctes, relevées pour les vingt dernières années, donnent, en effet, ce résultat remarquable : sang arabe, 30.40 ; sang anglais, 30.50. La théorie du croisement alternatif a donc été empiriquement observée ici dans sa plus étroite rigueur. La pratique lui a été fidèle au delà de toute prévision, car une sorte d'instinct a pu seul lui ouvrir la voie, et l'y maintenir ensuite. Ailleurs il y a eu conseils, recommandations, sollicitations plus ou moins vives, études comparées aux jours d'exhibitions publiques, influence ou pression par les distributions de primes. Ici rien de semblable, rien que le libre arbitre, ou plutôt l'intérêt qui observe et raisonne froidement, substitué aux idées préconçues, à l'esprit de système qui dominent dans nos provinces à chevaux, discutent avec ardeur, et remettent toujours en question des points sur lesquels nul ne consent jamais à se mettre d'accord, quoi que disent et apprennent les faits les plus concluants, et l'expérience la mieux acquise. Si donc, pour se conformer à une exigence du sol, le cultivateur de ces contrées a recherché le sang arabe, il a cru répondre à une nécessité non moins impérieuse en le mêlant au sang anglais ; il acceptait ainsi, à son insu, la part d'influence que l'un et l'autre exercent l'un sur l'autre dans l'acte de la procréation , et il obtenait le résultat cherché sans l'avoir deviné, mais sans l'avoir retardé par ces discussions à perte de vue qui ne produiront jamais un cheval de valeur.

Eh bien ! il se rendra compte , un jour , de cette théorie qu'il a judicieusement appliquée sans le savoir ; il saura que, si, dans le travail de transformation de race qui se fait dans tout le Midi à la faveur du croisement alternatif, le sang arabe retient et contient, empêche d'aller trop vite et de dépasser brusquement les forces du sol , le sang anglais pousse à des résultats plus larges , plus prochains et plus complets ; c'est de leur mélange bien ordonné que sort le progrès , c'est-à-dire une utilité plus grande chez le produit , et la certitude d'un bénéfice plus considérable pour l'éleveur.

Rien ne peut faire mieux ressortir l'avantage d'une race intermédiaire toute faite que la constatation de l'alternance dans la pratique des accouplements. La production du cheval est si lente par elle-même , qu'il en coûte beaucoup de se livrer à un détour pour arriver au point qu'on se propose. Le croisement alternatif présente cet inconvénient; c'est pour l'éviter que beaucoup d'éleveurs passent à côté, et vont tout droit au sang anglais, à l'exclusion de l'arabe ; mais il y a ici un écueil inévitable, et l'on échoue. Que de mécomptes ont été recueillis de cette manière et ont retardé le résultat ! L'emploi de l'étalon anglo-arabe prévient tout à la fois les retards du croisement alternatif et les insuccès qui frappent l'accouplement renouvelé avec le cheval d'origine anglaise. Résultat lui-même , il fait gagner tout le temps qui a été nécessaire à sa procréation ; il n'est donc pas étonnant de le voir rechercher avec beaucoup plus d'empressement et de suite que les reproducteurs arabes ou anglais. Le cultivateur de la circonscription de Rodez , tout comme celui de Villeneuve, a reconnu la parfaite convenance de la race anglo-arabe ; il lui a fait excellent accueil, et la préfère à toute autre. C'est justice en l'état actuel des choses. L'étalon anglo-arabe est destiné à faire la fortune hippique des contrées méridionales de la France; mieux il sera connu, et plus on le recherchera.

Les deux recensements officiels de la population chevaline opérés en 1840 et en 1850 sont très-propres à confirmer ce qui précède touchant la situation meilleure au temps présent. Dans cette période de dix ans, l'augmentation totale n'a été que de 6.55 pour 100 ; mais un rapport plus considérable se produit entre les existences de 3 ans et au-dessous, aux deux époques : la différence est de 67.28 p. 100 en faveur de 1850.

En 1840, les trois départements de la circonscription comptaient 26,821 têtes; ils en possèdent maintenant 28,577. Le chiffre des produits, qui était de 3,249 il y a dix ans, s'élève aujourd'hui à 5,435. Notre richesse augmente, c'est incontestable ; mais tout n'est pas dans les nombres. l'accroissement de valeur est surtout dans l'avancement de la population dont la taille et les forces se développent, dont les aptitudes s'étendent là où l'influence des bons étalons se fait sentir. Malheureusement ce n'est encore que l'exception, car le petit effectif du dépôt n'a pu comprendre dans son action une surface égale à celle de la contrée. Partout ailleurs, en dehors des cercles nécessairement limités qui se sont établis autour des points occupés par les étalons nationaux, on retrouve l'espèce affaiblie, avilie, grêle, mince et défectueuse, encore exclusivement livrée à la production du mulet ; celle-ci ne manque pas d'activité, et la population de l'espèce dépasse 15,000 têtes, non compris 10,000 ânes et ânesses environ. Ces deux chiffres réunis balancent presque celui de la population chevaline.

Prise en masse, disons-nous, cette dernière n'offre rien de saillant. Elle occupe un pays très-accidenté, à climat rude et d'une agriculture généralement arriérée; elle est aux mains d'un cultivateur qui ne la possède pas avec tout l'intérêt désirable, qui ne l'aime pas et réserve ses faveurs pour l'espèce bovine, celle-ci répondant mieux à ses goûts et à ses habitudes. Jusqu'ici elle semble avoir été plutôt tolérée comme une nécessité que recherchée comme une utilité. Elle est, pour tout exprimer en un seul mot, sur une terre ingrate et difficile à mettre en valeur. Quoi d'étonnant alors qu'elle soit tombée si bas que l'incurie et la misère en aient fait une sorte de portechoux vil et méprisable partout où les efforts des haras ne l'ont pas défendue contre ces causes d'abâtardissement?

Voyons ce qu'elle est devenue sous de meilleures influences, quelles qualités elle a prises là où elle n'a point été complétement déshéritée de soins et d'attentions.

Pour décrire le cheval de cette circonscription, il faut le prendre dans l'Aveyron, où il est généralement plus avancé, où il se groupe mieux comme résultat des tentatives d'amélioration les plus anciennes et les plus suivies.

Le cheval de l'Aveyron n'est pas encore grand ; sa taille varie de 1 mètre 46 à 1 mètre 49 centimètres. Toutefois ce manque de taille tient à l'insuffisance de la ration et non point à la pauvreté nutritive des aliments que produit le sol. Sous l'influence d'un régime moins parcimonieux, il se développe en hauteur et en épaisseur jusqu'aux bonnes proportions du cheval de cavalerie de ligne. L'expérience le dit et le prouve aussi souvent qu'on le veut. Il a la tête assez caractérisée. Le front est large, mais la ganache est forte et chargée. Ce défaut est d'autant plus apparent que l'encolure est légère, que la crinière est courte et peu garnie. Le garrot est mal accusé ; l'épaule est plate, sèche, mais assez inclinée ; la poitrine ne manque pas de profondeur. En général, la charpente osseuse est fortement accentuée ; mais les lignes en sont rarement assez longues. Aussi la hanche est saillante et peu inclinée ; la croupe est courte ; la queue est bien portée, mais les jarrets sont toujours un peu clos. Les membres ont peu d'ampleur, cependant les articulations se montrent assez fortes et d'un dessin assez correct ; l'abus de la stabulation s'oppose à l'élargissement des tendons. Ces parties sont grêles et pauvres, les aplombs antérieurs presque toujours déviés. On ne voit jamais de lin aux extrémités. Le pied est naturellement bon et sûr. L'animal est sobre et énergique, mais plus nerveux que musculeux. La robe qui domine est l'alezan vif avec beaucoup de blanc, surtout aux extrémités. Le bouvier qui le produit, l'élève et le consomme ne s'y intéresse pas assez pour attacher de bons ou de mauvais présages à telle marque ou à telle autre. Ces préjugés se rencontrent chez les populations qui aiment le cheval pour elles et pour lui ; ils n'existent pas là où le noble animal n'excite ni affection ni intérêt vulgaire. Nous avons vu dans cette circonscription plus d'un cheval alezan porteur de la balzane au membre postérieur droit, qui le faisait nommer *arzel* par les anciens et qui le leur faisait repousser avec crainte comme fatalement voué au malheur. Les habitants ne s'en doutaient pas ; nous n'avons trouvé dans leur mémoire aucun souvenir du proverbe espagnol : *cavallo arzel*, *guardaze del*, gardez-vous du cheval arzel. Ils ne savaient pas un mot du fameux cheval de Séjan qui porta malheur à tous ceux qui l'ont possédé. Il était arzel, cela va de soi ; mais l'histoire est déjà vieille, et puisqu'il n'y a de nouveau que le vieux, ou tout au moins ce qui est oublié, redisons ce qui advint à tant de braves gens pour avoir monté le malencontreux animal. — Séjan, qui lui donne son nom en l'illustrant le premier, eut la tête tranchée en Grèce par ordre de Marc-Antoine ; — Dolabella, qui l'eut ensuite, fut massacré en Syrie dans une émotion populaire ; — Caïus Cassius aussi le posséda, et mourut misérablement ; — et de trois, mais ce n'est pas tout. — Marc-Antoine le montait lorsqu'il fut vaincu par Octave, on sait qu'il se fit tuer par un de ses affranchis ; — Nigidius enfin, qui le monta le dernier, se trouvant forcé de traverser le Marathon à la nage, périt avec lui au beau milieu du fleuve. Ces choses-là arrivent-elles encore? Nous serions tenté de répondre par la négative, car nous ne connaissons plus guère ce dicton : *Il a le cheval de Séjan*, — appliqué jadis à ceux qui semblaient prédestinés à une fin malheureuse.

Nous voilà bien loin de l'Aveyron, mais nous en avons décrit le cheval pris dans l'ensemble de la population améliorée et considérée comme type de la population des trois départements. Ses formes sveltes et l'exiguïté de sa taille le classent dans la catégorie des chevaux propres à la cavalerie légère ; avec des soins ordinaires et une ration moyenne on en ferait aisément un cheval de lancier ou de dragon, un moteur assez puissant pour porter le sous-officier d'artillerie. Sans être très-distingué, ce cheval a pourtant un cachet d'originalité qui le sort du commun. Il est disséminé dans toute la contrée, mais plus nombreux dans l'Aveyron que dans le Tarn, dans le Tarn que dans la Lozère. A côté de lui, et sur tous les points de la circonscription, vit une population très-mêlée, qui n'a point de racines dans le sol et qui vient d'importations diverses. Le Poitou, la Bretagne, la Normandie, l'Auvergne même ont ici leurs représentants et fournissent en animaux de peu de valeur la presque totalité des chevaux employés par les services publics, le luxe, le roulage, etc.

Il ne faudrait qu'un peu moins d'incurie pour élever à un niveau-très-sortable toute cette plèbe indigène qui se montre en haillons et vit de misère. Nulle part, peut-être, le cheval n'intéresse moins. Il est tenu à un régime détestable ; son éducation est toute défectueuse. En été, il jouit de sa liberté, il trouve sa nourriture dans les pâturages. C'est le bon moment de son existence. Il en profite et fait provision de force et de santé pour résister aux privations de l'hiver. Cette saison lui est rude, en effet. On le renferme dans une écurie étroite, malsaine, encombrée de fumier, et on lui sert d'une main avare le rebut des affouragements qui ont été mis en réserve pour le bœuf et pour le mouton.

Cette situation commence néanmoins à s'améliorer dans les parties de la circonscription où les haras ont pris le plus d'influence. Alors la ration est distribuée avec moins de parcimonie, et l'on administre des mélanges de paille, de trèfle et de sainfoin. Cette nourriture est généreuse par l'abondance des sucs nutritifs; elle pousse au développement des formes. Ses bons effets apparaissent vite; ils maintiennent la bonne condition acquise sous l'influence des pacages d'été; ils font regretter que ce bouvier, producteur de chevaux, n'ait pas pour ceux-ci autant d'entrailles que pour sa bête à cornes.

Sur les parties montueuses de la Lozère, le cheval vit en quelque sorte à l'état sauvage ; c'est dire combien il y est pauvre et négligé. Dans l'Aveyron il se relève comme race, mais les soins lui manquent pour acquérir toute sa valeur. Dans le Tarn il est mieux nourri et se présente avec plus d'avantage, bien qu'il soit plus commun. Une malheureuse habitude aggrave encore sa condition dans toute l'étendue de ce territoire, l'application trop précoce au travail. Le poulain aide le cheval fait; il dépique les grains, porte le bât et transporte le paysan partout ou celui-ci a besoin de se rendre. Et le brave homme ne s'en fait faute : il use et abuse sans scrupule, longtemps avant l'âge. La conséquence forcée est celle-ci : ruine prématurée de l'individu, chétiveté de la race.

Il faut reconnaître que les encouragements ne se sont pas égarés sur cette espèce d'éleveurs indifférente et apathique. Cependant le Tarn et l'Aveyron sont en possession de précieux éléments de succès. Les influences extérieures, la qualité des aliments favoriseraient ici la judicieuse culture du cheval moyen, celui que la généralité des services de l'époque recommande le plus spécialement à l'attention et aux spéculations d'une agriculture progressive.

Aussi bien, commence-t-elle à se mettre en marche. Les

résultats se feront plus attendre, parce que le départ a été plus tardif; mais ils ne promettent pas moins d'utilité, à en juger par les premiers pas. En effet, des exhibitions publiques, provoquées dans ces derniers temps, ont été une leçon pratique des plus fécondes. Déjà on n'ose plus y introduire ces poulains maigres et mal en point qu'on y avait amenés tout d'abord; on n'ose plus les mettre en rivalité avec le produit que quelques soins ont développé et endimanché. Voilà le point d'honneur excité; c'est un progrès immense. Qu'on en juge d'ailleurs.

Naguère encore on disait : les poulains de l'année sont pleins d'espérance; ceux de dix-huit mois ont encore un peu de brillant et quelque valeur; à deux ans et demi, les rangs s'éclaircissent et le feu s'éteint. Un an plus tard, c'est la livrée de la misère, tristes conséquences d'une éducation défectueuse et d'une alimentation bien insuffisante. — Maintenant on constate les bons effets de l'émulation due au désir de se présenter avec succès au concours. Les espérances de la première année se soutiennent et promettent de se réaliser. Loin de perdre d'année en année, les produits gagnent et répondent à l'attention mieux entendue dont ils sont l'objet; les mieux réussis prennent assez de valeur pour être recherchés et convenablement payés par le service des remontes militaires.

La production du mulet est la ressource des localités où la race chevaline est indigente et dégénérée. Cette industrie a donc eu une grande activité dans ces trois départements; mais, pour être profitable, elle veut aussi quelque mérite chez les reproducteurs. Les mulets qui naissent ici sont les dignes fils de leurs mères; ils manquent de corsage et d'ampleur dans les membres; ils sont hauts et plats, moins estimés nécessairement que ceux qui se présentent en de meilleures conditions.

## VII.

Circonscription du dépôt d'étalons de Libourne. — Sa situation chevaline dans le passé. — Progrès récents. — Question de métissage. — Le cheval des landes de Bordeaux. — Le médocain amélioré. — Statistique. — Population chevaline de la Dordogne. — Mulets et espèce asine. — Emploi du cheval médocain.

La circonscription de ce dépôt nous ramène sur le littoral de l'Océan ; de là nous reviendrons bientôt dans les terres, en traversant le département de la Dordogne placé, avec celui de la Gironde, sous la sphère d'action de l'établissement entretenu à Libourne.

Aucun souvenir encore dans cette partie de la France, aucune existence spéciale dont la disparition ait laissé des regrets. Cependant la population chevaline du Périgord a dû être, dans les temps antérieurs, très-voisine de celle du Limousin, et participer un peu aux avantages de celle-ci ; elle en a été le satellite. On s'en occupait à coup sûr, car l'ancienne administration comptait dans la province 13 étalons approuvés, dont 8 directement confiés par elle à des gardes. Ce n'étaient là, sans doute, que de faibles ressources, mieux valaient-elles que l'abandon absolu. Elles prouvent tout au moins qu'autrefois le Périgord a eu sa part dans la renommée chevaline du pays.

Il n'en a pas été de même de la Gironde, qui n'offre aucun point d'appui dans le passé. Pour celle-ci, le doute ne serait pas permis. Elle ne tient, ni de près ni de loin, à aucune réputation hippique, et nul n'a jamais parlé de ses propres produits. Si donc, en la parcourant, nous faisons rencontre de quelque richesse, ce sera une conquête de l'époque, les résultats des efforts tentés en ce temps-ci pour sortir enfin de l'état d'infériorité dans lequel les circonstances avaient placé le pays.

La création du dépôt de Libourne a été une incessante

provocation ; elle a fait naître, elle a développé par degré le goût de l'élève du cheval. Son influence, d'abord peu sentie, s'est progressivement accrue, sans jamais rien perdre du terrain gagné. Les relevés en chiffres, à partir de 1831, permettent de mesurer avec exactitude l'espace parcouru.

Pour simplifier, nous grouperons les nombres par périodes quinquennales ; nous débuterons par

Une moyenne annuelle de 28 étalons et un total de 4,973 juments saillies.

Puis, et successivement 30 — et 5,274

— 31 — et 7,471

— 33 — et 8,313

Ces chiffres se passeront aisément de commentaires.

C'est avec l'étalon de pur sang et ses produits immédiats que les haras ont pris pied dans cette circonscription, dont l'éleveur était docile, parce qu'il était libre d'idée préconçue. Les contrées où l'industrie chevaline est ancienne ont été bien plus difficiles à diriger que les autres ; on y trouve des systèmes et des préjugés inconnus sur les terres vierges ; on s'y heurte à des habitudes prises ; on y rencontre des résistances qui n'existent pas là où les esprits sont neufs et non prévenus. Aussi les résultats ont-ils été plus rapidement appréciables et moins tourmentés dans les localités où tout était à faire, où le point de départ était zéro, que dans les provinces où l'on conservait, avec l'entêtement, l'obstination de la routine, le souvenir et les traditions du passé.

Voyons donc ce que l'étalon de pur sang a fait ici, quel accueil il a reçu des éleveurs, comparativement au cheval de demi-sang. Chacun des chiffres suivants représente une moyenne

De 1831 à 1835, 32, 33 ;

De 1836 à 1840, 37, 38 ;

De 1841 à 1845, 43, 49 ;

De 1846 à 1850, 46, 52.

Si l'on veut bien se reporter par la pensée à la théorie du métissage, on verra qu'elle a été suivie ici avec beaucoup

plus de soin qu'on ne l'aurait soupçonné. La composition
de l'effectif du dépôt et sa répartition entre les stations de
monte ont favorisé ce résultat. Aussi le nombre des étalons
de pur sang, qui a suivi cette progression moyenne pour
chaque période quinquennale — 5 — 6 — 8 — 11, correspond à ces autres indications relatives aux reproducteurs de
demi-sang — 27 — 22 — 24 — 22. On voit comment le
cheval de pur sang a été appelé à accomplir son œuvre, et
avec quelle sage mesure il a été appliqué au métissage d'une
population qui n'avait pas d'antécédents de race. Cette observation est capitale ; elle explique comme quoi le pur sang,
ne modifiant pas des formes caressées, des aptitudes imagi-
naires, a poursuivi le fait d'une amélioration absolue, sans
préoccupation ni résistance. Il a graduellement élevé l'espèce, en la transformant au point qu'on ne retrouve plus
dans le cheval d'aujourd'hui le cheval d'autrefois. C'est
précisément là ce qui a donné lieu à tant de plaintes en
France. On ne pouvait se faire à l'idée de races autres que
celles qu'on avait toujours vues, dont on s'était toujours
servi, avec lesquelles on avait vieilli. Le cheval de pur sang
a été justement accusé de produire cette perturbation, de
changer les vieilleries contre des formes nouvelles et des aptitudes nouvelles. Il méritait ce reproche adressé à son active et légitime influence ; car partout, sur tous les points,
il a régénéré l'espèce locale, partout il a fait du bien, amélioré, donné de la valeur à une population partout affaiblie
et avilie.

Telle a été l'œuvre du cheval de pur sang, même dans la
circonscription du dépôt de Libourne, où le peu de mérite
et la mauvaise conformation de la poulinière ne semblaient
pas justifier son emploi. Il y était une nécessité pourtant,
mais à la condition de n'arriver qu'avec mesure, et de n'être
versé que goutte à goutte, pour ainsi dire, dans les veines
de la population indigène.

Mais celle-ci est très-variée et demande à être étudiée

spécialement dans chacun des groupes dont elle est formée.

Et d'abord le cheval des landes de Bordeaux. Celui-ci fait suite à la race landaise que nous connaissons déjà, comme les landes de la Gironde continuent celles du département voisin. La variété que nous trouvons ici est un peu plus haute en valeur ; mais c'est évidemment le même type. Pour occuper un certain rang parmi nos races utiles, il ne lui manque guère que la taille ; il n'a que 1$^m$,20 à 1$^m$,50, rarement plus ; ce n'est pas assez. Du reste, l'animal est sobre, nerveux, sûr, très-recherché pour le service usuel de la selle ; on en forme même de très-jolis petits attelages, et il s'y montre plein de feu, vraiment infatigable. Sa conformation est régulière. Il a la tête carrée, souvent expressive ; une grande liberté d'épaule, le garrot assez nettement accusé ; le rein court et la queue généralement bien attachée. On lui voudrait l'encolure plus longue, la hanche meilleure, les tendons plus larges, le jarret moins coudé. — Il habite l'arrondissement de Bazas, toute la lande de Bordeaux, dans le voisinage du Médoc ; on le trouve même dans quelques communes des environs de Lesparre.

Une autre tribu, beaucoup plus importante par ses aptitudes, et qui occupe le bas Médoc, se révèle et monte au niveau d'une race utile et appréciée. Des améliorations récentes et soutenues l'ont mise en valeur et lui apportent la vogue. On commence à la connaître sous le nom de cheval médocain. Elle est le produit d'un métissage heureusement conduit, et qui a amalgamé — conformation et sang — la population indigène de cette localité, le métis anglo-normand et l'étalon de pur sang anglais. Elle a son principal foyer de production dans les marais et les palus qui bordent la rive gauche de la Garonne, depuis Bordeaux jusqu'à la limite de l'arrondissement de Lesparre.

Il n'y a pas longtemps encore, la jument du bas Médoc était une petite bête de modeste apparence et de qualité médiocre. Sa reproduction, livrée au hasard, était le résultat d'une insouciante promiscuité, le fruit des mauvais poulains qui vivaient pêle-mêle dans les pacages avec les mères, les sœurs, des parents de tous les âges et de tous les degrés.

Vers 1809, des étalons d'origine espagnole furent introduits dans la famille. Leurs produits, de formes incertaines et décousues, ont plutôt nui, dit-on, à la race qu'ils ne l'ont servie. Bientôt on les remplaça par des étalons normands, puis par des métis anglo-normands. Cette alliance réussit mieux ; elle a commencé et préparé l'amélioration constatée aujourd'hui. Le cheval de pur sang est venu à son tour, et il a imprimé son cachet, fortifié la famille dont les caractères ont été rendus plus stables et paraissent maintenant fixés d'une manière définitive.

Sans être un géant, le cheval médocain est un carrossier de bonne taille, corpulent, étoffé, membré. En s'inclinant, l'épaule s'est allongée ; le garrot est sorti et supporte mieux la tête, qui a pris de l'expression ; elle en manquait. Il a du tempérament et de la sobriété. Voilà pour le bon côté. Voyons les imperfections qui n'ont point encore été rectifiées et qui devront disparaître par l'influence continuée de reproducteurs bien choisis. C'est une question d'accouplement facile à résoudre. Quoi qu'il en soit, la région du rein, ordinairement un peu longue, n'est pas assez soutenue et ne présente pas toute la solidité désirable. L'inconvénient est moindre dans les races d'attelage, car le défaut s'efface à l'œil sous le harnais ; mais il se retrouve au travail qui n'a pas la même durée, qui inflige une fatigue plus prochaine. La croupe pèche sous le rapport inverse, elle est trop courte et manque de grâce. La saillie des hanches paraît un peu forte ; les tendons sont encore grêles, les extrémités communes et les pieds trop évasés.

C'est donc l'arrière-main qui est plus particulièrement à refaire ; l'avant-main est meilleure et plus régulière. Nous avons jugé sévèrement, afin de faire toucher du doigt les imperfections. Il ne faut pas qu'on s'arrête à mi-côte dans la tâche entreprise, il faut aller jusqu'au bout, compléter l'œuvre et la parfaire. Ce qui retarde la marche, ce qui empêchera d'arriver aussi rapidement qu'on le pourrait au terme du voyage, ce sont les habitudes peu soigneuses de production et d'élève. En effet, les produits ne sont pas suffisamment alimentés dès le jeune âge; ils vivent trop abandonnés par les gros temps d'hiver et les fortes chaleurs de l'été. Les mères sont trop pressées de travail et fatiguent trop; elles ne sont pas nourries autant que cette dure condition l'exigerait. Tels sont les obstacles au progrès; ils tiennent à l'hygiène, non à la race : il dépend de l'éleveur de les affaiblir ou d'en avoir complétement raison.

Le cheval que nous venons de décrire est celui du bas Médoc; il a son pareil, ou tout au moins son analogue, dans les marais du Médoc. Il y a évidemment ici communauté d'origine, car il y a analogie de conformation. Cependant le cheval des marais est un peu moins avancé; il a surtout plus de commun, moins de sang. Sa nature, plus indolente et plus lymphatique, répond aux qualités moindres des aliments dont il se nourrit. Le cheval médocain trouve une nourriture plus générale et plus riche sur le sol qu'il occupe, lequel est plus voisin de la mer. La même remarque est applicable au cheval du pays de Blaye, séparé du Médoc par la rivière. Celui-ci ressemble davantage au cheval des marais; comme lui, il manque de vigueur et se ressent de la double influence du terrain bas qu'il foule et de la nature marécageuse des plantes dont il se repaît.

Dans l'*entre-deux-mers*, c'est-à-dire sur la pointe inférieure entre la Dordogne et la Garonne, jusqu'au bec d'Ambez, vit une autre variété encore de la même famille. On la distingue sous le nom de jument des palus de Moulon et de Génissac. On a comparé cette petite étendue de terre à quelque chose comme le Mecklenbourg. C'est peut-être aller un peu loin. Les chevaux qui naissent sur ce petit coin ont la forme et toutes les qualités désirables dans un bon cheval de ligne. Sous ce rapport même, leur réputation est bien établie et bien acquise. Il faudrait pouvoir élever cette tribu sur une plus grande échelle, car son mérite la recommande à tous égards.

Le reste de la population chevaline de la Gironde est un composé hétérogène d'étrangers qui viennent remplir les vides d'une production insuffisante. On en voit des Pyrénées, de l'Auvergne, du Limousin, de la Bretagne, de la Normandie et de l'Allemagne. Ces importations devront tarir en partie, si l'accroissement signalé sur ce point depuis dix ans, dans les existences chevalines, continue à se développer. Le chiffre total présente, en effet, une élévation de près de 12 pour 100; mais l'activité imprimée à la production, pendant ces dernières années, porte à près de 19 pour 100 l'augmentation des produits âgés de moins de trois ans.

La situation est moins favorable dans la Dordogne, où l'espèce chevaline est plus petite et moins forte, plus éloignée, par conséquent, des qualités et de l'aptitude recherchées en ce temps-ci. En Périgord, les choses sont plus voisines de ce qui se passe dans les circonscriptions de Rodez et de Villeneuve que dans la Gironde. C'est le même genre, le même acabit de cheval, la même insuffisance d'alimentation, et naguère encore la même indifférence de la part de l'éleveur. Peu de travail exclusivement réservé au cheval, un écoulement difficile et lent pour ce produit, des habitudes bovines et mulassières, telle était la série des écueils contre lesquels venaient échouer les éducations chevalines. Il n'y a pas lieu de s'étonner alors que le recensement de 1850 ait offert, sur celui de 1840, un déficit de 8 pour 100. Ce déficit serait en voie d'atténuation, si la production avait quelque importance dans la Dordogne; car l'accroissement des produits de trois ans et au-dessous est de 1 et 1/2 pour 100; mais le fait est constaté sur des chiffres relativement si faibles, qu'il y a peu à attendre de ce côté. Ce n'est pas regrettable d'ailleurs. Ce département s'est livré avec suc-

cès à des élevages de poulains achetés en Limousin. L'expérience date de quelques années seulement ; elle a ouvert un
nouveau champ à la spéculation, et les remontes militaires
ont encouragé cette tendance très-favorable, en fin de
compte, aux intérêts de l'armée.

Dans les parties de la Dordogne qui touchent à la Haute-
Vienne et à la Corrèze, les seules où l'on puisse étudier le
cheval et se reconnaître, on a comme un avant-goût un peu
perverti de l'ancienne race limousine. En effet, les formes
sont plus communes, la tête n'a ni gentillesse ni expression ;
l'encolure est courte, l'épaule est relativement épaisse, la
poitrine n'a pas d'ampleur, la hanche est courte, le jarret
est étroit. La taille s'arrête entre 1$^m$,40 et 1$^m$,45. Le rein
est fort, le tempérament est robuste ; il y a de l'énergie
et de la résistance au travail, les qualités recherchées pour
les armes de la cavalerie légère ; mais tout cela avorte par
insuffisance de nourriture ou s'affaisse sous l'influence destructive d'un travail prématuré. Le poulain importé est
mieux soigné et mieux élevé. Il sent la spéculation ; ne nous
en plaignons pas. Si l'éleveur ne le destinait à un autre, il
ne lui porterait pas le même intérêt. C'est la somme qu'il
pourra en tirer qui le tente, c'est le prix qu'il en obtiendra
de l'officier de remonte qui stimule son zèle. Sans cette excitation, de très-bon aloi du reste, il s'en tiendrait à la
production du mulet. La vente de celui-ci a lieu de six mois
à un an. Elle est bien plus certaine et moins chanceuse que
celle du cheval.

La population de l'espèce hybride, réunie à celle de l'espèce asine, l'emporte de beaucoup sur le nombre des chevaux dans la Dordogne ; elle atteint le chiffre de 26,000 têtes contre celui de 12,300 environ. La Gironde aussi compte
de nombreux représentants de ces espèces, plus de 11,000.

Un fait considérable s'est produit dans ce dernier département et prouve l'estime qu'on y a depuis quelque temps
pour le cheval médocain amélioré. Le consommateur le re-

cherche avec empressement et lui accorde, maintenant qu'il
le connaît, une préférence très-justifiée sur le cheval
allemand dont, naguère encore, l'emploi était général
et presque exclusif pour les besoins du luxe. Au travail, on
lui accorde une supériorité marquée; il résiste mieux à la
fatigue; sa réputation est désormais bien établie. Le commerce local a contribué à l'asseoir. Les marchands ne font
plus défaut au producteur. On les voit fréquenter les foires
les plus importantes et s'y disputer les produits au profit de
l'éleveur et à l'avantage de la nouvelle race. Déjà même on
prend les devants, on explore avec soin les fermes, sans oublier les plus isolées, et l'on achète par anticipation. Ces
visites stimulent le petit propriétaire, il comprend les besoins, flaire la commande et travaille avec la certitude du
débouché. Quand les choses en sont là, elles sont fort
avancées.

Il n'y a rien de semblable dans le passé. La situation actuelle est de beaucoup préférable à celle d'autrefois. Elle ne
peut donner lieu à des regrets d'aucune espèce. Voilà même
une nouvelle famille qui entre à pleines voiles dans la satisfaction des besoins généraux. Elle est destinée à prendre de
l'extension et à chasser d'une partie du territoire les mauvais allemands qui coûtaient si peu aux marchands, que le
luxe achetait pourtant si cher, et qui rendaient de si minces
services au pays, en échange du tort considérable qu'ils faisaient à notre agriculture.

## VIII.

Circonscription du haras de Pompadour. — L'ancienne race limousine. — Des causes qui ont amené son dépérissement. — Des tentatives faites pour la restaurer. — Situation au moment de la suppression des haras. — Portrait. — Notice sur *Sauvage*. — Statistique comparée. — Services rendus par le dépôt d'étalons. — Nouveaux faits à l'appui du croisement alternatif. — Ce que deviennent les produits nés en Limousin. — La race limousine se reconstitue. — Histoire de *Vesta*. — Influence du haras de Pompadour.

Nous voici en face d'une grande célébrité, d'une vieille réputation trop bien assise pour qu'il soit permis de la révoquer en doute. Le nom du cheval limousin a été connu dans toute l'Europe; il y était synonyme de toutes les grandeurs chevalines d'un autre âge.

La circonscription du haras de Pompadour embrasse les départements de la Haute-Vienne et de la Corrèze, taillés dans l'ancien Limousin, et le département de la Creuse, formé de la petite province qui s'appelait la Marche.

Des anciennes races de la France, celle-ci a mérité le premier rang; elle plane sur toutes et les domine; de tout temps elle a été la plus accréditée. La race limousine n'a pas été seulement l'honneur du Limousin, elle a été, on en a fait une gloire nationale. Elle donnait le cheval de selle élégant, svelte, souple, docile, adroit, le cheval par excellence des routes difficiles, accidentées et ravinées, des chemins creux, rocailleux et impossibles. On le voyait traverser avec hardiesse et franchise tous ces pays sauvages et perdus, se tirer à ravir de ces passages incroyables, ouverts par le temps au milieu des rochers. Il semblait fait pour eux, tant il y était ardent, ferme et pourtant avisé et précautionneux. Il se trouvait là dans son élément; avec lui on chevauchait sans crainte; cette destination, il la remplissait avec une rare perfection. Sa légèreté, sa finesse, sa petite taille, les proportions étroites, exiguës de toutes ses parties, son intelligence et jusqu'à ses défauts d'aplomb, telles étaient les qualités qui le mettaient si fort en relief. Par ailleurs, sa distinction, son liant, sa noblesse en faisaient le cheval de la cour et des grands seigneurs; il s'imposait comme un besoin et avait toutes les faveurs de la mode. Le goût du manége, l'habitude de la chasse, l'entretien forcé de nombreux équipages de chevaux de selle assuraient à sa production éclairée, à son élève bien entendue un débouché facile et profitable. « Lorsque la race limousine, la plus belle de France, « a dit Grognier, était dans toute sa vigueur productive, « elle fournissait les écuries de la cour, montait les grands « seigneurs et les officiers généraux; ce qu'elle offrait de « moins distingué servait aux remontes de deux régiments « de hussards et de deux de dragons. »

Voilà bien ce que la tradition nous a transmis; mais à quelle époque le cheval limousin était-il dans toute sa vigueur productive? quelle avait été son origine? quelle a été enfin l'importance économique de la race?

La réponse à ces questions n'est pas facile à donner. Nous nous trouvons entre deux dates précises — 1665 et 1717, — qui l'une et l'autre se rapportent à de sérieuses tentatives faites par l'État pour intervenir dans la surveillance et la direction de l'industrie chevaline en France, partout épuisée. Nous avons déjà constaté que Newcastle n'avait pas mentionné une seule race française parmi toutes celles dont il s'occupait en 1658, et Bourgelat écrivait en 1770 : « Le « cheval limousin n'existe plus, pour ainsi dire; il a telle- « ment dégénéré qu'on ne le reconnaît à aucun des signes « et à aucune des nuances auxquelles on le distingue. »

Sur quelle autorité s'appuie donc une assertion comme celle-ci : « Vers la fin du règne de Louis XV, la renommée « du cheval limousin avait atteint son apogée (1)?» Louis XV

(1) *Histoire du cheval chez tous les peuples de la terre*, tome II, p. 347.

a régné de 1715 à 1774. Ces deux dates correspondent à 1717, époque de pauvreté extrême, et à 1770, millésime de l'opinion exprimée par Bourgelat, mort commissaire général des haras.

Il nous faut bien laisser ce point dans l'obscurité qui l'enveloppe.

Quant au fait de l'origine, il n'y a pas de raison pour repousser ce que tous les écrivains ont admis. « Il est hors de doute, dit le comte de Montendre, qui les a résumés tous, il est hors de doute que la race limousine ne doive son origine à l'introduction de chevaux et juments arabes lors de l'occupation de l'Espagne par les Maures et de l'invasion des Sarrasins dans toute cette partie de la France actuelle. On prétend aussi qu'au retour des croisades, plusieurs gentilshommes limousins, et entre autres un comte de Royère, ramenèrent de l'Orient, à différentes époques, des reproducteurs qui donnèrent à la race limousine ce cachet, ce caractère qu'on retrouve en elle après un aussi long espace de temps. Là, soit par l'influence de la nourriture et du climat, soit par suite du goût particulier de l'ancienne noblesse pour le cheval, et de la nécessité de s'en servir pour communiquer d'un lieu à un autre, lorsque tout autre moyen locomotif était inconnu et impossible, ce noble animal avait acquis et a conservé un genre de mérite tout différent de celui qu'on remarque ailleurs; le nerf, l'élégance, la souplesse et l'agrément pour la selle avaient donné au cheval limousin, depuis plusieurs siècles, une réputation répandue dans l'Europe tout entière. »

Ici l'auteur retombe dans les redites sans donner aucune preuve à l'appui. Pour éviter les longueurs, nous nous bornerons à analyser les observations dont il a fait suivre ce premier alinéa :

Le cheval limousin n'appartient réellement qu'à une partie de l'ancienne province de ce nom. Il ne s'est pas reproduit dans d'autres parties de la France, comme le cheval de

pur sang anglais l'a fait dans tous les comtés de l'Angleterre.
L'un et l'autre, pourtant, sortent bien de la même souche.

C'est dans les environs de Limoges qu'a existé cette race
précieuse et qu'on en retrouve encore les derniers vestiges.
Il est remarquable qu'elle se soit restreinte et concentrée
dans les lieux précisément où elle est née et où elle a acquis
ses qualités les plus brillantes.

Ces deux observations du comte de Montendre ne doivent
point passer inaperçues.

Le cheval limousin ne s'est pas répété ailleurs parce qu'il
n'était qu'une race locale et non un type; le cheval de pur
sang anglais se reproduit le même partout parce qu'il est un
type, une race universelle. Créé par les influences du sol, le
premier s'est courbé à leur niveau et les résume; il se dé-
pouille de ses caractères lorsqu'il s'éloigne des lieux qui
furent son berceau. Créé malgré les influences locales, le
second a conservé toute la force de son principe; nulle part
il n'a revêtu la livrée de l'indigénat; partout il garde ses caractères propres, car ils sont inhérents à sa nature.

En ne vivant plus que par quelques débris échappés à la
transformation qui a frappé la race, le cheval limousin a fini
par céder, sur son propre terrain, aux causes qui l'ont modifié sur d'autres points quand on a tenté de l'y introduire;
en se répétant invariablement le même partout, le cheval de
pur sang anglais prouve qu'il n'a rien perdu de ses avantages, que sa résistance aux causes d'affaiblissement et de
destruction est toujours la même : c'est la mesure de sa puissance; là est toute sa valeur.

Aucun document ne permet de fixer l'importance qu'a
nécessairement eue la race limousine au temps où elle était
en possession des faveurs du grand monde. On constate la
diminution du nombre des éleveurs et par suite des poulinières d'élite conservées autrefois avec tant de soin à la
bonne reproduction, mais on ne pose aucun chiffre, on ne
donne même aucune indication satisfaisante.

Interrogé sur ce point par le comte de Montendre, un éleveur considérable lui fit cette réponse :

« Depuis bien longtemps la race limousine, que n'entretenait plus le sang arabe dont elle était sortie, était arrivée à une dégradation toujours croissante. Louis XV voulut la relever ; mais comme on employa à cette œuvre régénératrice plusieurs sangs différents, arabe, anglais, espagnol même, il en résulta une confusion par suite de laquelle la race appelée par nos pères race limousine perdit son caractère et n'eut plus sa pureté. Les chevaux arabes lui conservèrent la souplesse, les anglais lui donnèrent plus de taille, les espagnols la firent plus ardente et brillante, mais ils raccourcirent ses allures. Ces derniers, à bien dire, ont paralysé et détruit les améliorations dues aux premiers. Vint ensuite le fameux convoi arabe de M. Guerche, qui fit du bien et rendit aux chevaux limousins une partie des qualités qu'on avait tant prisées en eux. Mais survint la révolution de 1789, et tout fut anéanti.

« Napoléon voulut réparer le mal. On envoya en Limousin des étalons ramenés d'Égypte pour la plupart. Ceux-ci n'étaient pas de race assez noble, ils ne produisirent que des chevaux petits, fluets, minces et sans moyens. Ce genre de chevaux ne convenait plus à nos besoins, à nos habitudes : ils n'étaient plus du goût des amateurs du temps ; aussi furent-ils méprisés par les acheteurs. Autrefois on apprenait à monter à cheval, l'équitation était en honneur, on chassait à courre, la France possédait peu de grandes routes, les autres moyens de communication étaient difficiles ; il fallait donc que partout on se servît de chevaux de selle, de manége, de chasse, de promenade, de voyage même. Depuis cinquante ans tout a changé sous ce rapport et sous bien d'autres : on n'apprend plus à monter à cheval ; on chasse peu ; les meilleures routes sillonnent la France. On n'a donc plus besoin de chevaux de selle proprement dits. Et voilà pourquoi le Limousin a vu l'industrie chevaline di-

minuer progressivement, et arriver à l'état de dépression
où elle est en ce moment. »

Ainsi la race a successivement perdu de son importance
économique ; elle s'est affaissée sous le poids de son insuffisance. Elle n'a pas dégénéré, mais, restant stationnaire
quand tout marchait et se transformait autour d'elle, elle
s'est trouvé attardée, puis insuffisante. C'est l'histoire de
toutes les races légères du midi de la France.

Mais revenons sur nos pas afin de mieux préciser les faits,
quant à la situation, au moment de la révolution de 1789.
Ici, l'on trouve plus de certitude notamment en ce qui concerne l'origine de la population actuelle. Antérieurement,
dans les brumes du passé, on ne voit que le cheval arabe,
créateur de toutes nos races françaises. Nous passons con-
damnation, mais nous fixons nos idées toutes les fois que
les documents le permettent. Or voici ce qu'ils nous permettent de constater :

En 1765, époque de la création du haras de Pompadour
dont la destinée sera désormais étroitement unie à celle de
l'industrie chevaline en Limousin, l'élection de Limoges,
c'est-à-dire à peu de chose près le département de la Haute-
Vienne, tel qu'il est aujourd'hui, ne possédait, pour toutes
ressources, que 6 étalons approuvés auxquels 150 poulinières étaient annexées. Très-certainement, à cette époque,
la race limousine ne jouait pas un rôle important dans la
consommation générale. Mais bientôt les choses se modifient, l'influence des haras se fait sentir, elle développe et
multiplie une foule de petits élevages qui n'existaient plus
ou qui n'avaient jamais existé, et la race se propage, s'améliore et reprend dans le pays la place qu'elle y avait déjà
occupée. Vingt-cinq ans plus tard, en 1789, le Limousin et
l'Auvergne réunis comptaient 558 étalons ; la Haute-Vienne
seule en utilisait 60 et possédait 1,500 juments annexées.
Ces deux termes se relient par un fait significatif, celui de
l'intervention active de l'État.

Maintenant, veut-on savoir à quelles races appartenaient ces reproducteurs qui avaient favorisé la restauration du cheval limousin ; les pièces officielles le disent, nous copions.

En chevaux importés, c'étaient des arabes, des barbes, des espagnols, des anglais de pur sang et de demi-sang, des irlandais ; puis des fils de ceux-ci et de juments limousines, nés et élevés au haras de Pompadour ou chez les plus grands tenanciers du temps. Les races étrangères comptaient pour un quart environ dans l'effectif général, et la généalogie des poulinières répondait à cette composition. Bien peu étaient restées limousines exclusivement, presque toutes avaient du sang anglais et, grâce à cette nouvelle influence, s'étaient développées en hauteur et en épaisseur. Il y avait là un progrès marqué sur le passé.

En 1791, quand l'ordre fut donné de vendre les richesses accumulées à Pompadour, le contrôle portait les noms de 306 animaux de tout âge et de races diverses, acclimatés aux circonstances locales, savoir :

40 étalons,

131 juments ou pouliches,

135 produits mâles de cinq ans et au-dessous.

Cet acte de vandalisme s'accomplit au mois de mai.

La fin de cette histoire, nous l'avons déjà écrite. La destruction du haras entraîna la ruine de la race limousine. Cette conséquence a été générale en France, où le mot — émancipation, — appliqué à l'industrie chevaline, est synonyme de celui d'abandon. Puis viennent les guerres et les réquisitions, les consommations extraordinaires des derniers temps de l'empire, les changements dans les moyens de transport, l'abaissement des fortunes, que sais-je ? tant et si bien que la population chevaline s'affaiblit et s'appauvrit graduellement. L'industrie mulassière remplace peu à peu la production et l'élève du cheval. Celles-ci deviennent l'exception dans un pays où elles avaient occupé les hommes les plus considérables et les plus intelligents, où elles avaient concentré les plus louables efforts et utilisé les plus grandes ressources de l'agriculture.

En effet, nous avions déjà dit ces choses.

Elles nous amènent au présent que nous faisons toujours remonter à vingt ans en arrière, à 1831, afin d'apprécier plus sûrement et plus complétement la situation. Mais nous n'avons point encore tracé le portrait de l'ancienne race.

Il n'est pas facile à faire en présence du vague dans lequel se sont complu les divers auteurs qui ont parlé avec le plus d'enthousiasme de la race limousine. Le plus explicite de tous a été Huzard père. Voici la description qu'il en a laissée : « la race connue sous le nom de *limousine* était « aussi distinguée par la figure que par la vigueur, la légè- « reté, la finesse et la durée. Recherchée de tous les étran- « gers, faisant de superbes chevaux de maîtres, d'officiers « et de manége, elle n'était en état de rendre un service « utile et suivi qu'à six et sept ans, mais elle était encore « bonne à vingt-cinq et trente. »

A ce signalement il manque le trait, les caractères mêmes de la race. En réunissant tous les souvenirs, en sacrifiant un peu aux opinions traditionnelles, on pourrait s'arrêter, pensons-nous, aux données suivantes :

Au dire de quelques hippologues, la race limousine aurait eu la même origine que la race anglaise de pur sang ; elle serait issue d'étalons arabes et de juments barbes introduits au retour des croisades. De toutes les races françaises, c'était celle qui avait le plus conservé le cachet oriental ; elle était svelte, élégante, et rappelait plus particulièrement les traits distinctifs de la souche maternelle. Sa tête était fine, sèche, un peu étroite et longue, très légèrement busquée ; ses oreilles étaient longues aussi, mais bien plantées ; son encolure, légère et gracieuse, portait la dépression nommée *coup de hache* ; son corps arrondi participait des formes étoffées de l'andalou et des formes plus accentuées de l'arabe. Elle avait les hanches sorties , les membres remarquablement dessinés et sûrs , légers , néanmoins , surtout ceux de devant, mais les os, les tendons et les masses offraient une grande densité ; les jarrets étaient purs , mais trop rapprochés ; la taille ordinaire variait de $1^m,48$ à $1^m,52$. Le cheval limousin était plein de franchise , de souplesse et d'intelligence ; c'était le cheval de selle par excellence , ainsi que nous l'avons déjà constaté.

Parallèlement à ces qualités , la race avait des imperfections : ainsi elle était mince et grêle ; la ligne supérieure n'était pas toujours assez roide ; les membres paraissaient longs parce que le corps manquait d'ampleur , et parce que les quartiers étaient plats, peu descendus ; la sécheresse des extrémités ne leur ferait pas pardonner aujourd'hui leur gracilité , leur *finesse;* la légèreté sans le gros est moins estimée , maintenant, que le poids sans lourdeur ; les paturons étaient trop longs , souvent trop flexibles ; la conformation des pieds les disposait à l'encastelure ; enfin est trop tardive la race qui ne livre ses services qu'à six, sept et même huit ans. Jouit-elle d'ailleurs d'une longévité plus grande ? Cependant le cheval limousin ne l'a cédé à aucun autre pour le fonds et la vigueur. Dans l'histoire d'aucune famille on ne trouverait d'exemples plus nombreux de chevaux extraordinaires pour la puissance et la durée.

Je ne résiste pas au plaisir de rapporter l'histoire de *Sauvage* , jument limousine qui s'était fait un nom entre tous. J'écris limousine pour me conformer à l'usage ; c'est anglolimousine qu'il faut dire , car notre héroïne était fille d'un étalon anglais de pur sang, — *Orox.* Dans la province, on absorbait toutes les valeurs chevalines , d'où qu'elles vinssent, au profit de la race locale. Presque tous les bons chevaux dont le souvenir est resté avaient du sang anglais. Nous constatons ce fait en passant ; nous reviendrons plus bas sur les effets de l'alliance du sang anglais et du sang limousin.

*Sauvage* donc était anglo-limousine ; elle était née chez un éleveur renommé, M. de Coux. A un an, elle avait tellement grandi dans l'arrière-main, qu'elle paraissait devoir en être défectueuse ; elle n'accusait pas non plus autant de sang qu'en a d'ordinaire le cheval de sa contrée. Ces deux motifs déterminèrent la réforme et la vente immédiate ; les choses se pratiquaient de la sorte en Limousin quand l'éducation du cheval y était une spéculation lucrative ; les particuliers épuraient sans cesse leurs écuries. *Sauvage* passa donc en d'autres mains ; un voisin l'acheta, heureux, lui qui était moins avancé, d'avoir une pouliche de la race de M. de Coux ; c'est encore ainsi qu'on désignait les produits des éleveurs les plus intelligents et les plus habiles. Ici le mot *race* signifiait famille, et le nombre en était vraiment considérable autrefois.

A cinq ans, *Sauvage* est mise en service ; elle avait assez de maturité et de nerf pour suivre une chasse. Ce n'était pas ordinaire à cet âge ; les fils d'arabe n'avaient pas cette précocité. M. de Coux eut, un jour, l'occasion de l'observer à la poursuite d'un loup : elle y fut si ardente et si ferme, elle y déploya une telle vigueur, qu'il résolut de la racheter.

En effet, elle revint dans sa première écurie. Mieux soignée, mieux nourrie, régulièrement exercée, elle acquit un nouveau développement et de nouvelles forces. Elle était susceptible, chatouilleuse et même un peu ramingue ; il fallait donc, par-ci, par-là, batailler avec elle. Cette disposition de caractère lui avait fait donner son nom ; en raison de cela, aussi, M. de Coux, qui la montait habituellement en chasse, ne lui laissait jamais un jour de repos ; il la mettait aux commissions, aux corvées de toutes sortes, lorsqu'il ne s'en servait pas lui-même. Ces services si divers et si multipliés n'étaient rien pour elle, ils la tenaient simplement en haleine : elle en était plus forte, plus vive, plus légère, et ne perdait rien de sa souplesse. M. de Coux ne l'épargnait pas cependant. Une fois à cheval, et en chasse surtout, il s'exaltait aisément, et il imposait alors à *Sauvage* plus que du travail, des tours de force à faire reculer les plus entreprenants. Sous lui, la bonne bête ne connaissait d'autre allure que le galop plus ou moins allongé, et nul obstacle alors ne pouvait l'arrêter. *Sauvage* avait, d'ailleurs, une précieuse aptitude pour la chasse ; elle montait au galop, sans souffler, les pentes les plus roides, et les descendait ensuite du même train avec une prodigieuse facilité ; elle se ployait très-adroitement de l'arrière-main, rejetait sur ses jarrets d'acier la plus grande partie du poids du corps, et galopait de côté aussi rapidement et aussi sûrement qu'à la montée.

Un accident, le seul qu'elle ait jamais eu, la rendit borgne. M. de Coux résolut alors de la garder et de l'user jusqu'à la corde ; il lui fit appliquer le feu aux extrémités, et dans cet état il en a souvent refusé des prix très-élevés.

On chassait beaucoup en Limousin avant 1789. M. de Coux était un intrépide chasseur, et *Sauvage* était de toutes les parties. Le pays est pénible, les côtes y sont nombreuses et roides, les forêts très-fourrées et très-mal percées de chemins impraticables ; une multitude de haies vives et défensives entourent les champs et les prés ; il y a bien des fossés et bien des ruisseaux à franchir, bien des fondrières à éviter ou à traverser. Oui, le pays est pénible, et ne peuvent y suivre les chasses que ceux-là seuls qui sont bien montés. M. de Coux chassait au moins trois fois par semaine, seul ou en réunion, mais toujours avec *Sauvage*. Les jours de chômage, avons-nous déjà dit, étaient remplis par les courses d'affaires, les commissions, la nécessité d'aller aux provisions. La selle ne quittait pas le dos de notre servante ; celle-ci, toujours prête, suffisait à tout. Ordre était donné de la tenir constamment au galop ; nul n'aurait enfreint une recommandation aussi douce. Mais cela même était un avantage pour la noble bête ; moins elle passait de temps sur la route, et plus il lui en restait pour les heures de repas et de repos. Sa vitesse la sauvait de la ruine. M. de Coux habitait à 2 lieues de Masseré, bourg situé à 11 lieues de Limoges; cette distance de 62 kilomètres était toujours franchie au galop, et souvent en moins de deux heures et demie, c'est-à-dire trois minutes par kilomètre. C'est à n'y pas croire.

Mais voici, entre autres, deux courses vraiment extraordinaires, et qui donneront une idée de la puissance d'action et de durée de notre ardente et inépuisable anglo-limousine; nous les laisserons raconter à un ami de la maison, M. le marquis de Bonneval, qui en a écrit la relation, déposée au tome V du *Journal des haras.*

« Une chasse au sanglier avait été arrêtée, et le rendez-vous fixé chez M. de Coux. Le jour où elle devait se faire arrivé, on se lève de grand matin, et l'on s'assied presque aussitôt à un déjeuner copieux, où, suivant l'un de ces vieux usages de nos pères que l'on pratiquait encore à cette époque, le vin ne fut point épargné; on était gai en montant à cheval. M. de Coux avait prêté *Sauvage* à l'un de ses amis, M. de Josselin, veneur intrépide, et que les libations du déjeuner avaient encore rendu plus téméraire que de coutume. On part. Comme nous n'étions pas assez riches pour avoir des gens qui pussent détourner l'animal, nous fîmes ce service nous-mêmes en cernant les bois avec des chiens très-sûrs, nommés *trôleurs* ou chiens d'attaque. Arrivés de très-bonne heure au bois, nous trouvâmes facilement les rentrées fraîches, et en fîmes suite jusqu'à ce que nous eûmes mis l'animal sur pied. Nous donnâmes alors la meute, et la chasse commença.

« Le moment de la trôle et du rapproché est ordinairement un temps de repos; c'est une espèce de promenade qui se fait à pied, et pendant laquelle on tient son cheval par la bride, autant pour le soulager que pour le retrouver plus frais lorsque la chasse devient vive. Mais, ce jour-là, M. de Josselin n'imita aucun de nous, et tracassa alors *Sauvage*

outre mesure. Le vin qui agitait son cerveau paraissait avoir
porté toute son action dans ses talons armés d'éperons for-
midables. M. de Coux, fatigué de tous ses mouvements désordonnés, l'engage alors à ménager sa monture ; recommandation inutile et malencontreuse, car M. de Josselin
continue à se jeter sur les côtés du chemin, à aller et venir
au galop, à franchir tous les obstacles qui se trouvent à sa
portée. Perdant enfin patience, M. de Coux lui crie avec
vivacité :

« Tu crois fatiguer *Sauvage*; tu n'en viendras pas à bout;
je t'en défie! fais tout ce que tu voudras, tout ce que tu
pourras ; tu seras rendu plutôt qu'elle. »

« L'amour propre de M. de Josselin est vivement excité
par ce défi. Il attaque *Sauvage* avec fureur, et jure que cette
chasse la crèvera. Il se met à courir dans tous les sens,
comme un insensé, franchit tous les obstacles qu'il voit de
ci de là, et lorsque nous mettons le sanglier sur pied, que
la meute est découplée, que nous montons tous à cheval,
que les uns suivent les chemins et les autres prennent les
devants, M. de Josselin, dans la pensée d'en venir à ses fins,
perce les bois à la queue de la meute, qu'il ne quitte pas un
instant, et toujours au fort, sans suivre ni chemins ni sen-
tiers, vole à tous les débuchers, sans laisser souffler un seul
moment son infatigable jument qui, pendant huit grandes
heures de chasse, soutint constamment ce train forcé. Le
sanglier, se trouvant enfin harassé, s'était tenu au ferme et
venait d'être tué. La curée faite, M. de Josselin, sans nous
attendre, part avec la rapidité de l'éclair, et retourne ventre
à terre chez M. de Coux. Comme nous ne revînmes qu'au
pas, nous n'arrivâmes que plus d'une heure après lui. En
mettant pied à terre, nous apercevons *Sauvage* mangeant
vigoureusement son foin dans sa stalle, tandis que M. de
Josselin, le corps tout brisé, se trouvait étendu sur son lit,
tourmenté qu'il était par une assez grosse fièvre.

« Le lendemain, *Sauvage* fit les commissions de la mai-

III.                                          22

son, et continua paisiblement à remplir la tâche qui lui était journellement imposée. Quant à son écuyer, il fut quinze jours avant de pouvoir se tenir debout.

« Le second fait que je vais rapporter n'est pas moins étonnant; il se passa en 1787 ou 1788. M. de Coux, ayant alors dans ses écuries un grand nombre de beaux et bons chevaux, céda *Sauvage* à M. de Puyrédon, son parent et son ami.

« Avant d'aller plus loin, je dois faire observer que le nouveau propriétaire de *Sauvage* était un homme fort et de haute taille, et qui pesait alors de 150 à 160 livres. Madame de Coux était d'origine irlandaise. Voulant faire un voyage en Angleterre et s'embarquer à Bordeaux, elle prit le parti de courir la poste dans sa voiture. Son projet, en partant de Masseré, relais de poste sur la route de Toulouse à Paris, était de déjeuner à Limoges et de coucher à Périgueux. M. de Puyrédon lui ayant offert de lui servir de courrier jusqu'à Limoges, monte sur *Sauvage,* part en avant de la voiture, et fait préparer les chevaux à Magnac et à Pierre-Buffière. On déjeune ensuite à Limoges. Après le repas, M. de Puyrédon dit qu'il fera le service jusqu'à Chalus. Madame de Coux remonte alors en voiture, et M. de Puyrédon fait préparer les relais à Aix et à Chalus. Ne sentant pas sa jument fatiguée, il continue sa route, fait préparer les relais de la Coquille, de Thiviers, des Palissons, et arrive à Périgueux. La distance, parcourue depuis Masseré était de 17 postes 3/4 (142 kilomètres). Il coucha à Périgueux, et le lendemain M. et madame de Coux ayant continué leur route sur Bordeaux, M. Puyrédon remonte sur *Sauvage* et revient paisiblement à 12 lieues de là, à Saint-Yrieix-la-Perche, où il habitait.

« Désignée en 1793 pour la réquisition, *Sauvage* fut prise et donnée à M. Mathan, officier, qui allait rejoindre l'armée. A peine fut-elle montée, que, selon toute apparence, la maladresse de son cavalier la contraria et l'indisposa ; or

*Sauvage*, susceptible comme dans sa jeunesse, bondit brusquement sur elle-même, se jeta de côté en sautant, et se dé-
barrassa violemment de son cavalier. La tête de celui-ci
vint frapper sur les marches d'un petit perron, et la blessure
fut grave.

« Personne n'ayant depuis osé monter *Sauvage*, elle reçut son congé et rentra dans les écuries de M. de Puyrédon,
chez qui elle mourut.

« Des chevaux de cette trempe étaient aussi rares alors
qu'ils le sont aujourd'hui. Toutefois le Limousin, à cette
époque, présentait une très-grande quantité de très-jolis et
de très-bons chevaux. Deux années ont tout détruit. »

En effet, ce n'est pas seulement la race qui a disparu par
épuisement, c'est la population elle-même qui a été considérablement réduite dans son importance numérique. Le
fait est hors de doute pour ceux qui ont vécu dans le pays
et qui en ont connu les ressources à différentes époques.
Il est regrettable que des recensements antérieurs ne permettent pas de comparer la situation en 1789, — 1795, —
1806, — 1815 — et de nos jours. En l'absence de documents portant ces dates, il y a nécessité de s'en tenir aux
trois statistiques de 1834, — 1840 et — 1850. Voici leurs
chiffres :

|  | 1834. | 1840. | 1850. |
|---|---|---|---|
| Corrèze......... | 6,169 | 7,030 | 8,403 |
| Haute-Vienne.... | 7,332 | 8,805 | 11,314 |
| Creuse. ......... | 5,660 | 6,178 | 7,739 |
| Totaux ... | 19,161 | 22,013 | 27,456 |

Cet accroissement successif parle haut ; il montre qu'on
est en voie de progrès et qu'on revient à une situation meilleure. Le fait ressort d'une manière plus appréciable par la
décomposition des chiffres. Ainsi

En 1840   En 1850

Le nombre des mâles de 4 ans et au-dessus était de 11,818, de 11,204;
Le nombre des juments de même âge    —    de  9,911, de 12.919;
Le nombre des produits de 3 ans et au-dessous, de  2,284, de  3,333.

Ne désespérons pas de la race limousine; elle peut repa-
raître puissante et forte par le nombre et par les qualités.
Aussi bien ces deux choses se tiennent étroitement liées.
Une race ne devient nombreuse que lorsqu'elle est très-re-
cherchée; mais elle ne peut être demandée abondamment
qu'autant qu'elle satisfait, par ses aptitudes, aux besoins
qui la réclament, aux services qui l'utilisent. Il est évident
que ces derniers ne sont plus ceux d'autrefois, et que le
cheval du jour, s'il doit rappeler l'ancienne race par les
hautes qualités qui l'ont mis en honneur, doit, néanmoins,
se présenter sous une autre forme et dans des conditions de
taille et de développement qui répondent mieux aux exigences du temps.

C'est dans ce sens, et suivant cette direction, que la production a été sollicitée, depuis quelques années, en Limousin. La tâche a été rude et ingrate; mais l'impulsion est
donnée, et l'industrie est en marche. Voyons les faits tra-
duits en chiffres. Ce sont toujours des moyennes de cinq
ans, à partir de 1831 :

|  | Étalons. | Juments saillies. | Moyenne par étalons. |
|---|---|---|---|
| De 1831 à 1835. | 64 | 1,742 | 27 |
| De 1836 à 1840. | 55 | 1,457 | 26 |
| De 1841 à 1845. | 61 | 1,949 | 32 |
| De 1846 à 1850. | 65 | 2,585 | 40 |

Voilà pour l'accroissement de la population ; arrivons
maintenant à la nature des produits. Le reproducteur est
exclusivement fourni par l'administration des haras, comme
dans tout le Midi. Il ne faut pas que MM. les économistes se fassent illusion sous ce rapport, jamais ils ne dé-

velopperont l'industrie étalonnière dans cette moitié du pays; plus ils l'émanciperont et moins elle produira. Libre à eux de rayer toute cette région de la carte hippique de la France ; la chose est assurément très-aisée.

Les races arabe, anglaise et anglo-arabe se partagent le nombre des juments livrées au cheval. L'étalon arabe et le reproducteur anglais de pur sang marchent à peu près d'un pas égal; l'étalon anglo-arabe prend quelquefois les devants et donne alors l'avantage du nombre à la catégorie anglaise, dans laquelle il est compris. Voici les chiffres :

| ANNÉES. | NOMBRE DES ÉTALONS. | | MOYENNE PAR TÊTE. | |
|---|---|---|---|---|
| | Catégorie anglaise. | Catégorie arabe. | Anglais. | Arabes. |
| De 1831 à 1835...... | 6 | 2 | 33 | 22 |
| De 1836 à 1840...... | 6 | 6 | 24 | 22 |
| De 1841 à 1845...... | 8 | 15 | 33 | 30 |
| De 1846 à 1850...... | 17 | 18 | 38 | 38 |

Beaucoup de gens ont dit, beaucoup ont répété que la race limousine s'était fondue sous l'influence du cheval anglais. Qu'on pèse ces chiffres, on restera bientôt convaincu que l'introduction de cet élément s'est faite avec une grande prudence et que les producteurs, au contraire, ont été ramenés au sang d'Orient par l'administration des haras. Le cheval arabe pur, né et élevé à Pompadour, a, en effet, conquis la faveur; il obtient une moyenne qui s'est relevée au niveau de celle accordée à la catégorie anglaise. Devant les faits, qui aident à rectifier les idées fausses, tombent les absurdes reproches des ignorants et les banales récriminations des malveillants. C'est ainsi qu'on a toujours écrit l'histoire des races chevalines et des haras en France.

Nous ne répéterons pas, au sujet du métissage qui se pratique ici, les observations déjà consignées dans les pages précédentes. Les reproducteurs arabes et anglais, placés côte à côte et parallèlement employés, ne sont point offerts à titre de rivaux ni pour qu'ils se nuisent réciproquement, mais pour concourir ensemble à un but très-défini, que ni l'un ni l'autre ne peut atteindre séparément dans l'état agricole actuel de la contrée. La même situation appelle le même système et donne les mêmes résultats dans toute l'étendue du territoire par lequel nous avons commencé ce voyage hippique. Partout donc les faits confirment la pratique préconisée et généralisée dans ces derniers temps ; les prévisions de la théorie même deviennent si sûres en Limousin que, dans la période quinquennale la plus rapprochée, nous voyons les deux ordres de reproducteurs, égaux en nombre, saillir également un même nombre de femelles. Un tel résultat doit frapper l'esprit. Un maître de haras est libre de ses actions en effet, et peut expérimenter tout à son aise sur les quelques dix poulinières qu'il a sous la main. Le propriétaire d'un troupeau de moutons trouve encore les moyens de tenter l'application de théories plus ou moins hasardées ; nul ne le contrariera et ne l'arrêtera dans l'accomplissement de ses vues. Mais en est-il de même de la volonté qui préside de haut à la reproduction du cheval dans une contrée tout entière? A combien de volontés la sienne doit-elle se heurter avant de voir adopter une théorie, avant d'obtenir qu'elle soit essayée et pratiquée par le grand nombre? Quand ce résultat se produit en Limousin, avec le concours de treize à quatorze cents éleveurs, soyez bien convaincu d'une chose, c'est que la théorie qu'on y applique a été reconnue comme la meilleure et la plus profitable de toutes.

Ici, comme ailleurs, la question ne reste pas aussi simple; elle se complique d'un autre élément d'appréciation et de

fait, parce que la reproduction n'emploie pas seulement l'é-
talon de pur sang, elle utilise aussi des animaux non tracés;
mais, au fond, cette pratique ne change rien au système,
car tous les reproducteurs non tracés descendent directement
ou du sang arabe ou du sang anglais. Cependant voyons en
quelle proportion, chez la masse des éleveurs, interviennent
le pur sang et le demi-sang. Pour concentrer et abréger,
nous employons toujours le même mode, — la moyenne
quinquennale.

| NOMBRE D'ÉTALONS | | MOYENNE PAR TÊTE | | DIFFÉRENCE EN FAVEUR DU | |
|---|---|---|---|---|---|
| de pur sang. | non tracés. | pur sang. | demi-sang. | pur sang. | demi-sang. |
| 8 | 56 | 31 | 27 | 4 | » |
| 12 | 43 | 23 | 27 | » | 4 |
| 23 | 38 | 31 | 32 | » | 1 |
| 35 | 30 | 39 | 42 | » | 3 |

Par sa disposition, ce tableau met à nu tous les faits; il
montre la progression inverse qu'a suivie la composition du
haras de Pompadour en étalons de pur sang et en étalons
non tracés. La première catégorie a toujours été grossissant,
l'autre toujours s'affaiblissant au contraire. Il montre encore
la moyenne des saillies répondant à ce double effet de nombre, et donnant gain de cause à l'action qui dirige. N'y a-t-il
pas là un enseignement bien fécond?

C'est que le Limousin est une contrée à part, une terre
privilégiée pour la production du cheval de noble extraction.
Il a possédé, jadis, une race mère; c'est à ce niveau qu'il faut

le rappeler. Nous en avions fait notre œuvre, nous l'aurions accomplie. D'autres l'ont prise, qu'ils ne la gâtent pas. C'est une belle mission que de rendre le Limousin hippique à l'influence et à l'importance qu'il a eues autrefois, que d'en replacer la race à la tête de celles qui peuvent occuper le plus haut rang en France.

Nos premiers efforts ont porté sur le repeuplement de la contrée ; les chiffres ont déjà dit ce que nous avions obtenu. Il est temps de s'en prendre à la qualité et de reconstituer un cheval limousin plus grand, plus fort et plus large que celui des temps passés. Le seul élément qui fasse encore défaut aujourd'hui, c'est une nourriture assez riche et substantielle. Mais, au rebours de ce que nous avons constaté dans les circonscriptions explorées jusqu'ici, le poulain de tête est élevé, en Limousin, par l'homme intelligent, par le propriétaire le plus aisé, par l'amateur praticien. C'est chez lui qu'il faut rappeler l'habitude de l'élevage ; il y reviendra, car les voies sont ouvertes. Inspirez-lui confiance, montrez lui de la bienveillance, donnez-lui de la sécurité, encouragez-le, il ne faillira point à l'œuvre. Celle-ci est dans ses goûts, et il a l'entente du métier.

Quant aux produits moyens et jusqu'à nouvel ordre, il faut continuer le système d'émigration à la faveur duquel la production a pu être activée, à la faveur duquel le nombre des poulinières de race a pu être considérablement accru par la conservation des pouliches d'espérance. L'exportation des poulains mâles est et sera, pendant quelque temps encore, le centre des opérations de cette industrie en Limousin. Servez-vous-en comme d'un bras de levier puissant, il a son point d'appui dans l'intérêt bien compris de tous. Nul ne restera sourd à cette incitation ; en Limousin, pays d'intelligence, cette corde est sensible et même très-sensible.

Ces quelques mots font comprendre la nécessité d'aller étudier le cheval limousin de l'époque ailleurs que dans ces trois départements, sur les divers points où il est transplanté pour l'élevage. Nous l'avons déjà rencontré chemin faisant, il nous reste à résumer les observations que la pratique a rattachées à la race dépaysée et transformée par le seul effet d'une alimentation plus abondante et plus riche.

Le poulain de la Haute-Vienne, dont la mère est généralement plus grande et plus forte que la limousine ordinaire, par la raison que le sang anglais domine dans ses veines, devient presque toujours, et où qu'on le mène, cheval d'officier et de cavalerie de ligne.

Le poulain de la Corrèze, plein de gentillesse et de race, mais plus arabe qu'anglais, dépasse rarement les conditions du cheval de troupe légère.

Le poulain de la Creuse, plus gros et plus commun, produit mêlé des deux sangs dans leur pureté quelquefois, mais plus souvent à l'état de demi-sang, prend moins de distinction que les autres, ne devient presque jamais cheval d'officier, mais donne d'excellents troupiers, durs au travail et résistants à la fatigue.

Le poulain de la Haute-Vienne est plus cher, celui de la Creuse plus marchand, celui de la Corrèze moins recherché. A l'état de cheval fait, le premier rend plus à la vente, mais il faut qu'il soit net, qu'aucune tare ne le souille ; car tout forme tache sur une nature aussi fashionable. Le second est plus facile à placer; il entre davantage dans le genre usuel. Il n'y a qu'un débouché possible pour l'autre, la remonte militaire : de tous, celui-ci est le plus difficile à vendre et le moins profitable à l'éleveur.

Depuis que la population chevaline de la Haute-Vienne a repris de la force et de la valeur, il y a tendance à conserver et à élever sur place le poulain mâle, dont on était fort heureux de se débarrasser naguère. L'exportation a donc cessé d'embrasser la totalité des produits. Une partie seulement des poulains de la Corrèze offre assez de taille et de volume pour être transportée avec fruit; l'acheteur est obligé de choisir et laisse le grand nombre au pays de production.

Les plus petits restent dans la montagne. Ceux qui ont le plus de séve ou qui ont un peu de sang anglais se développent assez pour être achetés par la remonte ; les autres remplissent les besoins de la localité. La Creuse se partage. La moitié des éleveurs garde et élève ses produits en vue de la vente aux officiers de cavalerie, l'autre moitié préfère se débarrasser de bonne heure et réaliser immédiatement. Quelques poulains de ce département, arrêtés dans la Corrèze, y ont pris beaucoup de distinction et ont donné des chevaux de sous-officiers d'un excellent choix. Ce fait a été particulièrement remarqué. Il serait intéressant de le répéter et de s'assurer que cette migration, facile par le voisinage, suffirait à une éducation profitable, par cela seul qu'elle serait distincte, séparée de l'industrie de la production.

Le cheval de la Creuse est fort estimé dans l'armée. C'est le limousin commun quand il a été complétement élevé sur son terrain, mais il prend une grande distinction dès qu'il passe dans la Haute-Vienne où la Corrèze. C'est le cas particulier à *Vesta*, par exemple, dont on a tant parlé autrefois et qu'on a tant célébré sur tous les tons, parce que..... *limousine :* elle appartenait, en effet, à M. le baron de Labastide, l'un des éleveurs les plus intelligents, les plus persévérants et les plus dévoués de la province.

Or voici comment elle était de cette race. — On lira avec plaisir la partie de notice suivante, que nous extrayons du n° 2 du *Bulletin hippologique* publié par la Société d'encouragement de Pompadour (octobre 1845).

Cette charmante historiette est due à la plume élégante et facile de M. le baron Gay de Vernon, le savant et spirituel secrétaire de la Société.

« . . . . . . . . . . . . . . . . . . . . . . . . .

« Le seul défaut que je connaisse à *Vesta*, reprit M. le baron de Labastide, c'est de frapper, à l'écurie, ceux qu'elle n'a pas l'habitude de voir. En l'état de plénitude surtout, cette situation si intéressante pour un éleveur, elle est en-

core plus disposée à ruer que de coutume. Ses produits hé-
ritent de cette fâcheuse disposition ; presque tous, à l'écurie,
sont inquiets, difficiles à approcher, dangereux pour celui
qui les touche. Vous les montez, et soudain ils deviennent
doux, obéissants, dociles comme leur mère, et, comme elle,
prennent les plus beaux airs de manége et de délicieuses
coquetteries de maintien. La taille de *Vesta* n'est que de
1$^m$,52, et cependant, sous le cavalier, elle se grandissait à tel
point qu'aucun cheval, auprès d'elle, ne semblait la surpas-
ser en hauteur ; elle les dominait de la tête. La nature lui
avait donné la force, la noblesse et l'ardeur qui se mani-
festent par des signes instinctifs d'émulation , et cependant
elle avait l'art de ne jamais trop se hâter. L'intelligence de
*Vesta* était d'une finesse incroyable. En course, elle demandait à être obéie par son jockey ; il fallait la laisser faire, la
laisser aller. Habituellement elle montrait une appétence
excessive d'eau, et, si le palefrenier n'avait pas soin de la
rationner, il n'était pas possible de lui retirer le seau avant
qu'elle l'eût mis à sec. Eh bien! quand elle devait courir,
et, croyez-moi, son instinct en cela ne l'a jamais trompée,
*Vesta* ne buvait pas une gorgée au delà de la petite quantité
d'eau que l'entraîneur le plus habile et le plus prévoyant
aurait mesurée lui-même.

« — Les animaux sont plus sages que nous, et ils donneraient souvent d'utiles leçons à l'homme. Il est vrai qu'ils ne
s'abreuvent que d'eau pure, et que cette boisson ne ferait
pas des ivrognes... Mais revenons à *Vesta* : quel âge a-t-elle?

« — Elle est née, en 1824, chez M. le marquis de la
Celle, à Ajain, dans le département de la Creuse : je l'ai
achetée qu'elle n'avait que dix-huit mois. A quatre ans elle
a commencé à courir, et chacune de ses apparitions sur les
hippodromes a été marquée par un succès éclatant.

« — Pourriez-vous me les énumérer?

« — Pas ici, je craindrais que ma mémoire ne me fît défaut;
mais, puisque vous désirez connaître en détail les courses où

*Vesta* a figuré, veuillez m'accompagner dans mon cabinet. »

Je suivis M. de Labastide; il tira de sa bibliothèque le 4ᵉ volume du *Journal des haras*, ouvrit le numéro du 1ᵉʳ novembre 1829, et je lus (pages 102, 103 et 104) les passages suivants.

« Voici la liste des prix que *Vesta* a gagnés dans les deux saisons de course qui viennent de s'écouler :

« En 1828, le 24 mai, elle gagna, à Limoges, une poule à 100 fr. par souscription en battant *Néron*, *Furet* et *Voltigeur*. Elle avait parcouru 3,000 mètres en 4 minutes 17 secondes.

« Le 4 juin, elle gagna, aux courses de Limoges, un prix d'arrondissement de 1,200 fr. en battant *Pénélope* et *Néron*. Elle avait franchi 3,000 mètres en 3 minutes 54 secondes.

« Le 8 juin, elle remporta, aux mêmes courses, le prix principal de 2,000 fr. en battant *Favori* et *Lucie*. Ce prix se disputa en deux épreuves, chacune de 4,000 mètres. Elle gagna la première en 5 minutes 4 secondes, et la deuxième en 5 minutes 18 secondes.

« Le 3 août, *Vesta* remporta, à Aurillac, le prix royal du Midi de 3,000 fr. en battant *Louise* et *Gustave* en deux épreuves, chacune de 4,000 mètres. La première fut gagnée en 5 minutes 7 secondes, et la deuxième en 5 minutes 20 secondes.

« En 1829, le 4 octobre, *Vesta* a gagné, à Paris, le prix royal de 5,000 fr. contre *Louise*, *Fédor* et *Lisette*. Dans la 1ʳᵉ épreuve (distance 4,000 mètres), elle mit 5 minutes 1 sec. 1/5, et dans la 2ᵉ 5 minutes 10 secondes.

« Le 11 octobre, le prix du roi, consistant en un vase en argent de 1,500 fr., une coupe de 800 fr. et 3,700 fr. en espèces, fut remporté par *Vesta* battant *Louise*. Dans la 1ʳᵉ épreuve (distance 4,000 mètres), elle mit 5 min. 9 sec. 1/5, et dans la 2ᵉ 5 minutes 5 secondes 2/5.

« Le 18 octobre, enfin, elle gagna un pari de 500 louis engagé entre elle et *Lionel*.

« La distance était deux tours du champ de Mars (4,000 m.).

« Tel était l'intérêt extraordinaire qu'inspirait le résultat de l'engagement arrêté entre M. le baron de Labastide et lord Henri Seymour pour *Vesta* et *Lionel* que, bien que cette course fût la seule qui dût se disputer, une foule presque aussi considérable que celle des dimanches précédents se pressait de bonne heure sur toutes les parties du champ de Mars. La société la plus brillante remplissait les tribunes, que M. le préfet de la Seine avait laissées subsister pour cette lutte. . . . . . . . . . . . . . . . . . . . .

« Ce fut à deux heures que les deux adversaires entrèrent en lice.

« *Vesta* était montée, cette fois-ci, par Tom Webb, jockey de M. Crémieux aîné, dont l'expérience et l'habileté sont depuis si longtemps connues. Malgré les nombreux succès que depuis deux ans il n'a cessé d'obtenir, on avait cependant craint que Pierre Chabrol, jockey de M. de Labastide, ne possédât point cette expérience consommée qu'il devenait nécessaire de déployer dans une lutte où les deux rivaux étaient présumés d'égale force.

« *Lionel*, ce superbe élève du haras de Meudon, avait la corde, mais il fut promptement devancé par *Vesta*; cependant, en arrivant près du poteau, lors du premier tour, il gagna du terrain, marcha pendant quelques instants sur la même ligne, et parvint même à dépasser un peu sa rivale ; mais celle-ci, bien que toujours retenue, reprit bientôt son premier avantage, et le soutint avec le plus grand éclat jusqu'au but, où elle arriva la première en 5 minutes 5 secondes 3/5.

« *Lionel* y parvint en 5 minutes 5 secondes 4/5.

« Ce triomphe de *Vesta* fut accueilli par des applaudissements bruyants et répétés, et par des acclamations qui partaient de toutes les bouches ; il a dignement couronné la carrière si belle et si courte que vient de parcourir cette magnifique jument.

« Pendant la lutte dont nous venons de rendre compte, il n'était bruit que de la vente de *Vesta*. Nous savons, il est vrai, que les offres les plus brillantes ont été faites à son propriétaire ; mais M. de Labastide les a toutes refusées, voulant désormais consacrer *Vesta* à la reproduction. »

« Je tournai le feuillet, et je vis que le *Journal des Haras* avait donné à ses abonnés le portrait de *Vesta* dessiné par Francis, charmant artiste, qui a reproduit par la lithographie tous les chevaux des écuries de M. Schikler.

« Tandis que je faisais cette lecture à haute voix, M. de Labastide montrait un sentiment de satisfaction qu'il ne cherchait pas à déguiser ; et il y avait, ce me semble, quelque chose d'intéressant dans ce retour vers le passé, et dans cette revue rétrospective des triomphes de *Vesta*, auxquels son maître s'associait encore par la pensée et par le souvenir.

« — Vous avez remarqué, dit-il, qu'à la première épreuve du prix royal, en 1829, *Vesta*, portant 56 kilogrammes, fit les deux tours du champ de Mars en 5 minutes 1 seconde 1/5 : ce degré de vélocité n'avait pas été atteint jusqu'à ce jour ; il s'écoula même plusieurs années avant qu'*Hercule*, appartenant à M. Rieussec, pût l'égaler. Plus tard cette vitesse a été dépassée par un grand nombre de chevaux ; mais, à cette époque, les entraîneurs et les jockeys n'avaient ni l'habileté, ni l'expérience, ni la hardiesse de ceux d'aujourd'hui, et *Vesta* aurait pu courir beaucoup plus vite qu'elle ne l'a fait ; car elle était aussi loin d'avoir épuisé la somme de son fonds de vitesse qu'on était loin d'avoir épuisé sur elle l'action des forces accélératrices. Nous en étions tellement convaincus que, après la défaite de *Lionel*, M. Crémieux aîné offrit à lord Seymour de parier 10,000 fr. que *Vesta*, pourvu qu'on lui donnât une heure de repos, parcourrait de nouveau les deux tours du champ de Mars en 4 minutes

55 secondes; M. Crémieux s'était réservé mon consentement. J'acceptai sa proposition, et je me mis de moitié dans sa gageure ; mais lord Seymour refusa le pari. Croyez-moi, ajouta M. de Labastide, il n'y avait là ni présomption, ni fol orgueil de la victoire ; maintenant, encore, je suis persuadé que nous aurions gagné. Et, circonstance remarquable, *ce sont les chevaux de demi-sang qui, aux courses de* 1828 *et de* 1829, *ont déployé le plus de vitesse dans les luttes faites pour chacune des trois différentes distances* (1).

« — Quelle est l'origine et quelle est la famille de *Vesta?* demandai-je à M. de Labastide.

« — Elle provient, me répondit-il, de *Bijou*, cheval de pur sang anglais, et d'une fille de *Meddlethorpe*, aussi pur sang anglais. Parmi ses nobles ancêtres, et en remontant de génération en génération, elle compte *Bertrand*, pur sang arabe; *Sulphur*, pur sang anglais, et *Lajaumont*, ce magnifique étalon anglo-limousin, que M. le comte de Jumilhac garda si longtemps pour la monte au château de St-Jean-Ligoure. Depuis qu'elle est poulinière, elle m'a donné douze produits; deux de ses poulains, *Hymen* et *Yvor*, ont été achetés par l'administration des haras, et placés à l'établissement royal de Pompadour. Une de ses filles, *Lilly*, s'est signalée sur les hippodromes ; en 1859 elle a gagné, à l'âge de trois ans, deux prix d'arrondissement à Limoges et à Bordeaux, et, l'année suivante, trois prix aux courses d'Aurillac, de Bordeaux et de Pompadour.

« — Noblesse oblige, et bon sang ne peut mentir : *Vesta* a ajouté sa gloire personnelle à celle de ses devanciers ; maintenant elle est un ancêtre... » Et, ce disant, je quittai M. de Labastide. Rentré chez moi, je me hâtai d'écrire la conversation que je viens de rapporter. »

Ce serait ici le lieu de parler du haras de Pompadour et de l'influence qu'il a exercée sur la production et l'élevage

_____

(1) *Journal des haras*, t. L, année 1850.

du cheval en Limousin. Mais nous ne serions point à l'aise pour en dire notre pensée, alors même qu'elle s'arrêterait à la simple constatation des faits. Aussi bien avons-nous déjà indiqué et analysé son œuvre capitale, la création de la famille anglo-arabe de pur sang..... Nous n'ajouterons pas un mot, mais on nous permettra de terminer ce paragraphe par une citation extraite d'un rapport adressé par la Société d'encouragement de Pompadour, et publié dans le n° 7 de son bulletin, décembre 1849.

« Dans le département de la Haute-Vienne, dit le rapporteur, l'élément de l'industrie chevaline, c'est le haras de Pompadour ; il est virtuellement toutes choses, la tête et le cœur d'où sortent les artères du sang hippique, et où viennent se rendre les veines qu'il a échauffées. Le haras de Pompadour ne prête pas seulement à l'élève des chevaux une incomparable assistance, il lui communique réellement l'existence, et répond avec exactitude, régularité, connaissance, et à propos à chaque besoin, à chaque légitime exigence. Qu'il conserve donc sa composition actuelle et sa forte organisation : personnel d'officiers, étalons des sangs les plus purs et les plus nobles, jumenteries expérimentales, grand établissement agricole et courses de chevaux. Réduire le haras dans ses moyens d'action et d'exécution, ce serait tarir une des sources de la fortune départementale ; ce serait aller droit à la dégradation de l'espèce la plus noble et à l'anéantissement du précieux cheval de troupe légère ; ce serait perdre un des éléments essentiels de la force de l'armée. »

## IX.

Circonscription du dépôt d'étalons d'Aurillac. — Ancienne race auvergnate ; — portrait. — Des causes de sa disparition. — Création
du dépôt d'étalons. — État de l'agriculture dans la contrée. — Services rendus à la production par les étalons nationaux. — Les hippologues auvergnats. — Population chevaline actuelle ; — ses qualités. — Statistique. — Un conseil.

Le dépôt d'Aurillac est situé dans la haute Auvergne; il
étend son action à l'autre partie de cette ancienne province
et aux Cévennes. Sa circonscription est donc formée des départements du Cantal, du Puy-de-Dôme et de la Haute-Loire.

Nous abordons une terre arrosée de larmes. Que de regrets n'a-t-on pas donnés à la dégénération, à la disparition
de la race auvergnate? Voici encore une lamentable histoire,
car le cheval d'Auvergne n'est plus qu'un mythe. C'est au
dépôt d'étalons d'Aurillac qu'avait été conférée, en 1806,
l'œuvre de la régénération de cette race fameuse parmi les
plus renommées d'un autre temps. Qu'en a-t-il fait, grand
Dieu! Qui pourrait retrouver dans les vices de conformation
du cheval de l'époque les traits caractéristiques du cheval
d'autrefois? Le sang anglais, — cette ficelle des temps mo-
dernes, — a envahi l'Auvergne et empoisonné sa race
équine, héritière privilégiée des qualités des haras de Salo-
mon.

Voilà, résumée, toute la question hippique en Auvergne;
telles ont été formulées les conclusions des nombreux avo-
cats de cette cause souventes fois appelée et plaidée, mais
toujours perdue devant l'opinion éclairée, à la seule inspec-
tion des pièces du procès.

A notre tour, examinons les faits.

Le cheval d'Auvergne n'a jamais été considéré, par les
vieux hippologues, que comme une émanation affaiblie du
cheval limousin. Grognier va plus loin, car il écrit : « La

race auvergnate semble une légère *dégénération* (le mot y est) de la race limousine. » Les auteurs contemporains, bons Auvergnats s'il en fut, prétendent à la descendance *directe* du cheval père ; accordons la ligne collatérale et passons.

Il en résulte que l'Auvergne produisait des chevaux peu différents de ceux de la contrée voisine. Elle n'avait pas de race, mais tout au plus une variété de race ; elle ne fournissait pas de reproducteurs aux autres régions, et elle en recevait d'autrui : voilà le fait.

Cela n'empêche qu'elle ait cultivé autrefois, au temps où nos races légères étaient la plus haute expression des besoins, une population chevaline remplie de qualités et parfaitement appropriée à la spécialité des services auxquels on l'appliquait.

Les chevaux d'Auvergne avaient donc de la réputation, mais ils l'avaient comme chevaux de service et non comme représentants d'une race supérieure et d'élite. Ils la doivent, dit M. Pérez, à la rudesse du climat de la contrée, aux accidents de terrain si multipliés dans un pays de montagnes, à la vie un peu sauvage et vagabonde qu'ils menaient dans leur jeunesse, et qui était l'existence habituelle de la poulinière. Ces causes, fortifiées par une origine tout orientale, avaient doué le cheval d'Auvergne d'une grande sobriété et d'une grande sûreté d'allures ; mais elles la retenaient en des proportions assez exiguës.

En rapprochant les données les plus certaines, on peut tracer de cet animal le portrait que voici :

Race auvergnate, légère dégénération de la race limousine. C'est le même genre de conformation, avec moins de physionomie, de naturel, d'élégance et de régularité. La taille, moins élevée, ne dépasse guère 1$^m$,47$^c$ et descend à 1$^m$,43$^c$ ; la tête est plus courte, moins fixe, moins expressive, d'une manière absolue même, elle est un peu forte ; les oreilles sont courtes, l'œil est vif et prompt, les naseaux sont

plus développés que chez le cheval limousin; l'encolure est
renversée; le toupet et la crinière, quand le vent les soulève,
donnent un air échevelé qui ne manque pas d'étrangeté ; le
garrot est proéminent, l'épaule bien conformée, le poitrail
un peu étroit, et cependant la poitrine est assez descendue ;
la ligne du dos et des reins est droite et rigide, le flanc
court, la croupe anguleuse, tranchante et basse; les membres secs et nerveux, moins longs que dans la race voisine;
les jarrets crochus et clos , les paturons courts ; les pieds panards, mais la corne résistante et pour ainsi dire inusable ;
en général, les formes très-accentuées et le caractère difficile ; un peu de l'entêtement proverbial de l'Auvergnat. Ce
n'était pas un cheval de luxe, comme le dit naïvement un
de ses plus grands partisans; non, ajouterons-nous, mais un
vrai montagnard, une nature inculte et rude, mais énergique
et vivace.

Qu'avez-vous fait de ce précieux animal? nous crie-t-on ;
en reste-t-il vestige? Allez aux dépôts des remontes, entrez
chez les éleveurs si rares maintenant, parcourez les foires et
marchés, assistez aux distributions de primes, cherchez dans
les pâturages, vous n'y trouverez plus ces caractères si tranchés qui distinguaient autrefois la race ; vous n'y verrez que
des produits très-dissemblables et disparates. En effet, «plus
de cachet de localité, plus de tournure de famille; mais des
corps amincis, de longues encolures, des côtes aplaties, des
reins longs, des flancs creux, des membres allongés et grêles,
des individus sans type, sans aucune harmonie dans les formes ; voilà, à très-peu d'exceptions près, le cheval d'Auvergne
actuel. »

Le portrait n'est pas flatté, mais il est peu flatteur.

Nous avons dessiné les traits du cheval d'Auvergne à deux
époques, au temps de sa plus grande valeur et au moment
présent. Nous avons trouvé les antipodes. Du haut de l'é-
chelle nous sommes brusquement tombé à l'échelon le
plus bas. Voyons les intermédiaires.

« A quoi doit-on attribuer les causes de cette dégénération, nous dirions mieux, de cette disparition de l'ancienne race d'Auvergne?

« D'après l'opinion généralement reçue dans le pays, *il paraît* que la première cause de sa dégradation date surtout des guerres de la république et des réquisitions de chevaux qu'elles nécessitèrent. Il ne s'agissait pas alors de conservation ou d'amélioration des races, ce n'était guère le moment ; juments, poulinières ou non, chevaux, étalons, *tout* était pris pour l'armée : c'était le premier besoin, le plus pressant à satisfaire. »

La construction de cette phrase est curieuse ; nous la recommandons au lecteur. Elle porte, entre autres, —un *il paraît* — qui est charmant. Toujours est-il qu'elle constate ce fait, — *tout* a été pris pour l'armée, le premier et le plus pressant besoin à satisfaire. Ceci nous mène droit à la nécessité de recommencer l'édifice.

Le dépôt d'étalons d'Aurillac se mit bravement à l'œuvre. Les croisements aidant, il obtint quelques succès. L'Auvergne hippique commençait à renaître et à respirer plus librement, quand de nouvelles guerres, celles « de l'empire, exigèrent encore des chevaux. L'Auvergne fournit alors ce qui lui restait d'élèves de la vieille souche remplacée peu à peu par une nouvelle génération dégradée. Enfin, de 1810 à 1815, les derniers débris de l'ancienne race auvergnate furent requis par des officiers de remonte qui se rendaient des arrondissements dans les cantons pour y prendre *tout* ce qui restait de chevaux ou juments de tout âge capables de porter un cavalier sur un champ de bataille. »

Nous avions déjà raconté cette histoire. L'Auvergne a subi le sort commun. Elle a été d'autant moins épargnée qu'elle nourrissait une population plus rustique et plus habituée à la dure. On lui a donc enlevé, à deux reprises différentes, tous les sujets valides qu'on a trouvés sur son territoire, assuré qu'on était d'en obtenir un bon service.

Voilà la race auvergnate bien et dûment ruinée, il n'en reste pas trace ; mais la destruction n'est pas le fait d'un mauvais système de reproduction, de fautes contre la science, et la contrée a dû se repeupler au hasard dans un temps où la France entière avait été appauvrie par les mêmes causes et par les mêmes moyens.

A cette série de faits a succédé un nouvel ordre de choses duquel sont sortis de nouveaux besoins et de nouvelles exigences. Le petit cheval avait passé de mode ; il n'était plus approprié aux services plus pressés qu'on lui demandait. Il perdit partout faveur, et partout fut remplacé par les produits de races plus fortes et plus corpulentes. Celles-ci occupèrent tous les emplois. Les contrées favorables à leur élève furent mises en possession de ces fournitures ; les contrées montagneuses du Centre, l'Auvergne et tout le midi de la France furent tout à coup déshérités. Ni celui-ci ni celles-là n'étaient plus en mesure de satisfaire aux besoins de l'époque ; ils ne trouvèrent pas, dans l'absence absolue de débouché, l'excitation nécessaire à toute production attardée et languissante. Dès lors l'industrie chevaline descendit du rang élevé qu'elle avait précédemment occupé dans toute la région. Les productions rivales du bœuf et de la mule grandirent au contraire ; il n'y avait point de principes scientifiques à leur opposer ; tout était concentré dans un fait, un seul : l'intérêt du moment. La production du cheval ne pouvait reprendre faveur que dans un cas, sous l'influence de progrès agricoles considérables changeant les conditions d'alimentation, offrant une nourriture plus abondante et plus généreuse, poussant au développement des formes, à la riche structure. Eh bien ! quelle était, sous ce rapport, la situation de l'Auvergne ? C'est M. le comte Roger de Saint-Poncy qui répondra.

« ..... Dans le Cantal, tout est à créer. Pour peu qu'on sût s'y prendre, on y aurait, en quelques années, doublé les revenus de sa propriété, et, quand on songe aux légères dépenses qu'il faudrait faire pour en arriver là, on s'étonne et on s'indigne à la fois de la coupable apathie du cultivateur cantalien. Il n'ignore pas, par exemple, que le produit des prés est au moins le double de celui des terres labourables; il se gardera bien, malgré tout, de convertir partie de celles-ci en prairies artificielles, car il a la passion des céréales. Il conviendra tant que vous voudrez qu'il a de la peine à en retirer ce qu'elles lui coûtent, il n'en persiste pas moins dans son système; il est *tréflophobe* au suprême degré. Ainsi encore il aimera mieux, après la récolte, laisser gagner son champ par les ronces, les chardons et les mauvaises herbes qu'y jeter quelques racines fourragères, quoique l'expérience lui ait assez démontré qu'au lieu d'épuiser le terrain elles l'engraissent et le fertilisent. N'importe, il faut que la terre *dorme*, c'est là son éternel refrain dont il ne sort jamais. Ce repos ne ressemble pas mal à celui d'une intelligence qui s'abrutit et qu'on croit fortifier parce qu'on ne l'exerce plus.

« Le mal de l'Auvergnat est de trop se traîner à la remorque des vieilles idées; les traditions, assurément, sont, en général, choses saintes qu'on ne saurait trop respecter; mais je crois que, dans ce qui ne touche qu'aux besoins purement matériels de la vie, l'on peut, sans déroger, y pourvoir par des voies différentes de celles de nos pères. C'est ce que n'a pas cru devoir faire le scrupuleux enfant des Celtes. Il ne cultive pas autrement qu'eux; il n'a rien changé ni à leurs instruments ni à leurs procédés; il a, pour les travaux de l'économie rurale, les mêmes sentences et les mêmes proverbes. L'araire qu'il traîne enfin est celui qui, il y a deux mille ans, sillonnait des champs gaulois; il n'a pas même pris la peine de le perfectionner, lui pourtant si commode et si portatif; il l'a laissé tel quel, et probablement pour toujours, n'eût été M. Dou, notre habile compatriote, qui a compris qu'il suffisait de lui donner un contre-tournant et des étançons régulateurs, et de développer sa *reilhe* ou soc pour en faire une charrue montagnarde modèle.

« Mais là où l'esprit routinier fait le mieux sentir sa funeste influence, c'est dans l'habitude qu'a le haut Auvergnat de ne travailler que l'espace que d'autres ont travaillé avant lui. Une lisière de genêts, un massif de buissons, de fougères ou de broussailles, le moindre petit tas de pierres, etc., deviennent pour lui le *nec-plus-ultrà* de la propriété. Les aïeux, dit-il, n'ont pas passé plus loin, on aurait donc grand tort d'aller contre leur expérience (1). »

Cet esprit d'attachement au passé, à la routine, l'Auvergnat l'applique à toutes choses, à la production du cheval comme au reste. Ce qui, sous ce rapport, l'a retardé, c'est l'usage général d'un produit autre que celui de ses montagnes et de son agriculture. Celui-ci est resté petit, chétif, insuffisant toutes les fois qu'il n'a pas été l'objet de quelque attention; il a montré les mêmes qualités, la même vigueur, le même nerf qu'autrefois lorsqu'il a reçu des soins et une nourriture un peu plus copieuse. Ce qui fait sa pauvreté aujourd'hui, c'est que les pacages lui sont disputés par des troupeaux considérables de gros bétail, qui n'existaient pas aussi nombreux dans les temps antérieurs, et par les produits du baudet, qui ont envahi toutes les métairies. Près de 6,000 juments, en effet, sont annuellement données à l'âne-étalon dans le seul département du Cantal. La production de l'espèce hybride n'avait pas cette activité dans le passé, aux époques correspondant à celle où l'éducation du cheval était la principale industrie du pays.

Arrivons aux faits contemporains. En remontant à vingt ans en arrière, ils nous diront quelle importance a eue, depuis lors, le cheval en Auvergne, et sous quelle influence il a repris un peu faveur.

(1) *Revue d'Auvergne*, 1840.

| | Nombre d'étalons. | Nombre des saillies. | Moyenne par tête. |
|---|---|---|---|
| De 1831 à 1835. . | 45 | 1,245 | 28 |
| De 1836 à 1840. . | 35 | 800 | 23 |
| De 1841 à 1845. . | 35 | 1,207 | 34 |
| De 1846 à 1850. . | 43 | 2,062 | 49 |

Les chiffres de la dernière période quinquennale dénotent un progrès très-marqué. Leur signification sera mieux sentie quand nous les aurons décomposés entre les deux catégories anglaise et arabe, qui, là comme ailleurs, ont été mises en présence.

| ANNÉES. | NOMBRE D'ÉTALONS DE SANG | | NOMBRE DE JUMENTS SAILLIES PAR LA | |
|---|---|---|---|---|
| | anglais pur ou mêlé. | arabe pur ou mêlé. | catégorie anglaise. | catégorie arabe. |
| De 1831 à 1835...... | 32 | 13 | 28 | 28 |
| De 1836 à 1840...... | 26 | 9 | 22 | 25 |
| De 1841 à 1845...... | 25 | 10 | 35 | 31 |
| De 1846 à 1850...... | 33 | 10 | 47 | 51 |

Sur le terrain où nous sommes, la question chevaline a des allures tout autres qu'en aucun lieu de France. Elle appartient bien plus ici à la discussion qu'à la pratique. C'est la chose de quelques théoriciens bien plus qu'un fait usuel et général. La presse locale a exercé sur l'éleveur une très-grande et très-réelle influence. En Auvergne, une question quelconque devient la chose de tous dès qu'elle est traitée au point de vue des intérêts exclusifs de la contrée. Ce n'est plus alors qu'une affaire de patriotisme de clocher. La pensée de celui qui fait appel à ce sentiment passe bientôt dans toutes les têtes et y pousse de profondes racines. Nulle part, l'opinion n'est plus facile à manier pour un enfant du pays ; il en fait absolument ce qu'il veut, pourvu qu'il l'exalte et la grise en criant à pleins poumons et sur tous les tons : *viva l'Ouvergno !* Et malheur à qui oserait combattre un préjugé, redresser une erreur nés à l'ombre de cet amour étroit et stérile de la province. La vérité prend mal sur le fanatisme.

La question chevaline, partout si ardente, a donc suscité des plaintes bien plus amères ici qu'ailleurs. Ceux qui l'ont amenée ont placé le cheval d'Auvergne plus haut qu'aucun autre. Par la raison qu'elle était *directement* sortie de la race arabe (les Auvergnats ont chaussé cette idée), celle d'Auvergne ne pouvait se relever que par l'influence exclusive du même sang. Partant, haro sur tout autre. Il fallait honteuseument chasser du pays tout étalon qui n'était pas de race orientale, ou du moins préserver avec soin de son contact impur la population dégradée que nous avons vue s'établir sur le sol après la ruine absolue de l'espèce indigène. Cette recommandation a porté ses fruits ; beaucoup de poulinières ont été détournées de la production pour obéir à la science des hippologues du cru. Il en résulte que les étalons anglais de pur sang et leurs dérivés ont été plus lents à accomplir leur œuvre en Auvergne que sur les autres points de la région. Cependant la petite statistique qui précède dit bien que la pratique avait commencé à se modifier sous l'influence de l'insuccès dont le cheval arabe a été entouré et du discrédit absolu dont ses produits ont été frappés à la vente.

Ici, plus qu'ailleurs encore, l'alternance dans les accouplements était commandée par l'état agricole du pays et par la nécessité de produire plus ample, plus grand et plus corsé que par le passé. En ne répondant qu'incomplétement à cette double exigence, l'éleveur s'est attardé et a nui tout à la fois à ses intérêts et à l'avancement de la nouvelle population chevaline. La recherche plus active de l'étalon anglais de pur sang ou de demi-sang, dans les dix dernières années, est toutefois un fait important et significatif, en ce qu'il s'est produit au rebours des idées acceptées et contrairement aux sollicitations les plus directes et les plus pressantes au bénéfice du reproducteur d'origine orientale.

Cependant, quelle a été, sur la production en général, l'influence du cheval anglais? A-t-elle été favorable ou nuisible, profitable ou destructive? Elle n'a pas refait l'ancien cheval, cela est vrai, il faut bien reconnaître ce tort qu'on lui adresse; mais elle a grossi, grandi, étoffé, développé dans tous les sens le cheval d'Auvergne au point de l'élever jusqu'aux exigences du cheval de lancier et de dragon. Et ce dernier n'est pas si rare qu'on ne le trouve qu'exceptionnellement, puisque nous lisons, dans les conclusions d'un rapport faisant suite à une enquête, l'expression très-significative de ce vœu formulé par des propriétaires du pays :

« Augmenter le nombre des chevaux de lanciers à acheter par le dépôt des remontes d'Aurillac, presque spécialement affecté à l'achat de chevaux de cavalerie légère. La circonscription peut fournir un nombre plus considérable de chevaux de ligne que celui qu'on lui demande. »

D'où proviennent donc ces chevaux, sinon des étalons de pur sang et de demi-sang anglais? Demander qu'on augmente le quantum des achats en chevaux de ligne, c'est reconnaître de la manière la plus formelle la nécessité des croisements par le cheval anglais. L'étalon arabe, la jument d'Auvergne et les ressources alimentaires de la contrée ne donnent pas le cheval de lancier. Celui-ci rendant plus à la vente, le cultivateur utilisera le reproducteur qui le fait naître et finira par déserter les doctrines, ruineuses pour lui, des théoriciens qui parlent sans autorité parce qu'ils sont sans expérience.

Mais leurs vœux ont été entendus. La composition de l'effectif du dépôt d'étalons d'Aurillac a été chargée; elle est maintenant selon la science des hippologues d'Auvergne.

Nous attendons les résultats. Quand les nouvelles générations, plus arabes ou exclusivement orientales, seront venues, le chapitre des profits et pertes aura bientôt et définitivement tranché la question. L'intérêt est un grand maître.

L'Auvergne serait plus avancée si elle avait commencé plus tôt le métissage, qui a donné de si bons fruits partout où il a été suivi avec intelligence. Mais les éleveurs de la contrée, pour qui l'élève du cheval n'était plus qu'une industrie fort secondaire, en ont négligé tous les moyens et plus particulièrement encore l'un des plus importants, le mariage raisonné des sexes.

Et, comme tout s'enchaîne dans des questions de cet ordre, le chiffre de la population, déjà si faible il y a dix ans, a éprouvé une nouvelle réduction constatée par le recensement officiel de 1850. Voici les chiffres comparés aux deux époques pour les trois départements de la circonscription.

|  | En 1840. | En 1850. |
|---|---|---|
| Cantal. .................. | 11,532 | 9,525 |
| Puy-de-Dôme.............. | 13,067 | 13,327 |
| Haute-Loire............... | 10,531 | 9,982 |
| TOTAUX........ | 35,130 | 32,834 |

La perte est de 6.54 pour 100. Dans les contrées qui ont adopté les nouvelles doctrines, nous avons enregistré des résultats tout différents. Ce rapprochement doit donner à réfléchir. Nous voudrions bien qu'il conduisît à cette pensée que l'administration des haras a toujours eu intérêt à réussir, qu'elle n'avait aucune raison de contrarier les vues des provinces dont elle s'occupait avec le plus de sollicitude, que, lorsqu'elle les sollicitait de prendre telle voie plutôt que telle autre, c'est qu'elle en avait reconnu le tracé et la bonne direction.

Oui, le cheval anglais est plus exigeant que le cheval arabe, mais il rend en proportion de ce qu'on lui accorde, tandis que celui-ci, qui prend moins, reste au-dessous des besoins.

On diminue, d'ailleurs, les exigences du premier et l'on ac-
croît l'utilité du second en les mariant l'un à l'autre. Dans
de mauvaises conditions, on réussit rarement avec le cheval anglais seul ; avec le cheval arabe, on ne réussit jamais :
le mélange des deux sangs conduit sûrement au but, — l'appropriation d'une espèce insuffisante aux besoins très-défi-
nis de l'époque actuelle. Si l'Auvergne n'y prend garde, c'en
est fait de son avenir hippique. Qu'elle revienne sur ses pas,
et fouille dans les archives de sa race ; elle y trouvera les
noms qu'elle a chantés, les illustrations dont elle s'est glo-
rifiée. Eh bien ! qu'elle en étudie les généalogies, elle verra
que, chez elle comme en Limousin, les chevaux dont le souvenir est resté avaient tous ou presque tous du sang anglais
dans les veines. Et la chose n'est pas précisément d'hier,
elle remonte à l'administration du prince de Lambesc, marquée en traces ineffaçables par des succès que nul n'a jamais
contestés. Puisque vous tenez tant aux traditions, messieurs
d'Auvergne, attachez-vous à celles qui vous ont donné honneur et profit.

## X.

Circonscription du dépôt d'étalons de Saintes. — Population chevaline
de la contrée dans les temps antérieurs. — Éléments de reproduction sous l'ancienne administration. — Dépôt d'étalons de Saint-
Jean-d'Angély. — Son établissement et sa suppression. — Création
du dépôt de Saintes, — ses premiers résultats. — Les marais de la
Charente, — influence du sang sur leur population chevaline. —
Existence du cheval dans les marais. — Population des autres parties de la circonscription. — Portrait de la race de Rochefort au centre du marais et dans son état d'amélioration actuelle. — Statistique
comparée. — Mules et mulets, espèce asine.

Les deux Charentes, moins l'arrondissement de la Rochelle, formé de l'Aunis, ont été réunies, en 1850, dans une
circonscription distincte, celle du nouveau dépôt de Saintes,

construit aux frais de la ville, aidée par le département de la Charente-Inférieure.

En entrant sur le territoire de ce dépôt, nous entamons une autre grande division du pays, celle de l'ouest, dont la population chevaline est si intéressante par le nombre et la variété, par la place qu'elle occupe dans la satisfaction des besoins généraux.

Nous nous trouvons ici dans l'Angoumois et la Saintonge. La transition est ménagée quand on pénètre par l'Est de la Charente. En effet, toute la partie comprise entre Confolens et la Rochefoucault, sur la lisière de la Haute-Vienne, offre l'aspect du Limousin que nous avons parcouru avant de nous rendre en Auvergne. Par tout ce que l'on voit, on se croirait encore dans l'autre province ; la nature du sol, les productions végétales et les animaux la rappellent également. Ici donc c'est le cheval aux petites proportions ; mais, comme il n'a pas été l'objet d'attentions propres à le développer, il se produit plus chétif que puissant : tout lui fait défaut, la nourriture aussi bien que les autres éléments d'amélioration. L'Angoumois et la Saintonge valent mieux et offrent plus de ressources.

Toutefois aucune de ces localités n'a de point d'appui dans le passé. Rien dans les auteurs ne les signale comme ayant possédé une race. Huzard père, les confondant avec le Poitou, la Vendée et l'Anjou, constate qu'elles « fournissaient de bons chevaux pour tous les usages, mais qu'ils en sortaient ordinairement avant trois ans. » On les transportait en d'autres provinces où se complétait l'élevage.

On sent tout de suite qu'on est en face d'une autre espèce, d'un genre de chevaux qu'on utilisait à des services modestes. Il ne s'agit plus de ces destinations brillantes qui illustraient une race après en avoir provoqué la culture soigneuse, intelligente et savante.

Aussi personne ne se plaint de la dégénération, de la disparition de ces races. Elles remplissaient pourtant un rôle, des fonctions considérables; elles avaient une utilité réelle. D'où vient donc qu'on n'en parle pas? serait-ce qu'au lieu de s'éteindre elles ont gagné, gagné en importance et en mérite? Peut-être, car les besoins sont allés à elles quand ils se retiraient de celles qui ont rempli le monde de leur renommée.

Tout ce que l'on sait donc, c'est que ces contrées possédaient une population chevaline d'un certain mérite. Nos recherches nous permettent d'ajouter quelque chose à cette simple énonciation et de mieux fixer l'opinion sur le passé.

Antérieurement à la suppression des haras, en 1790, la généralité de la Rochelle possédait une espèce de chevaux de quelque valeur. Sans avoir jamais été comptée parmi les belles races françaises, elle avait un renom de solidité et de force qui la faisait rechercher avec un certain empressement. Elle devait ses qualités à l'influence des étalons royaux et approuvés, qui étaient au nombre de 87 dans la province. La plupart de ceux-ci appartenaient au type carrossier; il y avait quelques chevaux de selle et des reproducteurs propres à renouveler et entretenir la jument mulassière. Bien que la population chevaline fût moins pressée qu'elle ne l'est aujourd'hui, les 87 étalons royaux et approuvés ne suffisaient pas à tous les besoins, et l'on se plaignait, tout comme à présent, d'être forcé d'employer à la serte des poulinières des entiers sans mérite ou nuisibles, ou bien encore des poulains de deux à trois ans complétement incapables d'améliorer l'espèce. Sous ce rapport, les choses n'ont pas changé. A l'époque actuelle on tire meilleur parti des étalons, dont on développe plus et mieux les facultés prolifiques; mais l'accroissement du nombre impose une pareille nécessité d'admettre au renouvellement de la population des sujets trop jeunes, défectueux ou tarés, qu'il faudrait pouvoir, au contraire, repousser comme le poison.

Mais qu'il y a loin de cette insuffisance à l'absence de tous éléments d'amélioration. L'expérience en a été faite, et l'on sait quels dommages le décret de suppression des haras a causés à la province. Tous les étalons de quelque valeur ont disparu. Les réquisitions ont enlevé toutes les juments valides ; il n'est resté aux mains des cultivateurs que des animaux impropres aux divers services de l'armée, soit par défaut de taille, soit surtout par leur mauvaise conformation. Or les officiers préposés aux remontes n'avaient pas, dans ce temps-là, les exigences qu'on a de nos jours ; on n'y regardait pas de si près. Bien des chevaux sont revenus de nos grandes guerres avec les débris de nos armées et ont vieilli dans les rangs, qui ne seraient point acceptés aujourd'hui. Ce sont eux pourtant qui ont fait, au dehors et au dedans, la réputation des races françaises.

Quoi qu'il en soit, la situation que nous venons d'accuser a pesé sur l'agriculture pendant dix-huit ans, de 1790 à 1806. Il n'en fallait pas tant pour détruire les résultats accumulés de près de trois quarts de siècle pour mettre à néant tous les efforts et tous les sacrifices supportés par l'État de 1717 à 1789. Les bons éléments et les bons errements n'existaient donc plus à la restauration des haras, et l'administration nouvelle ne trouva que des ruines quand elle reprit l'œuvre d'amélioration brusquement interrompue en 1790.

De sérieuses difficultés se présentèrent alors. Où retrouver les étalons capables nécessaires à la contrée ? Ils n'existaient nulle part qu'en Angleterre. Or nous n'avions, à cette époque, aucune relation avec la Grande-Bretagne. Quand il s'est agi de peupler les établissements créés dans le midi de la France, on a trouvé quelques étalons orientaux, et les restes des vieilles races limousine, auvergnate et navarrine ; mais ici, dans la province où nous pénétrons, il n'y avait rien, pas un reproducteur vaille que vaille. On fit selon ce dicton : — A la guerre comme à la guerre, et l'on recueillit de toutes parts des chevaux de toutes sortes, des individualités les moins mauvaises possible, pour improviser un effectif tel quel au dépôt de Saint-Jean-d'Angély, ouvert en 1807 et fermé en 1853.

Cette période n'a pas donné, au point de vue de l'avancement de la population locale, des résultats très-brillants. Nous venons de dire les causes de ce peu de succès. Pourtant ce mélange d'étalons de toutes races, — orientaux, espagnols, navarrins, limousins, normands du Merlerault, du Cotentin et de la plaine de Caen, bretons, picards, poitevins et du pays même, — car il y avait de tout cela, — a merveilleusement préparé les voies à l'influence que devaient prendre les successeurs, du jour où serait possible l'adoption d'un système d'amélioration rationnel. L'existence du dépôt de Saint-Jean-d'Angély a donc eu cette utilité d'empêcher que l'espèce indigène, se reproduisant exclusivement sur elle-même, ne se fortifiât dans les vices qui lui étaient propres. Ces étalons divers n'ont amélioré aucune partie, ils n'ont déposé dans le sang aucun germe satisfaisant; mais ils n'ont pas permis à l'indigénat de s'instituer et de se constituer. Ils ont divisé les forces, et favorisé de la sorte la bonne influence des reproducteurs de demi-sang anglo-normands, qui les ont remplacés à partir de 1854.

Les dépôts de St.-Maixent et de Napoléon-Vendée ont successivement desservi la Charente-Inférieure après la suppression de St.-Jean-d'Angély. Le département de la Charente avait été donné au haras de Pompadour. Le système de reproduction appliqué, nous venons de l'indiquer; il était simple, raisonné, facile, du moment où l'étalon améliorateur avait pu être produit et se montrait capable.

Voyons donc où nous en sommes en 1850, première année de fonctionnement du dépôt de Saintes, après avoir constaté les chiffres de l'effectif et le nombre des saillies pour cette même année.

| | | | |
|---|---|---|---|
| 4 étalons de pur sang arabe......... | 72 juments, moyenne | 18 ; |
| 10 — légers de demi-sang angl.-norm. | 402 — — | 40 ; |
| 4 — de pur sang anglais......... | 166 — — | 42 , |
| 33 — carrossiers de demi-sang anglo-n. | 1,716 — — | 52 ; |
| 1 — de pur sang anglo-arabe... ... | 60 — — | 60.. |
| 52 | 2,416 (1). | |

Ces chiffres sont tout un système; c'est de la science offerte et appliquée. Pour qui sait les interroger et les faire parler, leur insuffler la vie, ils sont un guide sûr, un enseignement qui ne saurait tromper. Quand l'administration des haras étudiait ainsi les faits, elle se mettait résolûment en face des résultats obtenus, elle les raisonnait avec certitude, et se trouvait d'autant mieux affermie dans sa marche que ses théories étaient plus complétement sanctionnées par l'expérience. Eh bien ! il est très-remarquable que les réclamations sorties de la plume et de la bouche de ceux qui n'ont jamais produit ou élevé un cheval tendent précisément à pousser l'administration dans la voie opposée à celle que recommandent la saine pratique et la bonne observation. Il y avait, je désire qu'il y ait toujours, parfait accord entre les haras et les pays de production ; les progrès si marqués des dernières années l'attestent d'une manière irrécusable. Il y avait discordance, au contraire, et il faut désirer qu'il en soit toujours ainsi, entre l'administration et ceux qui s'occupent d'industrie chevaline dans le cabinet exclusivement, ou bien seulement au point de vue de l'intérêt personnel. A qui l'État doit-il entendre? Pour nous, ceci n'a jamais été une question ; nous étions et nous serions resté invariablement avec l'agriculture : c'était notre rôle,

(1) De 1808 à 1812, le nombre des saillies avait été de 674 pour 32 étalons ; de 1828 à 1833, le chiffre des saillies s'élevait à 1,372 pour 47 étalons.

III.                                        24

c'était notre devoir; nous avions charge d'indépendance nationale, et nous ne l'avons jamais oublié un instant. Quant aux éleveurs, leur mission consiste à répondre aux exigences de l'époque, à remplir tous les besoins d'une civilisation active et pressée.

La composition actuelle de l'effectif est aussi complétement homogène que le permettent la nature du sol et les conditions dans lesquelles le cheval est produit et élevé dans cette partie de la France. Tous les reproducteurs offerts à l'industrie se tiennent par un principe commun, — le pur sang. C'est une cause de succès d'autant plus sûre, que le passé avait plus mêlé et confusionné les caractères et le sang de la population locale; celle-ci n'a donc opposé aucune résistance de race, et l'amélioration, quoique partie de très-bas, a pu s'élever avec promptitude et devenir plus tôt appréciable.

La bonne partie de cette circonscription, le centre de production le plus actif et le plus intéressant est, — dans la Charente-Inférieure, — ce que l'on nomme le marais, parcours immense qui occupe les arrondissements de Rochefort et de Marennes, et qui s'étend à plusieurs cantons des arrondissements de Saintes et de Jonzac.

Eu égard à la pauvreté de la population chevaline indigène au commencement de ce siècle, à la nature mêlée des étalons qu'il a été possible de placer sur ce point, eu égard aussi aux influences climatériques de la localité, lesquelles poussent à la prédominance du système lymphatique, il est évident que l'espèce locale doit être, est molle et loin du sang. Toutefois cette indolence tend à se corriger, au physique aussi bien qu'au moral, dans les caractères extérieurs et dans le développement des qualités qui ont leur source dans les forces mêmes de la vie. Ainsi l'ancien type, lourd et empâté, massif et lent, est déjà remplacé L'espèce actuelle est moins flegmatique que celle d'autrefois, plus

alerte, d'un naturel plus prompt, d'une conformation plus
légère et mieux accentuée ; elle est, bien plus que la précédente, appropriée aux exigences de l'époque, et, tout en se
transformant, elle a gardé la rusticité propre à la population
qui naît et se développe sur les marais de la Charente. Cette
qualité est le bénéfice du mode d'élevage qui lui est appliqué,
lequel est assurément fort simple. Ce qui le constitue, c'est
l'abandon et l'incurie, deux moyens peu favorables à l'entretien des races précieuses. Mais ils habituent à la dure, et
donnent la force de résister aux misères qui résultent d'une
existence libre et presque sauvage, à toutes les souffrances
qui attendent l'animal privé d'abri dans les gros temps, et
de nourriture dans la saison des neiges. Aussi le succès est
chose assez difficile. Le jeune sujet qui est né dans les car-
rés, c'est-à-dire sur la pâture, et qui ne quitte le lieu de sa
naissance que lorsqu'il doit être vendu, éprouve toutes les
alternatives des saisons ; tantôt il prospère, d'autres fois il
végète : le printemps lui est bon, mais l'hiver... « Dans tous
ces lieux, dit M. Ch. de Sourdeval, les chevaux ne sont pas
rentrés en hiver, aucun habitacle n'étant préparé pour les
recevoir, aucune nourriture pour les accueillir; ils maigris-
sent; ils sont poussés, par la rigueur de la saison, jusqu'aux
limites de la vie; à peine peuvent-ils se soutenir. Mais leurs
barbares éleveurs, loin de prendre souci de tant de maux,
semblent, au contraire, y applaudir; ils prétendent que les
chevaux qui souffrent le plus en hiver sont ceux qui ont le
plus d'aptitude à se réparer au printemps et à prendre
promptement une bonne figure pour la vente. »

Ce genre d'élevage commande nécessairement une grande
circonspection pour l'accouplement, ou plutôt pour le choix
de la race de l'étalon. Il ne faut s'avancer qu'avec mesure
vers le cheval de pur sang dont les produits, plus irritables
et plus susceptibles, résisteraient moins aux brusques variations du climat et soutiendraient moins aussi les privations

de nourriture que supporte mieux le produit moins éloigné de l'indigénat. — L'étalon de trois quarts sang et de demi-sang est donc appelé à rendre ici des services plus complets que l'étalon de pur sang. Ce dernier a néanmoins déjà donné d'utiles résultats ; mais on n'observe ceux-ci que chez les éducateurs progressifs, chez ceux qui n'érigent pas en système la parcimonie et l'abandon ; pour les autres, les trois quarts sang et les demi-sangs conviennent beaucoup mieux.

L'arrondissement de St.-Jean-d'Angély, la plus grande partie de ceux de Saintes et de Jonzac offrent une population chevaline toute différente. L'influence du marais n'est plus là pour développer les formes, pour donner, dans les bons mois de l'année, une alimentation succulente et riche. C'est un autre sol, d'autres cultures, d'autres nourritures et d'autres animaux. Toutefois c'est le cheval de trait qui domine dans l'arrondissement de St.-Jean-d'Angély.

Il en est ainsi de la plus grande étendue de la Charente, où deux causes, deux raisons principales se réunissent pour faire de la population chevaline un composé varié d'animaux de sangs mêlés. La première, c'est la diversité du sol, la nature changeante du terrain ; la seconde, c'est la variété des races dans lesquelles les importateurs puisent au hasard.

Cependant nous pouvons spécialiser davantage sans revenir sur ce que nous avons déjà dit de la partie toute limousine du département de la Charente.

L'arrondissement de Ruffec n'a aucune importance hippique ; inutile de nous y arrêter. Il n'en est pas de même de la portion méridionale de celui d'Angoulême, vers Gurat, non loin de la Dordogne. Les juments y sont développées, fortes et larges, et acceptent très-bien le croisement avec le pur sang anglais. Le point le plus arriéré est l'arrondissement de Barbezieux, où les Landes reparaissent et, avec elles, un abandon presque complet, une alimentation insuffisante et pauvre, et toutes ses conséquences. Dans l'arrondissement de Cognac, le cheval de trait commun domine.

En résumé, il y a, dans la circonscription du dépôt d'étalons de Saintes, d'une part, une population très-mêlée et, d'autre part, une espèce bien définie, celle qui se reproduit dans les marais et que l'on désigne dès à présent sous le nom de race de Rochefort. Nous avons dit plus haut quelles modifications la structure de cette race a subies dans ces derniers temps, mais nous ne l'avons point fait assez connaître. Voici les traits qui la distinguent quand on l'observe en plein marais : — tête grosse et lourde, mais droite, pure dans sa ligne ; la ganache est très-chargée, la nuque est déprimée, l'oreille mal plantée, l'œil petit, la bouche peu fendue, l'orifice des naseaux étroit. Ces caractères ne donnent pas une brillante physionomie au cheval qui la porte ; celui-ci a, de plus, l'encolure courte, grosse et charnue, le garrot bas, empâté, noyé, les épaules fortes, rondes et courtes, le poitrail large, les avant-bras courts et minces, le genou étroit, peu accusé, faible, le canon antérieur long, l'articulation du boulet très-commune, le sabot large et plat. Dans la ligne supérieure, le dos et le rein sont bas, longs, mal attachés ; la croupe est quelquefois ronde, d'autres fois elle est large, plate, avalée : dans ce cas, la queue est plantée bas, mal portée, disgracieuse. Les cuisses sont assez fournies ; les jarrets se présentent droits, minces et trop hauts par suite de la longueur des canons ; le reste du membre postérieur est grêle. Les extrémités sont garnies de longs poils ; l'allure est raccourcie, les mouvements sont mous ; la taille varie de 1 mètre 58 à 1 mètre 64 centimètres.

Voilà la jument de Rochefort que la civilisation n'a pas encore touchée. Il est facile de refaire, par la pensée, ce modèle défectueux et de l'élever au niveau des améliorations que le cheval de sang bien conformé apporte à ces caractères. Ainsi la tête s'allégit et prend de la physionomie par cela même; le cerveau se développe et l'oreille se place mieux; l'œil s'ouvre et prend de la vivacité; les naseaux s'élargissent, et cette plus grande ouverture de leur orifice correspond avec un système respiratoire plus complet et plus puissant. Dès lors l'appareil circulatoire se met à l'unisson, et voilà que la poitrine s'étend et s'abaisse, que la vitalité augmente, que tous les tissus prennent de l'énergie. L'encolure perd de sa masse et s'allonge, le garrot s'élève; la ligne du dessus se montre plus rigide, elle se raccourcit tandis que la croupe s'allonge et perd de sa déclivité; le port de la queue y gagne et ôte à l'animal ce trait commun qui blesse l'œil des moins connaisseurs. L'épaule se dégrossit et s'incline, l'avant-bras prend de la force et s'allonge, l'articulation du genou se développe et s'élargit, le canon antérieur se raccourcit, le reste du membre prend de la distinction et gagne du soutien. L'arrière-main conserve ses masses musculaires, qui se raffermissent; le jarret s'élargit et s'abaisse par suite du raccourcissement du canon, dont le volume et la densité augmentent; les mouvements sont plus allongés, la détente est plus vive; la taille n'éprouve aucun changement.

Telle se présente la race améliorée du marais de Rochefort. Elle naît aux services du luxe. On commence à lui demander des carrossiers, et ceux-ci ont fort bon air sous le harnais. Jusqu'ici tous ses produits d'élite allaient à la cavalerie de réserve; le nouveau débouché qui leur est ouvert sera un puissant véhicule au perfectionnement.

La science des croisements est ici d'une application très-facile; elle consiste à alterner judicieusement l'étalon de pur sang avec ses dérivés, à la condition que ces derniers soient toujours pris parmi des sujets réussis. L'anglo-normand bien choisi convient à merveille à la jument de Rochefort.

Dès qu'on s'écarte du centre des marais, où nous sommes allé prendre le modèle le plus fortement accentué de cette race, pour se rapprocher des parties plus élevées, on trouve des caractères très-modifiés. Le volume, la masse diminuent; la tête est moins forte, mais elle s'allonge, et parfois elle se montre légèrement busquée; l'oreille est moins négligée, mais trop longue; l'œil est moins petit, mais il paraît plus enfoncé dans l'orbite; les autres caractères sont en tout conformes au portrait que nous avons tracé de la race améliorée. L'influence de l'étalon de sang ne laisse ici que de bonnes traces; en donnant quelques soins à l'élève, on arriverait promptement aux résultats les plus satisfaisants.

Hors de la population du marais, ainsi que nous l'avons déjà constaté, il ne faut plus chercher d'homogénéité, d'uniformité parmi l'espèce locale, si ce n'est pourtant dans la petite île d'Oléron, qui possède une famille à part et qui semble avoir eu pour origine le cheval breton, dont elle offre encore les principaux traits. Cependant l'insuffisance du régime et le travail prématuré en ont fait une espèce chétive qui n'inspire aucun intérêt.

Dans le marais, la production du cheval est une industrie importante; c'est là qu'il est possible de l'entourer de bons soins et qu'il y a vraiment utilité à l'améliorer. Ce coin de la circonscription peut travailler avec avantage pour lui, autant que pour le pays tout entier, à la satisfaction d'une partie des besoins les plus pressés de la consommation générale. Du reste, les éleveurs n'attendent, pour développer l'élevage, qu'une chose, — c'est que l'État leur en donne les moyens. Les étalons manquent; les particuliers ne se les procureront jamais.

On se sent malheureux quand, les chiffres de la douane à la main, on voit que les différentes branches de la consommation empruntent encore des masses de chevaux si considérables à l'étranger. Cependant, si l'on se reporte à l'impuissance dans laquelle on laisse la production nationale faute d'étalons, on se prend à dire que le pays recueille

les fruits de son insouciance. Nous avons de riches pépinières, mais nous les laissons manquer de plants. Ce n'est pas
la science qui fait défaut à l'avancement de notre population
chevaline, ce sont les instruments d'amélioration.

Les recensements comparés de 1840 et 1850, dans cette
circonscription, présentent de notables différences à l'avantage de l'époque actuelle. Que serait-ce si les haras pouvaient soutenir cet élan et offrir non pas des moyens d'augmentation de nombre, mais des éléments de progrès en
suffisance? Voici les chiffres :

| | Chevaux de 4 ans et au-dessus. | Juments de 4 ans et au-dessus. | Poulains de 3 ans et au-dessous. | Total. |
|---|---|---|---|---|
| En 1840. | 15,925 | 23,207 | 4,162 | 43,294. |
| En 1850. | 13,571 | 28,754 | 7,369 | 49,694. |

Les 28,000 juments qui peuplent cette circonscription se
trouvent en présence de 52 étalons de quelque valeur ; c'est
moins de 1 pour 540 femelles.

Le nombre des mâles a diminué de 12.40 pour 100.

L'augmentation des femelles est de 23.90 pour 100, et
celle des produits de 77.05 pour 100.

Toute compensation établie, l'accroissement de la population, pendant ces dix ans, a été de 14.78 pour 100.

A côté de ce chiffre déjà considérable, il en est d'autres
qui font connaître la population de l'espèce hybride et asine :
celle-ci s'élève à plus de 20,000 têtes, dont les deux tiers
appartiennent au département de la Charente.

## XI.

Circonscription du dépôt d'étalons de Saint-Maixent. — Deux industries sont en présence, celle du cheval et celle du mulet. — Ressources offertes à la province par l'ancienne administration des haras.
— Population chevaline. — Importance de la production mulassière
et de l'élève des chevaux. — Système du laisser-faire. — Le cheval
de pur sang et de demi-sang;—quand il a été utile et quand il a nui.
— Étalons mulassiers. — La jument mulassière; — portrait. —
Dégénération de la race mulassière. — Race asine du Poitou;. —
portrait. — Supériorité de la mule du Poitou; — difficultés que
rencontre sa bonne production. — Nécessité d'entretenir des étalons mulassiers au dépôt de Saint-Maixent. — Utilité et commerce
de la mule. — Transformation de la population chevaline. — Le carrossier du Poitou.

Le dépôt d'étalons de Saint-Maixent dessert le haut et le
bas Poitou, c'est-à-dire les départements de la Vienne et des
Deux-Sèvres.

Nous voici dans une vaste fabrique, dans un centre de
production qui a, de tout temps, déployé une immense activité. Le cheval et le mulet sont ici une source inépuisable,
une industrie de vieille date, qui a eu ses bons et ses mauvais jours, mais qui ne s'est jamais arrêtée. Étroitement liées
l'une à l'autre, la naissance et la première éducation de ces
animaux ont toujours marché de conserve suivant les lois
de développement imposées par la nature et l'étendue des
besoins à satisfaire.

La province du Poitou, dans laquelle on a taillé encore
le département de la Vendée, était, sous l'ancien régime,
d'un très-bon rapport pour le roi. Le produit de la mulasse
seul payait le quart des impositions levées sur la contrée;
mais la récolte de ces richesses était sagement préparée et
favorisée. On n'abandonnait point à elle-même cette terre
féconde; on lui donnait tous les éléments de production
nécessaires. En 1789, par exemple, elle possédait 188 éta-

lons royaux ou approuvés : — 15 vivaient dans un dépôt entretenu aux frais de l'administration des haras ; — 99 achetés des deniers du trésor avaient pu être confiés à des gardes et portaient à 114 le nombre des reproducteurs directement fournis par l'Etat ; 74 seulement appartenaient à des particuliers. Il y avait encore, dans la partie du pays qui retenait le nom de Gatine, quatre haras privés assez considérables, et d'où sortaient, a dit Huzard père, d'excellents chevaux de chasse, dont la race a disparu sous les ruines des haras en 1790.

Les étalons, dont l'ancienne administration avait peuplé le Poitou, provenaient en grand nombre des races carrossières normandes ; beaucoup aussi étaient nés en Angleterre ; quelques autres appartenaient à la race danoise. Le but de ces croisements était de produire des chevaux d'armes puissants, moins lourds que ceux de l'espèce locale, plus énergiques et moins lymphatiques, d'une structure plus appropriée au service de la selle que les produits de la grosse et molle jument des marais poitevins. Les résultats ont répondu aux espérances. Le volume et la lourdeur ont fait place à une certaine élégance ; mais, en resserrant tous ces tissus lâches et flasques, le sang, paraît-il, aurait agi avec une intensité si forte, que les éleveurs auraient regretté la pratique du croisement. Leurs produits étaient d'une tournure plus agréable, mais ils leur plaisaient moins. Ils les croyaient moins forts, parce qu'ils offraient moins de masse. Les premiers résultats de l'emploi du cheval de sang inspirent les mêmes craintes partout où l'alliance a pour base des femelles de pareil acabit, une race indolente, abreuvée de lymphe.

A l'époque actuelle, le Poitou n'a rien perdu de son activité comme pays de production. Loin de là ; il est bien positif que la population chevaline s'est accrue dans les départements de la Vienne et des Deux-Sèvres. Il faut en faire immédiatement la preuve.

En 1825, le nombre des existences en chevaux était de 42,313;
En 1840, le nouveau recensement en a compté....... 61,105;
En 1850, la statistique a donné un total de.......... 64,090.

Le chiffre des juments seul est de 47,700; celui des produits s'élève à 9,500 environ : le nombre des chevaux de
quatre ans et au-dessus ne comprend pas 7,000 têtes. La
plus grande partie des forces vives de la population est donc
appliquée à sa multiplication. Le fait ressortira mieux encore
si nous ajoutons que les produits quittent presque tous la
contrée entre deux ans et deux ans et demi.

Mais la production du cheval n'est ici qu'un côté de la
question. L'industrie du mulet, bien autrement active, occupe plus de 25,000 juments tous les ans. Quelles ressources et quelle fécondité !

La circonscription du dépôt d'étalons de Saint-Maixent
n'est aussi limitée que depuis 1846. Avant cette époque, elle
s'étendait, en outre, aux territoires des nouveaux dépôts de
Saintes et de Napoléon-Vendée. Celui-ci a été ouvert en
1846, l'autre seulement en 1850. Leur effectif composé
fournit à ces diverses contrées 157 étalons nationaux et une
vingtaine d'approuvés. L'industrie productrice, beaucoup
plus développée que sous l'ancienne administration, n'a
donc qu'à grand'peine, aujourd'hui, des ressources équiva-
lentes à celles qu'on mettait autrefois à sa portée; mais l'importance de celles que nous comptons en 1850 ne date pas
de loin, elle est toute récente au contraire, ainsi que le démontrent les moyennes suivantes, relevées de cinq en cinq
ans, à partir de 1851 :

| | Nombre des étalons. | Nombre des saillies. | Moyenne par tête. |
|---|---|---|---|
| De 1831 à 1835. . | 59 | 1,766 | 30; |
| De 1836 à 1840. . | 57 | 1,887 | 33; |
| De 1841 à 1845. . | 77 | 4,052 | 53; |
| De 1846 à 1850. . | 126 | 7,258 | 58. |

Voilà une réponse très-catégorique à ceux qui vont disant : l'intervention des haras dans l'industrie chevaline étouffe les efforts des particuliers. Si on émancipait leur industrie, le développement de la population serait immense, il croîtrait en raison inverse de l'action directe de l'État.

Les chiffres officiels accusent des faits bien différents. Plus puissante et plus réelle a été l'intervention administrative, et plus efficace elle s'est montrée ; plus nombreux, mieux assurés et plus appréciables ont été les résultats. Il faut être un bien savant économiste pour ne pas voir ces choses. Question de bonne foi réservée, ce qui est difficile à comprendre, ce n'est pas ce qui est arrivé et ce que nous venons de constater, mais les propositions étranges des partisans du laisser-faire.

Comme avant 1789, c'est l'étalon né en Normandie ou en Angleterre qui est en possession de la jument livrée à la production améliorée du cheval ; seulement il est bien plus avancé aujourd'hui dans le sang qu'il ne l'était alors. Le pur sang même a eu ses représentants, et leur recherche par les éleveurs, dans ces vingt dernières années, offre ce résultat très-remarquable qu'ils commencent, en 1831, par une moyenne de 12 saillies par tête, et arrivent successivement, en 1850, au chiffre très-élevé de 60 juments chacun. Si les produits de l'étalon de pur sang n'avaient pas répondu à l'attente de l'éleveur, celui-ci ne l'aurait pas employé d'une manière aussi large. La moyenne des étalons de demi-sang, dans la même année, n'a été que de 55, mais ce nombre lui-même est un succès complet et témoigne haut en faveur du principe d'où il découle.

Cela n'a point empêché qu'on lui ait fait la guerre. La même influence s'est reproduite. C'est toujours un effet trop marqué tout d'abord, une perturbation brusque et profonde dans les caractères extérieurs, une apparence de légèreté qui semblait menacer la race indigène dans ses aptitudes en lui ôtant du poids, et ce qu'en langage vulgaire on nomme très-improprement de la force. Le croisement, ou plutôt le métissage, donnait pourtant une plus grande énergie, il imprimait à toute la machine une vitalité nouvelle ; mais en rendant les tissus plus denses, en ôtant du commun il affinait les produits, et ceux-ci apparaissaient plus minces et plus légers. On s'est plaint, avec beaucoup de vivacité, de ce résultat, et l'on a blâmé l'usage des étalons de sang avec d'autant plus d'amertume qu'ils ne convenaient aucunement à la reproduction de la race spéciale au pays connue sous le nom de mulassière. Et, en effet, cette race est aux antipodes du cheval de sang. Mieux elle est appropriée à la mulasse, et moins il faut la livrer au cheval qui a déjà du sang noble dans les veines. Celui-ci ne donne pas la mulassière, il la transforme, et ses filles ne produisent pas des mulets égaux en valeur à ceux qui sortent de la vraie mulassière.

Mais, à son tour, cette dernière n'est pas apte à produire les chevaux de l'époque actuelle, ceux que réclament les services divers. Ceux-ci naissent préférables, naissent bons du métissage du cheval de pur sang, de demi-sang et de la jument poitevine autre que la mulassière.

La question est restée pendante entre ces deux industries distinctes, — production du mulet et production du cheval amélioré. Les éleveurs qui voulaient s'en tenir à la première ont très-certainement gâté la jument qu'ils ont livrée à l'étalon de sang ; les autres, au contraire, ont fait une opération profitable.

En dernière analyse, tout se réduisait à un fait, — placer au dépôt d'étalons de Saint-Maixent, à côté des étalons de sang destinés à la production de chevaux de service, des étalons de race mulassière exclusivement destinés à la conservation de cette dernière. C'était une lacune à remplir, un vide qui s'était fait dans l'industrie privée, impuissante à soutenir par elle-même cette race précieuse pour sa spécialité, et dont on ne retrouvait plus aucun spécimen de quelque valeur.

En se rendant au vœu le plus cher du pays, l'administration avait, dans ces derniers temps, fait cesser toutes les plaintes. L'envoi au dépôt de Saint-Maixent de quelques étalons mulassiers a été un grand service rendu à la contrée. L'existence de ces animaux parmi les autres, dont ils diffèrent si complétement, montre parfaitement d'ailleurs, et à ne pas s'y méprendre, que le cheval de sang n'est pas préposé au renouvellement de la jument mulassière, pensée absurde qu'on a longtemps prêtée aux haras, mais à la production de chevaux d'un tout autre ordre, et qui font l'objet d'une spéculation tout à fait indépendante de la mulasse tant qu'il ne conviendra pas de modifier le moule dans lequel se jette et se coule l'espèce hybride.

Quelle est donc cette jument, qu'on nomme mulassière, qu'il faut respecter et reproduire, sans la changer, sous peine de porter atteinte à l'une des sources les plus vives de la richesse en Poitou? Jacques Bujault, le célèbre cultivateur de Chalouë, en a donné le portrait accentué que voici :

La jument mulassière a la patte large, l'enfergeure courte, le talon bien sorti, beaucoup de poil au talon, l'os de la jambe gros, le jarret large et bas, la cuisse charnue, les hanches larges, le corps court, les flancs relevés, la côte longue, le ventre abattu, le devant bien ouvert, un petit ensellée, haute de 4 pieds 9 pouces à la chaîne.

Il faut donc une bête forte, trapue, écrasée. C'est la capacité du coffre, la largeur du bassin qui fait la belle mule. Une jument de 6 pouces produit une mule de 8 à 11.

On voit que la race mulassière est lourde, lente et sans aucun agrément, propre tout au plus à traîner un fardeau.

Cette bête est affreuse et lymphatique; elle donne des mules superbes et d'une constitution énergique. Imaginez une barrique, qui a le ventre gros, montée sur quatre soliveaux ; c'est la mulassière. Elle ne doit être bonne qu'à faire des mules. Il y en a qui veulent une jument bien figurée, c'est une sottise. D'autres achètent des juments à deux fins pour les vendre aux gens de cavalerie, de diligence, si elles ne prennent du baudet ; mauvaise manière de se monter, bonne façon de se ruiner.

La bête qui a le corps long ou l'échine de goret ne prend guère du baudet. La grande jument, celle qui est haute sur jambes ou qui a le corps mince, la côte courte, ou qui est efflanquée, tout ça ne vaut rien.....

Nous connaissons maintenant la vraie mulassière ; mais où est-elle et d'où vient-elle ? Autrefois, dit-on, on la trouvait dans les marais du bas Poitou ; elle y était belle, mais elle a dégénéré. En se transformant elle est devenue, à ce qu'on assure, bête légère, de cavalerie, de carrosse, de diligence, et ça ne vaut rien. Celle qu'on pêche aujourd'hui dans les marais a du poil autant que dix ours ; on la croit forte. Le poil tombe et la bête fond.

Les fortes races de France, reprend maître Jacques Bujault, du pays de Caux, de Flandre et de Picardie ne valent rien pour la mulasse. Aujourd'hui faut faire naître la jument chez nous, mais les étalons nous manquent ; cependant la bretonne ne prend pas mal avec le baudet. Elle laisse un peu à désirer dans la patte, le talon, le jarret et la hanche, mais elle a le corps court, la côte longue, le flanc relevé ; elle fait de petites mules, jolies, moulées et qui se vendent bien. Le moyen d'avoir de bonnes juments mulassières et qui produisent, c'est d'acheter de fortes bêtes bretonnes et de les mettre au cheval poitevin, de les livrer à l'étalon mulassier. Ça fait une race mêlée qui est excellente.

Tel est le dernier conseil du maître aux producteurs de mulets : — refaire la jument mulassière à peu près perdue, — car on ne retrouve plus ni le mâle ni la femelle de cette race.

Pourtant, dit un peu plus loin maître Jacques, il y a des étalons mulassiers par le monde ; il faut les chercher au loin, dans les pays où vont les poulains du marais, dans la Beauce et le Berry, parce qu'on les vend à un âge où l'on ne peut les juger encore.

Si l'on remonte à l'époque de la dégénération, puis de la disparition de cette race, on arrive à celle de la suppression des haras, laquelle a entraîné après elle l'affaiblissement de toutes les bonnes souches. Et cela se peut concevoir aisément, car le rôle de l'Etat a toujours consisté à fournir des reproducteurs d'élite ; or, parmi leurs fruits, l'industrie privée trouvait des étalons d'un mérite moindre, mais de valeur néanmoins. Quand ces pères de la race n'ont plus été achetés et entretenus au compte et par les soins de l'administration publique, les reproducteurs secondaires ont disparu, comme disparaît l'effet quand la cause a cessé d'exister. Mais ce n'est pas seulement le mâle capable qu'on ne retrouve plus, c'est aussi la bonne matrice qui devient rare et s'en va, faute d'être convenablement remplacée par ses filles, moins bonnes qu'elle-même.

Telle est l'histoire de la disparition de la race mulassière au centre d'une contrée si favorable pourtant à sa conservation. L'industrie privée n'a pas été suffisante à la maintenir, à plus forte raison serait-elle insuffisante à la rappeler. Aussi le plus pressant besoin à satisfaire ici, c'était l'entretien, par l'Etat, de quelques étalons capables de restaurer, de recréer la jument mulassière. Nous savons maintenant par quel moyen la faire naître en Poitou. La poulinière bretonne, bien choisie, la donnera par son alliance avec l'étalon mulassier ; elle sera donc le produit d'un croisement judicieux pratiqué au centre de la localité qui se prête le mieux à la formation d'une nouvelle souche. Mais la condition essentielle, n'est-ce pas que le père soit précisément de la race qu'il s'agit de refaire ? Là est la difficulté : où prendre le mulassier ? Il n'existe plus en Poitou, et vainement l'a-t-on cherché en Berry et en Beauce, où l'on supposait que se transportaient les migrations de poulains poitevins. Une fois éloignés, ceux-ci perdent, en grandissant, tous les caractères de la contrée dans laquelle ils sont nés; comment les y retrouverait-on mulassiers, puisqu'ils sortent de mères qui ne méritent plus, à vrai dire, cette qualification? Il a donc fallu, à défaut de sujets du type le plus prononcé, se contenter des animaux qui s'en rapprochaient le plus, et, chose bizarre, c'est en Angleterre, où l'on ne fait pas naître un mulet, que l'administration a rencontré, parmi les races de trait les plus communes, les reproducteurs mulassiers que l'éleveur poitevin estime le plus aujourd'hui.

Le dépôt de Saint-Maixent renferme, dans ce moment, quelques étalons propres à ramener, les influences locales aidant puissamment, l'ancienne race mulassière à sa période de force et de valeur.

Le Poitou a été plus heureux dans ses efforts pour conserver l'âne, ce précieux producteur du mulet. Il en possède une race à nulle autre pareille, complétement identifiée au milieu dans lequel elle vit, et tout à fait indigène à la contrée. On la croit importée d'Espagne; elle est originaire des pays chauds, de la Syrie et de la Palestine. Un régime particulier, des soins très-soutenus, la scrupuleuse attention qu'on a mise à éviter tout mélange avec un sang étranger en ont fait une race à part qui se reproduit et se maintient sans altération dans les caractères extérieurs, et sans déchéance quant aux qualités morales. C'est une sorte de pur sang authentique à la manière arabe. On ne fournit pas de parchemins, mais la tradition ne ment pas. Il y a, d'ailleurs, une grande force de conservation de la race inhérente à l'individu. Celui-ci n'a jamais eu qu'une seule destination, et tout converge vers elle, — la production du mulet. C'est là tout ce qu'on lui demande. Or, pour l'obtenir, on ne néglige ni peines, ni soins, ni dépenses; on ne lui refuse rien de ce qu'on sait lui être bon et nécessaire. Aucun sacrifice ne coûte ni à l'éleveur ni au chef d'atelier qui l'emploie. Tout autant que le cheval de pur sang, le baudet du Poitou a les tissus d'une grande finesse et d'une densité remarquable, l'orga-

III. 25

nisation riche, un système nerveux très-développé, une activité vitale immense ; il a les articulations larges et fortes, des
viscères puissants ; il offre la réunion des mérites qui forment l'apanage des races d'élite ; il a encore la sobriété et la
longévité, ces deux qualités fondamentales du pur sang.
Grognier en dépeint la race sous les traits suivants :

1° Taille de 4 pieds 6 à 10 pouces ; il en est de 5 pieds ;
tout le corps et les extrémités recouverts d'un poil de 6 à
7 pouces, tantôt droit, tantôt crépu, et variant du gris de
souris au noir foncé ; encolure dénuée de crins en partie ou
en totalité.

2° Tête fort grosse, même pour l'espèce, arcade temporale
saillante, oreilles garnies de longs poils, fournis, épais et ri-
dés, encolure forte, garrot peu développé.

3° Poitrail ouvert, épaules chargées, dos droit, côtes pla-
tes, croupe large, cuisses longues.

4° Jambes, jarrets, boulets aussi larges que ceux des chevaux de carrosse les plus étoffés ; sabots hauts de 1 pied, car
on ne les ferre jamais.

5° Naturel méchant et féroce, tandis que toutes les autres
races asines sont si douces et si pacifiques.

On les tient enchaînés dans une stalle exiguë, l'homme
qui les soigne ose seul en approcher. S'ils pouvaient se joindre, il en résulterait des combats à mort. On est quelquefois
obligé de faire entrer à reculons, dans leur stalle, les juments
qu'on leur destine. Bien différents des mâles des autres espèces, ceux-ci sont souvent plus dangereux après avoir sailli.
Ils peuvent féconder jusqu'à 200 juments par saison. Les
meilleurs valent de 5 à 8,000 fr. On a cru remarquer que les
plus robustes et les plus prolifiques étaient noirs, de teinte
foncée, avec le ventre et la face interne des cuisses blancs,
l'encolure touffue et les fanons épais.

On ne produit pas le mulet en Poitou comme on le produit dans les différentes parties de la France que nous avons
déjà parcourues. Il est ici l'objet d'une attention très-spéciale

et très-soutenue. La mule du Poitou, c'est la production de
Sèvres et des Gobelins ; elle a charge d'une grande réputation, et sur celle-ci reposent tous les avantages du commerce
de l'espèce. Toutes les manufactures de tapis et de porcelai-
nes vivent à l'ombre et sous la protection des types qui sortent des établissements nationaux chargés de maintenir l'art
à une grande élévation et de perfectionner le goût ; la production du mulet en Poitou, type supérieur du genre par la
convenance du modèle et la réunion des qualités, fait rechercher les mulets de France par tous les pays qui utilisent
les services de ces animaux. C'est le mérite de la mule poitevine qui fait la fortune de celles de nos contrées montagneuses du centre et de nos départements méridionaux.

Mais tout n'est pas profit dans une spéculation qui s'exerce
à cette hauteur : il y a ici bien des chances à courir. On ne
les connaît pas assez ; on ne sait pas assez ce qu'il en coûte
aux éleveurs de mulets en Poitou pour conserver à la France
le premier rang dans la production et le commerce de ce
produit. Aidons à répandre les notions que maître Jacques
Bujault a déposées, sur ce sujet, dans un mémoire très-remarquable ; car il y va tout simplement d'un intérêt général. Nous copions :

« Pour produire les autres animaux, on accouple le mâle
et la femelle ; pour produire la mule , c'est l'âne et la jument, deux espèces différentes. On obéit partout à la nature ;
là seulement on la contrarie.

« Cela montre à l'homme qui réfléchit qu'il y a des difficultés , des conditions de succès. Il y en a certainement ,
et bien des gens ne s'en doutent pas.

« Notre industrie agricole et commerciale est de produire des mules, et d'en produire depuis des siècles. A l'expérience nous avons encore ajouté mille essais.

« Tous nous confirment cette vérité : la jument poitevine
est celle qui emplit le mieux du baudet , et qui donne la
plus belle mule.

« Les fortes races de Flandre , de Picardie , du pays de Caux ne sont pas mulassières ; il en est ainsi des bêtes normandes. Pourquoi ? — On ne le sait pas.

« Pour qu'une jument produise des mules, il lui faut des dispositions occultes et inconnues. Ces dispositions se trouvent plus fréquemment dans les bêtes de *telle* conformation, de *telle* race et de *telle* taille. C'est tout ce qu'on a pu découvrir jusqu'à ce jour.

« Les grandes juments, celles qui ont de longues jambes ou le corps long, celles qui sont légères de corps ou qui ont le dos relevé sont généralement improductives. — Personne n'en connaît la cause.

« Cette bête sera-t-elle mulassière ? demandons-nous. — Sa conformation le ferait croire ; mais c'est un secret. Voilà tout ce qu'on peut répondre.

« Nous avons des familles de juments qui sont mulassières depuis cent ans ; d'autres qui ne donneraient pas une mule en deux siècles. D'où cela vient-il ?

« Arriver de Pontoise, crier : Je suis plus fin que tout le monde, et se mettre à l'œuvre pour détruire, c'est être imprudent et brouillon. — Plantez où vous voudrez la race d'Arabie et d'Angleterre ; croisez, faites ailleurs ce qu'il vous plaira ; mais ne touchez pas à la nôtre. Ce n'est pas de la jument qu'il s'agit chez nous , c'est de la mule. Ce mot dit tout.

« Vous dites : Voici un cheval de course, de guerre, de chasse, de trait, de carrosse , de diligence. Je vous entends, vous êtes savant. Mais le nôtre n'est rien de tout cela ; c'est le cheval mulassier, de l'antique race poitevine, une vieille spécialité . respectez cet animal.

« Les deux tiers de nos juments emplissent du baudet ; mais beaucoup avortent de deux à sept mois. La bête qui avorte deux années, sans accidents, avortera toute sa vie. Elle n'est pas *intérieurement* mulassière. — D'autres communiquent à leur fruit une maladie, la gourme de lait, le pissement de sang. On a beau saigner, rafraîchir, faire jeûner la mère ; souvent rien n'y fait. Toute bête qui laisse mourir n'est bonne à rien. — D'autres ne prennent pas sur le lait, et n'emplissent que de deux années une. Ce ne sont pas les plus mauvaises ; elles donnent de plus beaux fruits.

« Enfin les cinq sixièmes des juments qu'on donne au cheval sont productives, et il n'y a que les quatre neuvièmes de celles qu'on donne au baudet qui réussissent. Changez la race ; tout est perdu : nous n'aurons rien.

« Il faut nourrir, user, sans aucun travail, treize juments, pour avoir, chaque année, trois mules et trois mulets ; élever tous les ans une pouliche, et mettre deux juments au cheval, pour l'entretien du cheptel.

« Cela fait seize bêtes. Que de soins, de peines et d'attention elles exigent ! Aussi, quand il naît une mule, la joie est dans toute la famille. Pauvres gens que nous sommes ! Notre bonheur est dans des riens. Ah ! nous méritons qu'on nous entende et qu'on nous fasse justice. Mais on ne voit que les grands ; nous sommes petits : Dieu bénira ceux qui nous protégeront.

« Pourquoi n'élevez-vous pas de chevaux ? nous dit-on. Vous auriez plus de profit. — Que dites-vous là ? — Au lieu de produire 12,000 mules , le Poitou produirait 20,000 chevaux. Qu'en ferions-nous ? À peine pouvons-nous vendre, à bas prix, les mâles qui naissent au lieu de pouliches, pour l'entretien du cheptel mulassier.

« Quand nous mettons une bête au cheval, nous aimerions mieux qu'elle ne prît pas que d'avoir un mâle. Pourtant nous ne négligeons pas les petits profits : nous en vivons. »

Dans les autres parties de la France où l'on fait naître le mulet, on ne connaît aucune des difficultés, aucune des mauvaises chances qui se rencontrent dans la mère patrie. D'où vient cela? De ce qu'on y produit l'animal, vaille que vaille, pour remplir les vides qu'une production, forcément limitée en Poitou, laisse dans les besoins généraux. Mais que cette province cesse de produire avec le même soin, ou ne livre plus à l'exploitation que des animaux d'une qualité inférieure, et l'on verra bientôt décroître cette branche importante de notre commerce agricole. Le Midi et le Centre sont incapables à la soutenir, insuffisants à l'alimenter. Les fabriques de vin de Champagne de la Bourgogne et de l'Anjou ne feraient pas leurs frais si la Champagne cessait d'être; supprimez le vrai cognac et vous verrez ce qu'il adviendra de toutes les eaux-de-vie qui se placent à la faveur de ce nom. Et de même du mulet, né hors du Poitou; il n'est quelque chose dans la consommation extérieure et le commerce que par la mule si justement renommée de cette province. Or veut-on savoir en quelles proportions le premier figure dans le chiffre de nos exportations? On ne conteste pas celui de 12,000 têtes annuellement exportées du Poitou. Eh bien, de 1816 à 1835, dans une période de 20 ans par conséquent, il est sorti par nos frontières, en moyenne, 15,212 mules et mulets par an. Jusqu'à cette époque donc, les autres parties de la France produisaient peu au delà de leur propre consommation. Mais, de 1836 à 1850, ce nombre s'est notablement accru, et l'on arrive, pour ces quinze dernières années, à une moyenne de 16,784 têtes. La production ne paraît pas avoir augmenté en Poitou; nous aurions plutôt lieu de supposer qu'elle tend à se ralentir, et c'est pourquoi nous insistons autant sur ce fait, car il serait fatal pour notre commerce. Il en résulte que les contrées auxiliaires ont surtout profité de l'extension qu'a prise en France l'exportation de ces produits; mais il en ressort aussi cette conséquence : il ne faut pas laisser déchoir en Poitou la production du mulet.

Le baudet qui le donne ne semble réclamer aucuns soins en dehors de ceux qui perpétuent et conservent sa race; mais l'espèce mulassière réclame une intervention active, efficace. Nulle n'est plus facile à rappeler au type de sa spécialité. Ce type est tout entier dans les influences locales qu'il ne faut pas contrarier. L'industrie privée faisant défaut à l'élevage du mulassier, il faut le lui faire produire et l'élever pour elle, sous ses yeux, dans la localité même, et l'entretenir ensuite à l'état d'étalon dans les conditions les plus propres à la bonne reproduction de la jument de sa race. Ceci n'est point un petit intérêt; nous l'avons prouvé. Mais un autre, avant nous, l'avait tout comme nous reconnu. « Après les haras de Pompadour et du Pin, a dit maître Jacques, celui de Saint-Maixent est le plus utile et le mieux placé.

« L'empereur l'avait compris. Grand législateur, grand administrateur, cet homme comprenait tout. Au bas d'un rapport fait par M. Dupin (alors préfet des Deux-Sèvres), il écrivit : *Trente chevaux mulassiers à Saint-Maixent.* Il avait pourtant grand besoin de chevaux de cavalerie.

« On en plaça dix-sept. — Mais on prit de grands et forts chevaux de Picardie. — On crut bien faire, et on fit mal. — Cette race, trop forte pour la nôtre, fit des poulains haut montés et démanchés. Ce fut pour nous un grand malheur.

« Le croisement exige une main habile : on ne greffe point un chêne sur un brin d'herbe. — L'amélioration en dedans valait mieux; elle consiste à prendre ce qu'il y a de plus beau dans une race, et l'on ente franc sur franc.

« Il fallait la race poitevine, race lourde, pesante et de taille moyenne. Je le dirai toujours : c'est, dans la jument, la largeur des hanches, la grosseur du coffre, la capacité du bassin, le jarret, la patte et le poil du talon qui font la belle mule. Puis la bête doit être en rapport avec le sol, le fourrage et le pâturage : la nature est là, passant son cachet sur tout.

« Depuis, la pensée du grand homme a reposé dans sa tombe. »

Nous l'en avons exhumée, et nous aurions réussi à refaire,

à restaurer la jument mulassière qui, elle aussi, est la poule
aux œufs d'or. Viennent d'autres idées, elles ont amené
d'autres hommes. Espérons que ceux-ci étudieront les besoins et qu'ils sauront respecter ce qui est l'intérêt vrai, sérieux du pays.

C'est pour tous ceux qui ne connaissent pas cette industrie que Jacques Bujault a encore écrit ce passage :

« Savez-vous ce que c'est que la mule? un animal qu'il
faudrait créer, s'il était inconnu. — Connaissez-vous ce
commerce? Il est plus étendu qu'on ne pense. Je vais en
dire un mot, et vous jugerez.

« *De l'utilité de la mule.* — Admirable animal, dont la
place est marquée depuis des siècles! Le bœuf, pour les marais; le cheval, pour les plaines; le mulet, pour la montagne. — Sobre comme le chameau, il supporte la faim, la
soif, les privations avec une résignation courageuse. — Il
vit de peu, il aime les climats chauds et n'est jamais malade. — On en use, on en abuse, il a un cœur de fer et travaille toujours. — Robuste et vif, il a, dans tout son être,
une force musculaire incalculable; il porte des fardeaux, laboure, traîne rapidement ou lentement une voiture, gravit
ou descend une montagne, comme l'onagre du désert d'où
il nous vient.

« Animal malheureux ! on lui donne des défauts, on le
craint, on l'évite. — J'en conviens, la domesticité ne l'a
point vaincu, l'esclavage ne l'a point abâtardi; il est fier,
libre encore et même un peu sauvage; il porte toujours le
cachet de son indépendance originaire.

« Mais c'est de là que lui viennent sa force et son courage.
— Voulez-vous un animal de bronze, le voici. — Aucun
ne lui est comparable ; il les vaincra tous dans une longue
course et dans les longs travaux. Pourtant il sait obéir à son
maître : l'Andalou attelle six mules à son char et les conduit sans guide ; à sa voix, elles tournent, s'arrêtent ou se

précipitent. — Une mule de pas fait 40 lieues dans un jour avec une poignée d'orge, et recommence le lendemain.

« Que ferait le midi de l'Europe sans la mule ? Le bœuf est lent, consomme beaucoup, et la chaleur l'atterre. Dans le Midi, le cheval de l'ouest et du nord se couvre de sueur, s'amollit et s'énerve ; gravira-t-il ces montagnes, les descendra-t-il avec un lourd fardeau, il sera usé dans une année.

« *Du commerce des mules.* — Il naît autant de mules que de mulets. Le mâle est plus fort, mieux charpenté ; plus fier, il est aussi plus indocile. Cependant il vaut un quart de moins que la mule ; c'est que, dans les climats chauds, il exige plus de ménagements ; un travail excessif l'échauffe, il pisse le sang (maladie souvent mortelle). — C'est par cette raison qu'on en exporte peu dans les colonies.

« Le Poitou produit et le midi de la France élève. Nous partageons les bénéfices, et c'est le producteur qui gagne le moins.

« L'ancien Poitou fournit environ 12,000 bêtes ; il en vend les deux tiers à un an.

« Les départements de l'Isère et de la Drôme, l'ancien Dauphiné achètent une quantité considérable d'animaux de petite valeur, de 90 à 180 francs, terme moyen. — On jette ces bêtes, dès qu'elles arrivent, sur la montagne ; elles y restent nuit et jour, jusqu'à la saison des frimas ; elles grandissent beaucoup et n'engraissent pas. On les retire quand l'hiver commence, on les nourrit à l'étable pendant deux mois ; on en vend une partie pour l'Italie, et on distribue l'autre dans la contrée, pour les besoins du commerce et de l'agriculture.

« Que ferait ce pays sans le Poitou ? Produirait-il des mules, elles lui coûteraient le double. Nous sommes contents de voir ces marchands dans nos foires ; ils sont tout aussi contents de nous trouver. Si nous avons besoin d'eux, ils ont besoin de nous. Nous sommes réellement associés pour ce commerce, nous partageons les bénéfices de cette industrie.

« Il en est ainsi des départements de l'Hérault, du Tarn, du Gard, de l'Aveyron, où vont les meilleures bêtes.

« Les moyennes qualités sont achetées pour la Lozère, l'Ardèche, l'Aude, l'Ariége, les Pyrénées-Orientales, Tarn-et-Garonne, le Lot, la Haute-Loire. Enfin ces petits animaux se distribuent dans toutes les montagnes du Midi ; on les voit aussi dans les plaines. — On trouve partout la mule du Poitou.

« Les mules travaillent de dix-huit mois à deux ans ; elles gagnent leur vie ; on ne les épargne pas.

« Nous vendons l'autre tiers à deux, quatre et cinq ans, jamais à trois, rarement à six.

« L'Espagne en tire directement du Poitou 7 à 800 en bêtes légères de selle ou de voiture. — Les plus belles vont toujours dans l'Hérault, le Gard, le Tarn et l'Aveyron ; les autres se distribuent dans les départements que j'ai indiqués. — Mais le Dauphiné n'achète que des bêtes d'un an, quelques-unes de deux.

« L'Espagne s'approvisionne toute l'année dans le Midi ; elle consomme, avec l'Italie, pour trois millions de nos mules. Le chiffre des douanes est moindre ; mais il en passe beaucoup en contrebande.

« Nous expédions encore des mules de cinq ans dans les colonies. Nos armateurs perdent ce commerce ; ils traitent avec les fournisseurs à petit prix : ceux-ci veulent gagner, et l'on envoie des bêtes tarées.

« Ce débouché nous manquera. Depuis longtemps l'Amérique du Sud élève des mules, elle en exporte (Buenos-Ayres surtout). Ces bêtes ne valent pas encore les nôtres ; mais elles sont faites au climat des tropiques.

« Il faut, chaque année, au gouvernement 5,000 che-

vaux, à 600 francs pièce ; c'est trois millions. Le Poitou fait
entrer cette somme en France.

« On tire les bœufs de Suisse et d'Allemagne, des co-
chons du pays de Liége, des chevaux de la confédération.
Nous exportons seuls ces animaux. Qu'on juge maintenant
de l'importance de ce commerce.

« Le midi de la France élève quelques mules ; mais il ne
peut soutenir la concurrence avec le Poitou ni pour la qualité ni pour les prix. Nous vendons à la plus petite valeur
possible ; aucun pays ne peut rivaliser avec nous. Mais ce
qui maintient cette industrie, c'est que nous en partageons
les bénéfices avec le consommateur ; sans nous voir, sans
nous connaître, sans contrat ni convention, nous avons
formé la société la plus durable, parce qu'elle est fondée sur
des intérêts réciproques. — Rien de bien, rien de mal ne
se fera chez nous, sans que l'est et le midi de la France y
gagnent ou perdent. Attaquer cette industrie est une méprise, une erreur, une faute....., j'allais dire, un crime.

« Oui, le cheval est beau ; mais la mule est superbe. —
Pour moi, quand j'ai deux belles mules à ma charrue, j'ai
soixante ans de moins, et suis le paysan le plus glorieux de
la terre.

« D'où viennent à la mule du Poitou ces brillantes qualités ? du cheval poitevin, de cette race antique et sacrée, de
cette race spéciale, créée par le sol, améliorée par des soins
infinis, et qui vaut cent mille fois mieux que la race d'Arabie
qui porte le brigand du désert et ne laboure pas. — C'est
elle qu'on veut détruire ! »

Cette boutade ne s'est point adressée à notre administration. Loin de chercher à détruire la race mulassière, nous
voulions la rétablir, nous étions en marche ; nous serions
arrivé.

Toutefois l'intérêt très-réel et très-mérité que nous ac-
cordions à l'industrie mulassière ne nous avait pas détourné
de l'attention que réclamait aussi la production du cheval.

A côté de la jument originairement extraite des marais qui bordent la mer, le Poitou possède une autre nature de chevaux qui a beaucoup souffert de la suppression des haras (1) et dont le modèle rentre complétement dans les aptitudes du cheval de cavalerie, de ligne et de réserve. Ceux-ci ne forment pas précisément une race distincte ; ils proviennent tout à la fois de la jument mulassière modifiée, des poulinières importées de Bretagne et des étalons qui ont composé l'effectif du dépôt de Saint-Maixent. Ces derniers ont presque tous du sang anglais, mais à des degrés divers ; le plus grand nombre appartient néanmoins à la famille anglo-normande.

L'influence de ce croisement sur la jument poitevine est très-marquée. L'ancienne race, — si race il y avait, — a été allégie, elle est devenue moins commune ; elle a été fortifiée contre l'action débilitante de la nourriture et du climat, si active dans cette partie de la France.

Ce ne sont pas là des signes de dégénérescence, mais d'amélioration. Hâtons-nous de dire que les progrès obtenus sous la pression des haras ont été singulièrement favorisés par les changements survenus dans la climature, dans les qualités physiques du sol, dans les propriétés alimentaires des nourritures qui en sortent. Ainsi de grands travaux ont

(1) « Le Poitou offre de grandes ressources à l'élève chevaline : ses nombreux herbages et la variété de leur nature sont des éléments essentiels de fabrique du cheval, qu'il suffit de savoir employer avec discernement pour en tirer parti. Avant la révolution de 89, le Poitou fournissait un grand nombre de chevaux au commerce et à l'armée ; mais les guerres de la république et de l'empire eurent bientôt épuisé toutes ses ressources, car les réquisitions, en frappant indistinctement sur cette nombreuse population chevaline, n'épargnèrent pas même les poulinières, en sorte qu'elles la détruisirent dans le présent et dans l'avenir.

« ..... Aujourd'hui le Poitou est en voie de reprendre son ancienne réputation de pays d'élève. » (*Cours d'hippologie, par M. de Saint-Ange*, tome II.)

été faits pour assainir et dessécher les marais, on a facilité partout l'écoulement des eaux stagnantes, on a retenu dans des fossés larges et profonds les eaux qui couvraient les surfaces. Voilà donc l'atmosphère moins humide, les prairies moins mouillées, les nourritures plus saines et plus substantielles. Ces améliorations ont immédiatement réagi sur la structure du cheval dans le sens de son allégissement et de son anoblissement. Les pieds ont perdu leur caractère plat et évasé, le lin des extrémités s'est fait moins abondant, la peau est moins épaisse, dans son ensemble la conformation a gagné; les formes sont moins communes, il y a plus de fierté dans la pose, plus d'énergie dans l'action, plus de sécheresse dans les membres, plus de densité dans le système musculaire; le cheval de gros trait enfin, pour tout dire en un mot, est devenu carrossier et carrossier de mérite.

M. Ayrault en a tracé le portrait dans une étude fort bien faite et publiée par le *Journal de la Société d'agriculture des Deux-Sèvres* en janvier 1848.

« Le poitevin carrossier, dit-il, est de grande taille ; il a l'encolure bien montée ; la tête sèche, carrée ; la croupe ample, s'approchant de l'horizontalité ; la poitrine large ; les côtes arrondies ; les membres forts et plats ; les articulations larges ; les muscles bien développés, se dessinant sous la peau ; les allures libres et assurées. C'est le cheval de gros trait, ayant suivi les mêmes modifications que le sol sur lequel il est né. »

M. Ayrault ajoute : dégagez, en Poitou, la question chevaline de l'industrie mulassière, gardez-vous de nuire à celle-ci. Dès lors, toutes les difficultés s'effacent. « Croisez nos juments avec des carrossiers étrangers, ou de demi-sang ; notre pays convient à l'élève du cheval d'attelage, de luxe et de grosse cavalerie. Croisez-les, car nous sommes persuadé que le moyen le plus prompt d'améliorer les races est le croisement approprié, bien dirigé, quand à l'avance on s'est assuré que le produit à naître trouvera sur le sol tous les éléments propres à la réussite. »

Ce conseil donné après coup, c'est l'expérience qui l'a dicté. La théorie est bien sûre de ne pas s'égarer quand elle est fille de l'observation et de la pratique. Les faits ont sanctionné le système de croisement appliqué à la population chevaline du Poitou, plus forte, meilleure et plus nombreuse qu'elle n'a jamais été.

Rien donc à regretter ici de ce qui a été dit autrefois.

## XII.

Circonscription du dépôt d'étalons de Napoléon-Vendée. — Statistique de la population chevaline. — Composition de l'effectif du dépôt. — Le carrossier de la Rochelle. — Race barbâtre. — Population mêlée des marais du sud, — du Bocage, — et de la plaine. — Histoire de la reproduction du cheval dans les marais de l'ouest : — l'ancienne race était mulassière ; — comment elle a été transformée ; — ce qui est advenu pendant la période révolutionnaire ; — une nouvelle race se forme par l'influence d'un étalon de bonne souche ; — période de 1806 ; — Mercure ; — Éléphant ; — Phénix ; — la descendance d'Éléphant ; — les habitudes de production se modifient ; — la taille de la race s'abaisse ; — le pays et les haras en délicatesse ; — les étalons privés ; — le commerce change de direction ; — la race perd ; — retour aux haras ; — aversion pour le pur sang ; — triomphe du pur sang ; — Amadis, tête de race ; — théorie et pratique du croisement alternatif. — Portrait de la nouvelle race.

La circonscription de cet important dépôt est l'une de celles qui offrent le moins d'étendue ; elle comprend l'Aunis, qui a formé l'arrondissement de la Rochelle dans la Charente-Inférieure, le département de la Vendée qui appartient à l'ancien Poitou, et toute la partie de la Loire-Inférieure tenant à cette province et séparée de la Bretagne par le fleuve.

Bien que tout cela ne constitue pas un vaste territoire, nous allons nous trouver en face d'une production considérable et variée.

La population chevaline de la circonscription, d'après le recensement de 1850, est de 47,754 têtes; elle était de 45,118 en 1840. C'est une augmentation de 5.84 pour 100. Dans ce nombre, les juments de quatre ans et au-dessus comptent pour 31,734, et les produits de trois ans et au-dessous pour 9,500; les chevaux âgés de quatre ans et plus ne forment que le septième du tout.

La moyenne des étalons nationaux, de 1846 à 1850, s'est élevée à 87 têtes. Depuis peu, quelques mulassiers ont fait partie de l'effectif; le reste se compose exclusivement de chevaux de pur sang, de trois quarts de sang et de demi-sang. Parmi les reproducteurs de demi-sang, il en est plusieurs qui sont nés dans le pays; les autres viennent de Normandie. L'influence de ces derniers, répétée avec persévérance depuis nombre d'années déjà, a beaucoup rapproché la population chevaline d'une partie de cette circonscription de celles de l'Orne, du Calvados et de la Manche. Il y a, d'ailleurs, quelque analogie entre les influences locales, la manière d'élever et le genre d'alimentation.

Pour nous retrouver au milieu de la variété que nous avons déjà signalée, pour éviter la confusion, il est nécessaire d'étudier cette population sur chacun des points où elle présente des différences, où elle montre des caractères distincts.

Et d'abord l'Aunis, pour en finir avec la Charente-Inférieure. Cette petite province avait autrefois son foyer de production séparée. Elle peut être confondue sans inconvénient, aujourd'hui, avec la partie du territoire qui produit le carrossier et le cheval de grosse cavalerie; c'est le même modèle, ce sont les mêmes forces particulières, c'est le même mode de reproduction et d'élève. On trouve ici une population très-agglomérée et près de 7,000 juments de quatre ans et au-dessus.

Comme en Saintonge, les formes sont lâches, le tempérament est mou; cependant la race est foncièrement bonne et puissamment charpentée. Elle est commune, avec la tête lourde, l'encolure courte, le garrot noyé, le dos bas, le rein long et mal attaché, les membres un peu grêles, les articulations trop effacées, l'allure pesante et nonchalante. Le sang manque, l'énergie fait défaut, l'action vitale est lente dans cette longue machine, particulièrement abreuvée de lymphe.

Dans le département de la Vendée, il faut distinguer la plaine, le Bocage et le marais, lequel se divise lui-même en marais du sud et marais de l'ouest. Ce dernier se continue, au nord, par celui de Machecoul, situé sur la rive gauche de la Loire et compris dans le département de la Loire-Inférieure; deux petites îles enfin, celle de Noirmoutier et celle appelée Ile-Dieu, méritent encore une mention spéciale. Elles étaient peuplées d'une petite espèce de chevaux connue sous le nom de race de barbâtre. Par leur conformation et leur taille, les animaux de cette race faisaient de charmants petits poneys pleins de vigueur; ils avaient le pied sûr et ne manquaient pas d'une certaine vitesse; les membres étaient minces, mais forts dans les attaches; la crinière était longue et le front se perdait sous l'épaisseur du toupet; les extrémités étaient également très-garnies de poil. L'aspect général était plus sauvage que civilisé, mais un peu de toilette le relevait et donnait à la physionomie quelque gentillesse. Le cheval barbâtre avait le caractère doux; il devenait une agréable monture pour dames. Cette petite espèce a complétement disparu ou à peu près.

Dans les marais du sud, on trouve tout à la fois le cheval de trait, le cheval de réserve et le modèle recherché pour les armes légères. Le premier domine; les deux autres se présentent à peu près en forces égales et forment ensemble la moitié de la population.

Le cheval de trait est grand, étoffé, lourd et commun. Il se reproduit en dedans et change peu. On s'accorde à dire néanmoins que ses formes étaient meilleures et ses membres plus nets, il y a cinquante ou soixante ans.

Le cheval de réserve sort de l'étalon carrossier, qu'on dit

mulassier dans le pays. Il a de la taille et de la corpulence, les membres larges et assez ordinairement bien appuyés, les articulations puissantes, l'encolure sortie, la tête convenablement attachée, mais longue et pesante, le rein long, la ligne du dos basse, la côte courte. En général, la poitrine présente de belles dimensions. Un caractère très-remarquable est fourni par la longueur des poils épais et rudes qui forment le fanon, et que l'on désigne spécialement sous le nom de *moustache;* du reste, nature molle et lymphatique.

Quant au cheval de cavalerie légère, il n'offre, sur ce point, aucune particularité distincte. C'est sa taille et son volume qui font son aptitude, rien de plus.

Le Bocage ne montre pas, dans sa population chevaline, une plus grande uniformité que les marais du sud. Il nourrit des chevaux de trait dans la proportion d'un sur sept, des chevaux de ligne en plus grand nombre, — deux septièmes peut-être, et le reste en chevaux de troupes légères. La population totale est de 8,850 têtes environ.

Le cheval de cavalerie légère montre ici plus de sang et de distinction. On sait que l'étalon d'Orient a passé par là, et que son influence prolongée a rapproché cette petite tribu des familles dont l'origine est réputée arabe. La tête est hardie, expressive, attachée avec distinction; la poitrine est ample, le rein est soutenu, l'allure est franche et vive, mais la croupe manque de longueur et les hanches ne sont point assez écartées.

La plaine renferme 8,400 têtes de chevaux, et c'est encore la même variété. Ici, pourtant, la taille et le développement ne descendent point au-dessous du cheval de ligne. Le carrossier et le cheval de réserve vivent côte à côte avec le cheval plus lourd et plus commun exclusivement propre au trait. Ce dernier compte pour moitié, à peu près, dans la population. L'influence des haras ne s'est pas exercée sur ce point, plus particulièrement livré à la culture du mulet.

Nous abordons maintenant la partie la plus intéressante

III.                                                                 26

de la contrée, — les marais de l'ouest, plus connus sous le nom de marais de Saint-Gervais. L'histoire chevaline en a été faite, avec beaucoup de soin, par M. Ch. de Sourdeval, écrivain très-distingué et observateur consciencieux. Nos lecteurs gagneront à lire son petit mémoire, qui est un modèle du genre.

Le voici.

*« Histoire de la race chevaline de Saint-Gervais ou du marais occidental de la Vendée.*

« Le marais dont il s'agit s'étend, le long de la mer, depuis Saint-Gilles-sur-Vie jusqu'à Bourgneuf-en-Retz, sur une longueur de 40 kilomètres et une largeur moyenne de 10. Challans et Machecoul sont les deux points extrêmes de sa largeur. Saint-Gervais, situé sur un promontoire de schiste, qui le coupe presque en deux, en est le point central, et en était jadis le seul abordable. Aussi la foire considérable qui se tient en ce bourg, le 11 juin, a-t-elle toujours été prise pour l'expression populaire de l'espèce chevaline du pays, et a-t-elle donné le nom du lieu à toute la race.

« Un autre marais plus étendu occupe la rive méridionale du département, et se prolonge dans les Deux-Sèvres et la Charente-Inférieure. Il produit des chevaux à peu près analogues aux nôtres. Toutefois, pour mettre plus de précision dans ce récit et pour me renfermer dans des faits qui me soient bien connus, je ferai seulement l'histoire des chevaux de Saint-Gervais. Cette petite histoire forme un tout bien complet, une sorte de drame, ayant son point de départ bien simple et bien rustique, sa péripétie à travers des chances diverses de progrès et de malheurs, enfin un dénoûment assez brillant.

« On ne doit pas s'effrayer du nom de *marais* que porte ce pays. Ses pâturages, produits par une alluvion puissante et salés par le vent de mer, sont d'une aptitude merveilleuse pour développer le bétail. En effet, il ne s'agit pas ici de terres détrempées, ni d'herbes aqueuses de nature à donner un tempérament lymphatique, mais d'un gramen savoureux, en faveur duquel est tout résolu le problème de l'emploi du sel à la nourriture du bétail. Le sel, apporté sur l'aile des vents, imprègne ces généreux gazons en dépit de la douane, qui les entoure et qui les foule aux pieds. Le bétail se repaît ici de sel sans qu'on s'en mêle, et il en profite comme celui de Fribourg, à qui la main de l'homme prodigue ce bienfaisant minéral. Il est remarquable, en effet, que, dans le marais, ce sont les prés les plus salés qui engraissent le mieux le bétail et qui donnent les meilleurs chevaux. Les îles de Bouin et de Noirmoutier, qui sont les lieux les plus salins de la contrée, sont aussi ceux qui nourrissent le bétail avec le plus de séve et qui le font plus profiter avec une quantité donnée de fourrages.

« On peut dire que le cheval reçoit ici de la nature ce degré précis de volume et de force qui constitue le carrossier ou le cheval de grosse cavalerie. La nature, au contraire, n'y produit qu'imparfaitement le gros cheval de trait; elle ne lui donne ni assez de coffre ni assez de masse osseuse et musculaire, et réciproquement elle tend toujours à dépasser les proportions des chevaux petits, des chevaux très-fins que l'on y élève. Son vrai niveau, c'est le carrossier; elle le développe dans toute sa beauté, pourvu que la race acquise et les alliances s'y prêtent.

« Le marais paraît avoir produit le cheval de temps immémorial; mais il est surtout devenu apte au succès de cette industrie par les travaux d'assainissement qui furent faits, dans le siècle dernier, lorsque les deux étiers ou canaux du Perrier et de la Cahouette furent réparés et creusés de manière à étancher les eaux stagnantes.

« La race qui existait avant cette époque, et qui se maintint jusqu'à la révolution, était la race mulassière, cette excentricité poitevine dont émanaient les mules demandées et consommées par l'univers entier.

« .     .     .     .     .     .     .     .     .     .     .     .     .     .

« .     .     .     .     .     .     .     .     .     .     .     .     .     .

« Je me souviens d'avoir vu, pendant mon enfance, les derniers vestiges de cette race. J'ai toujours pensé qu'elle avait quelque rapport avec la grosse espèce bretonne, et probablement une origine commune. Et, en effet, les descriptions qu'en ont données maître Jacques Bujault et M. Morain du Paty s'adaptent assez bien à la race d'Armorique; mais, dans le marais, c'était une tribu dégénérée, amollie, avachie, portant en elle toutes les conséquences de l'émigration que jadis elle avait subie en passant du granit, sur lequel elle était née, dans la fange où elle avait été colonisée.

« Aussi, depuis que la mulassière poitevine a disparu, la grosse jument bretonne est-elle venue la remplacer sans désavantage bien avéré.

« Cette souche ne se renouvelait pas au hasard; elle avait ses étalons de choix, généralement approuvés par l'administration. J'ai en main une commission de garde-étalon, délivrée par l'intendant du Poitou à un propriétaire du pays, le 11 mai 1741, « pour un cheval sous poil noir âgé de quatre ans, taille de 5 pieds 1 pouce. »

« Telle était l'ancienne race tant regrettée de maître Bujault. « Elle était belle autrefois! s'écrie-t-il dans sa douleur, la v'là dégénérée; ce maudit haras de Saint-Maixent a tout gâté. »

« Elle a été *gâtée* par bien d'autres causes que le haras de Saint-Maixent, car, sans parler de la guerre qui, plus tard, l'anéantit presque en entier, on peut dire que cette race ne représentait que les produits grossiers d'un marais mal desséché. Les pouliches de deux à trois ans se vendaient fort peu cher à des marchands de la commune de la Caillère, près Fontenay, qui les distribuaient aux éleveurs de mulets du haut Poitou. Quant aux mâles, qui n'étaient pas même

comme leurs sœurs, *bons pour faire des mules*, il semble
qu'ils n'auraient dû être considérés que comme la paille,
comme le marc de cette récolte. Il en était tout autrement,
car ils se vendaient beaucoup plus avantageusement que les
femelles à des maquignons du Berry, qui les enlevaient pour
les vouer aux modestes carrières de l'agriculture et de la
poste.

« Ainsi on voit qu'à cette époque ce n'était pas comme
mulassière, mais comme race de trait bâtarde que l'espèce
chevaline profitait le plus aux éleveurs. Cela posé, il est évident que le moindre progrès devait effacer la spécialité mulassière, et c'est ce qui a eu lieu.

« Les commencements de cette métamorphose datent à
peu près de 1778, époque où les travaux d'assainissement
venaient d'être terminés. Le gouvernement, ayant fait alors
un nouvel effort en faveur des haras, envoya en Poitou une
trentaine d'étalons, qui furent d'abord réunis à Fontenay,
puis distribués chez divers particuliers offrant, par leur zèle
et leur fortune, les meilleures garanties de succès. Le marais
reçut pour sa part cinq ou six de ces étalons, qui furent répartis sur divers points de sa surface. L'État envoya aussi des
juments de choix réformées des écuries du roi et de quelque
autre service public. Ces bêtes étaient concédées à des éleveurs moyennant la première pouliche, qui elle-même était
ensuite donnée soit au propriétaire chez qui elle était née,
soit à tout autre, à la charge de la garder comme poulinière.
De si importantes avances ne furent pas perdues, elles tom-
baient sur un pays qui avait du ressort. Une race distinguée
sortit de là, et fut bientôt recherchée des herbagers de Normandie; leurs courtiers commencèrent à fréquenter la foire
de Saint-Gervais et celle qui se tenait à l'abbaye de la Lande-
en-Beauchêne, et qui a été transférée à Sallertaine depuis la
révolution. La race du pays se divisa alors en deux tribus.
On appela *chevaux normands* les chevaux de carrosse que
l'on forma pour les vendre aux Normands, et *chevaux berry-*

*chons* les chevaux de trait qu'on éleva pour les marchands du Berry.

« Telle était la situation chevaline, lorsque survinrent et la révolution et la guerre vendéenne; cette période désastreuse détruisit en grande partie les races d'animaux agricoles alors florissantes dans le marais. Le bétail à cornes, échappé de ses prairies parquées et vaguant sur toute la surface, fut traqué comme un troupeau de bêtes fauves; les poulinières, les poulains furent convertis instantanément en chevaux de guerre ou en bêtes de somme. Le marais fut particulièrement saccagé d'une manière horrible, en mars 1794, par la colonne infernale dirigée par le général en chef Thurreau; les maisons furent incendiées, les bosquets d'ormeaux et saules qui les entouraient rasés par le pied, le bétail enlevé, les populations poursuivies et massacrées : ce fut une affreuse *razzia* révolutionnaire...

« Un seul point eut le bonheur d'échapper à l'invasion républicaine, soit par oubli, soit parce qu'il parut trop inondé; ce fut le marais bas de la commune de Soullans. Les juments du lieu n'y furent pas inquiétées, et nombre de voisins s'empressèrent d'y amener celles qu'ils avaient pu sauver des terres envahies. Cet oubli providentiel sauva le seul noyau contenant le germe d'où devait renaître toute la race.

« Au sortir de la crise, en 1795, les habitants reconnurent comme ils le purent ce qui appartenait à chacun d'eux dans la horde confuse et épouvantée qui avait échappé aux ravages de la guerre. Une sorte de répartition se fit à l'amiable; mais un dixième, à peine, de l'ancienne richesse se retrouva; presque tous les animaux de choix avaient disparu.

« Un seul propriétaire-cultivateur, a-t-on dit, M. Mo-
« rain du Paty, de Sallertaine, avait été assez heureux pour
« conserver, dans une cahute de roseaux, un poulain ro-
« buste sorti des étalons du roi; il le livra à la reproduc-

— 407 —

« tion , et c'est à ce propriétaire que l'on doit l'espèce de
« chevaux du marais de Saint-Gervais sur laquelle les ha-
« ras du gouvernement ont pu travailler avec succès. Il faut
« convenir qu'il fut bien secondé par cet étalon , qui servait
« annuellement depuis 120 jusqu'à 130 juments. Il a été
« constaté que, une année qu'il servit 120 juments, il en na-
« quit 119 productions : heureux bienfait de la Providence
« pour un pays qui semblait toucher à sa destruction en-
« tière ! Cet étalon mourut , en 1818 , dans un âge très-
« avancé. »

« Je vis souvent, pendant mon enfance, chez mon grand-
oncle, auquel il appartenait, cet étalon providentiel, comme
on l'a qualifié si justement. C'était un cheval bai brun, puissamment corsé, près de terre, ayant de bons membres, de
bons pieds, une tête carrée et bien attachée, une encolure
forte ; il avait la *moustache* au talon. C'était un bon mulassier, mais avec des formes régulières, harmonieuses même ;
c'était par conséquent aussi un bon carrossier. Il était né en
1793, au moment même où s'engageait la lutte fatale ; il fut
élevé, non dans une cahute de roseaux, mais dans une écurie d'auberge à Challans. Il commença la monte, à peine âgé
de deux ans, au printemps de 1796, pendant la pacification
de la Jaunaie. Il fut le régénérateur de toute la race du marais. Nous devons faire remarquer que, pendant qu'il accomplit sa tâche immense, il ne reçut jamais d'autre nourriture
que l'herbe de sa prairie, à Bel-Air, près Sallertaine. Il eût
été difficile de trouver un meilleur type que ce cheval pour
réparer une souche privée de ses juments de tête, réduite à
des rebuts. Il transmit sa force et ses formes régulières à la
plupart des animaux qui naquirent de lui. Ceux-ci, élevés sur
des prairies veuves, en grande partie, de leur bétail accoutumé, prirent un développement qui aujourd'hui serait difficile à obtenir, vu la concurrence des bouches paissantes sur
une même surface. La souche chevaline se trouva reconsti-
tuée , en peu de temps, sur une base ample et forte. Plu-

sieurs étalons, fils de cet Adam solipède, s'élevèrent en diverses fermes et étendirent l'œuvre si heureusement commencée par leur père. La plupart acquirent une beauté remarquable, et lui vinrent glorieusement en aide. Dans une distribution de primes qui eut lieu sous l'empire, on éleva le vénérable patriarche au-dessus du concours, on lui décerna un prix d'honneur ; les prix numérotés furent ensuite répartis entre les plus beaux de ses descendants.

« Le marais se couvrit bientôt de chevaux qui laissèrent peu regretter la race que la guerre civile avait interrompue. Ces chevaux, au milieu de la pénurie générale où se trouvait la France, attirèrent l'attention du commerce et du gouvernement. Les marchands de Normandie affluèrent plus que jamais sur nos marchés, et payèrent, sous l'empire, nos poulains de deux ans 6 ou 700 francs, comme ils le font aujourd'hui. L'un d'eux acheta, dit-on, vers 1818, à la foire de Sallertaine, huit chevaux bai brun, bien appareillés, qui formèrent, plus tard, un attelage dans les écuries de l'empereur. Ces huit chevaux devaient être tous les fils ou les petits-fils de l'étalon que nous venons de mentionner.

« Les haras de l'État ayant été réorganisés par un décret impérial du 4 juillet 1806, le marais se trouva compris dans la circonscription du dépôt d'étalons de Saint-Maixent, à l'exception de son extrémité septentrionale, située dans la Loire-Inférieure, qui dépendait du dépôt d'Angers et fut desservie par la station de Machecoul.

« Dans les marais de l'Ouest, les deux premiers étalons que l'on vit furent *Nessus* et *Séduisant*, qui vinrent vers 1808, en station à Saint-Gervais ; c'étaient deux normands très-brillants suivant les idées de l'époque. Ils étaient de cette étoffe moyenne qui convient au carrosse et à la selle. *Séduisant* surtout ravit les suffrages des connaisseurs ; mais, éphémère comme son nom, il s'éloigna dès que la première saison fut passée, et ne revint plus ; *Nessus* était vieux et ne reparut que peu d'années. *Mercure*, qui succéda à *Séduisant,* nous fut plus fidèle ; il nous a laissé de lui un long et bon souvenir. C'était un cheval, à la fois, de prestige et de fond ; il était bai doré, avec des nuances rembrunies et veloutées sur les reins ; trois balzanes, d'un blanc pur, détachées sur ses membres noirs, semblaient chausser d'un tissu soyeux ses pieds élégants ; ses formes étaient rondes et moelleuses ; son encolure rouée était terminée par une tête courte et légère, qui malheureusement était busquée. A sa tête près, qui alors n'était pas reprochée, c'était un cheval remarquable par la beauté de ses proportions, fortes et fines à la fois, par sa physionomie et son ardeur, et surtout par ses succès comme reproducteur. Il fit la monte à Saint-Gervais, de 1810 à 1822. Ses suites acquirent une grande faveur sur le marché ; elles furent achetées à l'envi par les Normands et par les amateurs de Nantes et du Bocage, qui trouvaient en elles de bons coursiers pour la chasse, d'élégants chevaux de promenade et de voiture. Toutefois il importe de faire remarquer que la postérité de *Mercure* ne s'inséra presque pas dans la race du pays ; ses poulains furent tous vendus et exportés, et peu de ses pouliches furent consacrées à la reproduction, parce que, d'une part, on les trouvait un peu trop fines pour cet emploi, et que, de l'autre, on ne renouvelait pas alors les poulinières avant les dernières marques de la dentition comme on le fait aujourd'hui : on les gardait jusqu'à l'extrême vieillesse. L'étalon de M. du Paty et ses fils restèrent, par excellence, les reproducteurs de la race que l'instinct de l'éleveur cherchait à maintenir dans une forte condition d'étoffe. On n'usait de *Mercure* que pour en tirer des individus qui se vendaient fort cher à l'extérieur de la contrée.

« Il n'en fut pas ainsi, malheureusement, d'un autre étalon qui, vers 1817, vint se ranger à côté du brillant destrier, et qui, à raison de l'ampleur de ses formes, de la puissance et de la régularité de ses membres, acquit une immense popularité, non pas, comme *Mercure*, pour la

seule vente de ses produits, mais bien plutôt pour le renouvellement de la race. *Éléphant*, — ainsi se nommait ce cheval, — doit être considéré, au point de vue de la régénération, comme le successeur direct de l'étalon si influent de
M. du Paty. Ce dernier cheval avait été le père de tous les
étalons particuliers qui firent la monte, dans le marais, de
1800 à 1820. A partir de cette dernière époque, tous les
étalons furent fils d'*Éléphant*, et la plupart des poulinières
furent également choisies parmi ses filles. *Éléphant* était un
normand bai-brun miroité, de la plus haute et de la plus
puissante stature ; par sa masse, c'était un diligencier ; par
l'élégance générale de ses formes, par la majesté et la facilité de ses mouvements, c'était un carrossier magnifique.
Comme individu, il aurait pu faire honneur aux voitures du
roi ; comme étalon, il a causé un grand préjudice à notre
race, et l'a engagée dans une fausse voie, à raison de deux
défauts qu'il avait, et qui alors étaient presque des titres
pour sa vogue : il avait le rein trop long et la tête arrondie
au chanfrein comme un segment de cercle. Au-dessus des
arcades ciliaires, deux protubérances armaient son front,
sinon de cornes menaçantes, au moins de rudiments peu
gracieux, qui le rapprochaient, autant que sa masse, de
cette famille de proboscidiens dont il empruntait le nom.

« L'engouement pour ce cheval devint tel, sur la recommandation des maquignons normands, qui le vantèrent
outre mesure, et qui firent valoir ses suites à très-haut
prix, qu'on ne rêva plus que des têtes busquées, mouton-
nées, et qu'en peu d'années, son extrême fécondité aidant,
il résuma en lui seul toute la race, qui fut repétrie de son
sang et modelée à son image. La tête busquée, auparavant
inconnue dans le marais, s'y fixa comme un trait fatal, s'y
propagea avec la rapidité de ces plantes malfaisantes que le
soc de la charrue ne suffit plus à détruire. D'une renais-
sance plus soudaine et plus multipliée que celle de l'hydre
de la Fable, la tête d'*Éléphant* rejaillit de toutes parts, et alla,

comme par l'effet d'un enchantement funeste, se substituer à toutes celles existantes dans la contrée. Après avoir, pendant dix ans, saturé le pays de sa taille colossale, de son hémicycle cervical, et d'une échine à loger les quatre fils Aymon, *Éléphant* mourut à Saint-Maixent, plein de jours et de gloire, dans une stalle ornée d'un cartouche portant ce titre à jamais regrettable : ÉLÉPHANT, PÈRE DE CENT ÉTALONS !.....

« Parmi cette postérité si indûment prospère, nous mentionnerons toutefois un cheval : *Taurus*, né à Saint-Gervais et acquis dans la suite pour les haras royaux, se recommande à la mémoire du pays comme ayant été peut-être l'expression la plus puissante du cheval produit par les herbages de Saint-Gervais. Sa taille était d'environ 1$^m$,75, et il était proportionnellement un cheval très-étoffé. Ce fut, du reste, à la suite du passage d'*Éléphant* que la race atteignit son plus puissant développement : la taille de 1$^m$,70, avec force analogue, se retrouva fréquemment. Il est juste de dire aussi qu'à travers les défauts inhérents à cette génération diverses qualités se firent remarquer : le corps prit une forme plus arrondie et plus relevée, les membres s'épurèrent et se dessinèrent bien ; les pieds se renfermèrent en de justes proportions. Les anciens caractères indigènes de la race mulassière disparurent généralement. On aurait pu les changer contre quelque chose de mieux ; car, au total, *Éléphant* n'offrait pas un progrès suffisant sur son prédécesseur, l'étalon de M. du Paty. La race se débat encore aujourd'hui, après vingt ans, contre les taches capitales dont il l'a imprégnée.

« A côté de *Mercure* et d'*Éléphant* brillait un autre cheval qui ne les égalait pas en réputation, mais qui les surpassait en distinction et en élégance, sinon en mérite comme générateur : c'était *Phénix*, anglo-normand gris d'une haute taille, ayant peut-être le corps un peu mince. Ses mouvements étaient d'une agilité, d'une énergie surprenantes ; dans ses bonds, redoutables au palefrenier, ses pieds de devant et ses pieds de derrière atteignaient tour à tour une hauteur de 8 à 9 pieds. Le *Derviche*, de Carle Vernet, m'a toujours paru une représentation assez exacte de *Phénix* ; mais *Derviche* n'est qu'un mouton, comparé à son formidable sosie. *Phénix* a laissé des poulinières pleines de distinction, et j'ai vu de brillants chevaux de service sortis de lui.

« Il convient encore de mentionner *Sportsman*, cheval anglais très-fort et très-ramassé, qui presque seul eut l'avantage d'ajouter quelques étalons à ceux dont la vogue d'*Éléphant* inondait le pays.

« *King-Henry, Victory*, qui vinrent ensuite, étaient des *hunters* magnifiques ; ils ne firent malheureusement pas assez de séjour dans le pays pour combattre avec efficacité la tête busquée ; ils ne laissèrent pas d'étalons.

« La race élevée et majestueuse produite par *Éléphant* et ses contemporains régna particulièrement de 1820 à 1836 ; ensuite elle diminua de volume et de taille sous l'influence de plusieurs causes réunies.

« La première et la plus juste de toutes ces causes, c'est que le commerce cessa de nous demander des chevaux aussi grands ; que la remonte, s'étant substituée en partie à l'action du commerce pour l'achat de nos juments adultes, a surtout fait valoir celles de taille moyenne, propres aux dragons et lanciers.

« Mais, comme la diminution dans la taille et l'étoffe a été quelquefois excessive, je crois devoir signaler encore une autre cause qui a contribué à dépasser le but : c'est l'usage de renouveler les poulinières avant le dernier terme de la dentition, de ne livrer à la reproduction que de jeunes cavales, dont on se défait dès l'âge de quatre ou six ans, alors qu'elles sont en pleine valeur pour le commerce ou la remonte. Ce système, qui existe depuis longtemps en Normandie, a été introduit chez nous vers 1820 ; il fit illusion, en ce qu'on crut

par là refaire promptement la race et l'embellir indéfiniment
en l'assimilant de plus en plus aux étalons de l'Etat. La
théorie, en soi, est excellente, mais l'application en fut détestable, car le premier objet de l'assimilation c'est l'*Éléphant*, et le second ses fils dégénérés. (Il importe de remarquer qu'après *Éléphant* les étalons du pays cessèrent de se
retremper aux étalons royaux : ils se reproduisirent d'eux-
mêmes.) Ensuite les éleveurs se laissèrent trop séduire par
le profit pécuniaire qu'ils trouvèrent à ce mode de changement. Avant que cet usage fût établi, la vieille poulinière
se dépréciait de plus en plus jusqu'à la mort ; ses années
stériles étaient une non-valeur sans compensation. Les jeunes pouliches que l'on ne voulait pas garder ne se vendaient
que faiblement pour la production mulassière ; mais, à peine
eut-on l'idée de renoncer aux vieilles cavales et d'employer
les jeunes, que celles-ci passèrent tout à coup d'une valeur de
200 francs à une valeur de 400, et qu'âgées de quatre à six
ans, après avoir fait un poulain ou deux, elles se vendirent
aisément 7 et 800 francs. On avait par là résolu un grand problème, celui de s'assurer un instrument qui, au lieu de s'u-
ser en fonctionnant, prenait, au contraire, de la valeur.
Mais cette médaille a son revers, comme toute autre : la
pouliche, mise en état de gestation dès l'âge de deux ans, est
gênée dans sa croissance par le fœtus, avec lequel elle partage le profit de sa nourriture ; elle devient moins grande,
moins corsée qu'elle ne serait, si elle vivait pour elle seule.
Un effet semblable de gêne et de dépression se fait sentir sur
sa progéniture : le premier poulain, celui né trois ans seulement après sa mère, se ressent particulièrement de cette
cause de diminution. Or, pour livrer au commerce la jeune
poulinière, on n'attend pas toujours qu'elle ait six ans ; si elle
passe une année sans produire, on la vend immédiatement
dès l'âge de quatre ans, et on la remplace par une pouliche de
deux ans. Il résulte de là un tel sassement de poulinières trop
jeunes et de naissances trop précoces, que l'on peut dire

que le tiers de la population chevaline doit le jour à des mères de trois ans. Le système de renouvellement eût été incontestablement avantageux, s'il eût été conduit sagement, si la conscience de bien faire n'eût pas été sacrifiée à l'appât d'un bénéfice trop rapide ; puis la progression d'assimilation avec les étalons royaux, sur laquelle on comptait, a trop souvent manqué son effet par le mauvais choix des étalons : l'assimilation avec *Éléphant*, qui fut si prompte, fut déplorable. Les étalons particuliers, fils d'*Éléphant*, succédèrent à la vogue de leur père et triomphèrent souvent des étalons royaux.

« Puis ce système a encore un inconvénient, c'est de confondre la création des animaux de souche avec celle des animaux d'exportation. Cette différence d'attribution fut admirablement observée pendant un temps entre l'étalon du Paty, producteur de souche, et *Mercure*, producteur de chevaux de vente. On doit toujours craindre de voir une souche bonne et forte se fondre dans le prestige du cheval de vente ; l'un est l'usine, l'autre est le produit. C'est ainsi qu'en Angleterre les meilleurs chevaux de service proviennent de l'alliance de la forte jument du Yorkshire avec le cheval de pur sang ; mais la pouliche qui en provient ne peut pas toujours remplacer avantageusement sa puissante mère. Le grand art est de s'assurer une bonne souche, de manière à ne pas la compromettre, et d'en tirer pourtant le parti le plus profitable à l'égard du commerce : car il y a anarchie dans une race dès que la base cesse d'être plus forte que le sommet ; elle marche sans gouvernail et manque de point d'appui. C'est ce qui est arrivé à la nôtre quand elle a été lancée dans l'amélioration illimitée de la jeune poulinière, sans connaissance certaine des moyens de lutter contre l'entraînement exagéré de ce système.

« Le renouvellement des poulinières a encore apporté un autre sujet de perturbation dans la race. Les éleveurs, qui jadis allaient au marché sur leurs vieilles et pacifiques ju-

ments, qu'ils chargeaient impunément en croupe de leurs
femmes, de leurs filles, ou même de bruyantes cages à pou-
lets, n'osèrent plus se hasarder sur de jeunes et fringantes
cavales, qu'ils se proposaient de renouveler sans cesse; ils
les laissèrent indomptées sur les pâturages, et achetèrent,
pour se monter, de petites haquenées émanées des bruyères
de la Loire-Inférieure, sèches et tortues comme la plante
même dont elles furent nourries. S'ils les eussent laissées
improductives, le pays n'eût pas éprouvé de préjudice;
mais, malheureusement, il les ont fait saillir afin d'utiliser
les nombreux loisirs de ces petites bêtes et de faire payer
leur nourriture par une chétive production. On les conduit
toujours à de gros étalons, et, grâce à cette circonstance,
ainsi qu'à la force nutritive des herbages, leurs poulains
prennent, pendant la première année surtout, un développement et une régularité de force qui les font croire de tout
autre origine, et qui ne se démentent que plus tard, lorsque
ces poulains ou pouliches ont passé entre les mains d'un
éleveur qui s'est laissé tromper à de fausses apparences.
Cette famille de harpies, qui se recrute sans cesse, a infusé
beaucoup de sang ismaélite dans notre race, et a certainement apporté des entraves au progrès de l'espèce.

« Toutes ces causes réunies ont occasionné une diminution si sensible dans la taille et dans l'étoffe, qu'une race
qui, il y a vingt ans, présentait nombre d'individus trop
grands et trop forts pour la grosse cavalerie offre aujour-
d'hui autant de chevaux de hussards que de chevaux de cui-
rassiers, et laisse même un certain nombre de ses individus
au-dessous de la taille nécessaire pour la cavalerie légère.

« Mais reprenons le fil de notre histoire. Après les événements de 1850, et surtout après le petit mouvement in-
surrectionnel de 1852, le pays et l'administration restèrent
en délicatesse, en froideur. *Mercure*, *Éléphant*, *Phénix*,
*King-Henry* n'étaient plus; la station de Saint-Gervais,
autrefois de quatre bons étalons, fut négligée à la fois par

les éleveurs et par les directeurs, et réduite à deux chevaux médiocres. Ceux-ci ne reçurent presque pas de juments, et tout le mouvement se porta vers les étalons privés. Il y eut lacune de progrès dans la race.

« Vers 1840, il se fit une révolution importante dans le mode des ventes. Nous avons dit que, dans l'origine, les pouliches se vendaient aux maquignons mulassiers de la Caillère, les mâles aux Berrychons ; que, sous l'empire, et peut-être dès la révolution, les Normands vinrent faire un choix de poulains à leur convenance. Le mouvement des jeunes poulinières, établi vers 1820, mit sur la place un grand nombre de belles bêtes en âge d'être attelées ou montées ; elles furent recherchées par les marchands de Toulouse, qui les emmenèrent dans le Midi ou les expédièrent en Espagne. C'était l'article le plus important et le plus cher de la foire : les plus belles se vendaient jusqu'à 1,000 francs. Les marchands de la Caillère ne trouvaient plus à glaner que quelques juments grossières. A partir de 1840, l'administration des remontes s'étant décidée à agir efficacement, elle commença à enlever toutes les juments destinées aux Toulousains ; ceux-ci nous tournèrent le dos aussitôt, et s'en allèrent, sur les bords du Rhin, acheter des chevaux de Hanovre. Nous restâmes tête à tête avec la remonte.

« Vers le même temps, et même quelques années plus tôt, nous commençâmes à vendre des poulains d'un an et de dix-huit mois aux éleveurs du marais de Luçon. D'abord ils achetèrent du gros pour le revendre aux Berrychons; aujourd'hui ils recherchent des chevaux plus fins pour les céder aux Normands. Les Berrychons se sont d'ailleurs mis à acheter des chevaux plus distingués qu'ils ne les voulaient autrefois.

« Sur ces entrefaites, apparut, à Saint-Maixent, un directeur très-zélé et très-actif qui vint prendre connaissance du pays par de fréquentes tournées. Il se mit en rapport avec les éleveurs, visita leurs écuries, parcourut leurs herbages, leur

expliqua le fort et le faible de leurs haras, et se montra disposé à seconder de tout son pouvoir un pays dont il appré-
cia fort les ressources. Dès lors, les stations de Saint-Gervais,
de Bouin, de Soullans, montées de meilleurs étalons, ramenèrent la confiance et recommencèrent à faire le bien ; on
remarqua , à Saint-Gervais , *Saint-Patrick* et *Bitume ;* à
Bouin, *Cuirassier, Unique, Jonas, Délicat, Arwed.* A Soullans, la station se trouva un moment composée de trois étalons qui formaient, à mon avis , le *triumvirat quadrupède*
le plus parfait pour l'amélioration et le bon entretien d'une
race. L'un d'eux était *Mage*, étalon de base accompli , râblé, près de terre, membru, ample et puissant sur tous les
points : bloc de granit largement taillé pour asseoir une
race, pour la rattacher sans cesse à une base solide, pour la
ramener dans ses écarts, en fortifiant les types défectueux ,
en rapprochant les formes décousues, en créant d'amples
poulinières et de puissants étalons particuliers destinés à
étendre et à multiplier l'œuvre de leur père. Malheureusement, il ne vint que dans les dernières années de sa vie ;
puis il était placé à Soullans , point extrême du marais, au
lieu de l'être à Saint-Gervais, qui est le point central. *Mage*
a passé presque inaperçu, faute de temps pour se faire connaître. Puisse le marais revoir un étalon comme *Mage* fonctionnant à Saint-Gervais pendant dix ans, et propageant son
action comme jadis *Éléphant*, mais avec des résultats moins
regrettables ! Le second étalon de la station ( je prends les
choses en partant du gros, de la base en un mot) était
*Alasko*, cheval de demi-sang, étalon intermédiaire, robuste
et élégant tout à la fois, destiné à continuer l'œuvre commencée par *Mage*, à la dégrossir, à la régulariser, à la pousser dans une ligne plus avancée, à la préparer pour le troisième étalon, qui était le couronnement, le bouquet de la
station. Ce dernier était *Amadis*, cheval de pur sang, le premier qui ait réussi dans le marais, qui soit parvenu à vaincre le préjugé et à faire sentir l'avantage de l'étalon de pur

sang comme générateur de chevaux de vente. *Amadis*, destiné à faire époque dans la race, mérite une mention particulière. Il est né au haras du Pin en 1850 ; sa naissance,
inscrite au *Stud-Book* français, lui donne pour père *Eastham* et pour mère *Canvas*, deux précieux animaux que le
gouvernement avait fait venir d'Angleterre pour en meubler
le bel établissement du Pin. Je cherche vainement au calendrier des courses le nom d'*Amadis*, il ne s'y trouve pas ; mais
peu nous importe, *Amadis* a fait aujourd'hui ses preuves
d'une autre manière. Ses commencements, toutefois, furent
obscurs et pénibles, comme ceux de maint grand homme,
de maint artiste éminent. Attaché au dépôt de Saint-Maixent
depuis 1857, il y végétait, lorsque M. Pétiniaud vint prendre la direction de ce haras. Ce directeur, à son arrivée, se
trouva placé entre deux puissances opposées, inconciliables :
entre la puissance ministérielle, qui lui ordonnait de présenter partout le pur sang, et la résistance des éleveurs, qui ne
voulaient que des chevaux d'étoffe. Bien qu'*Amadis* fût un
cheval très-fin, même parmi le pur sang, il jeta les yeux sur
lui, à raison de ses formes séduisantes, pour en faire un de
ses principaux moyens d'attaque. Il l'envoya d'abord dans
une station importante de la Vendée ; là *Amadis* ne trouva
à saillir que de petites juments, des poneytes, dont il tira
des miniatures plus ou moins appréciables, mais non des
chevaux. Le directeur s'adressa à un riche éleveur du pays,
le supplia de consentir à la saillie, par *Amadis*, de l'une de
ses fortes juments ; il lui peignit le succès obtenu par ces
sortes de croisements en Angleterre et en Normandie, et fit
tant qu'il obtint le consentement du propriétaire pour la
saillie d'une seule de ces juments. L'opération faite, notre
éleveur eut l'imprudence de laisser connaître, à plusieurs
de ses amis rassemblés, la faiblesse qu'il avait eue... Aussitôt, un brouhaha ironique, une grêle de quolibets foudroya
l'infortuné expérimentateur, qui pâlit de la situation com-
promettante dans laquelle il s'était placé, et qui non-seule-

ment jura qu'on ne l'y prendrait plus, mais fit avorter sa jument, — nous a-t-on assuré, — de peur que l'apparition d'un produit monstrueux ne l'exposât à de nouvelles avanies.

« *Amadis*, en quittant cette station ingrate, dut secouer la poussière de ses pieds, et de quatre ruades énergiquement détachées vers les quatre points de l'horizon la lancer aux paupières mal dessillées des éleveurs d'alentour.

« *Amadis*, ainsi méconnu, évincé par les gentilshommes, trouva un asile plus favorable sous le chaume des paysans de Soullans, dans ces mêmes lieux où, un demi-siècle auparavant, le foyer sacré de la race du marais avait échappé aux profanations révolutionnaires, et là, nouveau Gustave Wasa, il a planté son drapeau et fait triompher le principe du pur sang en l'infusant jusqu'au fond des veines de la vieille souche mulassière. Les premiers paysans qui, sur les vives sollicitations du directeur, se hasardèrent, en tremblant, à confier de bonnes juments à l'apparent Gringalet, en virent sortir, — à leur grand ébahissement, — des poulains tout aussi forts, et surtout beaucoup mieux conformés, que s'ils fussent nés d'un gros cheval.

« Depuis 1841, rien n'a manqué au succès de ce merveilleux étalon, placé à Soullans d'abord et à Saint-Gervais ensuite : fécondité de 80 à 90 pour 100, développement puissant et formes harmonieuses de ses suites. Les marchands de Normandie, — les mêmes qui, vingt ans plus tôt, avaient fait la fortune d'*Eléphant* et de sa tête busquée, — se prononcèrent en faveur de la production nouvelle; ils achetèrent et demandèrent à haute voix les fils d'*Amadis*. Il est difficile, en effet, de rencontrer un cheval plus beau, plus complet qu'*Amadis*; d'un bai-cerise à reflets dorés, il a le corps court et arrondi, l'épaule puissante et inclinée sur un garrot qui se prolonge vers le rein; une encolure flexible, gracieusement arquée, terminée par une tête intelligente. Son front est vaste; ses yeux, ses naseaux sont ouverts et pleins de feu. Ses membres, larges et forts, sont modelés avec une pureté, avec une délicatesse infinies; dans ses mouvements rsopidu et fiers, sa croupe s'épanouit sous un panache qui semble faire le pendant de l'encolure. Son aplomb, sa souplesse, sa moelleuse vivacité font de lui un cheval de manége plutôt qu'un cheval de course. Son passage laissera des traces précieuses dans la contrée.

« La victoire remportée par *Amadis* et l'inauguration du pur sang faite par lui dans le pays forment le dénoûment du drame que nous avions à raconter. D'autres purs sangs très-recommandables, tels qu'*Unique*, autre fils d'*Eastham*, *Arwed*, *Urbain*, et, à Machecoul, *Jéroboam*, du haras d'Angers, sont venus joindre leur action à la sienne.

« En 1846, un nouveau dépôt d'étalons a été établi à Bourbon-Vendée, et va mettre des ressources considérables en reproducteurs à la disposition du pays. Déjà de nouvelles stations ont été établies à Saint-Gilles et au Perrier, ce qui porte à six le nombre des stations dans le marais, y compris celle de Machecoul. Ces deux stations nouvelles rendront de grands services, car elles auront à combattre dans ses derniers refuges la tête busquée, qui, déjà effacée à l'entour des stations anciennes, se propageait encore en pleine liberté sur ces points reculés, à l'aide d'étalons et de juments remontant en ligne directe à *Éléphant*.

« Des concours pour la distribution de primes aux poulinières et aux pouliches ont eu lieu, ces trois dernières années, à Saint-Gervais : ils ont animé les éleveurs d'une grande émulation; ils servent, en outre, à constater les progrès rapides que la race fait chaque jour. Le renouvellement si fréquent des poulinières, que nous avons blâmé en théorie générale, a du moins servi, pendant ces dernières années, à transformer toute une partie de la race sous l'action d'*Amadis* et de ses cogénérateurs. Déjà, après un lustre à peine de marche dans la voie nouvelle, la tête busquée est effacée, le corps est raccourci, les formes sont plei-

nes et dégagées tout à la fois ; un sang nouveau , une pétu-
lante vivacité animent tous ces chevaux, jadis trop pacifiques. « Au concours de Saint-Gervais, dit le *Journal des*
« *haras* (novembre 1845), ont été réunies , et en grand
« nombre, de belles et fortes juments et des pouliches de
« la plus grande espérance. Là aussi on a pu constater une
« amélioration positive et successive dans la population
« chevaline voisine du lieu où se faisait la distribution des
« primes ; là aussi on a pu se convaincre des bons résultats
« obtenus par suite de l'emploi des étalons de pur sang an-
« glais et de la conservation des meilleures pouliches pour
« en faire des poulinières à leur tour. Aujourd'hui les mar-
« chands de Normandie, qui n'avaient qu'un petit nombre
« de poulains de deux ans dans les marais de Saint-Gervais,
« Bouin, Challans, etc., viennent en enlever par centaines.
« Cette année, MM. Halley ont choisi plus de cent cinquante
« produits des étalons royaux, parmi lesquels il s'en trouve
« d'excellents. Ceux de l'étalon de pur sang *Amadis* , fils
« d'*Eastham* , sont les plus remarquables. Cet étalon joue
« en Vendée le rôle que son père joue en Normandie ; et ,
« en même temps qu'il donne de la force et de la distinc-
« tion à ses poulains, il en fait plus qu'aucun reproduc·
« teur. On en aura la conviction quand on saura que, sur
« 62 juments saillies en 1844, il y a eu 56 produits cette
« année. Il se trouve de magnifiques poulains parmi les
« descendants d'*Amadis*, aussi remarquables par leur force,
« leurs membres, leur taille que par leur distinction : avis
« aux éleveurs de Normandie qui trouveraient à acheter, à
« des prix très-avantageux, dans les environs de Saint-Ger-
« vais, une douzaine de produits de cette année, fils d'*Ama-*
« *dis*, très-capables de faire des étalons de mérite pour les
« haras.

   « Nous avons assisté au concours de 1846 , qui présentait
un progrès très-appréciable sur les deux précédents : c'est

que l'action d'*Amadis* et de ses auxiliaires s'était notablement étendue.

« Enfin, pour signaler une dernière expression de progrès dans les idées populaires de la contrée, nous dirons qu'en cette année 1846 un poulain, fils d'*Amadis*, vient d'être acquis, à un prix relativement assez élevé, par un homme du pays, qui le destine à la reproduction dans le marais. Un cheval de sang devenu étalon privé, voilà une innovation remarquable, une révolution totale, dans une contrée où ce fut toujours à la masse que l'on mesura le mérite de l'étalon particulier.

« Telle est l'histoire de cette tribu chevaline. On voit qu'il ne s'agit pas ici d'une espèce indigène, fondamentale, douée de caractères inhérents au sol, susceptible d'être améliorée en dedans; c'est, au contraire, une race qui, sortie depuis longtemps de son type primitif, a reçu les empreintes les plus diverses venues de l'extérieur, et qui même a subi plusieurs métamorphoses totales. Vers le milieu du siècle dernier, c'était la race mulassière proprement dite, au tissu grossier et flasque, à l'aspect vulgaire et rebutant, c'était, en un mot, la *barrique sur quatre pivots* de maître Bujault. Quelques années avant la révolution, un progrès commence à s'opérer par l'arrivée de quelques étalons royaux ; ce progrès, d'abord compromis, avec toute la race, par la guerre civile, se reproduit aussitôt avec d'autant plus d'ensemble et d'éclat qu'un seul cheval, expression excellente de ce progrès, reconstitue la race et par lui-même et par des fils dignes de lui, et que, par suite de la pénurie où se trouve la France, les marchands de Normandie affluent sur ce pays privilégié, si promptement relevé de ses cendres. C'est encore la race mulassière, mais amendée, rectifiée, rendue élégante ; quelques-uns de ses rejetons ont même, dit-on, les honneurs de l'écurie impériale. *Nessus, Mercure*, premiers étalons de l'État reparus dans le pays, ne travaillent qu'à la surface et ne pénètrent pas dans la souche. *Éléphant*, au contraire, vers 1820, démolit l'œuvre précédente, et impose à tous sa tête busquée et son long corsage ; ses fils étendent et continuent son invasion, à laquelle, pendant quinze ans, les étalons royaux n'opposent qu'une digue impuissante. Enfin, en 1841, arrive *Amadis* ; avec lui triomphe le pur sang, qui, jusque-là, avait été repoussé avec perte. Le pur sang, allié à nos fortes juments, a produit des merveilles ; il a redressé la tête busquée, raccourci le rein, arrondi la côte, étendu et couché l'épaule, modelé des jambes et des pieds avec une grande perfection, et surtout il a donné un feu, une animation jusque-là inconnus.

« L'expérience nous apprendra comment nous devrons, par la suite, diriger nos croisements. Peut-être, dans cet élevage rustique, ne conviendra-t-il pas de jouer indéfiniment sur le pur sang. Si, dans son alliance avec notre étoffe acquise, il a si bien réussi, peut-être que, trop ramené sur lui-même, il finira par donner des chevaux trop minces ; car, si le pur sang est merveilleux pour produire la symétrie et l'énergie, peut-être sera-t-il nécessaire (surtout dans l'élevage commun, je le répète) de tailler un peu d'étoffe en dehors de lui. C'est cette idée qui m'a fait signaler comme un modèle la composition de la station de Soullans, telle qu'elle se trouvait en 1842, savoir *Mage*, gros cheval râblé ; *Alesko*, demi-sang, d'une élégance robuste ; *Amadis*, pur sang. Il conviendrait, ce me semble, d'établir une sorte de rotation et, pour ainsi dire, d'assolement, par l'action de ces trois types, de manière à suivre la marche que j'ai déjà tracée ailleurs :

« 1° Grossir les types défectueux (par *Mage*),

« 2° Régulariser les gros (par *Alesko*),

« 3° Donner le sang aux réguliers (par *Amadis*).

« De la sorte, une race serait certaine de ne jamais s'amincir et de ne pas s'égarer en de fausses routes. La fille d'*Amadis* est-elle trop mince, je la range, par ce seul fait, dans les types défectueux, et, si je ne suis pas assez riche pour supporter les frais de son échange, je la conduis à *Mage*, au plus gros cheval, pour rétablir l'équilibre et pour rendre à sa postérité l'étoffe qu'elle-même n'a pas. Il me semble utile que *Mage* et *Alesko* soient sans cesse chargés de préparer le lit d'*Amadis*. Je sais que des théories écrites ont dit qu'il ne fallait jamais donner une jument à un cheval plus gros qu'elle, que son fruit ne grossirait pas sensiblement. Nous autres, nous avons l'expérience du contraire ; nous savons que la plus chétive haridelle bretonne, croisée d'un gros cheval du pays, donne, sur nos herbages, un produit qui pèse un tiers ou un quart de plus que sa mère.

« Avec le système de *rotation* entre les trois types de chevaux dont nous venons de parler, il nous semble qu'il deviendrait inutile de changer les étalons de station tous les trois ans, comme on le fait aujourd'hui, sous prétexte qu'au bout de ce temps ils sont exposés à recevoir leurs propres filles. Ces sortes de pérégrinations ont un grave inconvénient. Un étalon n'acquiert la vogue qu'autant qu'il est connu, — en cela sa carrière tient beaucoup de l'artiste ; — j'ai vu des arabes, des purs sangs ne rien faire de bien parce que, faute de confiance, on ne leur amenait pas de bonnes juments.—Quel que fût leur mérite, ils ne jouaient qu'un rôle de barbouilleurs. — L'épreuve seule et le succès assurent la vogue, et c'est dans sa vogue seulement qu'un étalon opère le bien et agit sur une race, comme un artiste acquiert la gloire et la fortune. Il importe donc surtout d'exploiter la vogue d'un étalon lorsque, par bonheur, elle s'est une fois déclarée : ce cheval devient alors le régénérateur d'une race. Nous en avons vu trois exemples remarquables dans le cours de notre histoire. En ce moment *Amadis*, rebuté chez nos voisins, a réussi chez nous, et par ses succès il a conquis nos plus belles poulinières ; il nous inspire une juste confiance. Va-t-on nous l'ôter, parce qu'il a passé trois ans à Soullans et trois ans à Saint-Gervais? va-t-on le rendre aux haquenées sur lesquelles il exerça d'abord ses brillantes facultés? Trois ans! c'est à peine le temps de se faire connaître par ses produits; ce n'est qu'au bout de ce temps que l'action d'un étalon prend de la faveur et de l'extension. Un étalon changé de station tous les trois ans n'est partout qu'un inconnu; il est accueilli avec indifférence, il ne reçoit pas de belles cavales, il ne peut faire un bien réel. Le nom du père joue enfin un grand rôle dans les transactions d'une foire. Les poulains de *Mercure*, d'*Éléphant*, d'*Amadis* ont toujours joui d'une faveur particulière sur les marchés comme les produits d'un cru renommé; les fils de chevaux non encore connus ne sont pas également recherchés et payés. Avec trois chevaux dans une station, l'inceste n'est guère à craindre; l'éleveur en sait les inconvénients, et d'ailleurs le mouvement de rotation est utile. La fille des gros chevaux devient apte à recevoir le pur sang, et réciproquement la fille du pur sang a presque toujours besoin de revenir au gros cheval.

« Nous avons l'espoir qu'avec une telle méthode, destinée à alimenter la race par ses deux extrémités, ici d'étoffe et de corps, là de symétrie et d'âme, on aura toujours chance de se ménager une souche puissante et féconde, d'où s'élanceront de vigoureux rameaux, étalant à leurs cimes et les fleurs les plus brillantes et les fruits les plus profitables. »

En écrivant l'histoire de la transformation et de l'amélioration du cheval dans les marais de l'ouest du département de la Vendée, M. Ch. de Sourdeval a fait la miniature de l'histoire générale des haras en France. Ces pages, qui se lisent si vite parce que le style en est charmant, méritent d'être méditées avec attention. En y revenant, on repassera sur des faits très-intéressants, et l'on retrouvera en raccourci toutes les théories que nous avons déjà développées au sujet de la création des races de demi-sang. Celle qu'on retrouve dans les marais de Saint-Gervais et de Machecoul rappelle de très-près, par la taille, la corpulence et la conformation générale, la famille anglo-normande, dont elle est sœur, à vrai

III. 28

dire, par le système qui la produit et la reproduit autant que par l'origine. Avant l'époque actuelle, et quand la jument de Saint-Gervais n'avait point encore atteint le degré d'amélioration qu'elle présente en ce moment, la race avait du commun et peu d'énergie, la tête longue et busquée, la ligne supérieure trop longue, faible et basse, la croupe courte, la poitrine peu descendue et serrée derrière les coudes ; le genou très-effacé ou creux ; la démarche indolente et tous les autres caractères d'une constitution lymphatique. L'influence du sang, bien que cette liqueur généreuse ait été versée avec ménagement, a bien vite corrigé ces graves imperfections. La tête s'est allégie et raccourcie ; le front s'est élargi ; la ligne du dos a été raccourcie, elle offre plus de soutien ; le rein est mieux attaché, plus court et plus fort ; la croupe a plus de longueur, les hanches plus d'écartement et une meilleure inclinaison, la poitrine plus de largeur et de profondeur ; l'articulation du genou est plus prononcée ; les allures sont plus allongées et plus puissantes ; en général, la conformation est plus distinguée ; la peau est moins épaisse, couverte d'un pelage plus fin et plus vif dans ses nuances ; tout dénote un progrès notable vers le tempérament sanguin. Le manteau est presque toujours bai, celui de l'ancienne race était presque toujours noir.

Cette tribu, qui prend le nom de race de Saint-Gervais, est une création de l'administration des haras. Les premiers fondements en ont été jetés après 1806, mais l'œuvre n'a été consolidée qu'après 1840. M. Ch. de Sourdeval a constaté tout à la fois l'impuissance de l'industrie privée et les obstacles qu'elle a tout d'abord opposés à l'action des haras. Un bon système en a triomphé, grâce à beaucoup de persévérance, l'une des vertus qui ont le moins cours en France, où elle n'est pas cotée bien haut.

FIN DU TROISIÈME VOLUME DE LA SECONDE PARTIE.

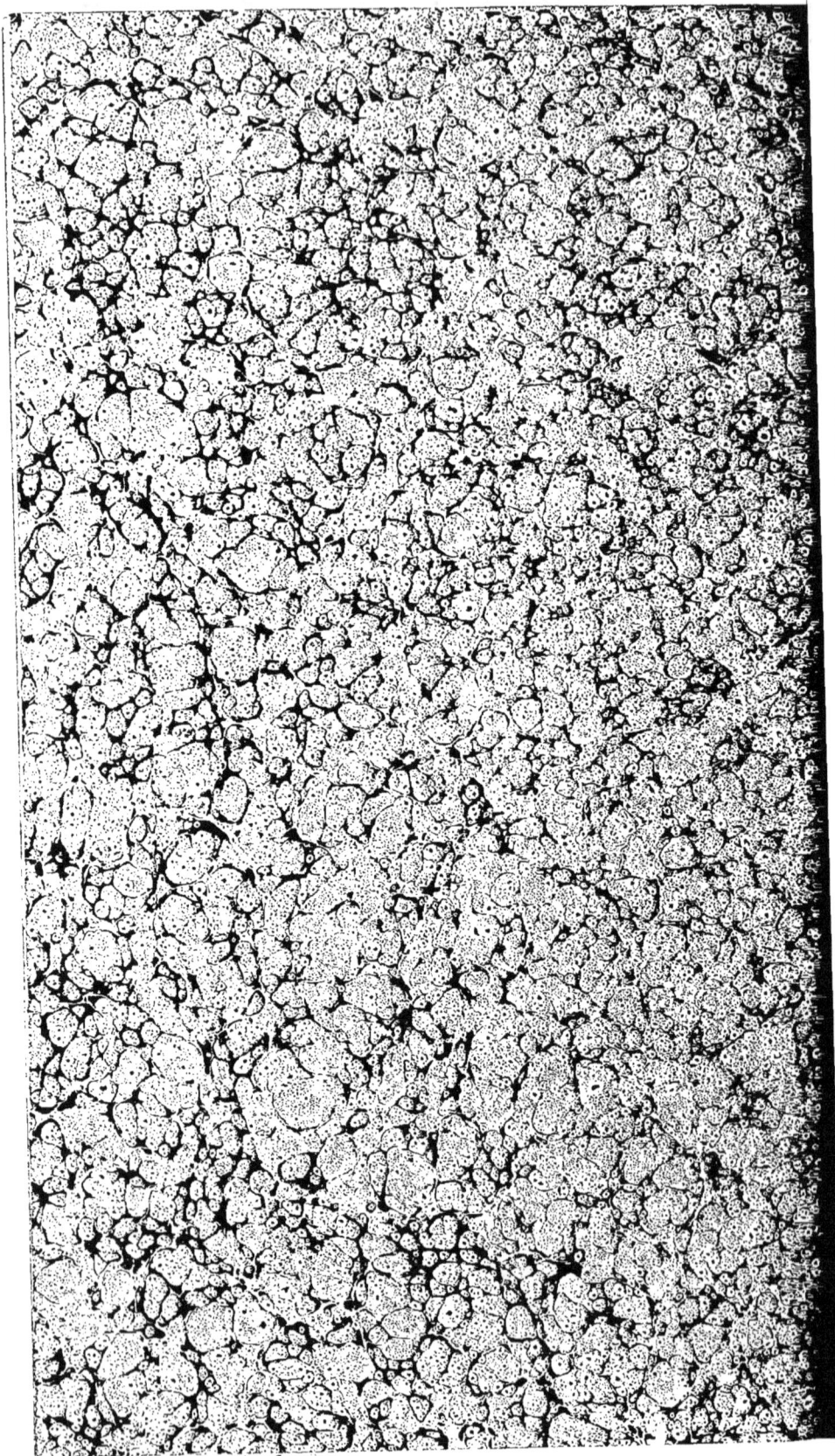

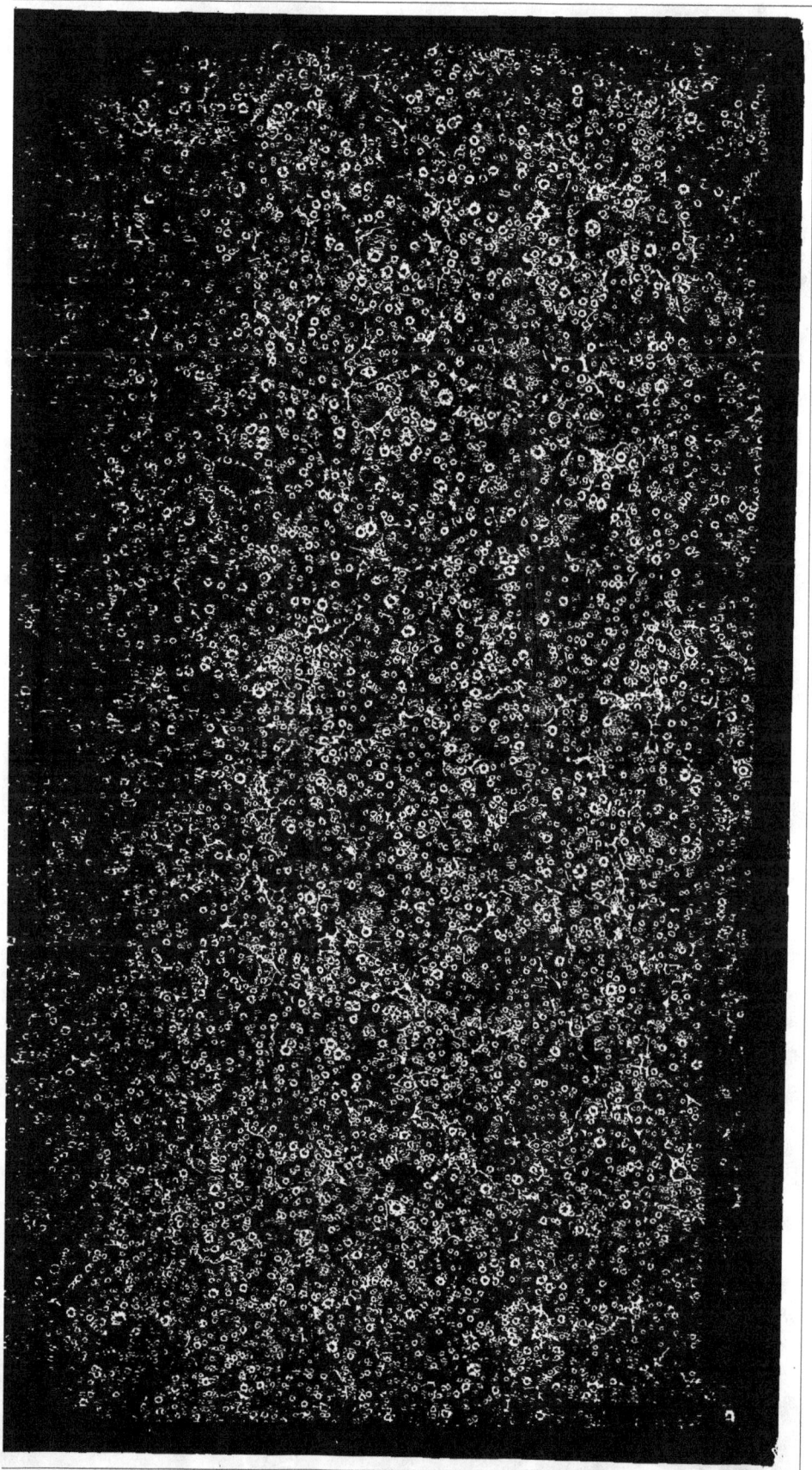

www.ingramcontent.com/pod-product-compliance
Lightning Source LLC
Chambersburg PA
CBHW060538220326
41599CB00022B/3536